全国二级建造师执业资格考试
创/新/教/材

建筑工程管理与实务

全国二级建造师执业资格考试用书编写组　组编

编写组成员

主　编　王　菲　张　谦
主　审　黎　鹏　吴春霞
参　编　李惊宇　毋祎祎　贾小静　杨帅飞
　　　　柴泽江　鲁　婷　戴梦婷　杨小虎

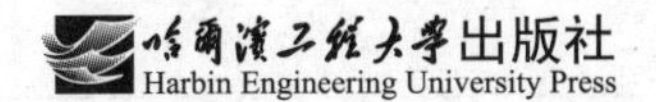

内容简介

本书主要根据考试大纲要求，从建筑工程施工的实践出发，在紧扣规范、标准及法律法规的基础上，针对常用的建筑工程施工技术和施工管理相关知识进行编写，旨在加强考生对理论知识的掌握，提高解决工程管理与施工难题的能力。全书以图文并茂的形式，对考试内容进行解读，并精心编写了具有代表性的“专家解读”和“典型例题”模块，对重点、难点和延伸的知识点进行多层次的专项解读，旨在帮助考生更好地理解和掌握知识点，使考生能在有限的时间内科学、有效地备考。

图书在版编目(CIP)数据

建筑工程管理与实务 / 全国二级建造师执业资格考试用书编写组组编. — 哈尔滨 : 哈尔滨工程大学出版社, 2022.11

全国二级建造师执业资格考试创新教材

ISBN 978-7-5661-3748-7

Ⅰ. ①建… Ⅱ. ①全… Ⅲ. ①建筑工程 - 工程管理 - 资格考试 - 自学参考教材 Ⅳ. ①TU71

中国版本图书馆 CIP 数据核字(2022)第 188980 号

建筑工程管理与实务

JIANZHU GONGCHENG GUANLI YU SHIWU

选题策划 李惊宇
责任编辑 张 彦
封面设计 天 一

出版发行 哈尔滨工程大学出版社
社　　址 哈尔滨市南岗区南通大街 145 号
邮政编码 150001
发行电话 0451-82519328
传　　真 0451-82519699
经　　销 新华书店
印　　刷 河南黎阳印务有限公司
开　　本 787 mm × 1 092 mm 1/16
印　　张 21.5
字　　数 550 千字
版　　次 2022 年 11 月第 1 版
印　　次 2022 年 11 月第 1 次印刷
定　　价 58.00 元

http://www.hrbeupress.com
E-mail:heupress@hrbeu.edu.cn

前　言

Preface

为提高工程建设从业人员的专业素养和管理能力，我国建立和完善了建造师执业制度。虽然国务院近年相继取消了许多执业资格许可和认定事项，但是基于建设工程领域的特殊性以及专业人才不可替代的重要性，建造师执业资格考试不仅不会取消，而且越来越引起政府机关和社会各界的重视。

为了满足广大考生的应试复习要求，便于考生明晰现行考试考情，并能在较短的时间内科学、有效地掌握知识要点，更好地备战全国二级建造师执业资格考试，我们汇集国家建工类高校专业学科的博士们，通力合作编写了本系列图书。

本系列图书所包含的科目（共七个）

《建设工程施工管理》

《建设工程法规及相关知识》

《建筑工程管理与实务》

《市政公用工程管理与实务》

《机电工程管理与实务》

《公路工程管理与实务》

《水利水电工程管理与实务》

前两个科目为全国二级建造师执业资格考试的公共科目，后五个科目为专业科目。

图书特色

全国二级建造师执业资格考试用书编写组的成员认真研究现行考试要求，结合现行法律法规、国家标准及行业规范，准确把控和解读历年考试命题点，以创新性的形式整合知识体系，编写了本系列图书。

另外，全书采用双色印刷，并结合"组织结构图＋表格总结对比＋专家解读＋典型例题"等多种形式，有针对性而又不失详尽地解读考点，给考生提供多层次、新视角的全新解读，帮助考生备考。同时，本系列图书对难点、重点、易考点进行解读，使之易懂、易学、易掌握。

增值服务

为全面地帮助考生复习备考,我们特向购买本系列图书的考生提供两大特色服务,让考生在进行本系列图书学习的同时可以通过观看视频、线上做题(天一网校 APP)等方式,实现线上线下有效备考。

增值服务一 视频课程。本系列图书编写组诚邀多名具有丰富实践和教学经验的老师,精心录制备考视频,帮助考生全面、系统地学习。

增值服务二 电子题库。本系列图书结合历年真题考查形式及风格,精心挑选了一些常考点、易错点、重难点习题组成电子题库,以方便考生在学习内容的同时进行习题练习与巩固,提升学习效果。

您可以通过扫描图书封面处的二维码(刮开获得激活码),根据提示输入激活码,获取视频课程和电子题库。

本系列图书尚有不足之处,恳请广大读者予以指正。

如有与本书相关的问题及建议,欢迎您致电 4006597013 或者通过 QQ:1400594158 与我们联系,我们将以更加优质、便捷的方式为您提供多层次的服务。

全国二级建造师执业资格考试用书编写组

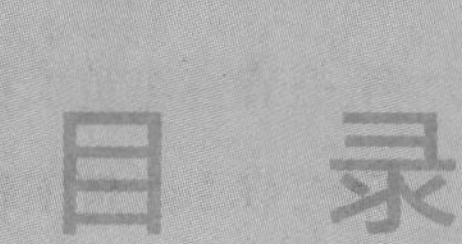

目录

Contents

第一章　建筑工程施工技术

第一节　建筑工程技术要求

模块一　建筑构造要求

一、民用建筑构造要求

民用建筑是指供人们居住和进行公共活动的建筑的总称。居住建筑是指供人们居住使用的建筑。公共建筑是指供人们进行各种公共活动的建筑。

（一）基本规定

1. 民用建筑分类

民用建筑按使用功能可分为居住建筑和公共建筑两大类。其中，居住建筑可分为住宅建筑和宿舍建筑。

民用建筑按地上建筑高度或层数进行分类，如表1-1所示。

表1-1　《民用建筑设计统一标准》中民用建筑高度分类

名称	超高层民用建筑	高层民用建筑	低层或多层民用建筑
住宅建筑	建筑高度大于100 m	建筑高度大于27 m，且不大于100 m的住宅建筑	建筑高度不大于27 m的住宅建筑
公共建筑		建筑高度大于24 m，且不大于100 m的非住宅民用建筑	建筑高度不大于24 m的公共建筑及建筑高度大于24 m的非住宅民用建筑

注：a. 非住宅民用建筑包括单层公共建筑和非单层公共建筑。高层民用建筑中的非住宅民用建筑为非单层公共建筑；低层或多层民用建筑中的非住宅民用建筑为单层公共建筑。

b. 一般建筑按层数划分时，公共建筑和宿舍建筑1～3层为低层，4～6层为多层，大于等于7层为高层；住宅建筑1～3层为低层，4～9层为多层，10层及以上为高层。

链接

《民用建筑设计统一标准》规定，建筑高度的计算应符合下列规定：

（1）控制区内（如机场、电台、电信、微波通信、气象台、卫星地面站、军事要塞工程等设施的技术作业控制区内及机场航线控制范围内建筑，处在历史文化名城名镇名村、历史文化街区、文物保护单位、历史建筑和风景名胜区、自然保护区的各项建设的建筑）建筑，建筑高度应以绝对海拔高度控制建筑物室外地面至建筑物和构筑物最高点的高度。

(2)非上述控制区内建筑，平屋顶建筑高度应按建筑物主入口场地室外设计地面至建筑女儿墙顶点的高度计算，无女儿墙的建筑物应计算至其屋面檐口；坡屋顶建筑高度应按建筑物室外地面至屋檐和屋脊的平均高度计算；当同一座建筑物有多种屋面形式时，建筑高度应按上述方法分别计算后取其中最大值；下列突出物不计入建筑高度内：局部突出屋面的楼梯间、电梯机房、水箱间等辅助用房占屋顶平面面积不超过 1/4 者；突出屋面的通风道、烟囱、装饰构件、花架、通信设施、空调冷却塔等设备。

民用建筑根据其建筑高度和层数可分为单、多层民用建筑和高层民用建筑。高层民用建筑根据其建筑高度、使用功能和楼层的建筑面积可分为一类和二类。民用建筑的分类应符合表 1-2 的规定。

表 1-2 《建筑设计防火规范》中民用建筑分类

名称	高层民用建筑		单、多层民用建筑
	一类	二类	
住宅建筑	建筑高度大于 54 m 的住宅建筑(包括设置商业服务网点的住宅建筑)	建筑高度大于 27 m，但不大于54 m的住宅建筑(包括设置商业服务网点的住宅建筑)	建筑高度不大于27 m的住宅建筑(包括设置商业服务网点的住宅建筑)
公共建筑	(1)建筑高度大于 50 m 的公共建筑。 (2)建筑高度 24 m 以上部分任一楼层建筑面积大于1 000 m^2的商店、展览、电信、邮政、财贸金融建筑和其他多种功能组合的建筑。 (3)医疗建筑、重要公共建筑、独立建造的老年人照料设施。 (4)省级及以上的广播电视和防灾指挥调度建筑、网局级和省级电力调度建筑。 (5)藏书超过 100 万册的图书馆、书库	除一类高层公共建筑外的其他高层公共建筑	(1)建筑高度大于24 m 的单层公共建筑。 (2)建筑高度不大于24 m 的其他公共建筑

注：表中未列出的建筑，其类别应根据本表类比确定。除本规范另有规定外，宿舍、公寓等非住宅类居住建筑的防火要求，应符合本规范有关公共建筑的规定；裙房的防火要求应符合本规范有关高层民用建筑的规定。

专家解读

关于民用建筑的分类，不同规范及标准有不同的规定。例如，“高层建筑”大多根据不同的需要和目的而定义，国际、国内的定义不尽相同。国际上诸多国家和地区对高层建筑的界定多在10 层以上；我国不同标准中有不同的定义。《建筑设计防火规范》规定，高层建筑是指建筑高度大于 27 m 的住宅建筑和建筑高度大于24 m 的非单层厂房、仓库和其他民用建筑。而《高层建筑混凝土结构技术规程》规定，高层建筑是指 10 层及 10 层以上或房屋高度大于 28 m 的住宅建筑和房屋高度大于 24 m 的其他高层民用建筑。

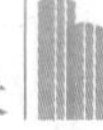

2. 设计使用年限

民用建筑的设计使用年限应符合表 1-3 的规定。

表 1-3　设计使用年限

类别	设计使用年限/年	示例
1	5	临时性建筑
2	25	易于替换结构构件的建筑
3	50	普通建筑和构筑物
4	100	纪念性建筑和特别重要的建筑

注:此表依据《建筑结构可靠性设计统一标准》,并与其协调一致。

链接

《工程结构通用规范》规定,房屋建筑的结构设计工作年限不应低于表 1-4 的规定。

表 1-4　房屋建筑的结构设计工作年限

类别	设计工作年限/年
临时性建筑结构	5
普通房屋和构筑物	50
特别重要的建筑结构	100

注:a. 该规范未予列明的工程结构种类,可根据相关的标准规范或者其规定的原则确定设计工作年限。
b. 设计工作年限不低于 100 年的"特别重要的建筑结构",是指因具有纪念意义或特殊功能需要长期服役的重要建筑结构,其含义不同于确定安全等级时的"重要结构"。

3. 建筑气候分区对建筑基本要求

不同区划对建筑的基本要求不同。

4. 建筑与环境

建筑与自然环境、人文环境的关系应符合相关规定。

5. 建筑模数

建筑平面的柱网、开间、进深、层高、门窗洞口等主要定位线尺寸,应为基本模数的倍数。

6. 防灾避难

建筑防灾避难场所或设施的设置应满足城乡规划的总体要求,并应遵循场地安全、交通便利和出入方便的原则。

(二)规划控制

1. 城乡规划及城市设计

建筑项目的用地性质、容积率、建筑密度、绿地率、建筑高度及其建筑基地的年径流总量控制率等控制指标,应符合所在地控制性详细规划的有关规定。

2. 建筑基地

建筑基地机动车出入口位置,应符合所在地控制性详细规划,并应符合下列规定:

(1)中等城市、大城市的主干路交叉口,自道路红线交叉点起沿线 70 m 范围内不应设置机动车出入口。

(2)距人行横道、人行天桥、人行地道(包括引道、引桥)的最近边缘线不应小于 5 m。

(3)距地铁出入口、公共交通站台边缘不应小于 15 m。

(4)距公园、学校及有儿童、老年人、残疾人使用建筑的出入口最近边缘不应小于 20 m。

3. 建筑突出物

除骑楼、建筑连接体、地铁相关设施及连接城市的管线、管沟、管廊等市政公共设施以外,建筑物及其附属的下列设施不应突出道路红线或用地红线建造:

(1)地下设施,应包括支护桩、地下连续墙、地下室底板及其基础、化粪池、各类水池、处理池、沉淀池等构筑物及其他附属设施等。

(2)地上设施,应包括门廊、连廊、阳台、室外楼梯、凸窗、空调机位、雨篷、挑檐、装饰构架、固定遮阳板、台阶、坡道、花池、围墙、平台、散水明沟、地下室进风及排风口、地下室出入口、集水井、采光井、烟囱等。

经当地规划行政主管部门批准,既有建筑改造工程必须突出道路红线的建筑突出物应符合下列规定:

(1)在人行道上空:2.5 m 以下,不应突出凸窗、窗扇、窗罩等建筑构件;2.5 m 及以上突出凸窗、窗扇、窗罩时,其深度不应大于 0.6 m。2.5 m 以下,不应突出活动遮阳;2.5 m 及以上突出活动遮阳时,其宽度不应大于人行道宽度减 1.0 m,并不应大于 3.0 m。3.0 m 以下,不应突出雨篷、挑檐;3.0 m 及以上突出雨篷、挑檐时,其突出的深度不应大于 2.0 m。3.0 m 以下,不应突出空调机位;3.0 m 及以上突出空调机位时,其突出的深度不应大于 0.6 m。

(2)在无人行道的路面上空,4.0 m 以下不应突出凸窗、窗扇、窗罩、空调机位等建筑构件;4.0 m 及以上突出凸窗、窗扇、窗罩、空调机位时,其突出深度不应大于 0.6 m。

(3)任何建筑突出物与建筑本身均应结合牢固。

(4)建筑物和建筑突出物均不得向道路上空直接排泄雨水、空调冷凝水等。

除地下室、窗井、建筑入口的台阶、坡道、雨篷等以外,建(构)筑物的主体不得突出建筑控制线建造。

4. 建筑连接体

经当地规划及市政主管部门批准,建筑连接体可跨越道路红线、用地红线或建筑控制线建设,属于城市公共交通性质的出入口可在道路红线范围内设置。

5. 建筑高度

建筑高度不应危害公共空间安全和公共卫生,且不宜影响景观。建筑高度的计算在上述民用建筑的分类中已经讲解,可直接学习,此处不加以叙述。

(三)场地设计

场地设计包括建筑布局、道路与停车场、竖向、绿化、工程管线布置等。

(四)建筑物设计

1. 建筑标定人数的确定

有固定座位等标明使用人数的建筑,应按照标定人数为基数计算配套设施、疏散通道和楼梯及安全出口的宽度。

对无标定人数的建筑应按国家现行有关标准或经调查分析确定合理的使用人数,并应以此为基数计算配套设施、疏散通道和楼梯及安全出口的宽度。

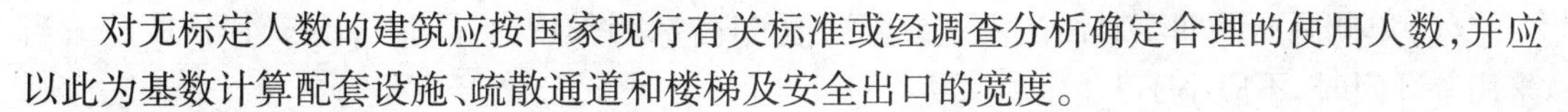

2. 平面布置

建筑平面应根据建筑的使用性质、功能、工艺等要求合理布局,并具有一定的灵活性。根据使用功能,建筑的使用空间应充分利用日照、采光、通风和景观等自然条件。对有私密性要求的房间,应防止视线干扰。

3. 层高和室内净高

室内净高应按楼地面完成面至吊顶、楼板或梁底面之间的垂直距离计算;当楼盖、屋盖的下悬构件或管道底面影响有效使用空间时,应按楼地面完成面至下悬构件下缘或管道底面之间的垂直距离计算。建筑用房的室内净高应符合国家现行相关建筑设计标准的规定,地下室、局部夹层、走道等有人员正常活动的最低处净高不应小于2.0 m。

4. 地下室和半地下室

地下室和半地下室应合理布置地下停车库、地下人防工程、各类设备用房等功能空间及其出入口,出入口、进排风竖井的地面建(构)筑物应与周边环境协调。当日常为人员使用时,地下室和半地下室应满足安全、卫生及节能的要求,且宜利用窗井或下沉庭院等进行自然通风和采光。其他功能的地下室和半地下室应符合国家现行有关标准的规定。地下室不应布置居室;当居室布置在半地下室时,必须采取满足采光、通风、日照、防潮、防霉及安全防护等要求的相关措施。

5. 设备层、避难层和架空层

避难层的设置应符合现行国家标准《建筑设计防火规范》的规定,并应符合下列规定:

(1)避难层在满足避难面积的情况下,避难区外的其他区域可兼作设备用房等空间,但各功能区应相对独立,并应满足防火、隔振、隔声等的要求。

(2)避难层的净高不应低于2.0 m。当避难层兼顾其他功能时,应根据功能空间的需要来确定净高。

有人员正常活动的架空层的净高不应低于2.0 m。

《建筑设计防火规范》规定,建筑高度大于100 m的公共建筑和住宅建筑,应设置避难层(间)。

6. 厕所、卫生间、盥洗室、浴室和母婴室

室内公共厕所的服务半径应满足不同类型建筑的使用要求,不宜超过50 m。卫生设备间距应符合下列规定:

(1)洗手盆或盥洗槽水嘴中心与侧墙面净距不应小于0.55 m;居住建筑洗手盆水嘴中心与侧墙面净距不应小于0.35 m。

(2)并列洗手盆或盥洗槽水嘴中心间距不应小于0.7 m。

(3)单侧并列洗手盆或盥洗槽外沿至对面墙的净距不应小于1.25 m;居住建筑洗手盆外沿至对面墙的净距不应小于0.6 m。

(4)双侧并列洗手盆或盥洗槽外沿之间的净距不应小于1.8 m。

(5)并列小便器的中心距离不应小于0.7 m,小便器之间宜加隔板,小便器中心距侧墙或隔板的距离不应小于0.35 m,小便器上方宜设置搁物台。

(6)单侧厕所隔间至对面洗手盆或盥洗槽的距离，当采用内开门时，不应小于1.3 m；当采用外开门时，不应小于1.5 m。

(7)单侧厕所隔间至对面墙面的净距，当采用内开门时不应小于1.1 m，当采用外开门时不应小于1.3 m；双侧厕所隔间之间的净距，当采用内开门时不应小于1.1 m，当采用外开门时不应小于1.3 m。

(8)单侧厕所隔间至对面小便器或小便槽的外沿的净距，当采用内开门时不应小于1.1 m，当采用外开门时不应小于1.3 m；小便器或小便槽双侧布置时，外沿之间的净距不应小于1.3 m(小便器的进深最小尺寸为350 mm)。

(9)浴盆长边至对面墙面的净距不应小于0.65 m；无障碍盆浴间短边净宽度不应小于2.0 m，并应在浴盆一端设置方便进入和使用的坐台，其深度不应小于0.4 m。

7. 台阶、坡道和栏杆

台阶设置应符合下列规定：

(1)公共建筑室内外台阶踏步宽度不宜小于0.3 m，踏步高度不宜大于0.15 m，且不宜小于0.1 m。

(2)踏步应采取防滑措施；室内台阶踏步数不宜少于2级，当高差不足2级时，宜按坡道设置。

(3)台阶总高度超过0.7 m时，应在临空面采取防护设施。

坡道设置应符合下列规定：

(1)室内坡道坡度不宜大于1∶8，室外坡道坡度不宜大于1∶10。

(2)当室内坡道水平投影长度超过15.0 m时，宜设休息平台，平台宽度应根据使用功能或设备尺寸所需缓冲空间而定。

(3)坡道应采取防滑措施。

(4)当坡道总高度超过0.7 m时，应在临空面采取防护设施。

阳台、外廊、室内回廊、内天井、上人屋面及室外楼梯等临空处应设置防护栏杆，并应符合下列规定：

(1)当临空高度在24.0 m以下时，栏杆高度不应低于1.05 m；当临空高度在24.0 m及以上时，栏杆高度不应低于1.1 m。上人屋面和交通、商业、旅馆、医院、学校等建筑临开敞中庭的栏杆高度不应小于1.2 m。

(2)栏杆高度应从所在楼地面或屋面至栏杆扶手顶面垂直高度计算，当底面有宽度大于或等于0.22 m，且高度低于或等于0.45 m的可踏部位时，应从可踏部位顶面起算。

(3)公共场所栏杆离地面0.1 m高度范围内不宜留空。

住宅、托儿所、幼儿园、中小学及其他少年儿童专用活动场所的栏杆必须采取防止攀爬的构造。当采用垂直杆件做栏杆时，其杆件净间距不应大于0.11 m。

8. 楼梯

当一侧有扶手时，梯段净宽应为墙体装饰面至扶手中心线的水平距离，当双侧有扶手时，梯段净宽应为两侧扶手中心线之间的水平距离。当有凸出物时，梯段净宽应从凸出物表面算起。

供日常主要交通用的楼梯的梯段净宽应根据建筑物使用特征，按每股人流宽度为

0.55 m+(0~0.15)m 的人流股数确定,并不应少于两股人流。(0~0.15)m 为人流在行进中人体的摆幅,公共建筑人流众多的场所应取上限值。

每个梯段的踏步级数不应少于 3 级,且不应超过 18 级。

楼梯平台上部及下部过道处的净高不应小于 2.0 m,梯段净高不应小于 2.2 m。梯段净高为自踏步前缘(包括每个梯段最低和最高一级踏步前缘线以外 0.3 m 范围内)量至上方突出物下缘间的垂直高度。楼梯应至少于一侧设扶手,梯段净宽达三股人流时应两侧设扶手,达四股人流时宜加设中间扶手。

室内楼梯扶手高度自踏步前缘线量起不宜小于 0.9 m。楼梯水平栏杆或栏板长度大于 0.5 m 时,其高度不应小于 1.05 m。

托儿所、幼儿园、中小学校及其他少年儿童专用活动场所,当楼梯井净宽大于 0.2 m 时,必须采取防止少年儿童坠落的措施。

9. 电梯、自动扶梯和自动人行道

电梯不应作为安全出口。

10. 墙身和变形缝

墙身防潮、防渗及防水等应符合下列规定:

(1)砌筑墙体应在室外地面以上、位于室内地面垫层处设置连续的水平防潮层;室内相邻地面有高差时,应在高差处墙身贴邻土壤一侧加设防潮层。

(2)室内墙面有防潮要求时,其迎水面一侧应设防潮层;室内墙面有防水要求时,其迎水面一侧应设防水层。

(3)防潮层采用的材料不应影响墙体的整体抗震性能。

(4)室内墙面有防污、防碰等要求时,应按使用要求设置墙裙。

(5)外窗台应采取防水排水构造措施。

(6)外墙上空调室外机搁板应组织好冷凝水的排放,并采取防雨水倒灌及外墙防潮的构造措施。

(7)外墙上空调室外机的位置应便于安装和检修。

在外墙的洞口、门窗等处应采取防止产生变形裂缝的加固措施。

11. 门窗

门窗选用应根据建筑所在地区的气候条件、节能要求等因素综合确定,并应符合国家现行建筑门窗产品标准的规定。门窗应满足抗风压、水密性、气密性等要求,且应综合考虑安全、采光、节能、通风、防火、隔声等要求。门窗与墙体应连接牢固,不同材料的门窗与墙体连接处应采用相应的密封材料及构造做法。

12. 建筑幕墙

建筑幕墙应综合考虑建筑物所在地的地理、气候、环境及使用功能、高度等因素,合理选择幕墙的形式。

13. 楼地面

地面的基本构造层宜为面层、垫层和地基;楼面的基本构造层宜为面层和楼板。当地面或楼面的基本构造不能满足使用或构造要求时,可增设结合层、隔离层、填充层、找平层、防水层、防潮层和保温绝热层等其他构造层。

14. 屋面

屋面工程应根据建筑物的性质、重要程度及使用功能，结合工程特点、气候条件等按不同等级进行防水设防，合理采取保温、隔热措施。

屋面排水坡度应根据屋顶结构形式、屋面基层类别、防水构造形式、材料性能及当地气候等条件确定，并应符合下列规定：

(1)屋面采用结构找坡时不应小于3%，采用建筑找坡时不应小于2%。

(2)瓦屋面坡度大于100%以及大风和抗震设防烈度大于7度的地区，应采取固定和防止瓦材滑落的措施。

(3)卷材防水屋面檐沟、天沟纵向坡度不应小于1%，金属屋面集水沟可无坡度。

(4)当种植屋面的坡度大于20%时，应采取固定和防止滑落的措施。

上人屋面应选用耐霉变、拉伸强度高的防水材料。防水层应有保护层，保护层宜采用块材或细石混凝土。

15. 吊顶

室外吊顶与室内吊顶交界处应有保温或隔热措施，且应符合国家现行建筑节能标准的相关规定。

16. 管道井、烟道和通风道

管道井、烟道和通风道应用非燃烧体材料制作，且应分别独立设置，不得共用。

进风道、排风道和烟道的断面、形状、尺寸和内壁应有利于进风、排风、排烟(气)通畅，防止产生阻滞、涡流、窜烟、漏气和倒灌等现象。

自然排放的烟道和排风道宜伸出屋面，同时应避开门窗和进风口。伸出高度应有利于烟气扩散，并应根据屋面形式、排出口周围遮挡物的高度、距离和积雪深度确定，伸出平屋面的高度不得小于0.6 m。

17. 室内外装修

室内外装修不应影响建筑物结构的安全性。当既有建筑改造时，应进行可靠性鉴定，根据鉴定结果进行加固。室内装修不得遮挡消防设施标志、疏散指示标志及安全出口，并不得影响消防设施和疏散通道的正常使用。

专家解读

建筑构造影响因素包括荷载因素、环境因素、技术因素、建筑标准。其中，环境因素包括自然因素和人为因素。自然因素是指自然界的风霜雨雪、冷热寒暖的气温变化，太阳热辐射以及地震等，均是影响建筑物使用质量和使用寿命的重要因素。人为因素是指人们在从事生产和生活活动中，对建筑物造成一些人为的不利影响，如机械振动、化学腐蚀、爆炸、火灾、噪声等。

(五)室内环境

1. 光环境

建筑中主要功能房间的采光计算应符合现行国家标准《建筑采光设计标准》的规定。

居住建筑的卧室和起居室(厅)、医疗建筑的一般病房的采光不应低于采光等级Ⅳ级的

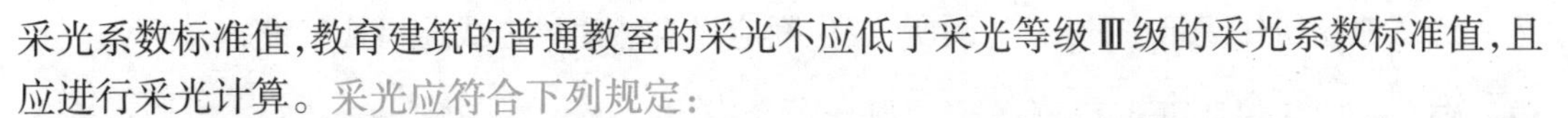

采光系数标准值,教育建筑的普通教室的采光不应低于采光等级Ⅲ级的采光系数标准值,且应进行采光计算。采光应符合下列规定:

(1)每套住宅至少应有一个居住空间满足采光系数标准要求,当一套住宅中居住空间总数超过4个时,其中应有2个及以上满足采光系数标准要求。

(2)老年人居住建筑和幼儿园的主要功能房间应有不小于75%的面积满足采光系数标准要求。

链接

《住宅设计规范》对于住宅建筑的光环境主要从日照、天然采光等方面进行要求。住宅应充分利用外部环境提供的日照条件,每套住宅至少应有一个居住空间能获得冬季日照。需要获得冬季日照的居住空间的窗洞开口宽度不应小于0.60 m。卧室、起居室(厅)、厨房的采光系数不应低于1%;当楼梯间设置采光窗时,采光系数不应低于0.5%。居住建筑的主要使用房间(卧室、书房、起居室等)的房间窗地面积比不应小于1/7。当楼梯间设置采光窗时,采光窗洞口的窗地面积比不应低于1/12。采光窗下沿离楼面或地面高度低于0.50 m的窗洞口面积不应计入采光面积内,窗洞口上沿距地面高度不宜低于2.00 m。

除了天然采光外,还需了解人工照明所用光源。对于人工照明所用光源的考点,以下面典型例题的形式进行讲解,主要掌握解析中的相关知识点即可。

典型例题

【单选题】下列属于热辐射光源的是(　　)。

A. 荧光灯　　B. 金属卤化物灯

C. 卤钨灯　　D. 氙灯

C。【解析】光源的主要类别有热辐射光源和气体放电光源。其中,热辐射光源有白炽灯和卤钨灯;气体放电光源有荧光灯、金属卤化物灯、氙灯、钠灯等。

【单选题】疏散和安全照明应采用的光源是(　　)。

A. 热辐射光源　　B. 瞬间启动光源

C. 混合光源　　D. 短波辐射光源

B。【解析】热辐射光源通常应用于开关频繁、要求瞬时启动或连续调光的场所。瞬间启动光源一般被要求用于应急照明(即疏散照明、安全照明和备用照明)的场所。混合光源主要用于有高速运转物体的场所。短波辐射光源一般不用于图书馆存放或阅读珍贵资料的场所。

2. 通风

建筑物应根据使用功能和室内环境要求设置与室外空气直接流通的外窗或洞口;当不能设置外窗和洞口时,应另设置通风设施。

采用直接自然通风的空间,通风开口有效面积应符合下列规定:

(1)生活、工作的房间的通风开口有效面积不应小于该房间地面面积的1/20。

(2)厨房的通风开口有效面积不应小于该房间地板面积的1/10,并不得小于0.6 m^2。

(3)进出风开口的位置应避免设在通风不良区域,且应避免进出风开口气流短路。

严寒地区居住建筑中的厨房、厕所、卫生间应设自然通风道或通风换气设施。

链接

住宅的平面空间组织、剖面设计、门窗的位置、方向和开启方式的设置，应有利于组织室内自然通风。单朝向住宅宜采取改善自然通风的措施。

3. 热湿环境

建筑的夏季防热应实施综合防治。冬季日照时数多的地区，建筑宜设置被动式太阳能利用措施。夏热冬冷地区的长江中、下游地区和夏热冬暖地区建筑的室内地面应采取防泛潮措施。

4. 声环境

住宅建筑的体形、朝向和平面布置应有利于噪声控制。在住宅平面设计时，当卧室、起居室(厅)布置在噪声源一侧时，外窗应采取隔声降噪措施；当居住空间与可能产生噪声的房间相邻时，分隔墙和分隔楼板应采取隔声降噪措施；当内天井、凹天井中设置相邻户间窗口时，宜采取隔声降噪措施。

民用建筑的隔声减噪设计应符合下列规定：

(1)民用建筑隔声减噪设计，应根据建筑室外环境噪声状况、建筑物内部噪声源分布状况及室内允许噪声级的需求，确定其防噪措施和设计其相应隔声性能的建筑围护结构。

(2)不宜将有噪声和振动的设备用房设在噪声敏感房间的直接上、下层或贴邻布置；当其设在同一楼层时，应分区布置。

(3)当安静要求较高的房间内设置吊顶时，应将隔墙砌至梁、板底面。当采用轻质隔墙时，其隔声性能应符合国家现行有关隔声标准的规定。

(4)墙上的施工留洞或剪力墙抗震设计所开洞口的封堵，应采用满足对应隔声要求的材料和构造。

(5)电梯井道和机房不宜与有安静要求的用房贴邻布置，否则应采取隔振、隔声措施。

(6)高层建筑的外门窗、外遮阳构件等应采取有效措施防止风啸声的发生。

链接

《住宅设计规范》规定，分隔卧室、起居室(厅)的分户墙和分户楼板，空气声隔声评价量(R_w+C)应大于45 dB。分隔住宅和非居住用途空间的楼板，空气声隔声评价量(R_w+C_{tr})应大于51 dB。

《建筑环境通用规范》规定，建筑物外部噪声源传播至主要功能房间室内的噪声限值为：睡眠房间，昼间限制为40 dB，夜间限制为30 dB；日常生活房间，昼间和夜间的限制均为40 dB。

《建筑施工场界环境噪声排放标准》规定，建筑施工过程中场界环境噪声昼间不超过70 dB，夜间不超过55 dB，夜间噪声最大声级超过限值的幅度不得高于15 dB。当场界距噪声敏感建筑物较近，其室外不满足测量条件时，可在噪声敏感建筑物室内测量，并将上述相应的限值减10 dB作为评价依据。另外，“夜间”是指晚上22点至次日早晨6点之间的期间。

5. 室内空气质量

2022 年实施的《建筑环境通用规范》对室内空气质量做出了规定，工程竣工验收时，室内空气污染物浓度限量应符合表 1-5 规定。

表 1-5　室内空气污染物浓度限量

污染物	Ⅰ类民用建筑	Ⅱ类民用建筑
氡/($Bq \cdot m^{-3}$)	≤150	≤150
甲醛/($mg \cdot m^{-3}$)	≤0.07	≤0.08
氨/($mg \cdot m^{-3}$)	≤0.15	≤0.20
苯/($mg \cdot m^{-3}$)	≤0.06	≤0.09
甲苯/($mg \cdot m^{-3}$)	≤0.15	≤0.20
二甲苯/($mg \cdot m^{-3}$)	≤0.20	≤0.20
TVOC/($mg \cdot m^{-3}$)	≤0.45	≤0.50

注：Ⅰ类民用建筑包括住宅、医院、老年人照料房屋设施、幼儿园、学校教室、学生宿舍、军人宿舍等民用建筑；Ⅱ类民用建筑包括办公楼、商店、旅馆、文化娱乐场所、书店、图书馆、展览馆、体育馆、公共交通等候室、餐厅、理发店等民用建筑。

（六）建筑部件与构造

民用建筑部件一般包括屋面、内墙、外墙、楼面、地面、顶棚、吊顶、门窗、栏杆、栏板等。

民用建筑物由结构体系、围护体系和设备体系组成。跟结构受力相关的是结构体系，结构体系分为水平结构体系（板、梁、网架等）、竖向机构体系（柱、墙、筒体等）、基础结构体系（独立基础、条形基础、筏板基础、箱型基础、桩基础等）。建筑最外层起遮挡和隔离作用的是围护体系，是指建筑及房间各方面的围挡物，包括屋面、外墙、外门、外窗等。跟人们正常居住生活相关的是设备体系，包括给排水系统、供电系统、空调系统、通信系统等。其中，供电系统根据电力输送功率的强弱分为强电与弱电两类，弱电系统包括通信、信息、报警等，强电系统包括供电、照明等。通俗来讲，建筑物就相当于一个人，结构体系相当于人的骨骼，起到受力、支撑的效果；围护体系相当于人的皮肤，起到保护的效果；设备体系相当于人的器官，达到各种功能效果。

二、建筑抗震构造要求

本部分内容主要围绕《建筑与市政工程抗震通用规范》进行学习。

（一）基本规定

1. 抗震设防分类

抗震设防的各类建筑工程，应根据其遭受地震破坏后可能造成的人员伤亡、经济损失、社会影响程度及其在抗震救灾中的作用等因素划分为下列四个抗震设防类别：

（1）特殊设防类应为使用上有特殊要求的设施，涉及国家公共安全的重大建筑工程和地震时可能发生严重次生灾害等特别重大灾害后果，需要进行特殊设防的建筑工程，简称甲类。

（2）重点设防类应为地震时使用功能不能中断或需尽快恢复的生命线相关建筑工程，以及地震时可能导致大量人员伤亡等重大灾害后果，需要提高设防标准的建筑工程，简称乙类。

（3）标准设防类应为除本条甲类、乙类、丁类以外按标准要求进行设防的建筑工程，简称丙类。

(4)适度设防类应为使用上人员稀少且震损不致产生次生灾害,允许在一定条件下适度降低设防要求的建筑工程,简称丁类。

2. 工程抗震体系

建筑工程的抗震体系应根据工程抗震设防类别、抗震设防烈度、工程空间尺度、场地条件、地基条件、结构材料和施工等因素,经技术、经济和使用条件综合比较确定。

建筑工程的抗震体系应符合下列规定:

(1)结构体系应具有足够的牢固性和抗震冗余度。

(2)楼、屋面应具有足够的面内刚度和整体性。采用装配整体式楼、屋面时,应采取措施保证楼、屋面的整体性及其与竖向抗侧力构件的连接。

(3)基础应具有良好的整体性和抗转动能力,避免地震时基础转动加重建筑震害。

(4)构件连接的设计与构造应能保证节点或锚固件的破坏不先于构件或连接件的破坏。

相邻建(构)筑物之间或同一建筑物不同结构单体之间的伸缩缝、沉降缝、防震缝等结构缝应采取有效措施,避免地震下碰撞或挤压产生破坏。

专家解读

为了减小地震所造成的国民经济和社会影响以及人员伤亡,按规范进行抗震设防的建筑物应当做到"小震不坏、中震可修、大震不倒",此即我国抗震设防的基本目标。这个目标可保障"房屋建筑在遭遇设防地震影响时不致有灾难性后果,在遭遇罕遇地震影响时不致倒塌"。

(二)建筑工程抗震措施

1. 一般规定

对于混凝土结构、钢结构、钢-混凝土组合结构、木结构的房屋,应根据设防类别、设防烈度、房屋高度、场地地基条件、使用要求和建筑形体等因素综合分析选用合适的结构体系。混凝土结构房屋以及钢-混凝土组合结构房屋中,框支梁、框支柱及抗震等级不低于二级的框架梁、柱、节点核芯区的混凝土强度等级不应低于C30。

对于框架结构房屋,应考虑填充墙、围护墙和楼梯构件的刚度影响,避免不合理设置而导致主体结构的破坏。

建筑主体结构中,幕墙、围护墙、隔墙、女儿墙、雨篷、商标、广告牌、顶篷支架、大型储物架等建筑非结构构件的安装部位,应采取加强措施,以承受由非结构构件传递的地震作用。

围护墙、隔墙、女儿墙等非承重墙体的设计与构造应符合下列规定:

(1)采用砌体墙时,应设置拉结筋、水平系梁、圈梁、构造柱等与主体结构可靠拉结。

(2)墙体及其与主体结构的连接应具有足够变形能力,以适应主体结构不同方向的层间变形需求。

(3)人流出入口和通道处的砌体女儿墙应与主体结构锚固,防震缝处女儿墙的自由端应予以加强。

建筑装饰构件的设计与构造应符合下列规定:

(1)各类顶棚的构件及与楼板的连接件,应能承受顶棚、悬挂重物和有关机电设施的自重和地震附加作用;其锚固的承载力应大于连接件的承载力。

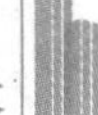

(2)悬挑构件或一端由柱支承的构件,应与主体结构可靠连接。

(3)玻璃幕墙、预制墙板、附属于楼屋面的悬臂构件和大型储物架的抗震构造应符合抗震设防类别和烈度的要求。

建筑附属机电设备不应设置在可能致使其功能障碍等二次灾害的部位;设防地震下需要连续工作的附属设备,应设置在建筑结构地震反应较小的部位。

2. 混凝土结构房屋

框架梁和框架柱的潜在塑性铰区应采取箍筋加密措施;抗震墙结构、部分框支抗震墙结构、框架－抗震墙结构等结构的墙肢、连梁、框架梁、框架柱以及框支框架等构件的潜在塑性铰区和局部应力集中部位应采取延性加强措施。

板柱－抗震墙结构抗震应符合下列规定:

(1)板柱－抗震墙结构的抗震墙应具备承担结构全部地震作用的能力;其余抗侧力构件的抗剪承载能力设计值不应低于本层地震剪力设计值的20%。

(2)板柱节点处,沿两个主轴方向在柱截面范围内应设置足够的板底连续钢筋,包含可能的预应力筋,防止节点失效后楼板跌落导致的连续性倒塌。

对钢筋混凝土结构,当施工中需要以不同规格或型号的钢筋替代原设计中的纵向受力钢筋时,应按照钢筋受拉承载力设计值相等的原则换算,并应符合本规范规定的抗震构造要求。

3. 钢结构房屋

钢结构房屋应根据设防类别、设防烈度和房屋高度采用不同的抗震等级,并应符合相应的内力调整和抗震构造要求。

框架结构以及框架－中心支撑结构和框架－偏心支撑结构中的无支撑框架,框架梁潜在塑性铰区的上下翼缘应设置侧向支承或采取其他有效措施,防止平面外失稳破坏。当房屋高度不高于100 m且无支撑框架部分的计算剪力不大于结构底部总地震剪力的25%时,其抗震构造措施允许降低一级,但不得低于四级。框架－偏心支撑结构的消能梁段的钢材屈服强度不应大于355 MPa。

4. 钢－混凝土组合结构房屋

钢－混凝土组合结构房屋应根据设防类别、设防烈度、结构类型和房屋高度按下列规定采用不同的抗震等级,并应符合相应的内力调整和抗震构造要求。

钢－混凝土组合框架结构、钢－混凝土组合抗震墙结构、部分框支抗震墙结构、框架－抗震墙结构抗震构造应符合下列规定:

(1)各类型结构的框架梁和框架柱的潜在塑性铰区应采取箍筋加密等延性加强措施。

(2)钢－混凝土组合抗震墙结构、部分框支抗震墙结构、框架－抗震墙结构的钢筋混凝土抗震墙设计应符合有关规定。

(3)型钢混凝土抗震墙的墙肢和连梁以及框支框架等构件的潜在塑性铰区应采取箍筋加密等延性加强措施。

5. 砌体结构房屋

采用蒸压灰砂砖和蒸压粉煤灰砖的砌体房屋,当砌体的抗剪强度仅达到普通黏土砖砌体的70%时,房屋的层数应比普通砖房减少1层,总高度应减少3 m;当砌体的抗剪强度达到普通黏土砖砌体的取值时,房屋层数和总高度的要求同普通砖房屋。

底部框架－抗震墙砌体房屋的结构体系，应符合下列规定：

（1）上部的砌体墙体与底部的框架梁或抗震墙，除楼梯间附近的个别墙段外均应对齐。

（2）房屋的底部，应沿纵横两方向设置一定数量的抗震墙，并应均匀对称布置。6度且总层数不超过4层的底层框架－抗震墙砌体房屋，应允许采用嵌砌于框架之间的约束普通砖砌体或小砌块砌体的砌体抗震墙，但应计入砌体墙对框架的附加轴力和附加剪力并进行底层的抗震验算，且同一方向不应同时采用钢筋混凝土抗震墙和约束砌体抗震墙；其余情况，8度时应采用钢筋混凝土抗震墙，6度、7度时应采用钢筋混凝土抗震墙或配筋小砌块砌体抗震墙。

（3）底层框架－抗震墙砌体房屋的纵横两个方向，第二层计入构造柱影响的侧向刚度与底层侧向刚度的比值，6度、7度时不应大于2.5，8度时不应大于2.0，且均不应小于1.0。

（4）底部2层框架－抗震墙砌体房屋纵横两个方向，底层与底部第二层侧向刚度应接近，第三层计入构造柱影响的侧向刚度与底部第二层侧向刚度的比值，6度、7度时不应大于2.0，8度时不应大于1.5，且均不应小于1.0。

砌体房屋应设置现浇钢筋混凝土圈梁、构造柱或芯柱。

多层砌体房屋的楼、屋面应符合下列规定：

（1）楼板在墙上或梁上应有足够的支承长度，罕遇地震下楼板不应跌落或拉脱。

（2）装配式钢筋混凝土楼板或屋面板，应采取有效的拉结措施，保证楼、屋面的整体性。

（3）楼、屋面的钢筋混凝土梁或屋架应与墙、柱（包括构造柱）或圈梁可靠连接；不得采用独立砖柱。跨度不小于6 m的大梁，其支承构件应采用组合砌体等加强措施，并应满足承载力要求。

砌体结构楼梯间应符合下列规定：

（1）不应采用悬挑式踏步或踏步竖肋插入墙体的楼梯，8度、9度时不应采用装配式楼梯段。

（2）装配式楼梯段应与平台板的梁可靠连接。

（3）楼梯栏板不应采用无筋砖砌体。

（4）楼梯间及门厅内墙阳角处的大梁支承长度不应小于500 mm，并应与梁连接。

（5）顶层及出屋面的楼梯间，构造柱应伸到顶部，并与顶部圈梁连接，墙体应设置通长拉结钢筋网片。

（6）顶层以下楼梯间墙体应在休息平台或楼层半高处设置钢筋混凝土带或配筋砖带，并与构造柱连接。

砌体结构房屋尚应符合下列规定：

（1）砌体结构房屋中的构造柱、芯柱、圈梁及其他各类构件的混凝土强度等级不应低于C25。

（2）对于砌体抗震墙，其施工应先砌墙后浇构造柱、框架梁柱。

《建筑抗震设计规范》规定，多层砖砌体房屋的构造柱应符合下列构造要求：

（1）构造柱最小截面可采用180 mm×240 mm（墙厚190 mm时为180 mm×190 mm），纵向钢筋宜采用4ϕ12，箍筋间距不宜大于250 mm，且在柱上下端应适当加密；6度、7度时超过

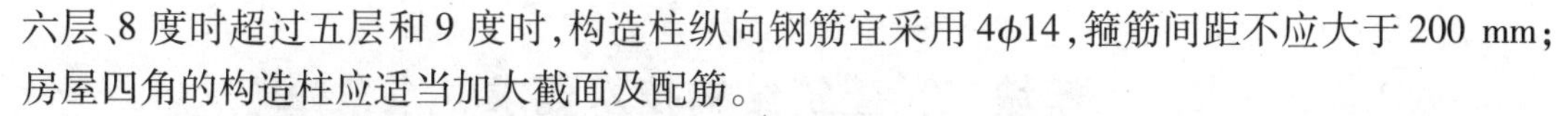

六层、8 度时超过五层和 9 度时，构造柱纵向钢筋宜采用 4ϕ14，箍筋间距不应大于 200 mm；房屋四角的构造柱应适当加大截面及配筋。

（2）构造柱与墙连接处应砌成马牙槎，沿墙高每隔 500 mm 设 2ϕ6 水平钢筋和 ϕ4 分布短筋平面内点焊组成的拉结网片或 ϕ4 点焊钢筋网片，每边伸入墙内不宜小于 1 m。6 度、7 度时底部 1/3 楼层，8 度时底部 1/2 楼层，9 度时全部楼层，上述拉结钢筋网片应沿墙体水平通长设置。

（3）构造柱与圈梁连接处，构造柱的纵筋应在圈梁纵筋内侧穿过，保证构造柱纵筋上下贯通。

（4）构造柱可不单独设置基础，但应伸入室外地面下 500 mm，或与埋深小于 500 mm 的基础圈梁相连。

（5）房屋高度和层数接近规定的限值时，纵、横墙内构造柱间距尚应符合下列要求：横墙内的构造柱间距不宜大于层高的二倍；下部 1/3 楼层的构造柱间距适当减小；当外纵墙开间大于 3.9 m 时，应另设加强措施。内纵墙的构造柱间距不宜大于 4.2 m。

注：除了上述结构的抗震措施，还需了解框架结构的震害要点。框架结构所受震害的特点：柱的震害重于梁；柱顶的震害重于柱底，在同一楼层的柱子的高度范围内，柱子由下至上，最上部比底部更容易受到地震破坏；角柱的震害重于内柱；短柱的震害重于一般柱。框架结构震害的严重部位在框架梁柱节点和填充墙处较多发生。

提示

建筑工程抗震设计的相关内容在历年考试中都有所涉及。但自 2021 年国家发布的新规范《建筑与市政工程抗震通用规范》（自 2022 年 1 月 1 日起实施）替代了《建筑抗震设计规范》《建筑工程抗震设防分类标准》等规范中的强制性条文。

典型例题

【单选题】关于砌体结构楼梯间的说法，正确的是（　　）。

A. 楼梯间的大梁支承长度不应小于 600 mm

B. 8 度时采用装配式楼梯段

C. 可采用悬挑式踏步插入墙体的楼梯

D. 装配式楼梯段应与平台板的梁可靠连接

D。**【解析】**根据《建筑与市政抗震通用规范》，砌体结构楼梯间及门厅内墙阳角处的大梁支承长度不应小于 500 mm，并应与圈梁连接。故选项 A 错误。不应采用悬挑式踏步或踏步竖肋插入墙体的楼梯，8 度、9 度时不应采用装配式楼梯段。故选项 B，C 错误。

【多选题】关于框架结构震害特点的说法，正确的有（　　）。

A. 柱的震害重于梁

B. 柱底的震害重于柱顶

C. 角柱的震害重于内柱

D. 一般柱的震害重于短柱

E. 震害的严重部位多发生在框架梁柱节点和填充墙处

ACE。**【解析】**柱顶的震害重于柱底；短柱的震害重于一般柱。具体内容见上文。

模块二 建筑结构技术要求

一、房屋结构的可靠性（安全性、适用性及耐久性）要求

在工程建设中要贯彻落实建筑方针，保障工程结构安全性、适用性、耐久性（合称可靠性），满足建设项目正常使用和绿色发展需要。

安全性是指建筑结构在正常施工和正常使用时，能承受可能出现的各种作用（如荷载、温度变化、正常维修、支座不均匀沉降等引起的内力和变形），并且在设计规定的偶然事件（如地震、爆炸等）发生时及发生后，仍能保持整体稳定性而不发生倒塌。

适用性是指建筑结构在正常使用过程中，应保持良好的工作性能。

耐久性是指在设计确定的环境作用和维修、使用条件下，结构构件在设计使用年限内保持其适用性和安全性的能力。

（一）基本要求

结构在设计工作年限内，必须符合图1-1的规定。

安全性：能够承受在正常施工和正常使用期间预期可能出现的各种作用

适用性：应保障结构和结构构件的预定使用要求

耐久性：应保障足够的耐久性要求

图1-1 可靠性要求

结构体系应具有合理的传力路径，能够将结构可能承受的各种作用从作用点传递到抗力构件。

当发生可能遭遇的爆炸、撞击、罕遇地震等偶然事件及人为失误时，结构应保持整体稳固性，不应出现与起因不相称的破坏后果。当发生火灾时，结构应能在规定的时间内保持承载力和整体稳固性。

根据环境条件对耐久性的影响，结构材料应采取相应的防护措施。

（二）可靠性的具体要求

1. 安全性

结构设计时，应根据结构破坏可能产生后果的严重性，采用不同的安全等级。结构安全等级的划分应符合表1-6的规定。结构及其部件的安全等级不得低于三级。

表1-6 安全等级的划分

安全等级	破坏后果	安全等级	破坏后果	安全等级	破坏后果
一级	很严重	二级	严重	三级	不严重

建筑结构中各类结构构件的安全等级，宜与结构的安全等级相同，对其中部分结构构件的安全等级可进行调整，但不得低于三级。

可靠度水平的设置应根据结构构件的安全等级、失效模式和经济因素等确定。对结构的安全性、适用性和耐久性可采用不同的可靠度水平。

2. 适用性

在正常使用时，结构的适用性主要对裂缝和变形进行控制。

结构构件正截面的受力裂缝控制等级分为三级，等级划分及要求应符合下列规定：

(1)一级——严格要求不出现裂缝的构件，按荷载标准组合计算时，构件受拉边缘混凝土不应产生拉应力。

(2)二级——一般要求不出现裂缝的构件，按荷载标准组合计算时，构件受拉边缘混凝土拉应力不应大于混凝土抗拉强度的标准值。

(3)三级——允许出现裂缝的构件：对钢筋混凝土构件，按荷载准永久组合并考虑长期作用影响计算时，构件的最大裂缝宽度不应超过最大裂缝宽度限值。对预应力混凝土构件，按荷载标准组合并考虑长期作用的影响计算时，构件的最大裂缝宽度不应超过最大裂缝宽度限值；对二 a 类环境的预应力混凝土构件，尚应按荷载准永久组合计算，且构件受拉边缘混凝土的拉应力不应大于混凝土的抗拉强度标准值。

3. 耐久性

建筑结构设计时应对环境影响进行评估，当结构所处的环境对其耐久性有较大影响时，应根据不同的环境类别采用相应的结构材料、设计构造、防护措施、施工质量要求等，并应制定结构在使用期间的定期检修和维护制度，使结构在设计使用年限内不致因材料的劣化而影响其安全或正常使用。关于设计使用年限的内容在模块一中已经讲解，详见表 1-3 和表 1-4。

为保证混凝土结构的耐久性达到规定的设计使用年限，确保工程结构的合理使用寿命，制定了《混凝土结构耐久性设计标准》。混凝土结构暴露环境类别应按表 1-7 的规定确定。

表 1-7　环境类别

环境类别	名称	劣化机理
Ⅰ	一般环境	正常大气作用引起钢筋锈蚀
Ⅱ	冻融环境	反复冻融导致混凝土损伤
Ⅲ	海洋氯化物环境	氯盐侵入引起钢筋锈蚀
Ⅳ	除冰盐等其他氯化物环境	氯盐侵入引起钢筋锈蚀
Ⅴ	化学腐蚀环境	硫酸盐等化学物质对混凝土的腐蚀

一般环境中的配筋混凝土结构构件，其普通钢筋的保护层最小厚度与相应的混凝土强度等级、最大水胶比应符合表 1-8 的要求。

表 1-8　一般环境中混凝土材料与钢筋的保护层最小厚度 c　　单位：mm

<table>
<tr><th colspan="2" rowspan="2">设计使用年限 / 环境作用等级</th><th colspan="3">100 年</th><th colspan="3">50 年</th><th colspan="3">30 年</th></tr>
<tr><th>混凝土强度等级</th><th>最大水胶比</th><th>c</th><th>混凝土强度等级</th><th>最大水胶比</th><th>c</th><th>混凝土强度等级</th><th>最大水胶比</th><th>c</th></tr>
<tr><td rowspan="6">板、墙等面形构件</td><td>Ⅰ-A</td><td>≥C30</td><td>0.55</td><td>20</td><td>≥C25</td><td>0.60</td><td>20</td><td>≥C25</td><td>0.60</td><td>20</td></tr>
<tr><td rowspan="2">Ⅰ-B</td><td>C35</td><td>0.50</td><td>30</td><td>C30</td><td>0.55</td><td>25</td><td>C25</td><td>0.60</td><td>25</td></tr>
<tr><td>≥C40</td><td>0.45</td><td>25</td><td>≥C35</td><td>0.50</td><td>20</td><td>≥C30</td><td>0.55</td><td>20</td></tr>
<tr><td rowspan="3">Ⅰ-C</td><td>C40</td><td>0.45</td><td>40</td><td>C35</td><td>0.50</td><td>35</td><td>C30</td><td>0.55</td><td>30</td></tr>
<tr><td>C45</td><td>0.40</td><td>35</td><td>C40</td><td>0.45</td><td>30</td><td>C35</td><td>0.50</td><td>25</td></tr>
<tr><td>≥C50</td><td>0.36</td><td>30</td><td>≥C45</td><td>0.40</td><td>25</td><td>≥C40</td><td>0.45</td><td>20</td></tr>
</table>

（续表）

设计使用年限 / 环境作用等级		100年			50年			30年		
		混凝土强度等级	最大水胶比	c	混凝土强度等级	最大水胶比	c	混凝土强度等级	最大水胶比	c
梁、柱等条形构件	Ⅰ-A	C30 ≥C35	0.55 0.50	30 25	C25 ≥C30	0.60 0.55	25 20	≥C25	0.60	20
	Ⅰ-B	C35 ≥C40	0.50 0.45	35 30	C30 ≥C35	0.55 0.50	30 25	C25 ≥C30	0.60 0.55	30 25
	Ⅰ-C	C40 C45 ≥C50	0.45 0.40 0.36	45 40 35	C35 C40 ≥C45	0.50 0.45 0.40	40 35 30	C30 C35 ≥C40	0.55 0.50 0.45	35 30 25

提示

根据表1-8，有以下几点需掌握：

（1）Ⅰ-A环境中使用年限低于100年的板、墙，当混凝土骨料最大公称粒径不大于15 mm时，保护层最小厚度可降为15 mm，但最大水胶比不应大于0.55。

（2）处于年平均气温大于20 ℃且年平均湿度高于75%环境中的构件，除Ⅰ-A环境中的板、墙外，混凝土最低强度等级应比表1-8中规定提高一级，或将钢筋的保护层最小厚度增加5 mm。

（3）预制构件的保护层厚度可比表1-8中规定减少5 mm。

（4）直接接触土体浇筑的构件，其钢筋的混凝土保护层厚度不应小于70 mm；当采用混凝土垫层时，其保护层厚度可按表1-8确定。

典型例题

【单选题】一般环境中，直接接触土体浇筑的构件，其钢筋的混凝土保护层厚度不应小于（　　）。

A. 55 mm　　　　B. 60 mm

C. 65 mm　　　　D. 70 mm

D。【解析】一般环境中的配筋混凝土结构构件，其普通钢筋的保护层最小厚度与相应的混凝土强度等级、最大水胶比应符合相关要求；直接接触土体浇筑的构件，其钢筋的混凝土保护层厚度不应小于70 mm。

（三）可靠性的评定

1. 一般规定

在下列情况下宜进行既有结构的可靠性评定：

（1）结构的使用时间超过规定的年限。

（2）结构的用途或使用要求发生改变。

（3）结构的使用环境恶化。

(4)出现构件损伤、材料性能劣化或其他不利状态。

(5)对既有结构的可靠性有怀疑或有异议。

既有结构的可靠性评定可分为承载能力评定、适用性评定、耐久性评定和抵抗偶然作用能力评定。既有结构的可靠性评定应采取以现行结构标准的基本规定为基准,对建筑结构能力的状况或发展趋势予以评价的方式。既有结构宜采取保全结构,延长结构使用年限的处理措施。

2. 承载能力评定

既有结构承载能力的评定可分成结构体系和构件布置、构件的连接和构造、作用与作用效应的分析、构件与连接的承载力等评定分项。

结构构件和连接的承载力可采取下列方法进行评定:

(1)基于结构良好状态的评定方法。

(2)基于材料强度系数的方法。

(3)基于抗力系数的评定方法。

(4)基于可靠指标的构件承载力分项系数的评定方法。

(5)重力荷载检验的评定方法等。

提示

由于《建筑结构可靠性设计统一标准》的规定比过去有所提高,因此不宜将构件承载能力的评定称为安全性评定。

3. 适用性评定

既有结构的适用性应包括正常使用极限状态和结构维系建筑功能的能力等分项。

结构构件正常使用极限状态应以现行结构设计标准限定的变形和位移值为基准对结构构件的状况进行评定。

结构构件的变形和位移等状况可通过现场检测确定;现场检测时应区分施工偏差和构件的变形或位移。

4. 耐久性评定

既有结构的耐久性评定,应以判定结构相应耐久年限与评估使用年限之间的关系为目的。

既有建筑结构耐久性的评定应实施下列现场检测:

(1)确定已出现耐久性极限状态标志的构件和连接。

(2)测定构件材料性能劣化的状况。

(3)测定有害物质的含量或侵入深度。

(4)确定环境侵蚀性的变动情况。

结构构件的耐久年数可采取下列方法推定:

(1)经验的方法。

(2)依据实际劣化情况验证或校准已有劣化模型的方法。

(3)基于快速检验的方法。

(4)其他适用的方法等。

5. 抵抗偶然作用能力的评定

既有建筑结构的偶然作用包括其可能遭受的罕遇地震、洪水、爆炸、非正常撞击、火灾等。

既有结构抵抗偶然作用的能力，宜从结构体系与构件布置、连接与构造、承载力、防灾减灾和防护措施等方面综合评定。

二、结构上的作用

建筑结构设计时，应考虑结构上可能出现的各种直接作用、间接作用和环境影响。

结构上的各种作用，当在时间上和空间上可认为是相互独立时，则每一种作用可分别作为单个作用；当某些作用密切相关且有可能同时以最大值出现时，也可将这些作用一起作为单个作用。结构上的作用按不同的标准分类如图 1-2 所示。除此之外，结构上的作用按作用面大小可分为集中荷载、线荷载和均布面荷载。

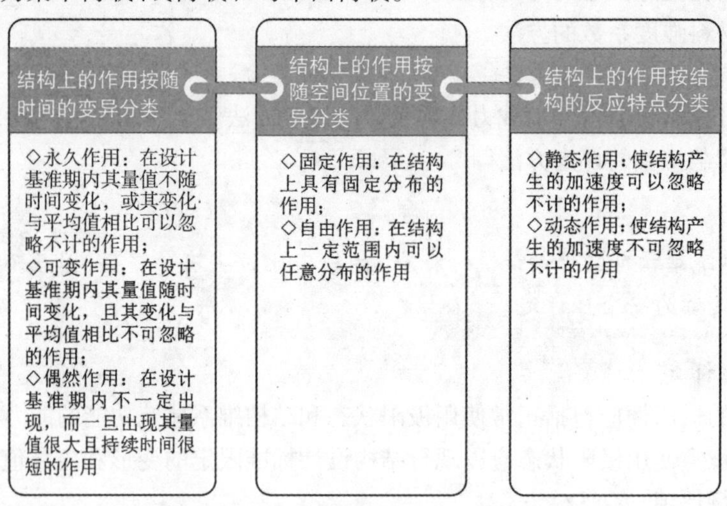

图 1-2　结构上的作用按不同的标准分类

作用按随时间的变异分类是作用最主要的分类，其具体类型如表 1-9 所示。另外，永久作用、可变作用和偶然作用的代表值应符合下列规定：

(1)永久作用应采用标准值。

(2)可变作用应根据设计要求采用标准值、组合值、频遇值或准永久值。

(3)偶然作用应按结构设计使用特点确定其代表值。

表 1-9　作用按随时间的变异分类

按随时间的变异分类	类型
永久作用	结构自重；土压力；水位不变的水压力；预应力；地基变形；混凝土收缩；钢材焊接变形；引起结构外加变形或约束变形的各种施工因素
可变作用	使用时人员、物件等荷载；施工时结构的某些自重；安装荷载；车辆荷载；吊车荷载；风荷载；雪荷载；冰荷载；多遇地震；正常撞击；水位变化的水压力；扬压力；波浪力；温度变化
偶然作用	撞击；爆炸；罕遇地震；龙卷风；火灾；极严重的侵蚀；洪水作用

需注意，隔墙自重作为永久作用时，应符合位置固定的要求；位置可灵活布置的轻质隔墙自重应按可变作用考虑。

除了上述结构上的作用的相关概念和类型外，还需了解作用在平面的综合应用，该知识只做了解，近年来涉及不多，主要掌握下面第二道典型例题中解析的相关内容即可。

典型例题

【单选题】下列装饰装修施工过程，属于对建筑结构增加了线荷载的是(　　)。

A. 在室内增加装饰性石柱　　B. 室内悬挂较大的吊灯

C. 室内增加隔墙　　D. 室内局部增加假山盆景

C。**【解析】**在建筑物原有平面(楼面或屋面)上放置或悬挂的重物一般可看作集中荷载，如石柱、吊灯、盆景、风扇、冰箱等；在室内增加的条状结构一般可看作线荷载，如隔墙、封闭阳台等；在楼面上加铺任何材料可看作均布面荷载，如木地板、地砖等。

【单选题】刚梁临时搁置在钢柱牛腿上不做任何处理，其支座可简化为(　　)。

A. 固定铰支座　　B. 可动铰支座

C. 固定支座　　D. 弹性支座

B。**【解析】**房屋平面结构的支座形式通常可简化为固定支座、固定铰支座、可动铰(滑移)支座三种。固定支座的特点为水平、垂直方向不能移动，也不可以转动。固定铰支座的特点为可以转动，水平、垂直方向不能移动。可动铰(滑移)支座的特点为垂直方向不可以移动，可以转动，也可以沿水平方向移动。将刚梁临时搁置在钢柱牛腿上不做任何处理，其垂直方向不可以移动，但可以转动和沿水平方向移动，因此其支座可简化为可动铰(滑移)支座。

三、混凝土结构设计

混凝土结构是以混凝土为主制成的结构，包括素混凝土结构、钢筋混凝土结构和预应力混凝土结构等。混凝土的优点包括耐久性好、耐火性好、可模性好和整体性好，且易于就地取材，但其自重较大，抗裂性较差。

(一)基本规定

混凝土结构工程应确定其结构设计工作年限、结构安全等级、抗震设防类别、结构上的作用和作用组合；应进行结构承载能力极限状态、正常使用极限状态和耐久性设计，并应符合工程的功能和结构性能要求。

结构混凝土强度等级的选用应满足工程结构的承载力、刚度及耐久性需求。对设计工作年限为50年的混凝土结构，结构混凝土的强度等级尚应符合表1-10的规定；对设计工作年限大于50年的混凝土结构，结构混凝土的最低强度等级应比下列规定提高。

表1-10　结构混凝土的强度等级

混凝土	强度等级
素混凝土结构构件的混凝土	不应低于C20
钢筋混凝土结构构件的混凝土	不应低于C25

（续表）

混凝土	强度等级
预应力混凝土楼板结构的混凝土； 钢－混凝土组合结构构件的混凝土； 承受重复荷载作用的钢筋混凝土结构构件的混凝土； 抗震等级不低于二级的钢筋混凝土结构构件的混凝土； 采用500 MPa及以上等级钢筋的钢筋混凝土结构构件的混凝土	不应低于C30
其他预应力混凝土结构构件的混凝土	不应低于C40

混凝土结构用普通钢筋、预应力筋应具有符合工程结构在承载能力极限状态和正常使用极限状态下需求的强度和延伸率。

混凝土结构应从设计、材料、施工、维护各环节采取控制混凝土裂缝的措施。混凝土构件受力裂缝的计算应符合下列规定：

(1)不允许出现裂缝的混凝土构件，应根据实际情况控制混凝土截面不产生拉应力或控制最大拉应力不超过混凝土抗拉强度标准值。

(2)允许出现裂缝的混凝土构件，应根据构件类别与环境类别控制受力裂缝宽度，使其不致影响设计工作年限内的结构受力性能、使用性能和耐久性能。

混凝土结构构件的最小截面尺寸应满足结构承载力极限状态、正常使用极限状态的计算要求，并应满足结构耐久性、防水、防火、配筋构造及混凝土浇筑施工要求。

混凝土结构中的普通钢筋、预应力筋应设置混凝土保护层，混凝土保护层厚度应符合下列规定：满足普通钢筋、有黏结预应力筋与混凝土共同工作性能要求；满足混凝土构件的耐久性能及防火性能要求；不应小于普通钢筋的公称直径，且不应小于15 mm。

当施工中进行混凝土结构构件的钢筋、预应力筋代换时，应符合设计规定的构件承载能力、正常使用、配筋构造及耐久性能要求，并应取得设计变更文件。

(二)材料

1. 混凝土

结构混凝土用水泥主要控制指标应包括凝结时间、安定性、胶砂强度和氯离子含量。水泥中使用的混合材品种和掺量应在出厂文件中明示。

结构混凝土用砂、粗骨料、外加剂的要求应符合表1-11的规定。

表1-11　结构混凝土用砂、粗骨料、外加剂的要求

材料	要求
砂	(1)砂的坚固性指标不应大于10%；对于有抗渗、抗冻、抗腐蚀、耐磨或其他特殊要求的混凝土，砂的含泥量和泥块含量分别不应大于3.0%和1.0%，坚固性指标不应大于8%；高强混凝土用砂的含泥量和泥块含量分别不应大于2.0%和0.5%；机制砂应按石粉的亚甲蓝值指标和石粉的流动比指标控制石粉含量。 (2)混凝土结构用海砂必须经过净化处理。 (3)钢筋混凝土用砂的氯离子含量不应大于0.03%，预应力混凝土用砂的氯离子含量不应大于0.01%

（续表）

材料	要求
粗骨料	结构混凝土用粗骨料的坚固性指标不应大于12%；对于有抗渗、抗冻、抗腐蚀、耐磨或其他特殊要求的混凝土，粗骨料中含泥量和泥块含量分别不应大于1.0%和0.5%，坚固性指标不应大于8%；高强混凝土用粗骨料的含泥量和泥块含量分别不应大于0.5%和0.2%
外加剂	(1)含有六价铬、亚硝酸盐和硫氰酸盐成分的混凝土外加剂，不应用于饮水工程中建成后与饮用水直接接触的混凝土。 (2)含有强电解质无机盐的早强型普通减水剂、早强剂、防冻剂和防水剂，严禁用于下列混凝土结构：与镀锌钢材或铝材相接触部位的混凝土结构；有外露钢筋、预埋件而无防护措施的混凝土结构；使用直流电源的混凝土结构；距离高压直流电源100 m以内的混凝土结构。 (3)含有氯盐的早强型普通减水剂、早强剂、防水剂和氯盐类防冻剂，不应用于预应力混凝土、钢筋混凝土和钢纤维混凝土结构。 (4)含有硝酸铵、碳酸铵的早强型普通减水剂、早强剂和含有硝酸铵、碳酸铵、尿素的防冻剂，不应用于民用建筑工程。 (5)含有亚硝酸盐、碳酸盐的早强型普通减水剂、早强剂、防冻剂和含有硝酸盐的阻锈剂，不应用于预应力混凝土结构

2. 钢筋

对按一、二、三级抗震等级设计的房屋建筑框架和斜撑构件，其纵向受力普通钢筋性能应符合下列规定：

(1)抗拉强度实测值与屈服强度实测值的比值不应小于1.25。

(2)屈服强度实测值与屈服强度标准值的比值不应大于1.30。

(3)最大力总延伸率实测值不应小于9%。

3. 其他材料

钢筋套筒灌浆连接接头的实测极限抗拉强度不应小于连接钢筋的抗拉强度标准值，且接头破坏应位于套筒外的连接钢筋。

（三）设计

混凝土结构构件应根据受力状况分别进行正截面、斜截面、扭曲截面、受冲切和局部受压承载力计算；对于承受动力循环作用的混凝土结构或构件，尚应进行构件的疲劳承载力验算。

混凝土结构构件的最小截面尺寸应符合下列规定：

(1)矩形截面框架梁的截面宽度不应小于200 mm。

(2)矩形截面框架柱的边长不应小于300 mm，圆形截面柱的直径不应小于350 mm。

(3)高层建筑剪力墙的截面厚度不应小于160 mm，多层建筑剪力墙的截面厚度不应小于140 mm。

(4)现浇钢筋混凝土实心楼板的厚度不应小于80 mm，现浇空心楼板的顶板、底板厚度均不应小于50 mm。

(5)预制钢筋混凝土实心叠合楼板的预制底板及后浇混凝土厚度均不应小于 50 mm。

混凝土结构中普通钢筋、预应力筋应采取可靠的锚固措施。普通钢筋锚固长度取值应符合下列规定:

(1)受拉钢筋锚固长度应根据钢筋的直径、钢筋及混凝土抗拉强度、钢筋的外形、钢筋锚固端的形式、结构或结构构件的抗震等级进行计算。

(2)受拉钢筋锚固长度不应小于 200 mm。

(3)对受压钢筋,当充分利用其抗压强度并需锚固时,其锚固长度不应小于受拉钢筋锚固长度的 70%。

房屋建筑混凝土框架梁设计应符合下列规定:

(1)计入受压钢筋作用的梁端截面混凝土受压区高度与有效高度之比值,一级不应大于 0.25,二级、三级不应大于 0.35。

(2)纵向受拉钢筋的最小配筋率不应小于规定的数值。

(3)梁端截面的底面和顶面纵向钢筋截面面积的比值,除按计算确定外,一级不应小于 0.5,二级、三级不应小于 0.3。

(4)梁端箍筋的加密区长度、箍筋最大间距和最小直径应符合表 1-12 的要求;一级、二级抗震等级框架梁,当箍筋直径大于 12 mm、肢数不少于 4 肢且肢距不大于 150 mm 时,箍筋加密区最大间距应允许放宽到不大于 150 mm。

表 1-12　梁端箍筋加密区的长度、箍筋最大间距和最小直径

抗震等级	加密区长度(取较大值)/mm	箍筋最大间距(取最小值)/mm	箍筋最小直径/mm
一级	$2.0h_b$,500	$h_b/4$,$6d$,100	10
二级	$1.5h_b$,500	$h_b/4$,$8d$,100	8
三级	$1.5h_b$,500	$h_b/4$,$8d$,150	8
四级	$1.5h_b$,500	$h_b/4$,$8d$,150	6

注:表中 d 为纵向钢筋直径,h_b 为梁截面高度。

(四)施工及验收

材料、构配件、器具和半成品应进行进场验收,合格后方可使用。

模板拆除、预制构件起吊、预应力筋张拉和放张时,同条件养护的混凝土试件应达到规定强度。

混凝土结构的外观质量不应有严重缺陷及影响结构性能和使用功能的尺寸偏差。

应对涉及混凝土结构安全的代表性部位进行实体质量检验。

模板及支架应根据施工过程中的各种控制工况进行设计,并应满足承载力、刚度和整体稳固性要求。模板及支架应保证混凝土结构和构件各部分形状、尺寸和位置准确。

混凝土运输、输送、浇筑过程中严禁加水;运输、输送、浇筑过程中散落的混凝土严禁用于结构浇筑。

(五)维护及拆除

混凝土结构应根据结构类型、安全性等级及使用环境,建立全寿命周期内的结构使用、

维护管理制度。

混凝土结构工程拆除应进行方案设计，并应采取保证拆除过程安全的措施；预应力混凝土结构拆除尚应分析预加力解除程序。

混凝土结构拆除应遵循减量化、资源化和再生利用的原则，并应制定废弃物处置方案。

提示

混凝土结构设计依据自2021年国家发布的新规范《混凝土结构通用规范》（自2022年1月1日起实施）进行了修订。该规范为强制性工程建设规范，全部条文必须严格执行。现行工程建设标准中有关规定与该规范不一致的，以该规范的规定为准。

四、砌体结构设计

砌体结构是由块体和砂浆砌筑而成的墙、柱作为建筑物主要受力构件的结构，是砖砌体、砌块砌体和石砌体结构的统称。其具有如下特点：耐久性能、耐火性能好；保温隔热性能好；工艺简单、施工方便、易就地取材；节能效果好；自重大；抗震性能差；抗拉、抗剪、抗弯性能差；工程量大，生产效率低；可以承重，也可以作为围护结构。

（一）基本规定

砌体强度设计值应通过砌体强度标准值除以砌体结构的材料性能分项系数计算确定，并应按施工质量控制等级确定砌体结构的材料性能分项系数。施工质量控制等级为A级、B级和C级时，材料性能分项系数应分别取1.5，1.6和1.8。

满足50年设计工作年限要求的块材碳化系数和软化系数均不应小于0.85，软化系数小于0.9的材料不得用于潮湿环境、冻融环境和化学侵蚀环境下的承重墙体。

砌体结构应布置合理、受力明确、传力途径合理，并应保证砌体结构的整体性和稳定性。

砌体结构施工质量控制等级应根据现场质量管理水平、砂浆与混凝土质量控制、砂浆拌合工艺、砌筑工人技术等级四个要素从高到低分为A，B，C三级，设计工作年限为50年及以上的砌体结构工程，应为A级或B级。

环境类别为2～5类条件下砌体结构的钢筋应采取防腐处理或其他保护措施。

环境类别为4类、5类条件下的砌体结构应采取抗侵蚀和耐腐蚀措施。

（二）材料

1.一般规定

砌体结构材料应依据其承载性能、节能环保性能、使用环境条件合理选用。

砌体结构选用材料应符合下列规定：

（1）所用的材料应有产品出厂合格证书、产品性能型式检验报告。

（2）应对块材、水泥、钢筋、外加剂、预拌砂浆、预拌混凝土的主要性能进行检验，证明质量合格并符合设计要求。

（3）应根据块材类别和性能，选用与其匹配的砌筑砂浆。

砌体结构不应采用非蒸压硅酸盐砖、非蒸压硅酸盐砌块及非蒸压加气混凝土制品。

长期处于 200 ℃以上或急热急冷的部位，以及有酸性介质的部位，不得采用非烧结墙体材料。

砌体结构中的钢筋应采用热轧钢筋或余热处理钢筋。

2. 块体材料

处于环境类别 4 类、5 类的承重砌体，应根据环境条件选择块体材料的强度等级、抗渗、耐酸、耐碱性能指标。

夹心墙的外叶墙的砖及混凝土砌块的强度等级不应低于 MU10。

填充墙的块材最低强度等级，应符合下列规定：

(1)内墙空心砖、轻骨料混凝土砌块、混凝土空心砌块应为 MU3.5，外墙应为 MU5。

(2)内墙蒸压加气混凝土砌块应为 A2.5，外墙应为 A3.5。

下列部位或环境中的填充墙不应使用轻骨料混凝土小型空心砌块或蒸压加气混凝土砌块砌体：

(1)建(构)筑物防潮层以下墙体。

(2)长期浸水或化学侵蚀环境。

(3)砌体表面温度高于 80 ℃的部位。

(4)长期处于有振动源环境的墙体。

3. 砂浆和灌孔混凝土

砌筑砂浆的最低强度等级应符合下列规定：

(1)设计工作年限大于和等于 25 年的烧结普通砖和烧结多孔砖砌体应为 M5，设计工作年限小于 25 年的烧结普通砖和烧结多孔砖砌体应为 M2.5。

(2)蒸压加气混凝土砌块砌体应为 Ma5，蒸压灰砂普通砖和蒸压粉煤灰普通砖砌体应为 Ms5。

(3)混凝土普通砖、混凝土多孔砖砌体应为 Mb5。

(4)混凝土砌块、煤矸石混凝土砌块砌体应为 Mb7.5。

(5)配筋砌块砌体应为 Mb10。

(6)毛料石、毛石砌体应为 M5。

混凝土砌块砌体的灌孔混凝强度等级不应低于 Cb20，且不应低于 1.5 倍的块体强度等级。

设计有抗冻要求的砌体时，砂浆应进行冻融试验，其抗冻性能不应低于墙体块材。

4. 砌体强度

灌孔混凝土砌块砌体的灌孔率应根据受力或施工条件确定，且不应小于 33%，其抗压强度设计值不应大于未灌孔砌体抗压强度设计值的 2 倍。

(三) 设计

砌体结构应按承载能力极限状态设计，并应根据砌体结构的特性，采取构造措施，满足正常使用极限状态和耐久性的要求。

墙体转角处和纵横墙交接处应设置水平拉结钢筋或钢筋焊接网。

钢筋混凝土楼、屋面板应符合下列规定：

（1）现浇钢筋混凝土楼板或屋面板伸进纵、横墙内的长度，均不应小于 120 mm。

（2）预制钢筋混凝土板在混凝土梁或圈梁上的支承长度不应小于 80 mm；当板未直接搁置在圈梁上时，在内墙上的支承长度不应小于 100 mm，在外墙上的支承长度不应小于 120 mm。

（3）预制钢筋混凝土板端钢筋应与支座处沿墙或圈梁配置的纵筋绑扎，应采用强度等级不低于 C25 的混凝土浇筑成板带。

（4）预制钢筋混凝土板与现浇板对接时，预制板端钢筋应与现浇板可靠连接。

（5）当预制钢筋混凝土板的跨度大于 4.8 m 并与外墙平行时，靠外墙的预制板侧边应与墙或圈梁拉结。

（6）钢筋混凝土预制板应相互拉结，并应与梁、墙或圈梁拉结。

对于多层砌体结构民用房屋。当层数为 3 层、4 层时，应在底层和檐口标高处各设置一道圈梁。当层数超过 4 层时，除应在底层和檐口标高处各设置一道圈梁外，至少应在所有纵、横墙上隔层设置。多层砌体工业房屋，应每层设置圈梁。设置墙梁的多层砌体结构房屋，应在托梁、墙梁顶面和檐口标高处设置圈梁。

圈梁宽度不应小于 190 mm，高度不应小于 120 mm，配筋不应少于 4ϕ12，箍筋间距不应大于 200 mm。

（四）施工与验收

非烧结块材砌筑时，应满足块材砌筑上墙后的收缩性控制要求。

砌筑前需要湿润的块材应对其进行适当浇（喷）水，不得采用干砖或吸水饱和状态的砖砌筑。

砌体砌筑时，墙体转角处和纵横交接处应同时咬槎砌筑；砖柱不得采用包心砌法；带壁柱墙的壁柱应与墙身同时咬槎砌筑；临时间断处应留槎砌筑；块材应内外搭砌、上下错缝砌筑。

现场拌制砂浆时，各组分材料应采用质量计量。砌筑砂浆拌制后在使用中不得随意掺入其他黏结剂、骨料、混合物。

砌体与构造柱的连接处以及砌体抗震墙与框架柱的连接处均应采用先砌墙后浇柱的施工顺序，并应按要求设置拉结钢筋；砖砌体与构造柱的连接处应砌成马牙槎。

（五）维护与拆除

应对砌体结构风化、渗漏、裂缝及损伤的部位进行检查及维修。砌体结构拆除过程中应采取措施减小对块材的损伤。

拆下的块材用于建造砌体结构时，应符合下列规定：不应使用裂缝或风化的块材；应对块材取样送检，根据检测结果确定使用部位。

提示

砌体结构设计相关内容依据自 2021 年国家发布的新规范《砌体结构通用规范》（自 2022 年 1 月 1 日起实施）。该规范为强制性工程建设规范，全部条文必须严格执行。现行工程建设标准中有关规定与该规范不一致的，以该规范的规定为准。

五、钢结构设计

钢结构是由钢制材料，经机械加工组装而成的结构。其主要由型钢和钢板等制成的钢梁、钢柱、钢桁架等构件组成。各构件或部件之间通常采用焊缝、螺栓或铆钉连接。钢结构具有强度高、结构轻、施工周期短和精度高等特点，广泛应用于大型厂房、场馆、超高层建筑等领域。

（一）基本规定

钢结构工程应根据使用功能、建造成本、使用维护成本和环境影响等因素确定设计工作年限，应根据结构破坏可能产生后果的严重性，采用不同的安全等级，并应合理确定结构的作用及作用组合、地震作用及作用组合，采用适宜的设计方法，确保结构安全、适用、耐久。

当施工方法对结构的内力和变形有较大影响时，应进行施工方法对主体结构影响的分析，并应对施工阶段结构的强度、稳定性和刚度进行验算。

（二）材料

钢结构工程所选用钢材的牌号、技术条件、性能指标均应符合国家现行有关标准的规定。

钢结构承重构件所用的钢材应具有屈服强度，断后伸长率，抗拉强度和硫、磷含量的合格保证，在低温使用环境下尚应具有冲击韧性的合格保证；对焊接结构尚应具有碳或碳当量的合格保证。铸钢件和要求抗层状撕裂（*Z* 向）性能的钢材尚应具有断面收缩率的合格保证。焊接承重结构以及重要的非焊接承重结构所用的钢材，应具有弯曲试验的合格保证；对直接承受动力荷载或需进行疲劳验算的构件，其所用钢材尚应具有冲击韧性的合格保证。

（三）构件及连接设计

对侧向弯扭未受约束的受弯构件，应验算其侧向弯扭失稳承载力；在构件约束端及内支座处应采取措施保证截面不发生扭转。

螺栓孔加工精度、高强度螺栓施加的预拉力、高强度螺栓摩擦型连接的连接板摩擦面处理工艺应保证螺栓连接的可靠性；已施加过预拉力的高强度螺栓拆卸后不应作为受力螺栓循环使用。

焊接材料应与母材相匹配。焊缝应采用减少垂直于厚度方向的焊接收缩应力的坡口形式与构造措施。

钢结构设计时，焊缝质量等级应根据钢结构的重要性、荷载特性、焊缝形式、工作环境以及应力状态等确定。

钢结构承受动荷载且需进行疲劳验算时，严禁使用塞焊、槽焊、电渣焊和气电立焊接头。

对于需进行疲劳验算的构件，其所用钢材应具有冲击韧性的合格保证。

高强度螺栓承压型连接不应用于直接承受动力荷载重复作用且需要进行疲劳计算的构件连接。

栓焊并用连接应按全部剪力由焊缝承担的原则，对焊缝进行疲劳验算。

（四）结构设计

多层和高层钢结构应进行合理的结构布置，应具有明确的计算简图和合理的荷载和

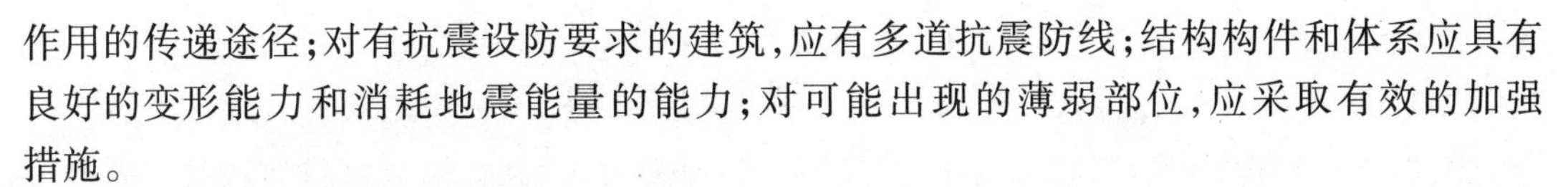

作用的传递途径;对有抗震设防要求的建筑,应有多道抗震防线;结构构件和体系应具有良好的变形能力和消耗地震能量的能力;对可能出现的薄弱部位,应采取有效的加强措施。

结构计算时应考虑构件的下列变形:

(1)梁的弯曲和剪切变形。

(2)柱的弯曲、轴向、剪切变形。

(3)支撑的轴向变形。

(4)剪力墙板和延性墙板的剪切变形。

(5)消能梁段的剪切、弯曲和轴向变形。

(6)楼板的变形。

(五)抗震与防护设计

钢结构应根据设计耐火极限采取相应的防火保护措施,或进行耐火验算与防火设计。钢结构构件的耐火极限经验算低于设计耐火极限时,应采取防火保护措施。

高温环境下的钢结构温度超过 100 ℃时,应进行结构温度作用验算,并应根据不同情况采取防护措施。

(六)施工及验收

钢结构吊装作业必须在起重设备的额定起重量范围内进行。用于吊装的钢丝绳、吊装带、卸扣、吊钩等吊具应经检验合格,并应在其额定许用荷载范围内使用。

对于大型复杂钢结构,应进行施工成形过程计算,并应进行施工过程监测;索膜结构或预应力钢结构施工张拉时应遵循分级、对称、匀速、同步的原则。

钢结构施工方案应包含专门的防护施工内容,或编制防护施工专项方案,应明确现场防护施工的操作方法和环境保护措施。

膨胀型防火涂料的涂层厚度应符合耐火极限的设计要求。非膨胀型防火涂料的涂层厚度,80% 及以上面积应符合耐火极限的设计要求,且最薄处厚度不应低于设计要求的 85%。检查数量按同类构件数抽查 10%,且均不应少于 3 件。

(七)维护与拆除

钢结构应根据结构安全性等级、类型及使用环境,建立全寿命周期内的结构使用、维护管理制度。

拆除施工前,项目人员应熟悉图纸和资料,对拟拆除物和周边环境应进行详细查勘,应调查清楚地上、地下建筑物及设施和毗邻建筑物、构筑物等的分布情况;并应编制施工方案,并应对施工人员进行安全技术交底;对生产、使用、储存危险品的拆除工程,拆除前应先进行残留物的检测和处理,合格后再进行施工。

提示

钢结构设计相关内容依据自 2021 年国家发布的新规范《钢结构通用规范》(自 2022 年 1 月 1 日起实施)进行了修订。该规范为强制性工程建设规范,全部条文必须严格执行。现行工程建设标准中有关规定与该规范不一致的,以该规范的规定为准。

模块三　建筑材料

一、混凝土

（一）混凝土的概念及强度等级

混凝土由水泥作胶凝材料，砂、石作集料与水（可含外加剂和掺合料）按一定比例配合，经搅拌而得。

混凝土强度等级应按立方体抗压强度标准值确定。立方体抗压强度标准值系指按标准方法制作、养护的边长为150 mm的立方体试件，在28天或设计规定龄期以标准试验方法测得的具有95%保证率的抗压强度值。

专家解读

混凝土强度等级由立方体抗压强度标准值确定，立方体抗压强度标准值是混凝土各种力学指标的基本代表值。混凝土强度等级的保证率为95%，按混凝土强度总体分布的平均值减去1.645倍标准差的原则确定。由于粉煤灰等矿物掺合料在水泥及混凝土中大量应用，以及近年混凝土工程发展的实际情况，确定混凝土立方体抗压强度标准值的试验龄期不仅限于28天，可由设计根据具体情况适当延长。

（二）混凝土拌合物的和易性

混凝土拌合物的和易性包括流动性、黏聚性和保水性。流动性的大小，反映混凝土拌合物的稀稠，直接影响振捣密实施工的难易和混凝土的质量。混凝土拌合物内组分之间具有一定的黏聚力，在运输和浇筑过程中不致发生分层离析现象，使混凝土保持整体均匀状态。保水性差的混凝土拌合物，在施工过程中，一部分水易从内部析出表面，在混凝土内部形成泌水通道，使混凝土的密实性变差，降低混凝土的强度和耐久性。影响混凝土和易性的最主要因素是单位体积用水量。

提示

除此之外，还需了解混凝土耐久性的定义。混凝土的耐久性是指混凝土在实际使用条件下抵抗各种破坏因素的作用，长期保持强度和外观完整性的能力，一般包括抗渗性、抗冻性、抗侵蚀性、混凝土的碳化、碱骨料反应等。

典型例题

【单选题】影响混凝土和易性最主要的因素是（　　）。

A. 单位体积用水量　　B. 砂率

C. 组成材料的性质　　D. 温度

A。**【解析】**混凝土拌合物的和易性又称工作性，是指混凝土拌合物易于施工操作并能够使混凝土质量均匀、成型密实的性能。它是一项综合的技术性质，通常包括三个方面的含义，分别是保水性、黏聚性、流动性。影响混凝土拌合物和易性的因素有单位体积用水量、砂率、时间、温度和组成材料的性质（如水泥的泌水性和需水量、骨料的特性、掺合料和外加剂的特性）等。其中，影响混凝土和易性的最主要因素是单位体积用水量。

1. 混凝土外加剂的分类

混凝土外加剂按其主要使用功能分为：

(1)改善混凝土拌合物流变性能的外加剂，如各种减水剂和泵送剂等。

(2)调节混凝土凝结时间、硬化过程的外加剂，如缓凝剂、早强剂、促凝剂和速凝剂等。

(3)改善混凝土耐久性的外加剂，如引气剂、防水剂和阻锈剂等。

(4)改善混凝土其他性能的外加剂，如膨胀剂、防冻剂和着色剂等。

2. 混凝土外加剂的适用范围

(1)减水剂。

普通减水剂宜用于日最低气温5 ℃以上强度等级为C40以下的混凝土，不宜单独用于蒸养混凝土。

早强型普通减水剂宜用于常温、低温和最低温度不低于-5 ℃环境中施工的有早强要求的混凝土工程。炎热环境条件下不宜使用早强型普通减水剂。

缓凝型普通减水剂可用于大体积混凝土、碾压混凝土、炎热气候条件下施工的混凝土、大面积浇筑的混凝土、避免冷缝产生的混凝土、需长时间停放或长距离运输的混凝土、滑模施工或拉模施工的混凝土及其他需要延缓凝结时间的混凝土，不宜用于有早强要求的混凝土。

高效减水剂可用于素混凝土、钢筋混凝土、预应力混凝土，并可用于制备高强混凝土。

缓凝型高效减水剂可用于大体积混凝土、碾压混凝土、炎热气候条件下施工的混凝土、大面积浇筑的混凝土、避免冷缝产生的混凝土、需较长时间停放或长距离运输的混凝土、自密实混凝土、滑模施工或拉模施工的混凝土及其他需要延缓凝结时间且有较高减水率要求的混凝土。缓凝型高效减水剂宜用于日最低气温5 ℃以上施工的混凝土。

标准型高效减水剂宜用于日最低气温0 ℃以上施工的混凝土，也可用于蒸养混凝土。

(2)引气剂。

引气剂及引气减水剂宜用于有抗冻融要求的混凝土、泵送混凝土和易产生泌水的混凝土。其可用于抗渗混凝土、抗硫酸盐混凝土、贫混凝土、轻骨料混凝土、人工砂混凝土和有饰面要求的混凝土，不宜用于蒸养混凝土及预应力混凝土。必要时，应经试验确定。

(3)早强剂。

早强剂宜用于蒸养、常温、低温和最低温度不低于-5 ℃环境中施工的有早强要求的混凝土工程。炎热条件以及环境温度低于-5 ℃时不宜使用早强剂。早强剂不宜用于大体积混凝土；三乙醇胺等有机胺类早强剂不宜用于蒸养混凝土。

(4)缓凝剂。

缓凝剂宜用于延缓凝结时间的混凝土，对坍落度保持能力有要求的混凝土、静停时间较长或长距离运输的混凝土、自密实混凝土，日最低气温5 ℃以上施工的混凝土。缓凝剂可用于大体积混凝土。

(5)泵送剂。

泵送剂宜用于泵送施工的混凝土，日平均气温5 ℃以上的施工环境。其可用于工业与民用建筑结构工程混凝土、桥梁混凝土、水下灌注桩混凝土、大坝混凝土、清水混凝土、防辐射混凝土和纤维增强混凝土等，不宜用于蒸汽养护混凝土和蒸压养护的预制混凝土。

需注意，外加剂的种类繁多，适用条件更是不同，此处不一一讲述。重点掌握上述几种外加剂的相关内容即可。

典型例题

【单选题】下列混凝土掺合料中，属于非活性矿物掺合料的是（　　）。

A. 火山灰质材料　　B. 粉煤灰

C. 钢渣粉　　D. 石灰石

D。【解析】混凝土掺合料，是为了改善混凝土性能，节约用水，调节混凝土强度等级，在混凝土拌合时掺入天然的或人工的能改善混凝土性能的粉状矿物质。混凝土掺合料可分为活性矿物掺合料和非活性矿物掺合料。常见的非活性矿物掺合料有磨细石英砂、石灰石、硬矿渣等。常见的活性矿物掺合料有粒化高炉矿渣、火山灰质材料、粉煤灰、硅粉、钢渣粉、磷渣粉等。

二、水泥

（一）通用硅酸盐水泥的品种及代号

通用硅酸盐水泥是指以硅酸盐水泥熟料和适量的石膏，以及规定的混合材料制成的水硬性胶凝材料。其品种及其代号如图 1-3 所示。

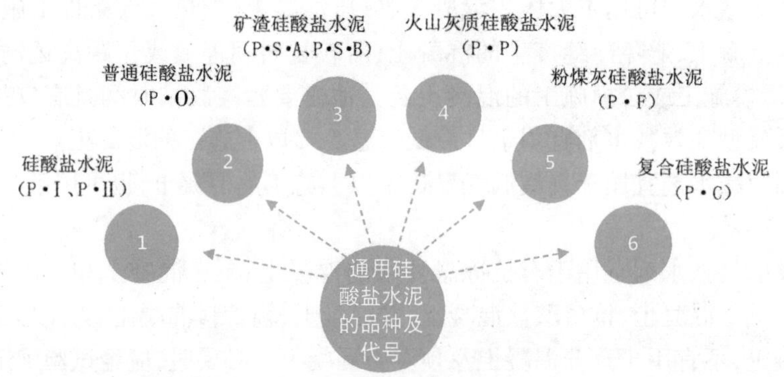

图 1-3　通用硅酸盐水泥的品种及代号

（二）通用硅酸盐水泥的特征

通用硅酸盐水泥的特征如表 1-13 所示。

表 1-13　通用硅酸盐水泥的特征

特性	类别					
	硅酸盐水泥	普通硅酸盐水泥	矿渣硅酸盐水泥	火山灰质硅酸盐水泥	粉煤灰硅酸盐水泥	复合硅酸盐水泥
凝结硬化	快	较快	慢	慢	慢	慢
强度	早期高	早期较高	早期低，后期增长较快	早期低，后期增长较快	早期低，后期增长较快	早期低，后期增长较快

（续表）

特性	类别					
	硅酸盐水泥	普通硅酸盐水泥	矿渣硅酸盐水泥	火山灰质硅酸盐水泥	粉煤灰硅酸盐水泥	复合硅酸盐水泥
水化热	大	较大	较小	较小	较小	较小
抗冻性	好	较好	差	差	差	差
耐蚀性	差	较差	较好	较好	较好	较好
耐热性	差	较差	好	较差	较差	与所掺入的混合材料的种类、掺量有关
干缩性	较小	较小	较大	较大	较小	
抗渗性	—	—	差	较好	—	
抗裂性	—	—	—	—	较高	
泌水性	—	—	大	—	—	

（三）通用硅酸盐水泥的物理要求

1. 凝结时间

硅酸盐水泥的初凝时间不小于 45 min，终凝时间不大于 390 min。

普通硅酸盐水泥、矿渣硅酸盐水泥、火山灰质硅酸盐水泥、粉煤灰硅酸盐水泥和复合硅酸盐水泥初凝时间不小于 45 min，终凝时间不大于 600 min。

2. 安定性

安定性是指水泥浆体硬化后因体积膨胀不均匀而发生变形。当水泥浆体硬化过程发生不均匀的体积变化，就会导致水泥石膨胀开裂、翘曲，甚至失去强度。安定性不良的水泥会降低建筑物质量，甚至引起严重事故。

3. 强度

水泥强度等级是表示水泥力学性能的参数，由规定龄期的水泥胶砂抗折强度值和抗压强度值来确定相应的等级。

硅酸盐水泥分为 42.5、42.5R、52.5、52.5R、62.5、62.5R 六个等级。

普通硅酸盐水泥分为 42.5、42.5R、52.5、52.5R 四个等级。

矿渣硅酸盐水泥、粉煤灰硅酸盐水泥、火山灰质硅酸盐水泥分为 32.5、32.5R、42.5、42.5R、52.5、52.5R 六个等级。

复合硅酸盐水泥分为 42.5、42.5R、52.5、52.5R 四个等级。

4. 细度

硅酸盐水泥细度以比表面积表示，不低于 300 m^2/kg。当有特殊要求时，由买卖双方协商确定。

（四）通用硅酸盐水泥的适用范围

各类硅酸水泥的适用范围如下：

（1）硅酸盐水泥。硅酸盐水泥用于配制高强度混凝土、先张预应力制品、道路、低温下施工的工程和一般受热(<250 ℃)的工程。一般不适用于大体积混凝土和地下工程,特别是有化学侵蚀的工程。

(2)普通硅酸盐水泥。普通硅酸盐水泥可用于任何无特殊要求的工程。一般不适用于受热工程、道路、低温下施工工程、大体积混凝土工程和地下工程,特别是有化学侵蚀的工程。

(3)矿渣硅酸盐水泥。矿渣硅酸盐水泥可用于无特殊要求的一般结构工程,适用于地下、水利和大体积等混凝土工程,在一般受热工程(<250 ℃)和蒸汽养护构件中可优先采用矿渣硅酸盐水泥,不宜用于需要早强和受冻融循环、干湿交替的工程中。

(4)火山灰质硅酸盐水泥和粉煤灰硅酸盐水泥。火山灰质硅酸盐水泥和粉煤灰硅酸盐水泥可用于一般无特殊要求的结构工程,适用于地下、水利和大体积等混凝土工程,不宜用于冻融循环、干湿交替的工程。

(5)复合硅酸盐水泥。复合硅酸盐水泥可用于无特殊要求的一般结构工程,适用于地下、水利和大体积等混凝土工程,特别是有化学侵蚀的工程,不宜用于需要早强和受冻融循环、干湿交替的工程中。

(五)水泥标志、运输与贮存

水泥包装袋上应清楚标明:执行标准、水泥品种、代号、强度等级、生产者名称、生产许可证标志(QS)及编号、出厂编号、包装日期、净含量。硅酸盐水泥和普通硅酸盐水泥包装袋两侧应采用红色印刷或喷涂水泥名称和强度等级。矿渣硅酸盐水泥、粉煤灰硅酸盐水泥、火山灰质硅酸盐水泥和复合硅酸盐水泥包装袋两侧应采用黑色或蓝色印刷或喷涂水泥名称和强度等级。散装发运时应提交与袋装标志相同内容的卡片。

水泥在运输与贮存时不得受潮和混入杂物,不同品种和强度等级的水泥在贮运中避免混杂。

典型例题

【单选题】下列水泥中,水化热最大的是(　　)。

A. 硅酸盐水泥　　B. 矿渣水泥

C. 粉煤灰水泥　　D. 复合水泥

A。【解析】六大水泥根据主要特性大致可分为两类:一类是水化热较大的,具有早强快硬性质的水泥,包括硅酸盐水泥和普通硅酸盐水泥;另一类是水化热较小的,早期强度较低,后期强度增长较快的水泥,包括矿渣硅酸盐水泥、火山灰质硅酸盐水泥、粉煤灰硅酸盐水泥和复合硅酸盐水泥。

【单选题】硅酸盐水泥的终凝时间不得长于(　　)。

A. 6.5 h　　B. 7 h

C. 7.5 h　　D. 10 h

A。【解析】《通用硅酸盐水泥》规定,硅酸盐水泥的初凝时间不小于 45 min,终凝时间不大于 390 min(6.5 h)。普通硅酸盐水泥、矿渣硅酸盐水泥、粉煤灰硅酸盐水泥、火山灰质硅酸盐水泥、复合硅酸盐水泥的初凝时间不小于 45 min,终凝时间不大于 600 min(10 h)。

三、砌筑材料

砌筑材料是指用来砌筑、拼装或用其他方法构成承重或非承重墙体或构筑物的材料，主要包括：传统石材、砖、瓦及砌块；现代的各种空心砌块及板材；砌筑砂浆。

根据材料不同，常用的砌块有普通混凝土与装饰混凝土小型砌块、轻集料混凝土小型空心砌块、蒸压加气混凝土砌块、粉煤灰小型空心砌块、免蒸加气混凝土砌块（又称环保轻质混凝土砌块）和石膏砌块。普通混凝土小型砌块、轻集料混凝土小型空心砌块、蒸压加气混凝土砌块是目前最常用的砌块，下列将对其重点阐述。

（一）普通混凝土小型砌块

1. 概念及强度等级

普通混凝土小型砌块是指以水泥、矿物掺合料、砂、石、水等为原材料，经搅拌、振动成型、养护等工艺制成的小型砌块，包括空心砌块（空心率不小于25%）和实心砌块（空心率小于25%）。

砌块按抗压强度分级如表1-14所示。

表1-14　砌块的强度等级　　单位：MPa

砌块种类	承重砌块（L）	非承重砌块（N）
空心砌块（H）	7.5,10.0,15.0,20.0,25.0	5.0,7.5,10.0
实心砌块（S）	15.0,20.0,25.0,30.0,35.0,40.0	10.0,15.0,20.0

2. 出厂检验

出厂检验项目包括外观质量、尺寸偏差、最小壁肋厚度、强度等级。

3. 检验判定规则

当受检砌块的尺寸偏差和外观质量均符合规范的相应指标时，判定该砌块合格，否则判定不合格。

当受检的32块砌块中，尺寸偏差和外观质量的不合格块数不大于7块时，判定该批砌块合格，否则判定不合格。

当所有项目的检验结果均符合规范规定的各项技术要求的等级时，判定该批砌块符合相应等级，否则判定不合格。

4. 产品质量合格证、堆放和运输

砌块应在养护龄期满28天后出厂。砌块出厂时，应提供产品质量合格证，其内容包括：厂名和商标；批量编号和砌块数量（块）；产品标记和生产日期；出厂检验报告和有效期内的型式检验报告。

砌块应按同一标记分别堆放，不得混堆；宜在10%以上砌块上标注标识。砌块在堆放、运输和砌筑过程中，应有防雨水措施；宜采用薄膜包装。砌块装卸时，不应扔摔，应轻码轻放，不应用翻斗倾卸。

（二）轻集料混凝土小型空心砌块

1. 类别及规格

按砌块孔的排数分类为单排孔、双排孔、三排孔、四排孔等。

主规格尺寸长×宽×高为390 mm×190 mm×190 mm。其他规格尺寸可由供需双方商定。

2. 强度等级

砌块强度等级分为五级,即 MU2.5、MU3.5、MU5.0、MU7.5、MU10.0。

3. 出厂检验

出厂检验项目包括尺寸偏差、外观质量、密度、强度、吸水率和相对含水率。

4. 检验判定规则

当尺寸偏差和外观质量检验的 32 个砌块中不合格品数少于 7 块时,判定该批产品尺寸偏差和外观质量合格。

当所有结果均符合规范规定的各项技术要求时,判定该批产品合格。

5. 产品质量合格证、堆放和运输

砌块应在厂内养护 28 天龄期后方可出厂。砌块出厂前应进行检验,符合标准规定方可出厂。

砌块出厂时,生产厂应提供产品质量合格证书,其内容包括:厂名与商标;合格证编号及生产日期;产品标记;性能检验结果;批次编号与砌块数量(块);检验部门与检验人员签字盖章。

砌块应按类别、密度等级和强度等级分批堆放。砌块装卸时,严禁碰撞、扔摔,应轻码轻放,不许用翻斗车倾卸。砌块堆放和运输时应有防雨、防潮和排水措施。

(三)蒸压加气混凝土砌块

1. 砌块分类

砌块按尺寸偏差分为Ⅰ型和Ⅱ型。Ⅰ型适用于薄灰缝砌筑,Ⅱ型适用于厚灰缝砌筑。

砌块按抗压强度分为 A1.5、A2.0、A2.5、A3.5、A5.0 五个级别。强度级别 A1.5、A2.0 适用于建筑保温。

砌块按干密度分为 B03、B04、B05、B06、B07 五个级别。干密度级别 B03、B04 适用于建筑保温。

2. 出厂检验项目

出厂检验的项目包括尺寸允许偏差、外观质量、干密度、立方体抗压强度。

3. 贮存和运输

砌块应存放 5 天以上方可出厂。砌块贮存堆放应做到:分品种、分规格和分级别,做好标记,整齐稳妥,宜有防雨措施。

产品运输时,宜成垛绑扎或有其他包装。保温隔热用产品应捆扎加塑料薄膜封包。运输装卸时,宜用专用机具,不应摔、掷及自翻自卸。

4. 产品质量合格证

产品出厂交付时应有产品质量合格证,其内容应包括:产品名称、标准编号、商标;生产企业名称和地址;产品规格、等级;生产日期;出厂检验项目和结果判定;检验部门与检验人员签章、检验日期。

(四)砌筑砂浆

普通建筑砂浆按其用途可分为砌筑砂浆、抹灰砂浆、地面砂浆和防水砂浆;按生产方式可分为现场拌制砂浆和预拌砂浆,其中预拌砂浆又可分为湿拌砂浆和干混砂浆;按材料可分为石灰砂浆、水泥砂浆、混合砂浆。

1. 原材料

水泥强度等级应根据砂浆品种及强度等级的要求进行选择，M15 及以下强度等级的砌筑砂浆宜选用 32.5 级的通用硅酸盐水泥或砌筑水泥；M15 以上强度等级的砌筑砂浆宜选用 42.5 级普通硅酸盐水泥。

不同品种、不同强度等级的水泥不得混合使用。水泥应按品种、强度等级、出厂日期分别堆放，应设防潮垫层，并应保持干燥。

砌筑砂浆用砂宜选用过筛中砂，毛石砌体宜选用粗砂。人工砂、山砂、海砂及特细砂，应经试配并满足砌筑砂浆技术条件要求。砂子进场时应按不同品种、规格分别堆放，不得混杂。

建筑生石灰、建筑生石灰粉制作石灰膏应符合下列规定：建筑生石灰熟化成石灰膏时，应采用孔径不大于 3 mm×3 mm 的网过滤，熟化时间不得少于 7 天；建筑生石灰粉的熟化时间不得少于 2 天；沉淀池中贮存的石灰膏，应防止干燥、冻结和污染，严禁使用脱水硬化的石灰膏；消石灰粉不得直接用于砂浆中。

砌体结构工程中使用的砂浆拌合用水及混凝土拌合、养护用水，应符合现行行业标准《混凝土用水标准》的规定。

砌体砂浆中使用的增塑剂、早强剂、缓凝剂、防水剂、防冻剂等外加剂，应符合国家现行标准《混凝土外加剂》《混凝土外加剂应用技术规范》和《砌筑砂浆增塑剂》的规定，并应根据设计要求与现场施工条件进行试配。

2. 砂浆拌制要求

砌体结构工程施工中，所用砌筑砂浆宜选用预拌砂浆，当采用现场拌制时，应按砌筑砂浆设计配合比配制。对非烧结类块材，宜采用配套的专用砂浆。不同种类的砌筑砂浆不得混合使用。砂浆试块的试验结果，当与预拌砂浆厂的试验结果不一致时，应以现场取样的试验结果为准。

现场搅拌的砂浆应随拌随用，拌制的砂浆应在 3 h 内使用完毕；当施工期间最高气温超过 30 ℃时，应在 2 h 内使用完毕。对掺用缓凝剂的砂浆，其使用时间可根据其缓凝时间的试验结果确定。

现场拌制砌筑砂浆时，应采用机械搅拌，搅拌时间自投料完起算，应符合下列规定：

(1) 水泥砂浆和水泥混合砂浆不应少于 120 s。

(2) 水泥粉煤灰砂浆和掺用外加剂的砂浆不应少于 180 s。

(3) 掺液体增塑剂的砂浆，应先将水泥、砂干拌混合均匀后，将混有增塑剂的拌合水倒入干混砂浆中继续搅拌；掺固体增塑剂的砂浆，应先将水泥、砂和增塑剂干拌混合均匀后，将拌合水倒入其中继续搅拌。从加水开始，搅拌时间不应少于 210 s。

(4) 预拌砂浆及加气混凝土砌块专用砂浆的搅拌时间应符合有关技术标准或产品说明书的要求。

以上主要阐述了砂浆组成材料和拌制要求的主要内容，除了上述内容外，考试可能会涉及另外两个知识点，即砂浆流动性的表示及其相应影响因素、适宜水下环境的胶凝材料，以下面的典型例题进行讲解，主要掌握解析内容即可。

典型例题

【多选题】影响砂浆稠度的因素有(　　)。

A. 胶凝材料种类　　B. 使用环境温度

C. 用水量　　D. 掺合料的种类

E. 搅拌时间

ACDE。【**解析**】砂浆的流动性一般用砂浆的稠度来表示,其主要指砂浆在自重或外力的作用下流动的性能。稠度一般用砂浆稠度测定仪的圆锥体沉入砂浆深度的毫米数表示,沉入深度越大表示砂浆的流动性越大。影响砂浆稠度的因素有:用水量;搅拌时间;砂的形状、粗细与级配;所用胶凝材料及掺合料的种类与数量;外加剂的种类与掺量。

【单选题】在水下环境中使用的砂浆,适宜选用的胶凝材料是(　　)。

A. 石灰　　B. 石膏

C. 水泥　　D. 水泥石灰混合料

C。【**解析**】建筑砂浆可使用的胶凝材料有石灰、石膏、水泥等。在干燥环境下,胶凝材料的选用没有限制;在水下或潮湿环境下,砂浆宜选用的胶凝材料是水泥。

四、钢材

(一)钢材的分类

钢材的品种繁多,为了便于选用,常将钢材按不同角度进行分类,具体分类如图 1-4 所示。

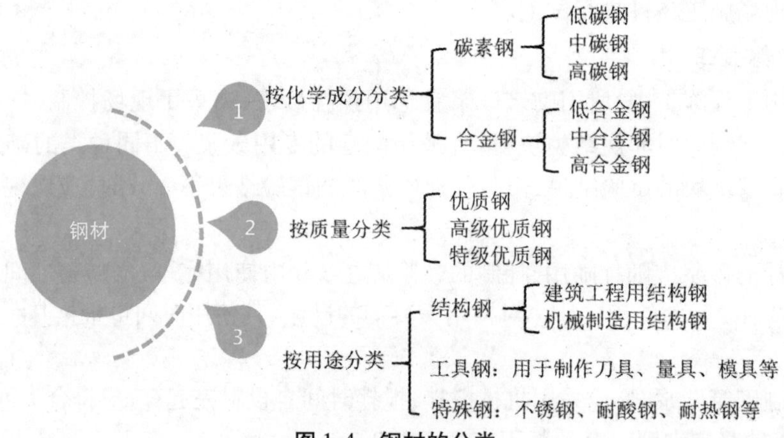

图 1-4　钢材的分类

关于碳素钢,除了分类外还需掌握含碳量,下面以典型例题的形式进行讲解,掌握解析内容即可。

典型例题

【单选题】含碳量为 0.8% 的碳素钢属于(　　)。

A. 低碳钢　　B. 中碳钢

C. 高碳钢　　D. 合金钢

C。【**解析**】钢材按化学成分分为碳素钢和合金钢。其中,碳素钢的含碳量一般为 0.02% ~2.06%,根据其含碳量的不同,分为低碳钢、中碳钢和高碳钢。含碳量低于 0.25% 的为低碳钢,含碳量高于 0.6% 的为高碳钢,其余的为中碳钢。

（二）混凝土结构中对钢筋的选用

纵向受力普通钢筋可采用HRB400、HRB500、HRBF400、HRBF500、RRB400、HPB300钢筋；梁、柱和斜撑构件的纵向受力普通钢筋宜采用HRB400、HRB500、HRBF400、HRBF500钢筋。

箍筋宜采用HRB400、HRBF400、HPB300、HRB500、HRBF500钢筋。

预应力筋宜采用预应力钢丝、钢绞线和预应力螺纹钢筋。

提示

另外需了解，当前混凝土结构中的配筋主要使用的钢材是热轧钢筋。其中，热轧钢筋牌号中，HRB属于普通热轧带肋钢筋，HRBF属于细晶粒热轧钢筋，HPB属于热轧光圆钢筋。

（三）建筑钢材的主要技术性能

钢材的主要技术性能如图1-5所示，只有了解和掌握钢材的各种性能，才能做到正确、经济、合理地选择和使用钢材，这里重点讲述其力学性能。

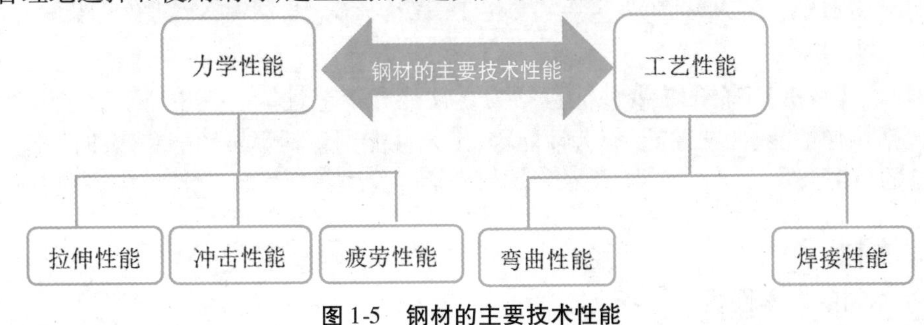

图1-5　钢材的主要技术性能

1. 拉伸性能

拉伸性能是建筑钢材最重要的性能。低碳钢的拉伸，经历了四个阶段：弹性阶段、屈服阶段、强化阶段和颈缩阶段。通过对钢材进行抗拉试验所测得的弹性模量、屈服强度、抗拉强度和伸长率是钢材的四个重要技术性质指标。

弹性模量反映钢材抵抗弹性变形的能力，是钢材在受力条件下计算结构变形的重要指标。钢材受力大于屈服点后，会出现较大的塑性变形，已不能满足使用要求，因此屈服强度是设计上钢材强度取值的依据，是工程结构计算中非常重要的一个参数。钢材屈服强度和抗拉强度之比（屈强比）能反映钢材的利用率和结构安全可靠程度。计算中屈强比取值越小，其结构的安全可靠程度越高，但屈强比过小，又说明钢材强度的利用率偏低，造成钢材浪费。伸长率是衡量钢材塑性的一个重要指标，伸长率越大说明钢材的塑性越好，而强度较低，但是塑性过大时，钢质软，结构塑性变形大，也会影响实际使用。

2. 冲击性能

冲击韧性是指钢材抵抗冲击荷载而不被破坏的能力。它以试件被冲断时缺口处单位面积上所消耗的功来表示，该值越大，钢材的冲击韧性越好。影响钢材冲击韧性的因素包括硫磷等杂质的含量、环境温度、含有非金属夹杂物及焊接形成的微裂纹等。试验表明，随着温度的降低，钢材的冲击韧性也在下降，冲击韧性刚开始以平缓的速率下降，当达到一定温度范围时，冲击韧性急剧下降，并且钢材呈现出脆性，此即钢材的冷脆性，对应的温度称为脆性临界温度。其数值越低表示钢材的低温冲击性能越好。因此,处于负温环境条件下的结构所用钢材的脆性临界温度应比使用温度低。

3. 疲劳性能

钢材经过交变荷载的反复作用会突然发生破坏,而且破坏时的钢材应力要远低于抗拉强度,这种破坏称为疲劳破坏。钢材在交变应力的作用下不发生疲劳破坏所对应的最大应力值称为钢材的疲劳强度,也称疲劳极限。疲劳强度(疲劳极限)是表示钢材疲劳破坏的指标。当遇到承受反复荷载且须进行疲劳验算的结构时,在设计阶段就应当了解所用钢材的疲劳强度。通常认为钢材的疲劳破坏是由拉应力导致的,若钢材的抗拉强度高,则其疲劳强度也较高。钢材的表面质量及内部组织均会影响钢材的疲劳强度。

典型例题

【多选题】钢材的力学性能包括(　　)。

A. 拉伸性能　　　　B. 冲击性能

C. 疲劳性能　　　　D. 焊接性能

E. 弯曲性能

ABC。【解析】钢材的主要性能包括力学性能和工艺性能。其中,钢材的力学性能主要包括拉伸性能、冲击性能、疲劳性能等;工艺性能则包括焊接性能和弯曲性能。

五、木材

(一)木材的力学性质

1. 含水量

木材的含水量以木材所含水的质量占木材干燥质量的百分率(即含水率)表示,一般情况下,木材在使用前会进行烘干,以达到含水率与环境湿度平衡的目的,从而保证木材不发生变形。木材的含水量随所处环境的湿度变化而异,所含水分包括自由水、吸附水、结合水三部分。自由水是存在于细胞腔和细胞间隙内的水分,木材干燥时自由水首先蒸发,进而影响木材的表观密度、抗腐蚀性等。吸附水是存在于细胞壁中的水分,吸附水的变化对木材的强度和湿胀干缩影响很大。结合水是木材化学成分中的水,随树种的不同而异,在常温下无变化,因而对木材性质无影响。

水分进入木材后,首先形成吸附水,吸附水饱和后,多余的水成为自由水。木材干燥时,首先失去自由水,然后才失去吸附水。当吸附水达到饱和状态且无自由水存在时,木材此时的含水率称为该木材的纤维饱和点。

当木材长时间处于一定温度和湿度的环境中,其水分的蒸发和吸收趋于平衡,含水率相对稳定,此时木材的含水率为平衡含水率。木材的平衡含水率随大气的温度和相对湿度变化而变化。

2. 湿胀干缩

湿胀干缩是指木材细胞壁内吸附水含量的变化引起木材的变形,木材湿胀干缩的特点以下面典型例题的形式进行讲解。木材含水量大于纤维饱和点时,表示木材中有一定数量的自由水。此时,当木材处于干燥或受潮环境时,自由水改变,但木材不发生变形。木材含水量小于纤维饱和点时,表示水分都吸附在细胞壁的纤维上,它的增加或减少才能引起体积的膨胀或收缩,即只有吸附水的改变才影响木材的变形。

由于木材构造的不均匀性,木材的最大变形发生在弦向,较大变形发生在径向,最小变形发生在顺纹方向。受木材变形特点的影响,湿材干燥前后的截面尺寸和形状变化较为明显。

3.强度

木材按受力状态分为抗拉、抗压、抗剪和抗弯四种强度,而前三种又有顺纹和横纹之分。顺纹是指作用力方向与纤维方向平行;横纹是指作用力方向与纤维方向垂直。木材的顺纹和横纹强度有很大差别。

木材强度除由本身组织构造因素决定外,还与含水率、环境温度、负荷时间、疵病(如木节、斜纹、裂缝、腐朽及虫蛀)等因素有关。

典型例题

【单选题】木材在使用前进行烘干的主要目的是(　　)。

A.使其含水率与环境湿度基本平衡　　B.减轻重量

C.防虫防蛀　　D.就弯取直

A。**【解析】**正常状态下的木材及其制品,都会有一定数量的水分。我国把木材中所含水分的重量与烘干后木材重量的百分比称为木材含水率。木材含水率是影响木材质量的关键因素之一,木材应在使用前进行烘干,使其含水率与环境湿度基本平衡,从而防止木材发生变形。

【单选题】木材湿胀后,可使木材(　　)。

A.翘曲　　B.表面鼓凸

C.开裂　　D.接榫松动

B。**【解析】**当木材细胞壁内吸附水的含量发生变化时会引起木材湿胀干缩变形,从而对木材的使用特性造成影响。木材湿胀后,可使木材表面鼓凸。选项A,C,D属于木材干缩造成的。

(二)木材在建筑工程中的应用

建筑工程中常用木材,按其用途和加工程度有圆条、原木、锯材三类。

胶合板是用原木旋切成薄片,经干燥处理后,再用胶黏剂按奇数层数,以各层纤维互相垂直的方向,黏合热压而成的人造板材。胶合板的特点是材质均匀,强度高,无明显纤维饱和点存在,吸湿性小,不翘曲开裂,无疵病,幅面大,使用方便,装饰性好。胶合板广泛用作建筑室内隔墙板、护壁板、天花板、门面板以及各种家具和装修。

细木工板属于特种胶合板的一种,芯板用木板拼接而成,两面胶黏一层或二层单板。细木工板具有质坚、吸声、绝热等特点,适用于家具和建筑内装修等。

纤维板是以植物纤维为主要原料,经破碎、浸泡、研磨成木浆,再加入一定的胶料,经热压成型、干燥等工序制成的一种人造板材。纤维板按体积密度分为硬质纤维板、中密度纤维板和软质纤维板。硬质纤维板的强度高、耐磨、不易变形,可用于墙壁、门板、地面、家具等。

中密度纤维板表面光滑、材质细密、性能稳定、边缘牢固,且板材表面的再装饰性能好,主要用于隔断、隔墙、地面、高档家具等。软质纤维板的结构松软,故强度低,但吸音性和保温性好,主要用于吊顶等。

六、石材

石材是指以天然岩石为主要原材料经加工制作并用于建筑、装饰、碑石、工艺品或路面等用途的材料,包括天然石材和人造石材。

(一)天然石材

天然石材是指经选择和加工成的特殊尺寸或形状的天然岩石,按照材质主要分为花岗石、大理石、石灰石、砂岩、板石等,按照用途主要分为天然建筑石材和天然装饰石材等。

需注意,天然石材在加工期间使用水泥或合成树脂密封石材的天然空隙和裂纹,未改变石材材质内部结构,仍属于天然石材范畴。

1.天然花岗石建筑板材

花岗石是指以花岗岩为代表的一类石材,包括岩浆岩和各种硅酸盐类变质岩石材。天然花岗石板材按形状可分为毛光板、普型板、圆弧板、异型板,按表面加工程度可分为镜面板、细面板、粗面板,按用途可分为一般用途、功能用途。

花岗岩构造致密,孔隙率小,吸水率极低,抗压强度高,具有优异的耐磨性,具有高度的抗酸腐性,对碱类侵蚀也有较强的抵抗力,耐久性很高。花岗岩的耐火性较差,当温度达800 ℃以上,其中的二氧化硅晶体产生晶形转化,使体积膨胀,故发生火灾时,花岗岩会发生严重的开裂破坏。

花岗岩是高级建筑装饰材料。花岗岩石材常制作成块状石材和板状石材。块状石材用于重要的大型建筑物的基础、勒脚、柱子、栏杆、踏步等部位以及桥梁、堤坝等工程中。板材石材质感坚实、华丽庄重,是室内外高级装饰装修板材。

2.天然大理石建筑板材

大理石是指以大理岩为代表的一类石材,包括结晶的碳酸盐类岩石和质地较软的其他变质岩类石材。天然大理石按矿物组成分为方解石大理石、白云石大理石、蛇纹石大理石。天然大理石按形状分为毛光板、普型板、圆弧板、异型板。按表面加工分为:镜面板;粗面板。按加工质量和外观质量分为A,B,C三级。其技术要求包括加工质量、外观质量和物理性能。

大理石构造致密,抗压强度较高,但硬度不大,较易锯解、雕琢和磨光等加工,吸水率一般不超过1%,耐久性好,装饰性好,但抗风化性能差,易被酸侵蚀。

大理石荒料经锯切、研磨和抛光等加工工艺可制成板材,主要用于建筑物室内饰面,如墙面、柱面、地面、台面、栏杆和踏步等。

3.天然石灰石建筑板材

石灰石是指主要由方解石、白云石或两者混合化学沉积形成的石灰华类石材。石灰石按密度可分为低密度石灰石、中密度石灰石、高密度石灰石。天然石灰石板材按形状可分为毛光板、普型板、圆弧板、异型板。

（二）人造石材

人造石材是用各种方法加工制造的具有类似天然石材性质、纹理和质感的合成材料。人造石材具有天然石材的花纹、质感和装饰效果，而且花色、品种、形状等多样化，并具有质量轻、强度高、耐腐蚀、耐污染、施工方便等优点。人造石材按原料不同可分为下述四类。

1. 水泥型人造石材

水泥型人造石材是以白（彩）色水泥或硅酸盐、铝酸盐水泥为胶结料，砂为细骨料，碎大理石、花岗石或工业废渣等为粗骨料，必要时再加入适量的耐碱颜料，经配料、搅拌、成型和养护硬化后，再将其磨平抛光而制成的。该类产品的规格、色泽、性能等均可根据使用要求制作。

2. 聚酯型人造石材

聚酯型人造石材是以不饱和聚酯为胶结料，加入石英砂、大理石渣、方解石粉等无机填料和颜料，经配料、混合搅拌、浇注成型、固化、烘干、抛光等工序而制成的。

聚酯型人造石材产品光泽好、颜色浅，可调配成各种鲜明的花色图案。由于不饱和聚酯的黏度低、易成型，且在常温下固化较快，便于制作形状复杂的制品，与天然大理石相比，聚酯型人造石材具有强度高、密度小、厚度薄、耐酸碱腐蚀及美观等优点。但其耐老化性能不及天然花岗石，故多用于室内装饰。

3. 复合型人造石材

复合型人造石材是由无机胶结料（如水泥、石膏等）和有机胶结料（如不饱和聚酯或单体）共同组合而成的。如可在廉价的水泥型板材上复合聚酯型薄层，组成复合型板材，以获得最佳的装饰效果和经济指标；也可将水泥型人造石材浸渍于具有聚合性能的有机单体中并加以聚合，以提高制品的性能和档次。

4. 烧结型人造石材

烧结型人造石材的生产工艺与陶瓷生产相似，即将斜长石、石英、辉石石粉和赤铁矿以及高岭土等混合成矿粉，再配以40%左右的黏土混合制成泥浆，经制坯、成型和艺术加工后，再经1 000 ℃左右的高温焙烧而成，如仿花岗石瓷砖、仿大理石陶瓷艺术板等。

由于人造石材可以人为控制其性能、形状、花色图案等，因此也得到广泛应用。

除上述所列石材外，柔性石材是一种新型饰面材料，是以水泥、彩砂、高分子聚合物及助剂等为主要原料，以复合耐碱纤维为增强层，经过一定的生产工艺制成的，具有天然石材肌理和纹路，并有一定的柔性。如柔性仿石饰面材料，就是以高分子聚合物乳液、砂石为主要原材料制成的，具有天然石材装饰效果的柔性片材或卷材。

（三）建筑石材的选用

建筑工程中应根据建筑物的类型、环境条件等选用石材，使其既符合要求，又经济合理，具体选用要求如表1-15所示。

表1-15　建筑石材的选用要求

项目	选用要求
力学性能	根据石材在建筑物中使用部位和用途的不同，选用满足强度、硬度等力学性能要求的石材，如基础、墙体、柱等承重用的石材主要应考虑其强度等级，而对于地面用石材则应要求其具有较高的耐磨性和硬度

（续表）

项目	选用要求
耐久性	根据建筑物的重要性和使用环境，选择耐久性良好的石材。如用于室外的石材要特别注意考虑其抗风化性能的优劣；处于高温高湿、严寒等特殊环境中的石材要特别注意考虑所用石材的耐热、抗冻及耐化学侵蚀性等
装饰性	用于建筑物饰面的石材，选用时必须考虑其色彩、质感及天然纹理与建筑物周围环境的协调性，以取得最佳装饰和艺术效果
经济性	由于天然石材密度大、开采困难、运输不便、运费高，应综合考虑地方资源，尽可能就地取材，以降低成本。难于开采和加工的石材，将使成本提高，选材时应加以注意
环保性	用于室内装饰的石材，应注意检测其放射性指标是否合格

典型例题

【多选题】关于建筑装饰用花岗石特性的说法，正确的有（　　）。

A. 构造致密　　B. 强度高

C. 吸水率高　　D. 质地坚硬

E. 碱性石材

ABD。**【解析】**花岗石构造致密、孔隙率小，具有强度高、密度大、吸水率极低、质地坚硬、耐磨的特点，是一种酸性石材，因此其还具有耐酸、抗风化、耐久性好等优点。

七、建筑陶瓷和卫生陶瓷

（一）建筑陶瓷

建筑陶瓷是指用于建筑装饰的陶瓷制品，主要包括陶瓷砖等。其按使用部位可分为陶瓷墙砖、陶瓷地砖、琉璃瓦和广场砖等；按表面形态可分为釉面砖、无釉砖等。

根据《陶瓷砖》，陶瓷砖是指由黏土、长石和石英为主要原料制造的用于覆盖墙面和地面的板状或块状建筑陶瓷制品。陶瓷砖按吸水率和成型方法进行分类，如表 1-16 所示。

表 1-16　陶瓷砖的分类及代号

按吸水率（E）分类		低吸水率		中吸水率		高吸水率
		$E \leqslant 0.5\%$（瓷质砖）	$0.5\% < E \leqslant 3\%$（炻瓷砖）	$3\% < E \leqslant 6\%$（细炻砖）	$6\% < E \leqslant 10\%$（炻质砖）	$E > 10\%$（陶质砖）
按成型方法分类	挤压砖	AⅠa类	AⅠb类	AⅡa类	AⅡb类	AⅢ类
	干压砖	BⅠa类	BⅠb类	BⅡa类	BⅡb类	BⅢ类

注：BⅢ类仅包括有釉砖。

（二）卫生陶瓷

卫生陶瓷是指用作卫生设施的表面带釉的陶瓷制品。卫生陶瓷按吸水率分为瓷质卫生陶瓷和炻陶质卫生陶瓷。便器按照用水量多少分为普通型和节水型。

卫生陶瓷的质量应符合以下要求：

(1)除安装面及有关规定外，所有裸露表面和坐便器及蹲便器的排污管道内壁都应有釉层覆盖，釉面应与陶瓷坯体完全结合。

(2)卫生陶瓷产品任何部位的坯体厚度应不小于6 mm。不包括为防止烧成变形外加的支承坯体。

(3)瓷质卫生陶瓷产品的吸水率$E \leqslant 0.5\%$；炻陶质卫生陶瓷产品的吸水率$0.5\% < E \leqslant 15.0\%$。

(4)卫生陶瓷经抗裂试验应无釉裂、无坯裂。

(5)轻量化产品单件质量如下(不含配件)：连体坐便器质量不宜超过40 kg；分体坐便器(不含水箱)质量不宜超过25 kg；蹲便器质量不宜超过20 kg；洗面器质量不宜超过20 kg；壁挂式小便器质量不宜超过15 kg。

(6)经耐荷重性测试后，应无变形、无任何可见结构破损。各类产品承受的荷重如下：坐便器和净身器应能承受3.0 kN的荷重；壁挂式洗面器、洗涤槽、洗手盆应能承受1.1 kN的荷重；壁挂式小便器应能承受0.22 kN的荷重；淋浴盘应承受1.47 kN的荷重。

除上述质量要求外，有关卫生陶瓷安装的尺寸要求如下：

(1)下排式坐便器排污口安装距应为305 mm，有需要时可为200 mm或400 mm。特殊情况可按合同要求。

(2)后排落地式坐便器排污口安装距应为180 mm或100 mm。特殊情况可按合同要求。

(3)下排式坐便器排污口外径应不大于100 mm，后排式坐便器排污口外径应为102 mm；虹吸式坐便器安装深度应为13～19 mm；下排虹吸式坐便器排污口周围应具备直径不小于185 mm的安装空间，其他类型坐便器排污口周围应具备直径不小于150 mm的安装空间；冲落后排式坐便器的排污管的长度不得小于40 mm。

(4)蹲便器排污口外径应不大于107 mm。

(5)壁挂式坐便器的所有安装螺栓孔直径应为20～27 mm，或为加长型螺栓孔。

八、玻璃

(一)建筑用安全玻璃

1.防火玻璃

防火玻璃按结构可分为复合防火玻璃(以FFB表示)、单片防火玻璃(以DFB表示)；按耐火性能可分为隔热型防火玻璃(A类)、非隔热型防火玻璃(C类)；按耐火极限可分为五个等级，即0.50 h、1.00 h、1.50 h、2.00 h、3.00 h。

防火玻璃的标记方式如图1-6所示。

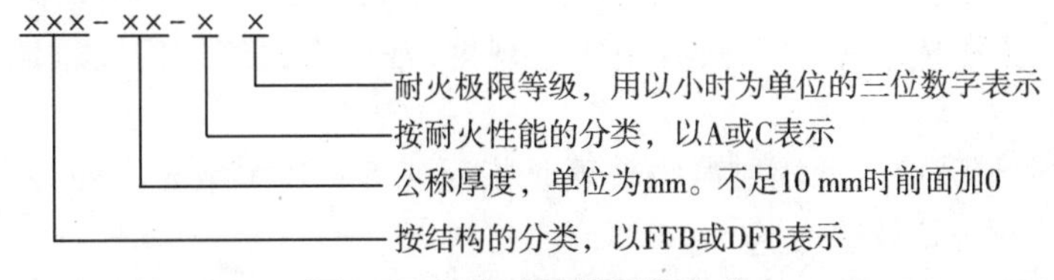

图1-6　防火玻璃的标记方式

防火玻璃的热稳定性及隔热性好，常用作有防火隔热要求的建筑构造和部位。

2. 钢化玻璃

钢化玻璃是指经热处理工艺之后的玻璃。其特点是在玻璃表面形成压应力层,机械强度和耐热冲击强度得到提高,并具有特殊的碎片状态。

钢化玻璃按生产工艺可分为垂直法钢化玻璃和水平法钢化玻璃。其中,垂直法钢化玻璃是在钢化过程中采取夹钳吊挂的方式生产出来的钢化玻璃;水平法钢化玻璃是在钢化过程中采取水平辊支撑的方式生产出来的钢化玻璃。钢化玻璃按形状分为平面钢化玻璃和曲面钢化玻璃。

钢化玻璃机械强度和抗冲击性高,弹性和热稳定性好,碎后不易伤人,可自爆,多用于建筑物的隔墙、门窗、幕墙等。

3. 夹层玻璃

夹层玻璃是玻璃与玻璃和(或)塑料等材料,用中间层分隔并通过处理使其黏结为一体的复合材料的统称。常见和大多使用的是玻璃与玻璃,用中间层分隔并通过处理使其黏结为一体的玻璃构件。

夹层玻璃按形状分为平面夹层玻璃和曲面夹层玻璃;按霰弹袋冲击性能分为Ⅰ类夹层玻璃、Ⅱ-1类夹层玻璃、Ⅱ-2类夹层玻璃、Ⅲ类夹层玻璃。

夹层玻璃具有良好的透明度和较高的抗冲击性能,碎后不宜伤人,耐寒、耐热、耐湿、耐久。夹层玻璃适用于有抗冲击作用要求的橱窗,高层建筑的楼梯栏板、门窗、天窗等。另外,水下工程因为有较高的安全性要求,所以也多选用夹层玻璃。

4. 均质钢化玻璃

均质钢化玻璃是指经过特定工艺条件处理过的钠钙硅钢化玻璃(简称 HST)。

生产均质钢化玻璃所使用的玻璃,其质量应符合相应的产品标准的要求。对于有特殊要求的,用于生产均质钢化玻璃的玻璃,其质量由供需双方确定。

(二)节能装饰型玻璃

1. 镀膜玻璃

(1)阳光控制镀膜玻璃。阳光控制镀膜玻璃是指通过膜层,改变其光学性能,对波长范围 300~2 500 nm 的太阳光具有选择性反射和吸收作用的镀膜玻璃。

阳光控制镀膜玻璃按镀膜工艺分为离线阳光控制镀膜玻璃和在线阳光控制镀膜玻璃。阳光控制镀膜玻璃按其是否进行热处理或热处理种类进行分类:非钢化阳光控制镀膜玻璃,镀膜前后,未经钢化或半钢化处理;钢化阳光控制镀膜玻璃,镀膜后进行钢化加工或在钢化玻璃上镀膜;半钢化阳光控制镀膜玻璃,镀膜后进行半钢化或在半钢化玻璃上镀膜。阳光控制镀膜玻璃按膜层耐高温性能的不同,分为可钢化阳光控制镀膜玻璃和不可钢化阳光控制镀膜玻璃。

阳光控制镀膜玻璃隔热性好、具有单向透视性,常用作建筑门窗及幕墙的玻璃,还可用于制作中空玻璃。

(2)低辐射镀膜玻璃。低辐射镀膜玻璃是指对 4.5~25.0 μm 红外线有较高反射比的镀膜玻璃,也称 Low-E 玻璃。

低辐射镀膜玻璃按镀膜工艺分为离线低辐射镀膜玻璃和在线低辐射镀膜玻璃;按膜层耐高温性能分为可钢化低辐射镀膜玻璃和不可钢化低辐射镀膜玻璃。

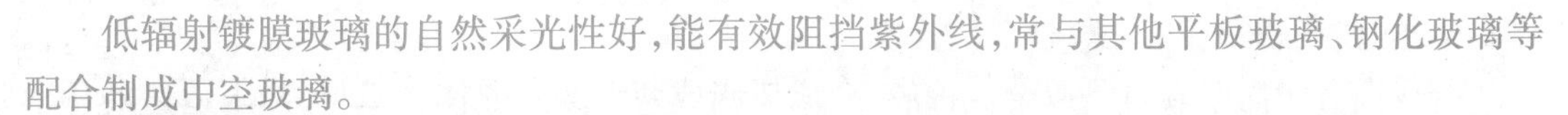

低辐射镀膜玻璃的自然采光性好，能有效阻挡紫外线，常与其他平板玻璃、钢化玻璃等配合制成中空玻璃。

2. 中空玻璃

中空玻璃是指两片或多片玻璃以有效支撑均匀隔开并周边粘接密封，使玻璃层间形成有干燥气体空间的玻璃制品。

中空玻璃按形状可分为平面中空玻璃、曲面中空玻璃；按中空腔内气体分为普通中空玻璃（中空腔内为空气的中空玻璃）和充气中空玻璃（中空腔内充入氩气、氪气等气体的中空玻璃）。

在中空玻璃构件中，间隔条、干燥剂、密封胶（或复合型材料）与玻璃形成了中空玻璃的边部密封系统。边部密封系统的质量决定了中空玻璃的使用寿命。

中空玻璃腔体内有目视可见的水气产生，即中空玻璃失效。中空玻璃失效，即中空玻璃使用寿命的终止。

中空玻璃的使用寿命与边部材料（如间隔条、干燥剂、密封胶）的质量和中空玻璃的制作工艺有直接关系。中空玻璃使用寿命的长短，也受安装状况、使用环境的影响。中空玻璃的预期使用寿命至少应为 15 年。

九、防水材料

（一）防水卷材

防水卷材根据其主要防水组成材料可分为沥青防水卷材、改性沥青防水卷材和合成高分子防水卷材。

1. 沥青防水卷材

沥青防水卷材是指以沥青为主要浸涂材料所制成的卷材，分为有胎卷材和无胎卷材两大类。沥青防水材料是传统的防水材料，但因其性能远不及改性沥青防水卷材，因此逐渐被改性沥青防水卷材所代替。

2. 改性沥青防水卷材

(1)弹性体改性沥青防水卷材。弹性体改性沥青防水卷材，也称为 SBS 改性沥青防水卷材，是指以热塑性苯乙烯－丁二烯－苯乙烯嵌段聚合物（SBS）类材料改性的沥青作为浸涂材料所制成的沥青防水卷材。SBS 改性沥青防水卷材的低温柔韧性好，同时也具有较好的耐高温性、较高的弹性及延伸率，耐疲劳性也较理想。该卷材广泛用于各类建筑防潮、防水工程，尤其适用于寒冷地区和结构变形频繁的建筑物防水。

(2)塑性体改性沥青防水卷材。塑性体改性沥青防水卷材，也称为 APP 改性沥青防水卷材，是指用无规聚丙烯（APP）、无规聚烯烃（APAO）类材料改性的沥青作为浸涂材料所制成的沥青防水卷材。APP 改性沥青防水卷材的综合性质优良，尤其是具有较好的耐热性能，高温下不流淌，耐紫外线能力强于其他改性沥青卷材，所以非常适用于高温地区或阳光辐射强烈地区，广泛用于各类地下室、屋面、游泳池等建筑工程的防水防潮。

(3)改性沥青聚乙烯胎防水卷材。改性沥青聚乙烯胎防水卷材是以改性沥青为基料，以高密度聚乙烯膜为胎体，以聚乙烯膜或铝箔为上表面覆盖材料，经滚压、水冷、成型制成的防水材料。改性沥青聚乙烯胎防水卷材适用于非外露的建筑与基础设施的防水工程。

3. 合成高分子防水卷材

合成高分子防水卷材是以合成橡胶、合成树脂或两者的共混体为基料，加入适量的化学助剂和填充料等，经不同工序加工而成的可卷曲的片状防水材料。

(1)三元乙丙橡胶防水卷材。三元乙丙橡胶防水卷材是以乙烯、丙烯和少量双环戊二烯三种单体共聚合成的三元乙丙橡胶为主要原料，掺入适量的丁基橡胶、硫化剂、促进剂、补强剂、软化剂和填充剂等，经密炼、拉片、过滤、挤出(或压延)成型、硫化等工序加工制成的，是一种高弹性的新型防水材料。三元乙丙橡胶的耐老化性、耐候性好，化学稳定性好，耐臭氧性、耐热性和低温柔韧性甚至比氯丁橡胶与丁基橡胶还要好，具有质量轻、抗拉强度高、延伸率大、耐酸碱腐蚀等特点，对基层材料的伸缩或开裂变形适应性强，可广泛用于防水要求高、耐用年限长的防水工程中。

(2)聚氯乙烯防水卷材(PVC 防水卷材)。聚氯乙烯防水卷材是以聚氯乙烯树脂为主要原料，掺加填充料和适量的改性剂、增塑剂等，经混炼、压延或挤出成型、分卷包装而成的防水卷材，简称 PVC 防水卷材。PVC 防水卷材具有较好的抗渗性能和低温柔韧性，抗撕裂强度较高，与三元乙丙橡胶防水卷材相比，PVC 防水卷材的综合防水性能略差，但其原材料丰富，价格较为便宜。该防水卷材适用于新建或修缮工程的屋面防水，也可用于地下室、水池、堤坝、水渠等防水抗渗工程。

(3)氯化聚乙烯－橡胶共混防水卷材。氯化聚乙烯－橡胶共混防水卷材是以氯化聚乙烯树脂和合成橡胶为主体，加入适量的硫化剂、促进剂、稳定剂、软化剂和填充剂等，经过素炼、混炼、过滤、压延(或挤出)成型、硫化等工序加工制成的高弹性防水卷材。该防水卷材兼有塑料和橡胶的特点，具有优异的耐老化性、高延伸性、高弹性及优异的耐低温性，对地基沉降、混凝土收缩有较强的适应性，其物理性能接近三元乙丙橡胶防水卷材，由于原料丰富，其价格低于三元乙丙橡胶防水卷材。

(二)防水涂料

防水涂料是以高分子合成材料、沥青等为主体，在常温下呈无定型流态或半流态，经涂布能在结构物表面结成坚韧防水膜的物料的总称。涂布的防水涂料同时又起黏结剂的作用。

防水涂料按液态类型可分为溶剂型、反应型和水乳型；按成膜物质的主要成分可分为沥青类、改性沥青类和合成高分子类。

水泥基渗透结晶型防水材料是一种用于水泥混凝土的刚性防水材料。其与水作用后，材料中含有的活性化学物质以水为载体在混凝土中渗透，与水泥水化产物生成不溶于水的针状结晶体，填塞毛细孔道和微细缝隙，从而提高混凝土致密性与防水性。水泥基渗透结晶型防水材料按使用方法分为水泥基渗透结晶型防水涂料和水泥基渗透结晶型防水剂。

聚氨酯防水涂料由于防水性、延伸性及温度适用性优异，施工简便，故广泛用于中高级公用建筑的卫生间、水池等防水工程及地下室和有保护层的屋面防水工程，也可用于管道纵横部位的防水、形状复杂部位的防水以及用作防腐涂料，被誉为“液体橡胶”。

(三)工程中常用的密封材料

为提高建筑物整体的防水、抗渗性能，对于工程中出现的施工缝、变形缝、构件连接缝等各种接缝，必须填充具有一定弹性、黏结性、能够使接缝保持水密、气密性能的材料，即建筑密封材料。

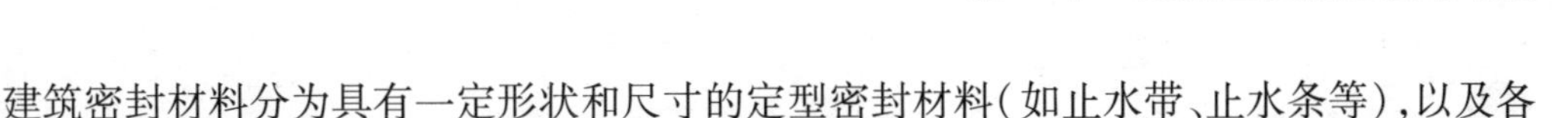

建筑密封材料分为具有一定形状和尺寸的定型密封材料(如止水带、止水条等),以及各种膏糊状的不定型密封材料(如腻子、各类密封膏等)。

沥青嵌缝油膏是以石油沥青为基料,加入改性材料、稀释剂及填充料混合制成的密封膏。沥青嵌缝油膏主要作为墙面、屋面、沟和槽的防水嵌缝材料。

聚氨酯密封胶是以聚氨基甲酸酯聚合物为主要成分的双组分反应固化型的建筑密封材料。聚氨酯建筑密封胶被广泛用于各种装配式建筑屋面板、楼地面、墙面、阳台、窗框、卫生间等部位的接缝、施工缝的密封,给排水管道、贮水池等工程的接缝密封,混凝土裂缝的修补,也可用于金属材料及玻璃的嵌缝。

聚氯乙烯接缝膏是以煤焦油和聚氯乙烯(PVC)树脂粉为基料,按一定比例加入增塑剂、稳定剂及填充料等,在140 ℃温度下塑化而成的膏状密封材料,简称PVC接缝膏。聚氯乙烯接缝膏适用于各种屋面嵌缝或表面涂布作为防水层,也可用于管道、水渠等接缝,工业厂房自防水屋面嵌缝,大型墙板嵌缝等。

丙烯酸酯建筑密封膏是以丙烯酸酯乳液为基料,掺入增塑剂、分散剂、碳酸钙等配制而成的建筑密封膏。丙烯酸酯建筑密封膏适用于混凝土、金属、天然石料、木材、砖、瓦、玻璃之间的密封防水。

硅酮密封膏是以硅氧烷聚合物为主体,加入硫化剂、硫化促进剂以及增强填料组成的室温固化型密封材料。硅酮密封膏具有良好的耐热、耐寒和耐候性,与各种材料都有较好的黏结性能,耐水性好,耐疲劳性强。

除上述防水材料外,还需掌握刚性防水材料。刚性防水是相对防水卷材、防水涂料等柔性防水材料而言的防水形式,主要包括防水砂浆和防水混凝土,刚性防水材料则是指按一定比例掺入水泥砂浆或混凝土中配制防水砂浆或防水混凝土的材料。主要原材料有水泥、砂石、外加剂等。

十、保温、防火材料

(一)建筑保温材料

1. 常用的泡沫塑料

常用的泡沫塑料有聚氨酯泡沫塑料、聚苯乙烯泡沫塑料、改性酚醛泡沫塑料等。

聚氨酯泡沫塑料是由异氰酸酯和羟基化合物经聚合发泡制成的,按其硬度可分为软质和硬质两类。聚氨酯泡沫塑料的保温性能、防火阻燃性能以及防水性能好,且耐化学腐蚀,使用温度范围广。

提示

关于聚氨酯泡沫塑料的技术要求可参看《通用软质聚醚型聚氨酯泡沫塑料》《软质阻燃聚氨酯泡沫塑料》《绝热用喷涂硬质聚氨酯泡沫塑料》《建筑绝热用硬质聚氨酯泡沫塑料》等规范。

聚苯乙烯泡沫塑料是以聚苯乙烯树脂为主体,加入发泡剂等添加剂制成的,是目前使用最多的一种缓冲材料,包括挤塑聚苯乙烯泡沫塑料和模塑聚苯乙烯泡沫塑料。聚苯乙烯泡沫塑料的隔热、隔声、耐低温性能好,质量轻、易加工,吸水性低且具有一定的弹性。

提示

关于聚苯乙烯泡沫塑料的技术要求可参看《绝热用挤塑聚苯乙烯泡沫塑料(XPS)》《建筑绝热用石墨改性模塑聚苯乙烯泡沫塑料板》等规范。

改性酚醛泡沫塑料多采用热固性树脂，具有较好的吸声性、耐老化性、耐腐蚀性，阻燃性强，抗火焰能力强，吸水性低等特点。

2. 矿棉及其制品

矿棉一般包括岩石棉和矿渣棉。矿渣棉所用原料有铜矿渣、高炉硬矿渣和其他矿渣等，另加一些含氧化钙、氧化硅的调整原料。岩石棉是将天然岩石经熔融后吹制而成的纤维状产品。

矿棉具有轻质、不燃、绝热和电绝缘等性能，且原料来源丰富，成本较低，可制成矿棉板、矿棉防水毡及管套等，可用作建筑物的屋顶、顶棚、墙壁等处的保温隔热和吸声。

（二）建筑防火材料

防火涂料包括钢结构防火涂料、饰面型防火涂料、混凝土结构防火涂料等几大类。防火涂料使用十分方便，具有广泛的适用性。

1. 钢结构防火涂料

钢结构防火涂料是指涂装于建筑物或构筑物钢结构表面，形成耐火隔热保护层的涂料。

钢结构防火涂料可根据使用场所、分散介质、防火机理及成膜物质，按表 1-17 进行分类。

表 1-17　钢结构防火涂料类别

分类方法	类别	备注
使用场所	室内钢结构防火涂料	适用于室内或隐蔽工程建(构)筑物
	室外钢结构防火涂料	适用于室外或露天工程建(构)筑物
分散介质	水基性钢结构防火涂料	以水作为分散介质
	溶剂性钢结构防火涂料	以有机溶剂作为分散介质
防火机理	非膨胀型钢结构防火涂料	涂层在高温时不膨胀发泡，其自身成为耐火隔热保护层
	膨胀型钢结构防火涂料	涂层在高温时膨胀发泡，形成为耐火隔热保护层
成膜物质	环氧类膨胀型钢结构防火涂料	以环氧树脂为成膜物质
	非环氧类膨胀型钢结构防火涂料	以非环氧类材料为成膜物质

防火涂装设计的一般规定：

（1）钢结构构件的耐火极限要求，应符合现行国家标准《建筑设计防火规范》《建筑钢结构防火技术规范》的有关规定。

链接

现行国家标准《建筑设计防火规范》《建筑钢结构防火技术规范》和其他一些规范对各种工况下结构构件的耐火极限已作出了相应的规定，在设计中应结合具体情况，给出各部位钢结构构件的耐火极限。

（2）钢结构防火保护设计应根据建筑物或构筑物的用途、场所、火灾类型，选用相应类别的钢结构防火涂料。

（3）钢结构构件的耐火极限所对应的防火涂层厚度可通过耐火验算或耐火试验确定，当

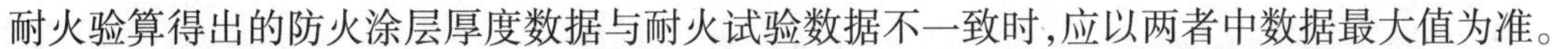

耐火验算得出的防火涂层厚度数据与耐火试验数据不一致时，应以两者中数据最大值为准。

（4）钢板剪力墙、柱间支撑的设计耐火极限应与柱相同，楼盖支撑的设计耐火极限应与梁相同，屋盖支撑和系杆的设计耐火极限应与屋顶承重构件相同。

（5）钢结构防火涂料应具备与设计耐火极限对应的型式检验报告或型式试验报告。

（6）建筑物或构筑物钢结构设计的耐火极限确定后，当设计厚度和型式检验报告或型式试验报告载明的厚度不一致时，应将型式检验报告或型式试验报告载明的厚度作为能够满足钢结构防火需求的防火涂层厚度。

链接

膨胀型钢结构防火涂料的涂层厚度不应小于1.5 mm，非膨胀型钢结构防火涂料的涂层厚度不应小于15 mm。

2. 饰面型防火涂料

饰面型防火涂料是指涂覆于可燃基材（如木材、纤维板、纸板及制品）表面，具有一定装饰作用，受火后能膨胀发泡形成隔热保护层的涂料。

饰面型防火涂料按分散介质可分为：

（1）水基性饰面型防火涂料：以水作为分散介质的饰面型防火涂料。

（2）溶剂性饰面型防火涂料：以有机溶剂作为分散介质的饰面型防火涂料。

饰面型防火涂料应能采用刷涂、喷涂、辊涂和刮涂中任何一种或多种方法方便地施工，并能在正常的自然环境条件下干燥、固化，涂层实干后不应有刺激性气味。成膜后应能形成平整的饰面，无明显凹凸或条痕，无脱粉、气泡、龟裂、斑点等现象。

3. 混凝土结构防火涂料

混凝土结构防火涂料是指涂覆在石油化工储罐区防火堤等建（构）筑物和公路、铁路、城市交通隧道混凝土表面，能形成耐火隔热保护层以提高其结构耐火极限的防火涂料。涂料中不应掺加石棉等对人体有害的物质。

4. 电缆防火涂料

电缆防火涂料是指涂覆于电缆（如以橡胶、聚乙烯、聚氯乙烯、交联聚乙烯等材料作为导体绝缘和护套的电缆）表面，具有防火阻燃保护及一定装饰作用的防火涂料。电缆防火涂料可采用刷涂或喷涂方法施工。在通常自然环境条件下干燥、固化成膜后，涂层表面应无明显凹凸。涂层实干后，应无刺激性气味。

提示

建筑防火材料除了各种防火涂料，还包括防火封堵材料、防火板、防火卷帘、防火玻璃等。

防火封堵材料是指具有防火、防烟功能，用于密封或填塞建筑物、构筑物以及各类设施中的贯穿孔洞、环形缝隙及建筑缝隙，便于更换且符合有关性能要求的材料。

防火封堵材料按材质可分为无机防火封堵材料、有机防火封堵材料和复合防火封堵材料；按类型可分为柔性有机堵料、无机堵料、阻火包、阻火模块、防火封堵板材、泡沫封堵材料、防火密封胶、防火密封漆、阻火包带、阻火圈等；按用途可分为建筑缝隙防火封堵材料和贯穿孔口防火封堵材料。

无机封堵材料属于无机防火封堵材料,为以无机材料为主要成分的粉末状固体,与外加剂调和使用时,具有适当的和易性,不同于一般的水泥砂浆等建筑材料。无机堵料适用于面积较大的贯穿孔口、电缆沟的防火隔墙等部位的封堵。

柔性有机封堵材料属于有机防火封堵材料。柔性有机封堵材料要完全塞满缝隙(间隙)且密实平整,填塞深度不应小于 15 mm,且需根据缝隙(间隙)宽度填塞适当深度的柔性有机堵料。

防火密封胶属于有机防火封堵材料。防火密封胶的填塞深度需要与缝隙(间隙)的宽度相适应,才能达到较好的防火、防烟和隔热要求。

阻火包或阻火模块适用于较大贯穿孔口、电缆沟的防火隔墙等部位的封堵。作为成型材料,要交错进行堆砌,确保其稳固,封堵厚度需根据贯穿部位的大小和耐火性能来确定。

防火封堵板材适用于面积较大的贯穿孔口及空开口的防火封堵。

第二节　建筑工程专业施工技术

模块一　施工测量技术

一、测量仪器

(一)水准仪

水准仪是根据水准测量原理测量地面两点间高差的仪器,如图 1-7 所示。水准仪有自动安平水准仪、数字水准仪、激光水准仪等类型。

图 1-7　水准仪

水准仪等级是按仪器所能达到的每公里往返测高差中数的偶然中误差这一指标划分的。

水准仪型号的表示方法为 DSn,其中 D 表示大地测量;S 表示水准仪;n 为数字,表示仪器精度,数值 n 越小,表示仪器精度越高。如 DS0.5,表示每公里往返测量高差中数的偶然中误差小于或等于 0.5 mm。

常用水准仪的等级划分及主要用途如表 1-18 所示。

表 1-18　常用水准仪的等级划分及主要用途

水准仪型号	DS0.5	DS1	DS3	DS10
仪器精度	≤0.5 mm	≤1 mm	≤3 mm	≤10 mm
主要用途	国家一等水准测量及地震监测	国家二等水准测量及其他精密水准测量	国家三、四等水准测量及一般工程水准测量	一般工程水准测量

水准仪可直接测量两测点间的高差，根据已知条件推算测点的高程，还可以进行两点间水平距离的测量。

（二）经纬仪

经纬仪是一种根据测角原理设计的测量水平角和竖直角的测量仪器，主要由基座、度盘、照准部三部分构成，如图 1-8 所示。经纬仪有光学经纬仪和电子经纬仪等类型，目前电子经纬仪使用较多。

图 1-8　经纬仪

电子经纬仪是利用编码法、增量法、动态法等光电法测角的经纬仪。

我国对经纬仪编制了系列标准，分别为 DJ07、DJ1、DJ2、DJ6、DJ15 及 DJ60 等级别。其中 07，1，2，6，15 等数字表示该仪器所能达到的精度指标。如 DJ07 和 DJ6 分别表示水平方向测量一测回的方向中误差不超过 ±0.7″和 ±6″的大地测量经纬仪。

经纬仪可直接测量水平角和竖直角，可测量两点间的大致水平距离和高差，也可进行点位的竖向传递测量。

（三）激光铅垂仪

激光铅垂仪是指借助仪器中安置的高灵敏度水准管或水银盘反射系统，将激光束导至铅垂方向用于进行竖向准直的一种工程测量仪器，如图 1-9 所示。激光铅垂仪的性能主要有垂直测量相对精度和有效测程，在施工中常用来进行点位的竖向传递。

图 1-9　激光铅垂仪

目前激光铅垂仪主要型号有苏光 JC100 激光铅垂仪（精度 1/100 000）、苏光 DZJ2 激光铅垂仪（精度 1/45 000）、新北光 DZJ2 – L 激光铅垂仪（精度 1/45 000）、博飞 DZJ3 – L1 激光铅垂仪（精度 1/40 000）等，其有效测程一般白天在 125 m 左右、晚上在 250 m 左右。

（四）全站仪

全站仪，即全站型电子测距仪，是一种集光、机、电为一体的高技术测量仪器，是集水平角、垂直角、距离（斜距、平距）、高差测量功能于一体的测绘仪器系统，由电子经纬仪、电子测距仪和电子记录装置三部分构成，如图 1-10 所示。

图 1-10　全站仪

全站仪的等级按其标称的角度测量标准偏差 m_β 来划分，如表 1-19 所示。

表 1-19　角度测量标准偏差 m_β

等级	Ⅰ	Ⅱ	Ⅲ	Ⅳ
m_β 范围	$m_\beta \leq 1.0''$	$1.0'' < m_\beta \leq 2.0''$	$2.0'' < m_\beta \leq 6.0''$	$6.0'' < m_\beta \leq 10.0''$

不同的等级对测距标准偏差又有相应的要求，测距标准偏差不大于表 1-20 的规定。

表 1-20　测距标准偏差

等级及限差	Ⅰ	Ⅱ	Ⅲ	Ⅳ
	1.0″	2.0″	5.0″	10.0″
测距标准偏差 m_d/mm	$\pm(1+1\times10^{-6}D)$	$\pm(3+2\times10^{-6}D)$	$\pm(5+5\times10^{-6}D)$	

注：D 为全站仪实际测量的距离值。

全站仪的制造技术、标称精度都在逐步提高，在施工监测测量过程中，为了满足监测精度的要求，宜使用测角中误差不大于1″、测距中误差不大于$(2+2\times10^{-6}D)$mm 的高精度全站仪。

全站仪可同时测得平距、高差、点的坐标和高程。

除了上述几种仪器外，还需要掌握一种最普遍测量距离的仪器，即钢尺。

典型例题

【单选题】在楼层内测量放线，最常用的距离测量器具是(　　)。

A. 水准仪　　B. 经纬仪

C. 激光铅直仪　　D. 钢尺

D。**【解析】**目前楼层测量放线最常用的距离测量器具是钢尺。水准仪主要用于测量两点之间的高差。经纬仪主要用于测量水平角和竖直角。激光铅直仪主要用于点位的竖向传递。

二、施工测量方法和控制测量技术

（一）建筑施工平面控制网的主要测量方法

在施工现场，需要测设各种建(构)筑物的特征点，施工人员可根据现场具体情况灵活选用如下四种方法：

(1)直角坐标法适用于建筑场地的施工控制网为方格网或轴线形式。

(2)极坐标法适用于现场量距方便，且预测设的点在现场控制点附近。

(3)角度前方交会法适用于测设点远离控制点且不便量距的地方。

(4)距离交会法适用于从控制点到测设点的距离不超过测距尺的长度。

提示

针对平面形式为椭圆形的建筑物，建筑外轮廓线放样最适宜采用的测量方法为极坐标法。

（二）控制测量技术

1. 平面控制测量

平面控制网的布设应遵循先整体、后局部，分级控制的原则。大中型施工项目，应先建立场区平面控制网，再建立建筑物施工平面控制网；小型施工项目，可直接布设建筑物施工平面控制网。

平面控制测量应包括场区平面控制网和建筑物施工平面控制网的测量。

场区平面控制网应根据场区地形条件与建筑物总体布置情况，布设成建筑方格网、卫星导航定位测量网、导线及导线网、边角网等形式。

建筑物施工平面控制网宜布设成矩形，特殊时也可布设成十字形主轴线或平行于建筑物外廓的多边形。

水平角观测宜采用方向观测法。

2. 高程控制测量

建筑物施工高程控制网应符合下列规定：

(1)建筑物施工高程控制网应在每一栋建筑物周围布设，不应少于2个点，独立建筑不应少于3个点。

(2)建筑物施工高程控制宜采用水准测量。水准测量的精度等级，可根据工程的实际需要布设。

(3)水准点可设置在平面控制网的标桩或外围的固定地物上，也可单独埋设。当场区高程控制点距离施工建筑物小于200 m时，可直接利用。

当施工中高程控制点标桩不能保存时，应将高程引测至稳固的建筑物或构筑物上，引测的精度，不应低于四等水准。

水准测量的原理：如图1-11所示，利用水准仪提供的水平视线对竖立在两点之间的水准尺进行观测，并通过其中一个点的高程推算另一个点的高程，计算表达式为 $H_B = H_A + a - b$。

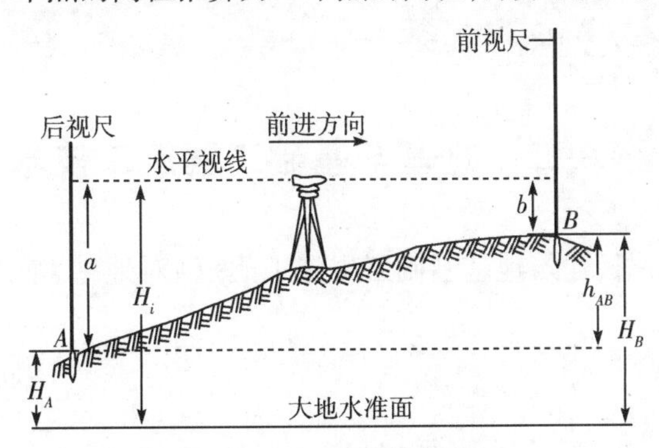

图1-11　水准测量原理图

施工高程控制测量的等级依次分为二、三、四、五等，可根据场区的实际需要布设，特殊需要可另行设计。四等和五等高程控制网可采用测距三角高程测量。

专家解读

水准测量精度等级分为二、三、四、五等，一般建筑场区以三等水准测量作为最高等级高程控制，已能满足施工的要求，但特殊工程施工测量的高程控制多采用二等水准测量。如需进行沉降变形测量、精密设备安装时，应按需要另行设计。测距三角高程测量是用测距仪或全站仪，置于两端或中间观测两点间的斜距和垂直角，量取仪器高和觇标高(棱镜高)，以计算两点间的高差。

高程控制点应选在土质坚实，便于施测、使用并易于长期保存的地方，距离基坑边缘不应小于基坑深度的2倍。

高程控制点应采取保护措施，并在施工期间定期复测，如遇特殊情况应及时进行复测。

场区高程控制网应布设成附合路线、结点网或闭合环。场区高程控制网的精度，不宜低于三等水准。场区高程控制点可单独布设在场区相对稳定的区域，也可设置在平面控制点的标石上。

3. 建筑物施工放样

建筑物施工放样应具备下列资料:总平面图;建筑物的设计与说明;建筑物的轴线平面图;建筑物的基础平面图;设备的基础图;土方的开挖图;建筑物的结构图;建筑物的装修图;管网图;场区控制点坐标、高程及点位分布图。

放样前,应对建筑物施工平面控制点和高程控制点进行检核。

典型例题

【单选题】使用全站仪建立建筑物施工平面控制网,一般采用的测量方法是(　　)。

A. 直角坐标法　　B. 极坐标法

C. 角度交会法　　D. 距离交会法

B。【解析】平面控制网的建立可采用直角坐标法、极坐标法、角度交会法、距离交会法等作为测量方法。但随着全站仪的普及,建立平面控制网采用极坐标法更为方便、快捷。

模块二　地基与基础工程施工技术

本部分内容主要依据《建筑地基基础工程施工规范》对地基、基础、基坑支护、地下水等做详细叙述。

一、基本规定

基坑工程施工前应做好准备工作,分析工程现场的工程水文地质条件、邻近地下管线、周围建(构)筑物及地下障碍物等情况。对邻近的地下管线及建(构)筑物应采取相应的保护措施。

建筑地基、基础、基坑及边坡工程施工过程中应控制地下水、地表水和潮汛的影响。

建筑地基基础工程冬、雨季施工应采取防冻、排水措施。

严禁在基坑(槽)及建(构)筑物周边影响范围内堆放土方。

二、地基施工

(一)一般规定

地基施工时应及时排除积水,不得在浸水条件下施工。

基底标高不同时,宜按先深后浅的顺序进行施工。

施工过程中应采取减少基底土体扰动的保护措施,机械挖土时,基底以上 200~300 mm 厚土层应采用人工挖除。

地基施工时,应分析挖方、填方、振动、挤压等对边坡稳定及周边环境的影响。

地基验槽时,发现地质情况与勘察报告不相符,应进行补勘。

地基施工完成后,应对地基进行保护,并应及时进行基础施工。

（二）素土、灰土地基

素土、灰土地基的施工方法，分层铺填厚度，每层压实遍数等宜通过试验确定，分层铺填厚度宜取 200～300 mm，应随铺填随夯压密实。基底为软弱土层时，地基底部宜加强。

素土、灰土换填地基宜分段施工，分段的接缝不应在柱基、墙角及承重窗间墙下位置，上下相邻两层的接缝距离不应小于 500 mm，接缝处宜增加压实遍数。

基底存在洞穴、暗浜（塘）等软硬不均的部位时，应按设计要求进行局部处理。

（三）砂和砂石地基

施工前应通过现场试验性施工确定分层厚度、施工方法、振捣遍数、振捣器功率等技术参数。

分段施工时应采用斜坡搭接，每层搭接位置应错开 0.5～1.0 m，搭接处应振压密实。

基底存在软弱土层时应在与土面接触处先铺一层 150～300 mm 厚的细砂层或铺一层土工织物。

分层施工时，下层经压实系数检验合格后方可进行上一层施工。

（四）粉煤灰地基

施工时应分层摊铺，逐层夯实，铺设厚度宜为 200～300 mm，用压路机时铺设厚度宜为 300～400 mm，四周宜设置具有防冲刷功能的隔离措施。

每层铺完检测合格后，应及时铺筑上层，并严禁车辆在其上行驶，铺筑完成应及时浇筑混凝土垫层或上覆 300～500 mm 土进行封层。

粉煤灰地基不得采用水沉法施工，在地下水位以下施工时，应采取降排水措施，不得在饱和或浸水状态下施工。基底为软土时，宜先铺填 200 mm 左右厚的粗砂或高炉干渣。

（五）强夯地基

夯击前应将各夯点位置及夯位轮廓线标出，夯击前后应测量地面高程，计算每点逐击夯沉量；强夯应分区进行，宜先边区后中部，或由临近建（构）筑物一侧向远离一侧方向进行。

雨季施工时夯坑内或场地积水应及时排除。

（六）注浆加固地基

注浆顺序应按跳孔间隔注浆方式进行，并宜采用先外围后内部的注浆施工方法。

冬期施工时，在日平均气温低于 5 ℃或最低温度低于 －3 ℃的条件下注浆时应采取防浆体冻结措施。夏季施工时，用水温度不得高于 35 ℃且对浆液及注浆管路应采取防晒措施。

（七）预压地基

真空堆载联合预压法施工时，应先进行抽真空，真空压力达到设计要求并稳定后进行分级堆载，并根据位移和孔隙水压力的变化控制堆载速率。

（八）振冲地基

施工前应在现场进行振冲试验，以确定水压、振密电流和留振时间等各种施工参数。

施工顺序宜从中间向外围或间隔跳打进行，当加固区附近存在既有建（构）筑物或管线时，应从邻近建筑物一边开始，逐步向外施工；施工现场应设置排泥水沟及集中排泥的沉淀池。

（九）高压喷射注浆地基

高压喷射注浆施工前应根据设计要求进行工艺性试验，数量不应少于2根。

对需要扩大加固范围或提高强度的工程，宜采用复喷措施。

周边环境有保护要求时可采取速凝浆液、隔孔喷射、冒浆回灌、放慢施工速度或具有排泥装置的全方位高压旋喷技术等措施。

高压喷射注浆施工时，邻近施工影响区域不应进行抽水作业。

（十）水泥土搅拌桩地基

水泥土搅拌桩基施工时，停浆面应高于桩顶设计标高300～500 mm。开挖基坑时，应将搅拌桩顶端浮浆桩段用人工挖除。

施工中因故停浆时，应将钻头下沉至停浆点以下0.5 m处，待恢复供浆时再喷浆搅拌提升，或将钻头抬高至停浆点以上0.5 m处，待恢复供浆时再喷浆搅拌下沉。

（十一）土和灰土挤密桩复合地基

土和灰土挤密桩的施工应按下列顺序进行：施工前应平整场地，定出桩孔位置并编号；整片处理时宜从里向外，局部处理时宜从外向里，施工时应间隔1～2个孔依次进行；成孔达到要求深度后应及时回填夯实。

（十二）水泥粉煤灰碎石桩复合地基

成孔时宜先慢后快，并应及时检查、纠正钻杆偏差，成桩过程应连续进行；长螺旋钻孔、管内泵压混合料成桩施工时，当钻至设计深度后，应掌握提拔钻杆时间，混合料泵送量应与拔管速度相配合，压灌应一次连续灌注完成，压灌成桩时，钻具底端出料口不得高于钻孔内桩料的液面。

（十三）夯实水泥土桩复合地基

施工应隔排隔桩跳打。向孔内填料前孔底应夯实，宜采用二夯一填的连续成桩工艺。每根桩的成桩过程应连续进行。桩顶夯填高度应大于设计桩顶标高200～300 mm，垫层施工时应将多余桩体凿除，桩顶面应水平。垫层铺设时应压（夯）密实，夯填度不应大于0.9。

（十四）砂石桩复合地基

砂石桩的施工顺序应符合下列规定：对砂土地基宜从外围或两侧向中间进行；对黏性土地基宜从中间向外围或隔排施工；在邻近既有建（构）筑物施工时，应背离建（构）筑物方向进行。

砂石桩施工后，应将基底标高下的松散层挖除或夯压密实，随后铺设并压实砂垫层。

（十五）地基与基础工程验槽

1. 一般规定

勘察、设计、监理、施工、建设等各方相关技术人员应共同参加验槽。

验槽时，现场应具备岩土工程勘察报告、轻型动力触探记录（可不进行轻型动力触探的情况除外）、地基基础设计文件、地基处理或深基础施工质量检测报告等。

验槽应在基坑或基槽开挖至设计标高后进行，对留置保护土层时其厚度不应超过100 mm；槽底应为无扰动的原状土。

遇到下列情况之一时，尚应进行专门的施工勘察：工程地质与水文地质条件复杂，出现

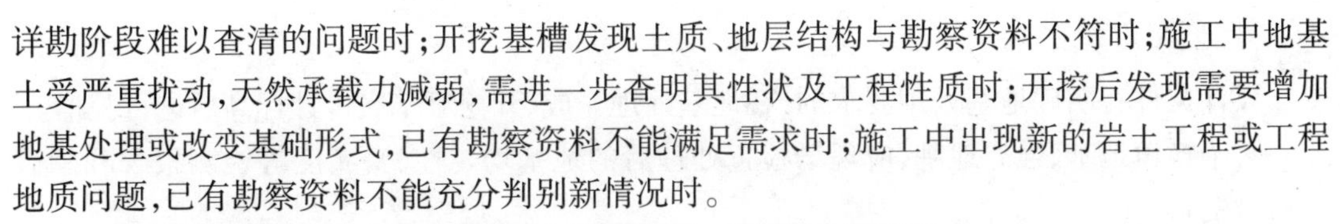

详勘阶段难以查清的问题时；开挖基槽发现土质、地层结构与勘察资料不符时；施工中地基土受严重扰动，天然承载力减弱，需进一步查明其性状及工程性质时；开挖后发现需要增加地基处理或改变基础形式，已有勘察资料不能满足需求时；施工中出现新的岩土工程或工程地质问题，已有勘察资料不能充分判别新情况时。

进行过施工勘察时，验槽时要结合详勘和施工勘察成果进行。

验槽完毕填写验槽记录或检验报告，对存在的问题或异常情况提出处理意见。

除了上述内容外，还有一重点知识需掌握，即验槽工作的组织者，以下面典型例题的形式进行讲解，掌握解析内容即可。

典型例题

【多选题】下列人员中，可以组织验槽工作的有(　　)。

A. 设计单位项目负责人　　B. 施工单位项目负责人

C. 监理单位项目负责人　　D. 勘察单位项目负责人

E. 建设单位项目负责人

CE。**【解析】**施工单位自检合格后，应由总监理工程师或建设单位项目负责人组织建设单位、施工单位、监理单位、设计单位、勘察单位的项目负责人、技术质量负责人，共同按照设计要求和有关规定进行验槽工作。

2. 天然地基验槽

天然地基验槽应检验下列内容：根据勘察、设计文件核对基坑的位置、平面尺寸、坑底标高；根据勘察报告核对基坑底、坑边岩土体和地下水情况；检查空穴、古墓、古井、暗沟、防空掩体及地下埋设物的情况，并应查明其位置、深度和性状；检查基坑底土质的扰动情况以及扰动的范围和程度；检查基坑底土质受到冰冻、干裂、受水冲刷或浸泡等扰动情况，并应查明影响范围和深度。

在进行直接观察时，可用袖珍式贯入仪或其他手段作为验槽辅助。

天然地基验槽前应在基坑或基槽底普遍进行轻型动力触探检验，检验数据作为验槽依据。轻型动力触探应检查下列内容：地基持力层的强度和均匀性；浅埋软弱下卧层或浅埋突出硬层；浅埋的会影响地基承载力或基础稳定性的古井、墓穴和空洞等。

轻型动力触探宜采用机械自动化实施，检验完毕后，触探孔位处应灌砂填实。无须进行轻型动力触探的情况如图1-12所示。

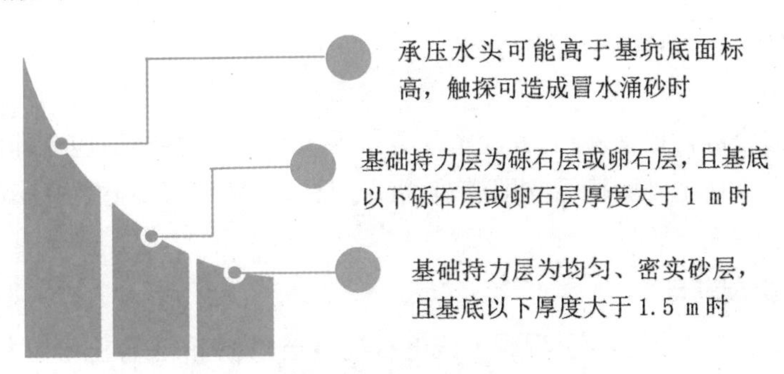

图1-12　无须进行轻型动力触探的情况

3. 地基处理工程验槽

设计文件有明确地基处理要求的，在地基处理完成、开挖至基底设计标高后进行验槽。

对于换填地基、强夯地基，应现场检查处理后的地基均匀性、密实度等检测报告和承载力检测资料。

对于增强体复合地基，应现场检查桩位、桩头、桩间土情况和复合地基施工质量检测报告。

对于特殊土地基，应现场检查处理后地基的湿陷性、地震液化、冻土保温、膨胀土隔水、盐渍土改良等方面的处理效果检测资料。

经过地基处理的地基承载力和沉降特性，应以处理后的检测报告为准。

4. 桩基工程验槽

设计计算中考虑桩筏基础、低桩承台等桩间土共同作用时，应在开挖清理至设计标高后对桩间土进行检验。

对人工挖孔桩，应在桩孔清理完毕后，对桩端持力层进行检验。对大直径挖孔桩，应逐孔检验孔底的岩土情况。

在试桩或桩基施工过程中，应根据岩土工程勘察报告对出现的异常情况、桩端岩土层的起伏变化及桩周岩土层的分布进行判别。

上述内容是对验槽内容和要求的叙述，另外还需要掌握验槽的方法及适用条件，详见下面典型例题解析部分。

典型例题

【单选题】基坑验槽中，对于基底以下不可见部位的土层，通常采用的方法是(　　)。

A. 钎探法　　B. 贯入仪检测法

C. 轻型动力触探法　　D. 观察法

A。**【解析】**地基验槽的方法主要有钎探法、观察法、轻型动力触探法。其中，观察法是地基验槽中比较常用的方法。钎探法一般适用于基底以下土层不可见部位的验槽。

三、基础施工

(一) 一般规定

基础施工前应进行地基验槽，并应清除表层浮土和积水，验槽后应立即浇筑垫层。

垫层混凝土应在基础验槽后立即浇筑，混凝土强度达到设计强度70%后，方可进行后续施工。

(二) 无筋扩展基础

无筋扩展基础是由砖、毛石、混凝土或毛石混凝土、灰土和三合土等材料组成的，且不需配置钢筋的墙下条形基础或柱下独立基础。

1. 砖砌体基础

砖砌体基础的施工应符合下列规定：

(1)砖及砂浆的强度应符合设计要求，砂浆的稠度宜为 70～100 mm，砖的规格应一致，砖应提前浇水湿润。

(2)砌筑应上下错缝，内外搭砌，竖缝错开不应小于 1/4 砖长，砖基础水平缝的砂浆饱满度不应低于 80%，内外墙基础应同时砌筑，对不能同时砌筑而又必须留置的临时间断处，应砌筑成斜槎，斜槎的水平投影长度不应小于高度的 2/3。

(3)深浅不一致的基础，应从低处开始砌筑，并应由高处向低处搭砌，当设计无要求时，搭接长度不应小于基础底的高差，搭接长度范围内下层基础应扩大砌筑，砌体的转角处和交接处应同时砌筑，不能同时砌筑时应留槎、接槎。

(4)宽度大于 300 mm 的洞口，上方应设置过梁。

2. 毛石砌体基础

毛石砌体基础是用强度等级不低于 MU30 的毛石，不低于 M5 的砂浆砌筑而形成，如图 1-13 所示。

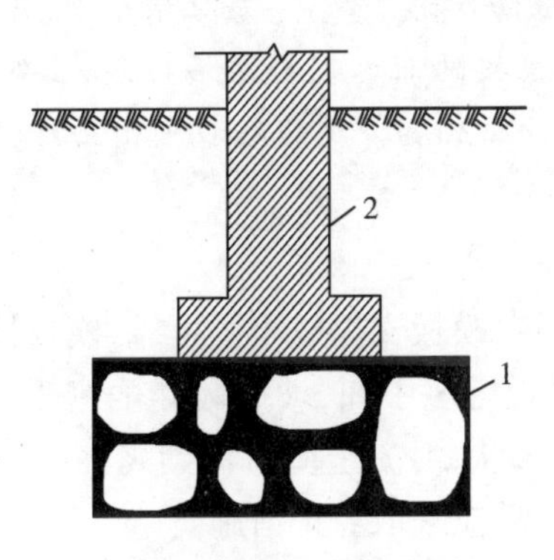

1—毛石基础；2—基础墙。

图 1-13　毛石基础

毛石砌体基础的施工应符合下列规定：

(1)毛石的强度、规格尺寸、表面处理和毛石基础的宽度、阶宽、阶高等应符合设计要求。

(2)粗料毛石砌筑灰缝不宜大于 20 mm，各层均应铺灰坐浆砌筑，砌好后的内外侧石缝应用砂浆勾嵌。

(3)基础的第一皮及转角处、交接处和洞口处，应采用较大的平毛石，并采取大面朝下的方式坐浆砌筑，转角、阴阳角等部位应选用方正平整的毛石互相拉结砌筑，最上面一皮毛石应选用较大的毛石砌筑。

(4)毛石基础应结合牢靠，砌筑应内外搭砌，上下错缝，拉结石、丁砌石交错设置，不应在转角或纵横墙交接处留设接槎，接槎应采用阶梯式，不应留设直槎或斜槎。

专家解读

毛石应质地坚实、无风化剥落、无裂纹和杂质；强度等级不应低于 MU20；毛石高、宽宜为 200～300 mm，长度宜为 300～400 mm；毛石表面的水锈、浮土、杂质应在砌筑前清除干净。毛石表面的处理可避免毛石与砂浆之间产生隔离，从而保证毛石基础的黏结质量；若设计无说明时，毛石基础的上部宽宜大于墙厚 200 mm，阶梯形毛石基础的每阶伸出宽度不宜大于 200 mm，每阶高度不应小于 400 mm，每一台阶不应少于 2～3 皮毛石。灰缝要饱满密实，严禁毛石间无浆直接接触，出现干缝通缝。若砂浆初凝后再移动已经砌筑的毛石，砂浆内部及砂浆与毛石的黏结面的黏结力会被破坏，降低了毛石基础的强度和整体性，因此需重新铺浆砌筑。为使毛石基础与地基或垫层黏结紧密，保证传力均匀和石块稳定，要求砌筑毛石基础时的第一皮毛石应座浆并将大面向下。毛石基础中一些易受到影响的重要受力部位采用较大的毛石砌筑，是为了加强该部位基础的拉接强度和整体性，同时为使毛石基础传力均匀及上部构件搁置平稳，要求基础顶面采用较大的毛石。毛石的形状不规整，不易砌平，为保证毛石基础的整体刚度和传力均匀，一般情况下大、中、小毛石应搭配使用，使砌体平稳。为保证毛石基础结合牢靠，应设置拉结石，上下左右拉结石宜错开，使其形成梅花形，拉结石每 0.7 m^2 不应少于 1 块，且水平距离不应大于 2 m，转角、内外墙交接处应选用拉结石砌筑，上级阶梯毛石应压砌下级阶梯毛石，压砌量不应小于 1/2，相邻阶梯的毛石应相互错缝搭砌。

3. 混凝土基础

混凝土基础台阶应支模浇筑，模板支撑应牢固可靠，模板接缝不应漏浆。台阶式基础宜一次浇筑完成，每层宜先浇边角，后浇中间，坡度较陡的锥形基础可采取支模浇筑的方法。不同底标高的基础应开挖成阶梯状，混凝土应由低到高浇筑。混凝土浇筑和振捣应满足均匀性和密实性的要求，浇筑完成后应采取养护措施。

典型例题

【多选题】针对大型设备基础混凝土浇筑，正确的施工方法有(　　)。

A. 分层浇筑　　B. 上下层间不留施工缝

C. 每层厚度 300～500 mm　　D. 从高处向低处

E. 沿长边方向浇筑

ABCE。【解析】设备基础浇筑一般采取分层浇筑的方法进行，每层混凝土厚度应控制在 300～500 mm，且上下层之间不留施工缝。应从低处向高处浇筑，可沿长边方向按一端向另一端、中间向两端或两端向中间的方式进行浇筑。

(三) 钢筋混凝土扩展基础

1. 独立基础

柱下独立基础(又称单独基础)，基础截面可设计成锥形或台阶形，预制柱下一般采用杯口形基础。基础底面形状，对于轴心受压柱常为方形，对于偏心受压柱常为矩形。

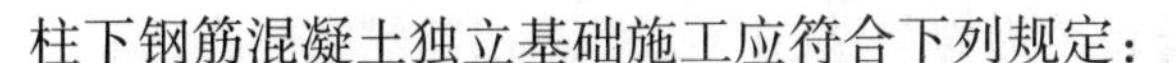

柱下钢筋混凝土独立基础施工应符合下列规定:

(1)混凝土宜按台阶分层连续浇筑完成,对于阶梯形基础,每一台阶作为一个浇捣层,每浇筑完一台阶宜稍停0.5~1.0 h,待其初步获得沉实后,再浇筑上层,基础上有插筋埋件时,应固定其位置。

(2)杯形基础的支模宜采用封底式杯口模板,施工时应将杯口模板压紧,在杯底应预留观测孔或振捣孔,混凝土浇筑应对称均匀下料,杯底混凝土振捣应密实。

(3)锥形基础模板应随混凝土浇捣分段支设并固定牢靠,基础边角处的混凝土应捣实密实。

2. 条形基础

钢筋混凝土条形基础一般用于混合结构民用房屋的承重墙下,由素混凝土垫层、钢筋混凝土底板和大放脚组成,如图1-14所示。如果地基土质较好且又较干燥时,也可不用垫层,而将钢筋混凝土底板直接做在夯实的土层上。

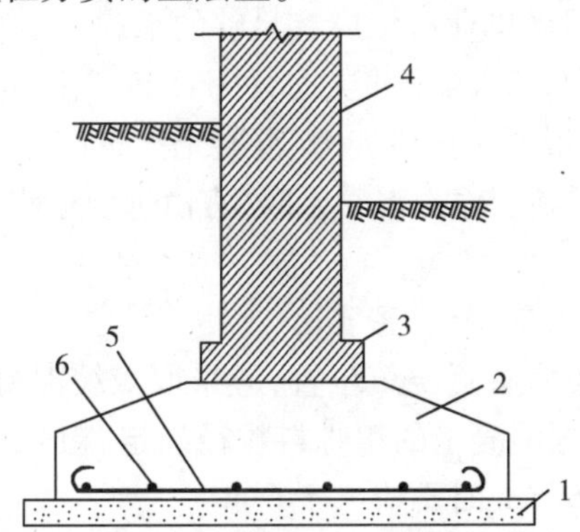

1—素混凝土垫层;2—钢筋混凝土底板;3—砖砌大放脚;
4—基础墙;5—受力筋;6—分布筋。

图1-14　条形基础

钢筋混凝土条形基础施工应符合下列规定:

(1)绑扎钢筋时,底部钢筋应绑扎牢固,采用HPB300钢筋时,端部弯钩应朝上,柱的锚固钢筋下端应用90°弯钩与基础钢筋绑扎牢固,按轴线位置校核后上端应固定牢靠。

(2)混凝土宜分段分层连续浇筑,每层厚度宜为300~500 mm,各段各层间应互相衔接,混凝土浇捣应密实。

(3)基础混凝土浇筑完后,外露表面应在12 h内覆盖并保湿养护。

提示

条形基础还需了解:条形基础一般不留施工缝;应分层浇筑,每层间浇筑长度为2 000~3 000 mm,并按照逐段逐层呈阶梯形向前推进的方式进行。

(四)筏形与箱形基础

当上部结构荷载较大、地基承载力较低时,可采用筏形基础。筏形基础在外形和构造上像倒置的钢筋混凝土楼盖,分为梁板式和板式。梁板式筏形基础用于荷载较大的情况,板式筏形基础一般在荷载不大、柱网较均匀且间距较小的情况下采用。由于筏形基础的整体刚度较大，能有效地将各柱子的沉降调整得较为均匀，故在多层和高层建筑中被广泛采用。

箱形基础主要是由钢筋混凝土底板、顶板、侧墙及一定数量纵横墙构成的封闭箱体。它是多层和高层建筑中广泛采用的一种基础形式，以承受上部结构荷载，并把它传递给地基。箱形基础中部可在内隔墙开门洞作地下室。这种基础整体性和刚度较好，能有效地调整不均匀沉降，抗震能力较强，可消除因地基变形、不均匀沉降等引起的建筑物开裂。它适用于软土地基，在非软土地基出于人防、抗震考虑和设置地下室时，也常采用箱形基础。

基础混凝土可采用一次连续浇筑，也可留设施工缝分块连续浇筑，施工缝宜留设在结构受力较小且便于施工的位置。

采用分块浇筑的基础混凝土，应根据现场场地条件、基坑开挖流程、基坑施工监测数据等合理确定浇筑的先后顺序。

在浇筑基础混凝土前，应清除模板和钢筋上的杂物，表面干燥的垫层、木模板应浇水湿润。

筏形与箱形基础混凝土浇筑应符合下列规定：

(1)混凝土运输和输送设备作业区域应有足够的承载力。

(2)混凝土浇筑方向宜平行于次梁长度方向，对于平板式筏形基础宜平行于基础长边方向。

(3)根据结构形状尺寸、混凝土供应能力、混凝土浇筑设备、场内外条件等划分泵送混凝土浇筑区域及浇筑顺序，采用硬管输送混凝土时，宜由远而近浇筑，多根输送管同时浇筑时，其浇筑速度宜保持一致。

(4)混凝土应连续浇筑，且应均匀、密实。

(5)混凝土浇筑的布料点宜接近浇筑位置，应采取减缓混凝土下料冲击的措施，混凝土自高处倾落的自由高度应根据混凝土的粗骨料粒径确定，粗骨料粒径大于 25 mm 时不应大于 3 m，粗骨料粒径不大于 25 mm 时不应大于 6 m。

(6)基础混凝土应采取减少表面收缩裂缝的二次抹面技术措施。

筏形与箱形基础混凝土养护宜采用浇水、蓄热、喷涂养护剂等方式。

筏形与箱形基础大体积混凝土浇筑应符合下列规定：

(1)混凝土宜采用低水化热水泥，合理选择外掺料、外加剂，优化混凝土配合比。

(2)混凝土浇筑应选择合适的布料方案，宜由远而近浇筑，各布料点浇筑速度应均衡。

(3)混凝土宜采用斜面分层浇筑方法，混凝土应连续浇筑，分层厚度不应大于 500 mm，层间间隔时间不应大于混凝土的初凝时间。

(4)混凝土裸露表面应采用覆盖养护方式，当混凝土表面以内 40 ~ 80 mm 位置的温度与环境温度的差值小于 25 ℃时，可结束覆盖养护，覆盖养护结束但尚未达到养护时间要求时，可采用洒水养护方式直至养护结束。

筏形与箱形基础后浇带和施工缝的施工应符合下列规定：

(1)地下室柱、墙、反梁的水平施工缝应留设在基础顶面。

(2)基础垂直施工缝应留设在平行于平板式基础短边的任何位置且不应留设在柱角范围，梁板式基础垂直施工缝应留设在次梁跨度中间的 1/3 范围内。

(3)后浇带和施工缝处的钢筋应贯通，侧模应固定牢靠。

(4)箱形基础的后浇带两侧应限制施工荷载，梁、板应有临时支撑措施。

(5)后浇带和施工缝处浇筑混凝土前，应清除浮浆、疏松石子和软弱混凝土层，浇水湿润。

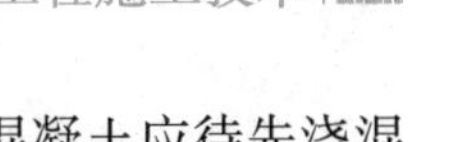

(6)后浇带混凝土强度等级宜比两侧混凝土提高一级,施工缝处后浇混凝土应待先浇混凝土强度达到1.2 MPa后方可进行。

(五)桩基础的施工

预制桩是在工厂或施工现场预制,然后运至桩位处,经锤击、静压、振动或水冲等工艺送桩入土就位。预制桩包括钢筋混凝土桩、木桩或钢桩等,桩基础中多采用钢筋混凝土桩。灌注桩是直接在设计桩位成孔,然后在孔内放入钢筋笼,灌注混凝土成桩,根据成孔方法不同,可分为钻孔、沉管成孔、挖孔及冲孔等工艺。灌注桩包括泥浆护壁成孔灌注桩、长螺旋钻孔压灌桩、沉管灌注桩等。

1. 钢筋混凝土预制桩

混凝土预制桩的混凝土强度达到70%后方可起吊,达到100%后方可运输。

单节桩采用两支点法起吊时,两吊点位置距离桩端宜为$0.2L_1$(L_1为桩段长度),吊索与桩段水平夹角不应小于45°。

预应力混凝土空心管桩的叠层堆放应符合下列规定:

(1)外径为500～600 mm的桩不宜大于5层,外径为300～400 mm的桩不宜大于8层,堆叠的层数还应满足地基承载力的要求。

(2)最下层应设两支点,支点垫木应选用木枋。

(3)垫木与吊点应保持在同一横断面上。

接桩时,接头宜高出地面0.5～1.0 m,不宜在桩端进入硬土层时停顿或接桩。单根桩沉桩宜连续进行。

锤击桩终止沉桩应以桩端标高控制为主,贯入度控制为辅,当桩端达到坚硬、硬塑的黏性土,中密以上粉土、砂土、碎石类土及风化岩时,可以贯入度控制为主,桩端标高控制为辅;贯入度已达到设计要求而桩端标高未达到时,应继续锤击3阵,按每阵10击的贯入度不大于设计规定的数值予以确认,必要时施工控制贯入度应通过试验与设计协商确定。

静压桩终压沉桩应以标高为主,压力为辅;静压桩终压标准可结合现场试验结果确定;终压连续复压次数应根据桩长及地质条件等因素确定,对于入土深度大于或等于8 m的桩,复压次数可为2～3次,对于入土深度小于8 m的桩,复压次数可为3～5次;稳压压桩力不应小于终压力,稳定压桩的时间宜为5～10 s。

提示

静力压桩法和锤击沉桩法是钢筋混凝土预制桩打桩最常用的施工方法。其中,静力压桩法按照定位测量、就位桩机、吊桩、插桩、对中调直桩身、沉桩静压、接桩、沉桩静压、送桩的顺序进行,最后终止压桩,进行桩机转移;而锤击沉桩法首先确定沉桩位置和顺序,再按照就位桩机、吊桩、桩身矫正、沉桩锤击、接桩、沉桩锤击送桩的顺序进行,最后收锤,进行桩机转移。除此之外,钢筋混凝土预制桩打桩的施工方法还有振动法,只做了解。

2. 泥浆护壁成孔灌注桩

泥浆护壁成孔灌注桩是利用原自然土造浆或人工造浆浆液进行护壁,通过循环泥浆将被钻头切下的土渣携带排出孔外成孔,然后安放钢筋笼,采用导管法水下灌注混凝土成桩。

泥浆在成孔过程中所起的作用如下:

(1)护壁。泥浆的相对密度大于水,当孔内泥浆液面高于地下水位时,泥浆对孔壁产生的静水压力有助于稳固孔壁、防止塌孔;另外较大压力的泥浆在孔壁上形成一层低透水性的泥皮,避免孔内水分漏失,稳定护筒内的泥浆液面,保持孔内壁的静水压力,以达到护壁的目的。

(2)携渣。泥浆有较高的黏性,通过循环泥浆可将切削破碎的土渣随同泥浆排出孔外,起到携渣排土的作用。

(3)冷却和润滑。循环的泥浆对钻具起着润滑和冷却的作用,可减轻钻具的磨损。

泥浆护壁成孔灌注桩的成孔方法有回旋钻机成孔、潜水钻机成孔、冲击钻成孔和冲抓钻成孔等。其中回旋钻机成孔根据泥浆循环方式的不同,分为正循环回转钻机成孔和反循环回转钻机成孔。

正循环回转钻机成孔的工艺原理如图1-15所示。正循环回转钻机是由空心钻杆内部通入高压水或泥浆,从钻杆底部喷出,携带钻下的土渣沿孔壁向上流动,由孔口将土渣带出流入泥浆池。反循环回转钻机成孔的工艺原理如图1-16所示。反循环回转钻机成孔时的泥浆带渣流动的方向与正循环回转钻机成孔的情形相反。反循环工艺的泥浆上流的速度较高,能携带较大的土渣。

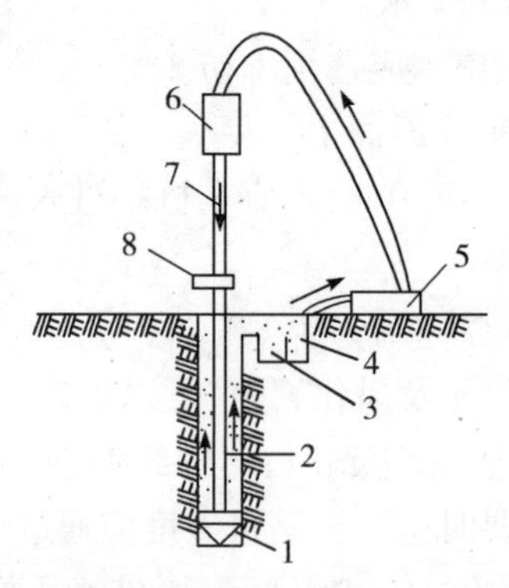

1—钻头;2—泥浆循环方向;3—沉淀池;4—泥浆池;5—循环泵;
6—水龙头;7—钻杆;8—钻杆回转装置。

图1-15 正循环回转钻机成孔的工艺原理

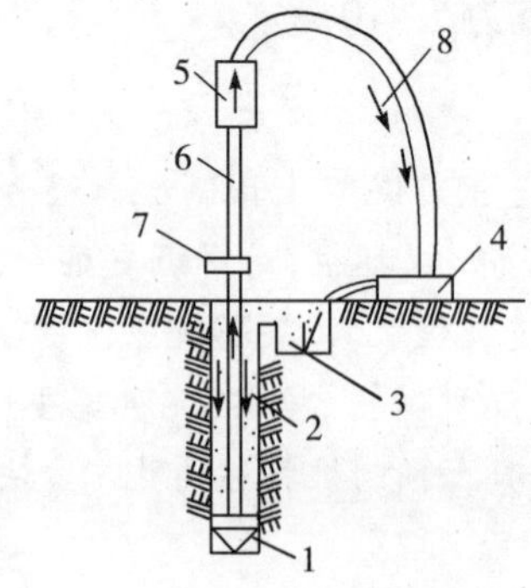

1—钻头;2—新泥浆流向;3—沉淀池;4—砂石泵;
5—水龙头;6—钻杆;7—钻杆回转装置;8—混合液流向。

图1-16 反循环回转钻机成孔的工艺原理

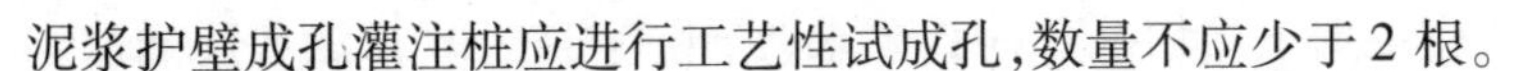

泥浆护壁成孔灌注桩应进行工艺性试成孔,数量不应少于2根。

施工时应维持钻孔内泥浆液面高于地下水位0.5 m,受水位涨落影响时,应高于最高水位1.5 m。

成孔时宜在孔位埋设护筒,护筒设置应符合下列规定:

(1)护筒应采用钢板制作,应有足够刚度及强度;上部应设置溢流孔,下端外侧应采用黏土填实,护筒高度应满足孔内泥浆面高度要求,护筒埋设应进入稳定土层。

(2)护筒上应标出桩位,护筒中心与孔位中心偏差不应大于50 mm。

(3)护筒内径应比钻头外径大100 mm,冲击成孔和旋挖成孔的护筒内径应比钻头外径大200 mm,垂直度偏差不宜大于1/100。

钢筋笼宜分段制作,分段长度应根据钢筋笼整体刚度、钢筋长度以及起重设备的有效高度等因素确定。钢筋笼接头宜采用焊接或机械式接头,接头应相互错开。钢筋笼应采用环形胎模制作,钢筋笼主筋净距应符合设计要求。钢筋笼主筋混凝土保护层允许偏差应为±20 mm,钢筋笼上应设置保护层垫块,每节钢筋笼不应少于2组,每组不应少于3块,且应均匀分布于同一截面上。钢筋笼安装入孔时,应保持垂直,对准孔位轻放,避免碰撞孔壁。

水下混凝土灌注时,导管底部至孔底距离宜为300～500 mm;导管安装完毕后,应进行二次清孔,符合要求后应立即浇筑混凝土。混凝土灌注过程中导管应始终埋入混凝土内,宜为2～6 m,导管应勤提勤拆;应连续灌注水下混凝土,灌注时间应确保混凝土不初凝。混凝土初灌量应满足导管埋入混凝土深度不小于0.8 m的要求;混凝土灌注应控制最后一次灌注量,超灌高度应高于设计桩顶标高1.0 m以上,充盈系数不应小于1.0。

3. 长螺旋钻孔压灌桩

长螺旋钻孔压灌桩是使用长螺旋钻机成孔,成孔后自空心钻杆向孔内泵压桩料,边压入桩料边提钻直至成桩的一种施工工艺。长螺旋钻机压灌成桩工艺由于施工噪声低、成桩速度快、设备行走灵活,对地层适应性强而被广泛应用,能避免软土、砂土地区成桩缩径、断桩的施工质量问题,解决了泥浆污染问题,降低了造价,并可成功用于地下水位以下地层的成桩。

长螺旋钻孔压灌桩应进行试钻孔,数量不应少于2根。

桩身混凝土的设计强度等级,应通过试验确定混凝土配合比。混凝土坍落度宜为180～220 mm。粗骨料可采用卵石或碎石,最大粒径不宜大于30 mm。细骨料应选用中粗砂,砂率宜为40%～50%,可掺加粉煤灰或外加剂。

压灌桩的充盈系数宜为1.0～1.2,桩顶混凝土超灌高度不宜小于0.3 m。

成桩后应及时清除钻杆及泵(软)管内残留的混凝土。

钢筋笼宜整节安放,采用分段安放时接头可采用焊接或机械连接。

混凝土压灌结束后,应立即将钢筋笼插至设计深度。钢筋笼的插设应采用专用插筋器。

4. 沉管灌注桩

沉管灌注桩是系采用与桩的设计尺寸相适应的钢管,在端部套上桩尖后沉入土中,在套管内吊放钢筋骨架,然后边浇筑混凝土边振动或锤击拔管,利用拔管时的振动捣实混凝土而形成所需要的桩。

沉管灌注桩的施工,应根据土质情况和荷载要求,选用单打法、复打法或反插法。单打法可用于含水量较小的土层,且宜采用预制桩尖,复打法及反插法可用于饱和土层。

沉管灌注桩的混凝土充盈系数不应小于1.0。

沉管灌注桩全长复打桩施工时,第一次灌注混凝土应达到自然地面,然后一边拔管一边清除粘在管壁上和散落在地面上的混凝土或残土。复打施工应在第一次灌注的混凝土初凝之前完成,初打与复打的桩轴线应重合。

沉管灌注桩桩身配有钢筋时,混凝土的坍落度宜为80～100 mm,素混凝土桩宜为70～80 mm。

四、基坑支护施工

(一)一般规定

基坑工程施工前应根据设计文件,结合现场条件和周边环境保护要求、气候等情况,编制专项施工方案。

基坑支护结构施工以及降水、开挖的工况和工序应符合设计要求。

提示

《建筑基坑支护技术规程》规定,基坑支护设计时,应综合考虑基坑周边环境和地质条件的复杂程度、基坑深度等因素,按表1-21采用支护结构的安全等级。对同一基坑的不同部位,可采用不同的安全等级。

表1-21　支护结构的安全等级

安全等级	破坏后果
一级	支护结构失效、土体过大变形对基坑周边环境或主体结构施工安全的影响很严重
二级	支护结构失效、土体过大变形对基坑周边环境或主体结构施工安全的影响严重
三级	支护结构失效、土体过大变形对基坑周边环境或主体结构施工安全的影响不严重

(二)施工

灌注桩排桩应采用间隔成桩的施工顺序,已完成浇筑混凝土的桩与邻桩间距应大于4倍桩径,或间隔施工时间应大于36 h。灌注桩顶应充分泛浆,泛浆高度不应小于500 mm,设计桩顶标高接近地面时桩顶混凝土泛浆应充分,凿去浮浆后桩顶混凝土强度等级应满足设计要求。水下灌注混凝土时混凝土强度应比设计桩身强度提高一个强度等级进行配制。

板桩打设前宜沿板桩两侧设置导架。板桩打设宜采用振动锤,采用锤击式时应在桩锤与板桩之间设置桩帽,打设时应重锤低击。板桩围护墙基坑邻近建(构)筑物及地下管线时,应采用静力压桩法施工,并应采用导孔法或根据环境状况控制压桩施工速率。

咬合切割分为软切割和硬切割。软切割应采用全套管钻孔咬合桩机、旋挖桩机施工,硬切割应采用全回转全套管钻机施工。分段施工时,应在施工段的端头设置一个用砂灌注的Ⅱ序桩用于围护桩的闭合处理。

型钢水泥土搅拌墙宜采用三轴搅拌桩机施工,施工前应通过成桩试验确定搅拌下沉和

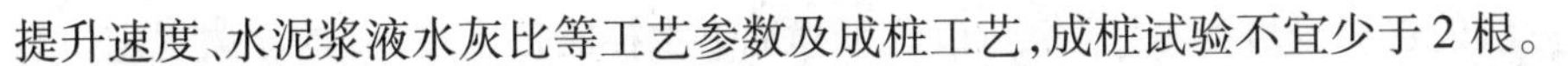
提升速度、水泥浆液水灰比等工艺参数及成桩工艺，成桩试验不宜少于2根。

地下连续墙施工应设置钢筋混凝土导墙，导墙应采用现浇混凝土结构，混凝土强度等级不应低于C20，厚度不应小于200 mm；导墙混凝土应对称浇筑，达到设计强度的70%后方可拆模，拆模后的导墙应加设对撑；遇暗浜、杂填土等不良地质时，宜进行土体加固或采用深导墙。

水泥土重力式围护墙施工可采用单轴、双轴或三轴搅拌机施工。水泥土重力式围护墙顶部应设置钢筋混凝土压顶板，压顶板与水泥土加固体间应设置连接钢筋。

土钉墙或复合土钉墙支护的土钉不应超出建设用地红线范围，同时不应嵌入邻近建（构）筑物基础或基础下方。

支撑系统的施工与拆除顺序应与支护结构的设计工况一致，应严格执行先撑后挖的原则。立柱穿过主体结构底板以及支撑穿越地下室外墙的部位应有止水构造措施。

施工前宜通过试成锚验证设计有关指标并确定锚杆施工工艺参数；锚杆不宜超出建筑红线且不应进入已有建（构）筑物基础下方；锚固段强度大于15 MPa并达到设计强度的75%后方可进行张拉。

五、地下水控制

（一）一般规定

地下水控制应包括基础开挖影响范围内的潜水、上层滞水与承压水控制，采用的方法应包括集水明排、降水、截水以及地下水回灌。当降水可能对基坑周边建（构）筑物、地下管线、道路等市政设施造成危害或对环境造成长期不利影响时，应采用截水、回灌等方法控制地下水。

依据场地的水文地质条件、基础规模、开挖深度、各土层的渗透性能等，可选择集水明排、降水以及回灌等方法单独或组合使用。《建筑地基基础工程施工规范》中规定，常用地下水控制方法及适用条件宜符合表1-22的规定。

表1-22　常用地下水控制方法及适用条件

<table>
<tr><th colspan="2">方法名称</th><th>土类</th><th>渗透系数/（cm·s⁻¹）</th><th>降水深度（地面以下）/m</th><th>水文地质特征</th></tr>
<tr><td colspan="2">集水明排</td><td rowspan="6">填土、黏性土、粉土、砂土</td><td rowspan="3">$1\times10^{-7}\sim2\times10^{-4}$</td><td>≤3</td><td rowspan="5">上层滞水或潜水</td></tr>
<tr><td rowspan="6">降水</td><td>轻型井点</td><td>≤6</td></tr>
<tr><td>多级轻型井点</td><td>6～10</td></tr>
<tr><td>喷射井点</td><td>$1\times10^{-7}\sim2\times10^{-4}$</td><td>8～20</td></tr>
<tr><td>电渗井点</td><td>$<1\times10^{-7}$</td><td>6～10</td></tr>
<tr><td>真空降水管井</td><td>$>1\times10^{-6}$</td><td>>6</td><td rowspan="2">含水丰富的潜水、承压水和裂隙水</td></tr>
<tr><td>降水管井</td><td>黏性土、粉土、砂土、碎石土、黄土</td><td>$>1\times10^{-5}$</td><td>>6</td></tr>
<tr><td colspan="2">回灌</td><td>填土、粉土、砂土、碎石土、黄土</td><td>$>1\times10^{-5}$</td><td>不限</td><td>不限</td></tr>
</table>

关于降水方法的选择也可参考《建筑与市政工程地下水控制技术规范》的相关规定。

降水井施工完成后应试运转,检验其降水效果。

地下水控制施工应符合下列规定:

(1)地表排水系统应能满足明水和地下水的排放要求,地表排水系统应采取防渗措施。

(2)降水及回灌施工应设置水位观测井。

(3)降水井的出水量及降水效果应满足设计要求。

(4)停止降水后,应对降水管采取封井措施。

(5)湿陷性黄土地区基坑工程施工时,应采取防止水浸入基坑的处理措施。

(二)集水明排

应在基坑外侧设置由集水井和排水沟组成的地表排水系统,集水井、排水沟与坑边的距离不宜小于0.5 m。基坑外侧地面集水井、排水沟应有可靠的防渗措施。

多级放坡开挖时,宜在分级平台上设置排水沟。

基坑内宜设集水井和排水明沟(或盲沟)。

排水沟、集水井尺寸应根据排水量确定,抽水设备应根据排水量大小及基坑深度确定,可设置多级抽水系统。集水井宜设置在基坑阴角附近。

采用集水明排的基坑,应检验排水沟、集水井的尺寸。排水时集水井内水位应低于设计要求水位不小于0.5 m。

(三)降水

应根据基坑开挖深度、拟建场地的水文地质条件、设计要求等,在现场进行抽水试验确定降水参数,并制定合理的降水方案,各类降水井的布置要求宜符合表1-23的规定。

表1-23 各类降水井的布置要求

降水井类型	降水深度(地面以下)/m	降水布置要求
轻型井点	≤6	井点管排距不宜大于20 m,滤管顶端宜位于坑底以下1~2 m。井管内真空度不应小于65 kPa
电渗井点	6~10	利用喷射井点或轻型井点设置,配合采用电渗法降水。较适用于黏性土,采用前,应进行降水试验确定参数
多级轻型井点	6~10	井点管排距不宜大于20 m,滤管顶端宜位于坡底和坑底以下1~2 m。井管内真空度不应小于65 kPa
喷射井点	8~20	井点管排距不宜大于40 m,井点深度与井点管排距有关,应比基坑设计开挖深度深3~5 m
降水管井	>6	井管轴心间距不宜大于25 m,成孔直径不宜小于600 mm,坑底以下的滤管长度不宜小于5 m,井底沉淀管长度不宜小于1 m
真空降水管井		利用降水管井采用真空降水,井管内真空度不应小于65 kPa

对于降水,还有一重点知识需要掌握,即减小降水对周围环境影响的措施,以下面典型例题的形式进行讲解,掌握解析内容即可。

【单选题】下列措施中，不能减小降水对周边环境影响的是(　　)。

A. 砂沟、砂井回灌　　B. 减缓降水速度

C. 基坑内明排水　　D. 回灌井点

C。【解析】减小降水对周围环境影响的技术措施主要有：(1)采用回灌技术。(2)采用砂沟、砂井回灌。(3)减缓降水速度。

(四)截水

基坑工程截水措施可采用水泥土搅拌桩、高压喷射注浆、地下连续墙、小齿口钢板桩等。对于特种工程，可采用地层冻结技术(冻结法)阻隔地下水。

基坑截水帷幕出现渗水时，宜设置导水管、导水沟等构成明排系统，并应及时封堵。

(五)回灌

地下水回灌应采用同层回灌，当采用非同层地下水回灌时，回灌水源的水质不应低于回灌目标含水层的水质。

当基坑外地下水位降幅较大、基坑周围存在需要保护的建(构)筑物或地下管线时，宜采用地下水人工回灌措施。

坑外回灌井的深度不宜大于承压含水层中基坑截水帷幕的深度，回灌井与减压井的间距应通过设计计算确定。

六、土方施工

(一)一般规定

土方工程施工前应考虑土方量、土方运距、土方施工顺序、地质条件等因素，进行土方平衡和合理调配，确定土方机械的作业线路、运输车辆的行走路线、弃土地点。

基坑开挖期间若周边影响范围内存在桩基、基坑支护、土方开挖、爆破等施工作业时，应根据实际情况合理确定相互之间的施工顺序和方法，必要时应采取可靠的技术措施。

机械挖土时应避免超挖，场地边角土方、边坡修整等应采用人工方式挖除。基坑开挖至坑底标高应在验槽后及时进行垫层施工，垫层宜浇筑至基坑围护墙边或坡脚。

土方开挖、土方回填过程中应设置完善的排水系统。

机械挖土时，坑底以上 200～300 mm 范围内的土方应采用人工修底的方式挖除。放坡开挖的基坑边坡应采用人工修坡的方式。

(二)基坑开挖

土方工程施工前，应采取有效的地下水控制措施。基坑内地下水位应降至拟开挖下层土方的底面以下不小于 0.5 m。

基坑开挖的分层厚度宜控制在 3 m 以内，并应配合支护结构的设置和施工的要求，临近基坑边的局部深坑宜在大面积垫层完成后开挖。

基坑放坡开挖应符合下列规定：

(1)当场地条件允许，并经验算能保证边坡稳定性时，可采用放坡开挖，多级放坡时应同

时验算各级边坡和多级边坡的整体稳定性，坡脚附近有局部坑内深坑时，应按深坑深度验算边坡稳定性。

(2)应根据土层性质、开挖深度、荷载等通过计算确定坡体坡度、放坡平台宽度，多级放坡开挖的基坑，坡间放坡平台宽度不宜小于3.0 m。

(3)无截水帷幕放坡开挖基坑采取降水措施的，降水系统宜设置在单级放坡基坑的坡顶，或多级放坡基坑的放坡平台、坡顶。

(4)坡体表面可根据基坑开挖深度、基坑暴露时间、土质条件等情况采取护坡措施，护坡可采取水泥砂浆、挂网砂浆、混凝土、钢筋混凝土等方式，也可采用压坡法。

(5)边坡位于浜填土区域，应采用土体加固等措施后方可进行放坡开挖。

(6)放坡开挖基坑的坡顶及放坡平台的施工荷载应符合设计要求。

设有内支撑的基坑开挖应遵循"先撑后挖、限时支撑"的原则，减小基坑无支撑暴露的时间和空间。

下层土方的开挖应在支撑达到设计要求后方可进行。挖土机械和车辆不得直接在支撑上行走或作业，严禁在底部已经挖空的支撑上行走或作业。

面积较大的基坑可根据周边环境保护要求、支撑布置形式等因素，采用盆式开挖、岛式开挖等方式施工，并结合开挖方式及时形成支撑或基础底板。

采用盆式开挖的基坑应符合下列规定：

(1)盆式开挖形成的盆状土体的平面位置和大小应根据支撑形式、围护墙变形控制要求、边坡稳定性、坑内加固与降水情况等因素确定，中部有支撑时宜先完成中部支撑，再开挖盆边土体。

(2)盆式开挖形成的边坡应符合规范的规定，且坡顶与围护墙的距离应满足设计要求。

(3)盆边土方应分段、对称开挖，分段长度宜按照支撑布置形式确定，并限时设置支撑。

专家解读

先开挖基坑中部的土方，挖土过程中在基坑中形成类似盆状的土体，然后再开挖基坑周边的土方，这种挖土方式通常称为盆式开挖。盆式开挖由于保留基坑周边的土方，减小了基坑围护暴露的时间，对控制围护墙的变形和减小周边环境的影响较为有利。盆式开挖一般适用于周边环境保护要求较高，或支撑布置较为密集的基坑，或采用竖向斜撑的基坑。盆式开挖形成的边坡，其留置时间可能较长，盆边与盆底高差、边坡坡度、放坡平台宽度等参数应通过稳定性验算确定，必要时可采取降水、护坡、土体加固等措施。采用二级放坡时，若挖土机械需在放坡平台上作业，还应考虑机械作业时的尺寸要求和附加荷载因素。盆式开挖过程中，先行完成中部土方，此时未形成有效的支撑体系，故应保留足够的盆边宽度和高度，以及足够平缓的边坡坡度，以抵抗围护墙变形和边坡自身的稳定。对于中部采用对撑的基坑，盆边土体的开挖应结合支撑的平面布置先行开挖对撑对应区域的盆边土体，以尽快形成对撑；对于逆作法施工的基坑，盆边土体应分块、间隔、对称开挖；对于利用中部主体结构设置竖向斜撑的基坑，应在竖向斜撑形成后再开挖盆边土体。

采用岛式开挖的基坑应符合下列规定：

(1)岛式开挖形成的中部岛状土体的平面位置和大小应根据支撑布置形式、围护墙变形控制要求、边坡稳定性、坑内降水等因素确定。

(2)岛式开挖的边坡应符合规范的规定。

(3)基坑周边土方应分段、对称开挖。

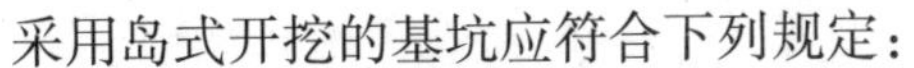

先开挖基坑周边的土方时，挖土过程中在基坑中部形成类似岛状的土体，然后再开挖基坑中部的土方，这种挖土方式通常称为岛式开挖。岛式开挖可在较短时间内完成基坑周边土方开挖及支撑系统施工，这种开挖方式对基坑变形控制较为有利。基坑中部大面积无支撑空间的土方开挖较为方便，可在支撑系统养护阶段进行开挖。岛式开挖适用于支撑系统沿基坑周边布置且中部留有较大空间的基坑。边桁架与角撑相结合的支撑体系、圆环形桁架支撑体系、圆形围檩体系的基坑采用岛式土方开挖较为典型。土钉支护、土层锚杆支护的基坑也可采用岛式土方开挖方式。基坑周边土方的开挖范围不应影响该区域整个支撑系统的形成，在满足支撑系统整体形成的条件下，周边土方的开挖宽度应尽量减小，以加快挖土速度，尽早形成基坑周边的支撑系统。岛式开挖形成的边坡，其留置时间可能较长，岛状土体的高差、边坡坡度、放坡平台宽度等参数应通过稳定性验算确定，必要时可采取降水、护坡、土体加固等措施。采用二级放坡时，若挖土机械需在放坡平台上作业的，还应考虑机械作业时的尺寸要求和附加荷载因素。土方运输车辆、挖土机械等在中部岛状土体顶部进行作业时，边坡稳定性计算应考虑施工机械的荷载影响。

狭长形基坑开挖应符合下列规定：

(1)基坑土方应分层分区开挖，各区开挖至坑底后应及时施工垫层和基础底板。

(2)采用钢支撑时可采用纵向斜面分层分段开挖方法，斜面应设置多级边坡，其分层厚度、总坡度、各级边坡坡度、边坡平台宽度等应通过稳定性验算确定。

(3)每层每段开挖和支撑形成的时间应符合设计要求。

(三)岩石基坑开挖

岩石基坑应采取分层分段的开挖方法，遇不良地质、不稳定或欠稳定的基坑，应采取分层分段间隔开挖的方法，并限时完成支护。

岩石的开挖宜采用爆破法，强风化的硬质岩石和中风化的软质岩石，在现场试验满足的条件下，也可采用机械开挖方式。

(四)土方堆放与运输

土方工程施工应进行土方平衡计算，应按土方运距最短、运程合理和各个工程项目的施工顺序做好调配，减少重复搬运，合理确定土方机械的作业线路、运输车辆的行走路线、弃土地点等。运输土方的车辆应用加盖车辆或采取覆盖措施。

临时堆土的坡角至坑边距离应按挖坑深度、边坡坡度和土的类别确定。场地内临时堆土应经设计单位同意，并应采取相应的技术措施，合理确定堆土平面范围和高度。

（五）基坑回填

永久性土方回填的边坡坡度应符合设计要求。使用时间较长的临时性土方回填的边坡坡度，应根据当地经验或通过稳定性计算确定。

回填土料应符合设计要求，土料不得采用淤泥和淤泥质土，有机质含量不大于5%，土料含水量应满足压实要求。回填土料可采用碎石类土、砂土、黏土、石粉等，回填土料含水率的大小直接影响到压实质量，压实前应先试验，以得到符合密实度要求的最优含水率。含水率过大，应采取翻松、晾晒、风干、换土、掺入干土等措施；含水率过小，应洒水湿润。

碎石类土或爆破石碴用作回填土料时，其最大粒径不应大于每层铺填厚度的2/3，铺填时大块料不应集中，且不得回填在分段接头处。

土方回填前，应根据工程特点、土料性质、设计压实系数、施工条件等合理选择压实机具，并确定回填土料含水量控制范围、铺土厚度、压实遍数等施工参数。重要土方回填工程或采用新型压实机具的，应通过填土压实试验确定施工参数。

黏土或排水不良的砂土作为回填土料的，其最优含水量与相应的最大干容重，宜通过击实试验测定或通过计算确定。黏土的施工含水量与最优含水量之差可控制为 -4% ~ +2%，使用振动辗时，可控制为 -6% ~ +2%。

回填压实施工应符合下列规定：

（1）轮（夯）迹应相互搭接，机械压实应控制行驶速度。

（2）在建筑物转角、空间狭小等机械压实不能作业的区域，可采用人工压实的方法。

（3）回填面积较大的区域，应采取分层、分块（段）回填压实的方法，各块（段）交界面应设置成斜坡形，辗迹应重叠 0.5 ~ 1.0 m，填土施工时的分层厚度及压实遍数应符合表1-24的规定，上、下层交界面应错开，错开距离不应小于 1 m。

表1-24　填土施工时的分层厚度及压实遍数

压实机具	分层厚度/mm	每层压实遍数
平碾	250 ~ 300	6 ~ 8
振动压实机	250 ~ 350	3 ~ 4
柴油打夯机	200 ~ 250	3 ~ 4
人工打夯	<200	3 ~ 4

土方回填应按设计要求预留沉降量或根据工程性质、回填高度、土料种类、压实系数、地基情况等确定。

基坑土方回填应符合下列规定：

（1）基础外墙有防水要求的，应在外墙防水施工完毕且验收合格后方可回填，防水层外侧宜设置保护层。

（2）基坑边坡或围护墙与基础外墙之间的土方回填，应与基础结构及基坑换撑施工工况保持一致，以回填作为基坑换撑的，应根据地下结构层数、设计工况分阶段进行土方回填，基坑设置混凝土或钢换撑带的，换撑带底部应采取保证回填密实的措施。

（3）宜对称、均衡地进行土方回填。

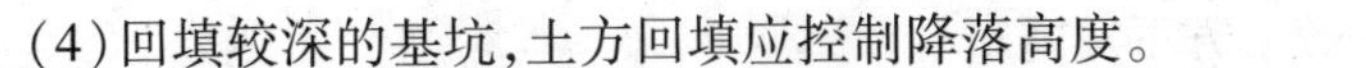

(4)回填较深的基坑,土方回填应控制降落高度。

土方回填的施工检验应符合下列规定:

(1)土方回填的施工质量检测应分层进行,应在每层压实系数符合设计要求后方可铺填上层土。

(2)应通过土料控制干密度和最大干密度的比值确定压实系数,土料的最大干密度应通过击实试验确定,土料的控制干密度可采用环刀法、灌砂法、灌水法或其他方法检验。

(3)采用轻型击实试验时,压实系数宜取高值,采用重型击实试验时,压实系数可取低值。

(4)基坑和室内土方回填,每层按 100 ~ 500 m^2取样 1 组,且不应少于 1 组,柱基回填,每层抽样柱基总数的 10%,且不应少于 5 组,基槽和管沟回填,每层按 20 ~ 50 m 取 1 组,且不应少于 1 组,场地平整填方,每层按 400 ~ 900 m^2取样 1 组,且不应少于 1 组。

典型例题

【多选题】基坑土方回填前,应确定的施工参数有(　　)。

A. 回填土料含水率控制范围　　B. 铺土厚度

C. 压实遍数　　D. 边坡坡度

E. 基坑平面位置

ABC。**【解析】**土方回填前,应根据工程特点、土料性质、设计压实系数、施工条件等合理选择压实机具,并确定回填土料含水量控制范围、铺土厚度、压实遍数等施工参数。

七、边坡施工

边坡工程应根据其安全等级、边坡环境、工程地质、水文地质及设计资料等条件编制施工方案。

土石方开挖应根据边坡的地质特性,采取自上而下、分段开挖的施工方法。

边坡开挖后应按设计要求实施支护结构或采取封闭措施。

边坡工程的临时性排水措施应满足地下水、雨水和施工用水等的排放要求,有条件时宜结合边坡工程的永久性排水措施进行。

八、基坑监测技术

(一)基本规定

在下列对象的施工期间应进行变形监测:

(1)基坑安全设计等级为一级、二级的基坑。

(2)地基基础设计等级为甲级,或软弱地基上的地基基础设计等级为乙级的建筑。

(3)长大跨度或体形狭长的工程结构。

(4)重要基础设施工程。

(5)工程设计或施工要求监测的其他对象。

基坑工程施工前,应由建设方委托具备相应能力的第三方对基坑工程实施现场监测。监测单位应编制监测方案,监测方案应经建设方、设计方等认可,必要时还应与基坑周边环境涉及的有关管理单位协商一致后方可实施。

基坑监测的主要对象应包括支护结构、地下水状况、基坑底部及周围土体、周围建筑物、周围地下管线及地下设施、周围重要的道路,以及其他应监测的对象。其中,现场监测的对象宜包括支护结构、基坑及周围岩土体、地下水、周边环境中的被保护对象、其他应监测的对象。其中,支护结构监测主要是对支撑、腰梁的轴力和弯曲应力,立柱沉降和抬起,围护墙侧压力、变形和弯曲应力的监测;周围环境监测主要是对坑外地形的变形监测、地下管线的沉降和位移监测、邻近建筑的沉降和倾斜监测。

监测网应包括基准点、工作基点和监测点。基准点应设置在变形区域以外、位置稳定、易于长期保存的地方,监测期间,应定期检查检验其稳定性。

(二)监测项目

监测项目应与基坑工程设计、施工方案相匹配;应针对监测对象的关键部位进行重点观测;各监测项目的选择应利于形成互为补充、验证的监测体系。

基坑工程现场监测应采用仪器监测与现场巡视检查相结合的方法。

(三)监测点布置

围护墙或基坑边坡顶部的水平和竖向位移监测点应沿基坑周边布置,基坑各侧边中部、阳角处、邻近被保护对象的部位应布置监测点。监测点水平间距不宜大于20 m,每边监测点数目不宜少于3个。水平和竖向位移监测点宜为共用点,监测点宜设置在围护墙顶或基坑坡顶上。

围护墙或土体深层水平位移监测点宜布置在基坑周边的中部、阳角处及有代表性的部位。监测点水平间距宜为20~60 m,每侧边监测点数目不应少于1个。

地下水位监测点的布置应符合下列规定:

(1)当采用深井降水时,基坑内地下水位监测点宜布置在基坑中央和两相邻降水井的中间部位,当采用轻型井点、喷射井点降水时,水位监测点宜布置在基坑中央和周边拐角处,监测点数量应视具体情况确定。

(2)基坑外地下水位监测点应沿基坑、被保护对象的周边或在基坑与被保护对象之间布置,监测点间距宜为20~50 m,相邻建筑、重要的管线或管线密集处应布置水位监测点,当有止水帷幕时,宜布置在截水帷幕的外侧约2 m处。

(3)水位观测管的管底埋置深度应在最低设计水位或最低允许地下水位之下3~5 m,承压水水位监测管的滤管应埋置在所测的承压含水层中。

(4)在降水深度内存在2个以上(含2个)含水层时,宜分层布设地下水位观测孔。

(5)岩体基坑地下水监测点宜布置在出水点和可能滑面部位。

(6)回灌井点观测井应设置在回灌井点与被保护对象之间。

(四)监测方法及精度要求

监测方法的选择应根据监测对象的监控要求、现场条件、当地经验和方法适用性等因素综合确定,监测方法应合理易行。仪器监测可采用现场人工监测或自动化实时监测。监测项目初始值应在相关施工工序之前测定,并取至少连续观测3次的稳定值的平均值。

水平位移监测包括围护墙(边坡)顶部、周边建筑、周边管线的水平位移观测。测定特定方向上的水平位移时，可采用视准线活动觇牌法、视准线测小角法、激光准直法等；测定监测点任意方向的水平位移时，可视监测点的分布情况，采用极坐标法、交会法、自由设站法等。

竖向位移监测包括围护墙（边坡）顶部、立柱、周边地表、建筑、管线、道路的竖向位移观测。竖向位移监测宜采用几何水准测量，也可采用三角高程测量或静力水准测量等方法。

（五）监测频率

监测频率的确定应满足能系统反映监测对象所测项目的重要变化过程而又不遗漏其变化时刻的要求。

监测工作应贯穿于基坑工程和地下工程施工全过程。监测工作应从基坑工程施工前开始，直至地下工程完成为止。对有特殊要求的基坑周边环境的监测应根据需要延续至变形趋于稳定后结束。

当出现下列情况之一时，应提高监测频率：

（1）监测值达到预警值。

（2）监测值变化较大或者速率加快。

（3）存在勘察未发现的不良地质状况。

（4）超深、超长开挖或未及时加撑等违反设计工况施工。

（5）基坑及周边大量积水、长时间连续降雨、市政管道出现泄漏。

（6）基坑附近地面荷载突然增大或超过设计限制。

（7）支护结构出现开裂。

（8）周边地面突发较大沉降或出现严重开裂。

（9）邻近建筑突发较大沉降、不均匀沉降或出现严重开裂。

（10）基坑底部、侧壁出现管涌、渗漏或流砂等现象。

（11）膨胀土、湿陷性黄土等水敏性特殊土基坑出现防水、排水等防护设施损坏，开挖暴露面有被水浸湿的现象。

（12）多年冻土、季节性冻土等温度敏感性土基坑经历冻、融季节。

（13）高灵敏性软土基坑受施工扰动严重、支撑施作不及时、有软土侧壁挤出、开挖暴露面未及时封闭等异常情况。

（14）出现其他影响基坑及周边环境安全的异常情况。

（六）监测预警

监测预警值应满足基坑支护结构、周边环境的变形和安全控制要求。监测预警值应由基坑工程设计方确定。

变形监测预警值应包括监测项目的累计变化预警值和变化速率预警值。

当监测过程中发生下列情况之一时，应立即进行变形监测预警，同时应提高监测频率或增加监测内容：

（1）变形量或变形速率出现异常变化。

（2）变形量或变形速率达到或超出变形预警值。

（3）工程开挖面或周边出现塌陷、滑坡。

（4）工程本身或其周边环境出现异常。

（5）由于地震、暴雨、冻融等自然灾害引起的其他变形异常情况。

典型例题

【单选题】基坑内采用深井降水时，水位监测点宜布置在(　　)。

A.基坑周边拐角处　　B.基坑中央

C.基坑周边　　D.基坑坡顶上

B。【解析】当采用深井降水时，基坑内地下水位监测点宜布置在基坑中央和两相邻降水井的中间部位，当采用轻型井点、喷射井点降水时，水位监测点宜布置在基坑中央和周边拐角处，监测点数量应视具体情况确定。

模块三　主体结构工程施工技术

一、钢筋混凝土结构工程施工技术

该部分内容主要依据《混凝土结构工程施工规范》《大体积混凝土施工标准》对模板工程、钢筋工程、预应力工程、混凝土制备与运输、现浇结构工程、大体积混凝土进行详细叙述，而装配式结构工程会在后文钢筋混凝土装配式工程中进行具体讲解。

(一)模板工程

1.一般规定

模板工程应编制专项施工方案。滑模、爬模等工具式模板工程及高大模板支架工程的专项施工方案，应进行技术论证。

模板及支架应根据施工过程中的各种工况进行设计，应具有足够的承载力和刚度，并应保证其整体稳固性。

2.材料

模板及支架材料的技术指标应符合国家现行有关标准的规定。

3.设计

模板及支架的形式和构造应根据工程结构形式、荷载大小、地基土类别、施工设备和材料供应等条件确定。

模板及支架设计应包括下列内容：

(1)模板及支架的选型及构造设计。

(2)模板及支架上的荷载及其效应计算。

(3)模板及支架的承载力、刚度验算。

(4)模板及支架的抗倾覆验算。

(5)绘制模板及支架施工图。

模板设计的主要原则：

(1)实用性。保证构件的形状尺寸和相互位置的正确；接缝严密，不漏浆；模架构造合理，支拆方便。

(2)安全性。安全性指标有强度、刚度和稳定性。

(3)经济性。针对工程结构的具体情况，因地制宜，就地取材，在确保工期和质量的前提

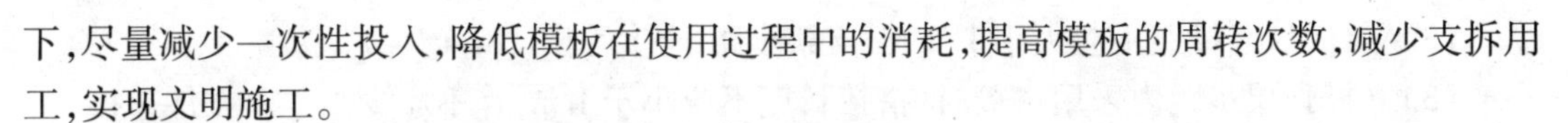

下,尽量减少一次性投入,降低模板在使用过程中的消耗,提高模板的周转次数,减少支拆用工,实现文明施工。

4.制作与安装

模板应按图加工、制作。通用性强的模板宜制作成定型模板。

模板面板背楞的截面高度宜统一。模板制作与安装时,面板拼缝应严密。有防水要求的墙体,其模板对拉螺栓中部应设止水片,止水片应与对拉螺栓环焊。

支架立柱和竖向模板安装在土层上时,应符合下列规定:应设置具有足够强度和支承面积的垫板;土层应坚实,并应有排水措施;对湿陷性黄土、膨胀土,应有防水措施;对冻胀性土,应有防冻胀措施;对软土地基,必要时可采用堆载预压的方法调整模板面板安装高度。

安装模板时,应进行测量放线,并应采取保证模板位置准确的定位措施。对竖向构件的模板及支架,应根据混凝土一次浇筑高度和浇筑速度,采取竖向模板抗侧移、抗浮和抗倾覆措施。对水平构件的模板及支架,应结合不同的支架和模板面板形式,采取支架间、模板间及模板与支架间的有效拉结措施。对可能承受较大风荷载的模板,应采取防风措施。

对跨度不小于4 m的梁、板,其模板施工起拱高度宜为梁、板跨度的1/1 000~3/1 000。起拱不得减少构件的截面高度。

采用扣件式钢管作模板支架时,支架搭设应符合下列规定:

(1)模板支架搭设所采用的钢管、扣件规格,应符合设计要求;立杆纵距、立杆横距、支架步距以及构造要求,应符合专项施工方案的要求。

(2)立杆纵距、立杆横距不应大于1.5 m,支架步距不应大于2.0 m;立杆纵向和横向宜设置扫地杆,纵向扫地杆距立杆底部不宜大于200 mm,横向扫地杆宜设置在纵向扫地杆的下方;立杆底部宜设置底座或垫板。

(3)立杆接长除顶层步距可采用搭接外,其余各层步距接头应采用对接扣件连接,两个相邻立杆的接头不应设置在同一步距内。

(4)立杆步距的上下两端应设置双向水平杆,水平杆与立杆的交错点应采用扣件连接,双向水平杆与立杆的连接扣件之间的距离不应大于150 mm。

(5)支架周边应连续设置竖向剪刀撑。支架长度或宽度大于6 m时,应设置中部纵向或横向的竖向剪刀撑,剪刀撑的间距和单幅剪刀撑的宽度均不宜大于8 m,剪刀撑与水平杆的夹角宜为45°~60°;支架高度大于3倍步距时,支架顶部宜设置一道水平剪刀撑,剪刀撑应延伸至周边。

(6)立杆、水平杆、剪刀撑的搭接长度,不应小于0.8 m,且不应少于2个扣件连接,扣件盖板边缘至杆端不应小于100 mm。

(7)扣件螺栓的拧紧力矩不应小于40 N·m,且不应大于65 N·m。

(8)支架立杆搭设的垂直偏差不宜大于1/200。

采用扣件式钢管作高大模板支架时,支架搭设除应符合规定外,尚应符合下列规定:

(1)宜在支架立杆顶端插入可调托座,可调托座螺杆外径不应小于36 mm,螺杆插入钢管的长度不应小于150 mm,螺杆伸出钢管的长度不应大于300 mm,可调托座伸出顶层水平杆的悬臂长度不应大于500 mm。

(2)立杆纵距、横距不应大于1.2 m,支架步距不应大于1.8 m。

(3)立杆顶层步距内采用搭接时,搭接长度不应小于1 m,且不应少于3个扣件连接。

(4)立杆纵向和横向应设置扫地杆,纵向扫地杆距立杆底部不宜大于200 mm。

(5)宜设置中部纵向或横向的竖向剪刀撑,剪刀撑的间距不宜大于5 m;沿支架高度方向搭设的水平剪刀撑的间距不宜大于6 m。

(6)立杆的搭设垂直偏差不宜大于1/200,且不宜大于100 mm。

(7)应根据周边结构的情况,采取有效的连接措施加强支架整体稳固性。

对现浇多层、高层混凝土结构,上、下楼层模板支架的立杆宜对准。模板及支架杆件等应分散堆放。

模板安装应保证混凝土结构构件各部分形状、尺寸和相对位置准确,并应防止漏浆。

模板安装应与钢筋安装配合进行,梁柱节点的模板宜在钢筋安装后安装。

模板与混凝土接触面应清理干净并涂刷脱模剂,脱模剂不得污染钢筋和混凝土接槎处。

后浇带的模板及支架应独立设置。

固定在模板上的预埋件、预留孔和预留洞,均不得遗漏,且应安装牢固、位置准确。

5. 拆除与维护

模板拆除时,可采取先支的后拆、后支的先拆,先拆非承重模板、后拆承重模板的顺序,并应从上而下进行拆除。

底模及支架应在混凝土强度达到设计要求后再拆除;当设计无具体要求时,同条件养护的混凝土立方体试件抗压强度应符合表1-25的规定。

表1-25　底模拆除时的混凝土强度要求

构件类型	构件跨度/m	达到设计混凝土强度等级值的百分率
板	≤2	≥50%
	>2,≤8	≥75%
	>8	≥100%
梁、拱、壳	≤8	≥75%
	>8	≥100%
悬臂结构		≥100%

当混凝土强度能保证其表面及棱角不受损伤时,方可拆除侧模。

多个楼层间连续支模的底层支架拆除时间,应根据连续支模的楼层间荷载分配和混凝土强度的增长情况确定。

快拆支架体系的支架立杆间距不应大于2 m。拆模时,应保留立杆并顶托支承楼板,拆模时的混凝土强度可按上表中构件跨度为2 m的规定确定。

后张预应力混凝土结构构件,侧模宜在预应力筋张拉前拆除;底模及支架不应在结构构件建立预应力前拆除。

拆下的模板及支架杆件不得抛掷,应分散堆放在指定地点,并应及时清运。

模板拆除后应将其表面清理干净,对变形和损伤部位应进行修复。

典型例题

【多选题】关于模板的拆除顺序，正确的有(　　)。

A. 先支的后拆　　B. 后支的先拆

C. 先拆非承重模板　　D. 后拆承重模板

E. 从下而上进行拆除

ABCD。【解析】《建筑施工模板安全技术规范》规定，拆模的顺序和方法应按模板的设计规定进行。当设计无规定时，可采取先支的后拆、后支的先拆、先拆非承重模板、后拆承重模板，并应从上而下进行拆除。拆下的模板不得抛扔，应按指定地点堆放。

6. 质量检查

模板安装后应检查尺寸偏差。固定在模板上的预埋件、预留孔和预留洞，应检查其数量和尺寸。

采用碗扣式、盘扣式或盘销式钢管架作模板支架时，质量检查应符合下列规定：

(1)插入立杆顶端可调托座伸出顶层水平杆的悬臂长度，不应超过 650 mm。

(2)水平杆杆端与立杆连接的碗扣、插接和盘销的连接状况，不应松脱。

(3)按规定设置的竖向和水平斜撑。

提示

常见的模板体系包括大模板、散支散拆和钢框木(竹)胶合板、组合中小钢模板、早拆及木模板等体系。其中，木模板体系具有灵活制作拼装的特点，但木材需求量大，通常适用于冬期施工的混凝土工程，若混凝土工程使用外形复杂或异形的混凝土构件，也可采用该模板体系。

（二）钢筋工程

1. 一般规定

钢筋工程宜采用专业化生产的成型钢筋。钢筋连接方式应根据设计要求和施工条件选用。

当施工中进行混凝土结构构件的钢筋、预应力筋代换时，应符合设计规定的构件承载能力、正常使用、配筋构造及耐久性能要求，并应取得设计变更文件。

2. 材料

钢筋需根据设计图纸准确地下料，再加工成各种形状。为此，必须了解各种构件的混凝土保护层厚度及钢筋弯曲、搭接、弯钩等有关规定，采用正确的计算方法，按图中尺寸计算出实际下料长度。

各种钢筋下料长度计算公式如下：

直钢筋的下料长度 = 结构构件长度 − 混凝土保护层厚度 + 钢筋弯钩增加长度

弯起钢筋下料长度 = 钢筋直段长度 + 钢筋斜段长度 − 钢筋弯曲调整值 + 钢筋弯钩增加长度

箍筋下料长度 = 箍筋周长 + 箍筋调整值

当钢筋的品种、级别或规格需作变更时，应按规定程序办理设计变更。当施工中遇有钢筋的品种或规格与设计要求不符时，可进行钢筋代换。

钢筋代换的原则如下:

(1)等强度代换。当构件受强度控制时,钢筋可按强度相等原则来代换。

(2)等面积代换。当构件按最小配筋率配筋时,钢筋可按面积相等原则来代换。

(3)当构件受裂缝宽度或挠度控制时,代换后应进行裂缝宽度或挠度验算。

施工中发现钢筋脆断、焊接性能不良或力学性能显著不正常等现象时,应停止使用该批钢筋,并应对该批钢筋进行化学成分检验或其他专项检验。

3.钢筋加工

(1)钢筋除锈。

钢筋表面的油渍、漆污和用锤敲击时能剥落的浮皮、铁锈等应在使用前清除干净。在焊接前,焊点处的水锈应清除干净。钢筋除锈可采用手工除锈和机械除锈两种方法。

机械除锈可采用钢筋除锈机或钢筋冷拉、调直过程除锈。对直径较细的盘条钢筋,通过冷拉和调直过程自动除锈;粗钢筋采用圆盘钢丝刷除锈机除锈。

手工除锈可采用钢丝刷、砂盘、喷砂等除锈或酸洗除锈。工作量不大或在工地设置的临时工棚中操作时,可用麻袋布擦或用钢丝刷除锈;对于较粗的钢筋,用砂盘除锈法,即制作钢槽或木槽,槽内放置干燥的粗砂和细石子,将有锈的钢筋穿进砂盘中反复抽拉。

(2)钢筋调直。

钢筋宜采用机械设备进行调直,也可采用冷拉方法调直。当采用机械设备调直时,调直设备不应具有延伸功能。当采用冷拉方法调直时,HPB300 光圆钢筋的冷拉率不宜大于 4%;HRB400、HRB500、HRBF335、HRBF400、HRBF500 及 RRB400 带肋钢筋的冷拉率,不宜大于 1%。钢筋调直过程中不应损伤带肋钢筋的横肋。调直后的钢筋应平直,不应有局部弯折。

调直机械可采用钢筋调直机,也可采用数控钢筋调直切断机。数控钢筋调直切断机是在原有调直机的基础上应用电子控制仪,准确控制钢筋断料长度,并自动计数。

(3)钢筋切断。

大直径钢筋切断一般采用钢筋切断机。一般应先断长料,后断短料,减少短头,减少损耗。断料时应避免用短尺量长料,防止在量料中产生累计误差,宜在工作台上标出尺寸刻度线并设置控制断料尺寸用的挡板。在切断过程中,如发现钢筋有缩头、劈裂或严重的弯头等必须切除;如发现钢筋的硬度与该钢种有较大的出入,应及时向有关人员反映,查明情况。钢筋的切断口不得有马蹄形或起弯等现象。

(4)钢筋弯曲成型。

钢筋加工宜在常温状态下进行,加工过程中不应对钢筋进行加热。钢筋应一次弯折到位。

钢筋弯折的弯弧内直径应符合下列规定:

①光圆钢筋,不应小于钢筋直径的 2.5 倍。

②335 MPa 级、400 MPa 级带肋钢筋,不应小于钢筋直径的 4 倍。

③500 MPa 级带肋钢筋,当直径为 28 mm 以下时不应小于钢筋直径的 6 倍,当直径为 28 mm 及以上时不应小于钢筋直径的 7 倍。

④位于框架结构顶层端节点处的梁上部纵向钢筋和柱外侧纵向钢筋，在节点角部弯折处，当钢筋直径为 28 mm 以下时不宜小于钢筋直径的 12 倍，当钢筋直径为 28 mm 及以上时不宜小于钢筋直径的 16 倍。

⑤箍筋弯折处尚不应小于纵向受力钢筋直径；箍筋弯折处纵向受力钢筋为搭接钢筋或并筋时，应按钢筋实际排布情况确定箍筋弯弧内直径。

箍筋、拉筋的末端应按设计要求作弯钩，并应符合下列规定：

①对一般结构构件，箍筋弯钩的弯折角度不应小于 90°，弯折后平直段长度不应小于箍筋直径的 5 倍；对有抗震设防要求或设计有专门要求的结构构件，箍筋弯钩的弯折角度不应小于 135°，弯折后平直段长度不应小于箍筋直径的 10 倍和 75 mm 两者之中的较大值。

②圆形箍筋的搭接长度不应小于其受拉锚固长度，且两末端均应作不小于 135°的弯钩，弯折后平直段长度对一般结构构件不应小于箍筋直径的 5 倍，对有抗震设防要求的结构构件不应小于箍筋直径的 10 倍和 75 mm 的较大值。

③拉筋用作梁、柱复合箍筋中单肢箍筋或梁腰筋间拉结筋时，两端弯钩的弯折角度均不应小于 135°，弯折后平直段长度应符合第①项中对箍筋的有关规定；拉筋用作剪力墙、楼板等构件中拉结筋时，两端弯钩可采用一端 135°另一端 90°，弯折后平直段长度不应小于拉筋直径的 5 倍。

4. 钢筋的连接与安装

（1）钢筋连接的方法。

①绑扎连接。钢筋的接长、钢筋骨架或钢筋网的成型应优先采用焊接或机械连接，如不能采用焊接或机械连接或骨架过大过重不便于运输安装时，可采用绑扎连接的方法。钢筋绑扎一般采用镀锌铁丝，绑扎时应注意钢筋位置是否准确，绑扎是否牢固、绑扎位置及搭接长度是否符合规范要求。

②焊接连接。焊接连接是利用焊接技术将钢筋连接起来的连接方法，应用广泛。但焊接是一项专门的技术，要求对焊工进行专门培训，持证上岗；焊接施工受气候、电流稳定性的影响较大，其接头质量不如机械连接可靠。

在钢筋焊接连接中，普遍采用的焊接方式如下：

a. 闪光对焊。闪光对焊是将两根钢筋沿着其轴线，使钢筋端面接触对焊的连接方法。闪光对焊需在对焊机上进行，操作时将两段钢筋的端面接触，通过低电压强电流，把电能转换为热能，待钢筋加热到一定温度后，再施加以轴向压力顶锻，使两根钢筋焊合在一起，接头冷却后便形成对焊接头。

b. 埋弧压力焊。埋弧压力焊是利用焊剂层下的电弧燃烧将两焊件相邻部位熔化，然后加压顶锻使两焊件焊合。

c. 电阻点焊。电阻点焊是将交叉的钢筋叠合在一起，放在两个电极间预压夹紧，然后通电使接触点处产生电阻热，钢筋加热熔化并在压力下形成紧密联结点，冷凝后即得牢固焊点。

d. 电渣压力焊。电渣压力焊是利用电流通过渣池产生的电阻热将钢筋端部熔化，然后施加压力使钢筋焊合。电渣压力焊的焊接工艺包括引弧、造渣、电渣和挤压四个过程。

e. 电弧焊。电弧焊是利用弧焊机在焊条与焊件之间产生高温电弧，使焊条和电弧燃烧范围内的焊件熔化，待其凝固后便形成焊缝或接头，其中电弧是指焊条与焊件金属之间空气介质出现的强烈持久的放电现象。

③机械连接。钢筋采用机械连接的优点包括：设备简单、操作技术易于掌握、施工速度快；钢筋接头性能可靠，节约钢筋，适用于钢筋在任何位置与方向的连接；施工不受气候条件影响，尤其在易燃、易爆、高空等施工条件下作业安全可靠。虽机械连接的成本较高，但其综合经济效益与技术效果显著。常用的钢筋机械连接的方法如下：

a. 套筒挤压连接。套筒挤压连接是将两根待连接的钢筋插入钢套筒内，用专用液压压接钳侧向或轴向挤压套筒，使套筒产生塑性变形，套筒的内壁变形后嵌入钢筋螺纹中，从而产生抗剪能力来传递钢筋连接处的轴向力。

b. 螺纹套筒连接。钢筋螺纹套筒连接包括直螺纹连接和锥螺纹连接，它是利用螺纹能承受轴向力与水平力密封自锁性较好的原理，把钢筋连接起来。

（2）钢筋连接的要求。

轴心受拉及小偏心受拉杆件的纵向受力钢筋不得采用绑扎搭接；其他构件中的钢筋采用绑扎搭接时，受拉钢筋直径不宜大于 25 mm，受压钢筋直径不宜大于 28 mm。

钢筋接头宜设置在受力较小处；有抗震设防要求的结构中，梁端、柱端箍筋加密区范围内不宜设置钢筋接头，且不应进行钢筋搭接。同一纵向受力钢筋不宜设置两个或两个以上接头。接头末端至钢筋弯起点的距离，不应小于钢筋直径的 10 倍。

当纵向受力钢筋采用机械连接接头或焊接接头时，接头的设置应符合下列规定：

①同一构件内的接头宜分批错开。

②接头连接区段的长度为 $35d$，且不应小于 500 mm，凡接头中点位于该连接区段长度内的接头均应属于同一连接区段；其中 d 为相互连接两根钢筋中较小直径。

③同一连接区段内，纵向受力钢筋接头面积百分率为该区段内有接头的纵向受力钢筋截面面积与全部纵向受力钢筋截面面积的比值；纵向受力钢筋的接头面积百分率应符合下列规定：受拉接头，不宜大于 50%；受压接头，可不受限制；板、墙、柱中受拉机械连接接头，可根据实际情况放宽；装配式混凝土结构构件连接处受拉接头，可根据实际情况放宽；直接承受动力荷载的结构构件中，不宜采用焊接；当采用机械连接时，不应超过 50%。

当纵向受力钢筋采用绑扎搭接接头时，接头的设置应符合下列规定：

①同一构件内的接头宜分批错开。各接头的横向净间距 s 不应小于钢筋直径，且不应小于 25 mm。

②接头连接区段的长度为 1.3 倍搭接长度，凡接头中点位于该连接区段长度内的接头均应属于同一连接区段；搭接长度可取相互连接两根钢筋中较小直径计算。

③同一连接区段内，纵向受力钢筋接头面积百分率为该区段内有接头的纵向受力钢筋截面面积与全部纵向受力钢筋截面面积的比值；纵向受压钢筋的接头面积百分率可不受限值；纵向受拉钢筋的接头面积百分率应符合下列规定：梁类、板类及墙类构件，不宜超过 25%；基础筏板，不宜超过 50%；柱类构件，不宜超过 50%；当工程中确有必要增大接头面积百分率时，对梁类构件，不应大于 50%；对其他构件，可根据实际情况适当放宽。

(3)钢筋安装的要求。

钢筋绑扎应符合下列规定：

①钢筋的绑扎搭接接头应在接头中心和两端用铁丝扎牢。

②墙、柱、梁钢筋骨架中各竖向面钢筋网交叉点应全数绑扎；板上部钢筋网的交叉点应全数绑扎，底部钢筋网除边缘部分外可间隔交错绑扎。

③梁、柱的箍筋弯钩及焊接封闭箍筋的焊点应沿纵向受力钢筋方向错开设置。

④构造柱纵向钢筋宜与承重结构同步绑扎。

⑤梁及柱中箍筋、墙中水平分布钢筋、板中钢筋距构件边缘的起始距离宜为50 mm。

构件交接处的钢筋位置应符合设计要求。当设计无具体要求时，应保证主要受力构件和构件中主要受力方向的钢筋位置。框架节点处梁纵向受力钢筋宜放在柱纵向钢筋内侧；当主次梁底部标高相同时，次梁下部钢筋应放在主梁下部钢筋之上；剪力墙中水平分布钢筋宜放在外侧，并宜在墙端弯折锚固。

钢筋安装应采用定位件固定钢筋的位置，并宜采用专用定位件。混凝土框架梁、柱保护层内，不宜采用金属定位件。定位件应具有足够的承载力、刚度、稳定性和耐久性。定位件的数量、间距和固定方式，应能保证钢筋的位置偏差符合规定。钢筋安装应采取防止钢筋受模板、模具内表面的脱模剂污染的措施。

典型例题

【单选题】当受拉钢筋直径大于25 mm、受压钢筋直径大于28 mm时，不宜采用的钢筋连接方式是(　　)。

A. 绑扎连接　　B. 焊接连接

C. 套筒挤压连接　　D. 直螺纹套筒连接

A。**【解析】**轴心受拉及小偏心受拉杆件的纵向受力钢筋不得采用绑扎搭接；其他构件中的钢筋采用绑扎搭接时，受拉钢筋直径不宜大于25 mm，受压钢筋直径不宜大于28 mm。

5. 质量检查

钢筋进场检查应符合下列规定：

(1)应检查钢筋的质量证明文件。

(2)应按国家现行有关标准的规定抽样检验屈服强度、抗拉强度、伸长率、弯曲性能及单位长度重量偏差。

(3)经产品认证符合要求的钢筋，其检验批量可扩大一倍。在同一工程中，同一厂家、同一牌号、同一规格的钢筋连续三次进场检验均一次检验合格时，其后的检验批量可扩大一倍。

(4)钢筋的外观质量。

(5)当无法准确判断钢筋品种、牌号时，应增加化学成分、晶粒度等检验项目。

成型钢筋进场时，应检查成型钢筋的质量证明文件、成型钢筋所用材料质量证明文件及检验报告，并应抽样检验成型钢筋的屈服强度、抗拉强度、伸长率和重量偏差。检验批量可由合同约定，同一工程、同一原材料来源、同一组生产设备生产的成型钢筋，检验批量不宜大于30 t。

钢筋调直后，应检查力学性能和单位长度重量偏差。但采用无延伸功能的机械设备调直的钢筋，可不进行本条规定的检查。

钢筋加工后，应检查尺寸偏差；钢筋安装后，应检查品种、级别、规格、数量及位置。

（三）预应力工程

预应力分项工程在考试中涉及不多，可参考《混凝土结构工程施工规范》《混凝土结构工程施工质量验收规范》等规范学习，此处不加以叙述。

（四）混凝土制备与运输

1. 一般规定

混凝土结构施工宜采用预拌混凝土。混凝土制备和运输按相关规范执行。

2. 原材料

混凝土原材料的主要技术指标应符合《混凝土结构工程施工规范》和国家现行有关标准的规定。

水泥的选用应符合下列规定：

(1)水泥品种与强度等级应根据设计、施工要求，以及工程所处环境条件确定。

(2)普通混凝土宜选用通用硅酸盐水泥；有特殊需要时，也可选用其他品种水泥。

(3)有抗渗、抗冻融要求的混凝土，宜选用硅酸盐水泥或普通硅酸盐水泥。

(4)处于潮湿环境的混凝土结构，当使用碱活性骨料时，宜采用低碱水泥。

粗骨料宜选用粒形良好、质地坚硬的洁净碎石或卵石，并应符合下列规定：

(1)粗骨料最大粒径不应超过构件截面最小尺寸的1/4，且不应超过钢筋最小净间距的3/4；对实心混凝土板，粗骨料的最大粒径不宜超过板厚的1/3，且不应超过40 mm。

(2)粗骨料宜采用连续粒级，也可用单粒级组合成满足要求的连续粒级。

(3)含泥量、泥块含量指标应符合《混凝土结构工程施工规范》的规定。

细骨料宜选用级配良好、质地坚硬、颗粒洁净的天然砂或机制砂，并应符合下列规定：

(1)细骨料宜选用Ⅱ区中砂。当选用Ⅰ区砂时，应提高砂率，并应保持足够的胶凝材料用量，同时应满足混凝土的工作性要求；当采用Ⅲ区砂时，宜适当降低砂率。

(2)钢筋混凝土用砂的氯离子含量不应大于0.03%，预应力混凝土用砂的氯离子含量不应大于0.01%。

(3)含泥量、泥块含量指标应符合规定。

外加剂的选用应根据设计、施工要求，混凝土原材料性能以及工程所处环境条件等因素通过试验确定，并应符合下列规定：

(1)当使用碱活性骨料时，由外加剂带入的碱含量(以当量氧化钠计)不宜超过1.0 kg/m^3，混凝土总碱含量尚应符合现行国家标准《混凝土结构设计规范》等的有关规定。

(2)不同品种外加剂首次复合使用时，应检验混凝土外加剂的相容性。

混凝土拌合及养护用水，应符合现行行业标准《混凝土用水标准》的有关规定。

混凝土结构用海砂必须经过净化处理。

3. 混凝土配合比

混凝土配合比设计应经试验确定，并应符合下列规定：

(1)应在满足混凝土强度、耐久性和工作性要求的前提下,减少水泥和水的用量。

(2)当有抗冻、抗渗、抗氯离子侵蚀和化学腐蚀等耐久性要求时,尚应符合现行国家标准《混凝土结构耐久性设计标准》的有关规定。

(3)应分析环境条件对施工及工程结构的影响。

(4)试配所用的原材料应与施工实际使用的原材料一致。

混凝土配合比的试配、调整和确定,应按下列步骤进行:

(1)采用工程实际使用的原材料和计算配合比进行试配。每盘混凝土试配量不应小于 20 L。

(2)进行试拌,并调整砂率和外加剂掺量等使拌合物满足工作性要求,提出试拌配合比。

(3)在试拌配合比的基础上,调整胶凝材料用量,提出不少于 3 个配合比进行试配。根据试件的试压强度和耐久性试验结果,选定设计配合比。

(4)应对选定的设计配合比进行生产适应性调整,确定施工配合比。

(5)对采用搅拌运输车运输的混凝土,当运输时间较长时,试配时应控制混凝土坍落度经时损失值。

4. 混凝土搅拌

采用分次投料搅拌方法时,应通过试验确定投料顺序、数量及分段搅拌的时间等工艺参数。矿物掺合料宜与水泥同步投料,液体外加剂宜滞后于水和水泥投料;粉状外加剂宜溶解后再投料。

混凝土应搅拌均匀,宜采用强制式搅拌机搅拌。混凝土搅拌的最短时间可按表 1-26 采用,当能保证搅拌均匀时可适当缩短搅拌时间。搅拌强度等级 C60 及以上的混凝土时,搅拌时间应适当延长。

表 1-26　混凝土搅拌的最短时间　　单位:s

混凝土坍落度/mm	搅拌机机型	搅拌机出料量/L		
		<250	250~500	>500
≤40	强制式	60	90	120
>40,且<100	强制式	60	60	90
≥100	强制式	60		

注:a. 混凝土搅拌时间指从全部材料装入搅拌筒中起,到开始卸料时止的时间段。

b. 当掺有外加剂与矿物掺合料时,搅拌时间应适当延长。

c. 采用自落式搅拌机时,搅拌时间宜延长 30 s。

d. 当采用其他形式的搅拌设备时,搅拌的最短时间也可按设备说明书的规定或经试验确定。

对首次使用的配合比应进行开盘鉴定,开盘鉴定应包括下列内容:混凝土的原材料与配合比设计所采用原材料的一致性;出机混凝土工作性与配合比设计要求的一致性;混凝土强度;混凝土凝结时间;工程有要求时,尚应包括混凝土耐久性能等。

5. 混凝土运输

为了保证混凝土的施工质量,对混凝土拌合物运输要求是不产生离析、漏浆、分层泌水的现象,组成成分不发生变化,保证浇筑时规定的坍落度。在混凝土初凝之前能有充分时间进行浇筑和振捣。

预拌混凝土从搅拌机卸入搅拌运输车至卸料时的运输时间不宜大于90 min,如需延长运送时间,则应采取相应的有效技术措施,并应通过试验验证;当采用翻斗车时,运输时间不应大于45 min。

采用混凝土搅拌运输车运输混凝土时,应符合下列规定:

(1)接料前,搅拌运输车应排净罐内积水。

(2)在运输途中及等候卸料时,应保持搅拌运输车罐体正常转速,不得停转。

(3)卸料前,搅拌运输车罐体宜快速旋转搅拌20 s以上后再卸料。

采用搅拌运输车运输混凝土,当混凝土坍落度损失较大不能满足施工要求时,可在运输车罐内加入适量的与原配合比相同成分的减水剂。减水剂加入量应事先由试验确定,并应做出记录。加入减水剂后,搅拌运输车罐体应快速旋转搅拌均匀,并应达到要求的工作性能后再泵送或浇筑。

6. 质量检查

原材料进场时,供方应对进场材料按材料进场验收所划分的检验批提供相应的质量证明文件,外加剂产品尚应提供使用说明书。当能确认连续进场的材料为同一厂家的同批出厂材料时,可按出厂的检验批提供质量证明文件。

原材料进场质量检查应符合下列规定:

(1)结构混凝土用水泥主要控制指标应包括凝结时间、安定性、胶砂强度和氯离子含量。水泥中使用的混合材品种和掺量应在出厂文件中明示。

(2)应对粗骨料的颗粒级配、含泥量、泥块含量、针片状含量指标进行检验,压碎指标可根据工程需要进行检验,应对细骨料颗粒级配、含泥量、泥块含量指标进行检验。当设计文件有要求或结构处于易发生碱骨料反应环境中时,应对骨料进行碱活性检验。抗冻等级F100及以上的混凝土用骨料,应进行坚固性检验。骨料不超过400 m^3或600 t为一检验批。

(3)应对矿物掺合料细度(比表面积)、需水量比(流动度比)、活性指数(抗压强度比)、烧失量指标进行检验。粉煤灰、矿渣粉、沸石粉不超过200 t应为一检验批,硅灰不超过30 t应为一检验批。

(4)应按外加剂产品标准规定对其主要匀质性指标和掺外加剂混凝土性能指标进行检验。同一品种外加剂不超过50 t应为一检验批。

(5)当采用饮用水作为混凝土用水时,可不检验。当采用中水、搅拌站清洗水或施工现场循环水等其他水源时,应对其成分进行检验。

采用预拌混凝土时,供方应提供混凝土配合比通知单、混凝土抗压强度报告、混凝土质量合格证和混凝土运输单;当需要其他资料时,供需双方应在合同中明确约定。预拌混凝土质量控制资料的保存期限,应满足工程质量追溯的要求。

(五)现浇结构工程

1. 一般规定

混凝土浇筑前应完成下列工作:隐蔽工程验收和技术复核;对操作人员进行技术交底;根据施工方案中的技术要求,检查并确认施工现场具备实施条件;施工单位填报浇筑申请单,并经监理单位签认。

混凝土拌合物入模温度不应低于5 ℃,且不应高于35 ℃。

混凝土运输、输送、浇筑过程中严禁加水;运输、输送、浇筑过程中散落的混凝土严禁用于结构浇筑。

2. 混凝土输送

混凝土输送宜采用泵送方式。泵送混凝土是在混凝土泵的压力推动下沿输送管道进行运输,并在管道出口处直接浇筑的混凝土。泵送混凝土施工不仅可以改善混凝土施工性能、提高混凝土质量,而且可以改善劳动条件、降低工程成本。

混凝土输送泵管与支架的设置应符合下列规定:

(1)混凝土输送泵管应根据输送泵的型号、拌合物性能、总输出量、单位输出量、输送距离以及粗骨料粒径等进行选择。

(2)混凝土粗骨料最大粒径不大于25 mm时,可采用内径不小于125 mm的输送泵管;混凝土粗骨料最大粒径不大于40 mm时,可采用内径不小于150 mm的输送泵管。

(3)输送泵管安装连接应严密,输送泵管道转向宜平缓。

(4)输送泵管应采用支架固定,支架应与结构牢固连接,输送泵管转向处支架应加密;支架应通过计算确定,设置位置的结构应进行验算,必要时应采取加固措施。

(5)向上输送混凝土时,地面水平输送泵管的直管和弯管总的折算长度不宜小于竖向输送高度的20%,且不宜小于15 m。

(6)输送泵管倾斜或垂直向下输送混凝土,且高差大于20 m时,应在倾斜或竖向管下端设置直管或弯管,直管或弯管总的折算长度不宜小于高差的1.5倍。

(7)输送高度大于100 m时,混凝土输送泵出料口处的输送泵管位置应设置截止阀;

(8)混凝土输送泵管及其支架应经常进行检查和维护。

输送混凝土的管道、容器、溜槽不应吸水、漏浆,并应保证输送通畅。输送混凝土时,应根据工程所处环境条件采取保温、隔热、防雨等措施。

3. 混凝土浇筑

混凝土的浇筑,应预先根据工程结构特点、平面形状和几何尺寸、混凝土制备和运输设备的供应能力、泵送能力、劳动力和管理能力以及施工场地大小、运输道路情况等条件,划分混凝土浇筑区域,并明确设备和人员的分工,以保证结构浇筑的整体性和按计划进行浇筑。

浇筑混凝土前,应清除模板内或垫层上的杂物。表面干燥的地基、垫层、模板上应洒水湿润;现场环境温度高于35 ℃时,宜对金属模板进行洒水降温;洒水后不得留有积水。

混凝土浇筑应保证混凝土的均匀性和密实性。混凝土宜一次连续浇筑。

混凝土应分层浇筑,分层厚度应符合规定,上层混凝土应在下层混凝土初凝之前浇筑完毕。

混凝土浇筑的布料点宜接近浇筑位置,应采取减少混凝土下料冲击的措施,并应符合下列规定:

(1)宜先浇筑竖向结构构件,后浇筑水平结构构件。

(2)浇筑区域结构平面有高差时,宜先浇筑低区部分,再浇筑高区部分。

柱、墙模板内的混凝土浇筑不得发生离析,倾落高度应符合表1-27的规定;当不能满足要求时,应加设串筒、溜管、溜槽等装置。

表 1-27　柱、墙模板内混凝土浇筑倾落高度限制　　单位:m

条件	浇筑倾落高度限值
粗骨料粒径大于 25 mm	≤3
粗骨料粒径小于或等于 25 mm	≤6

注:当有可靠措施能保证混凝土不产生离析时混凝土倾落高度可不受本表限制。

混凝土浇筑后,在混凝土初凝前和终凝前,宜分别对混凝土裸露表面进行抹面处理。

柱、墙混凝土设计强度等级高于梁、板混凝土设计强度等级时,混凝土浇筑应符合下列规定:

(1)柱、墙混凝土设计强度比梁、板混凝土设计强度高一个等级时,柱、墙位置梁、板高度范围内的混凝土经设计单位确认,可采用与梁、板混凝土设计强度等级相同的混凝土进行浇筑。

(2)柱、墙混凝土设计强度比梁、板混凝土设计强度高两个等级及以上时,应在交界区域采取分隔措施;分隔位置应在低强度等级的构件中,且距高强度等级构件边缘不应小于500 mm。

(3)宜先浇筑强度等级高的混凝土,后浇筑强度等级低的混凝土。

泵送混凝土浇筑应符合下列规定:

(1)采用输送管浇筑混凝土时,宜由远而近浇筑;采用多根输送管同时浇筑时,其浇筑速度宜保持一致。

(2)润滑输送管的水泥砂浆用于湿润结构施工缝时,水泥砂浆应与混凝土浆液成分相同;接浆厚度不应大于 30 mm,多余水泥砂浆应收集后运出。

(3)混凝土泵送浇筑应连续进行;当混凝土不能及时供应时,应采取间歇泵送方式。

(4)混凝土浇筑后,应清洗输送泵和输送管。

施工缝或后浇带处浇筑混凝土,应符合下列规定:结合面应为粗糙面,并应清除浮浆、松动石子、软弱混凝土层;结合面处应洒水湿润,但不得有积水;施工缝处已浇筑混凝土的强度不应小于 1.2 MPa;柱、墙水平施工缝水泥砂浆接浆层厚度不应大于 30 mm,接浆层水泥砂浆应与混凝土浆液成分相同;后浇带混凝土强度等级及性能应符合设计要求,当设计无具体要求时,后浇带混凝土强度等级宜比两侧混凝土提高一级,并宜采用减少收缩的技术措施。

4. 混凝土振捣

混凝土拌合物浇筑之后,需经振捣密实成型才能赋予混凝土制品或结构一定的外形和内部结构。

混凝土振捣应能使模板内各个部位混凝土密实、均匀,不应漏振、欠振、过振。混凝土振捣应采用插入式振动棒、平板振动器或附着振动器,必要时可采用人工辅助振捣。

振动棒振捣混凝土应符合下列规定:应按分层浇筑厚度分别进行振捣,振动棒的前端应插入前一层混凝土中,插入深度不应小于 50 mm;振动棒应垂直于混凝土表面并快插慢拔均匀振捣;振动棒与模板的距离不应大于振动棒作用半径的 50%;振捣插点间距不应大于振动棒的作用半径的 1.4 倍。

特殊部位的混凝土应采取下列加强振捣措施：

(1)宽度大于0.3 m的预留洞底部区域，应在洞口两侧进行振捣，并应适当延长振捣时间；宽度大于0.8 m的洞口底部，应采取特殊的技术措施。

(2)后浇带及施工缝边角处应加密振捣点，并应适当延长振捣时间。

(3)钢筋密集区域或型钢与钢筋结合区域，应选择小型振动棒辅助振捣、加密振捣点，并应适当延长振捣时间。

(4)基础大体积混凝土浇筑流淌形成的坡脚，不得漏振。

5. 混凝土养护

混凝土浇筑后应及时进行保湿养护，保湿养护可采用洒水、覆盖、喷涂养护剂等方式。养护方式应根据现场条件、环境温湿度、构件特点、技术要求、施工操作等因素确定。

混凝土的养护时间应符合下列规定：

(1)采用硅酸盐水泥、普通硅酸盐水泥或矿渣硅酸盐水泥配制的混凝土，不应少于7天；采用其他品种水泥时，养护时间应根据水泥性能确定。

(2)采用缓凝型外加剂、大掺量矿物掺合料配制的混凝土，不应少于14天。

(3)抗渗混凝土、强度等级C60及以上的混凝土，不应少于14天。

(4)后浇带混凝土的养护时间不应少于14天。

(5)地下室底层墙、柱和上部结构首层墙、柱，宜适当增加养护时间。

(6)大体积混凝土养护时间应根据施工方案确定。

(7)混凝土强度达到1.2 MPa前，不得在其上踩踏、堆放物料、安装模板及支架。

洒水养护应符合下列规定：

(1)洒水养护宜在混凝土裸露表面覆盖麻袋或草帘后进行，也可采用直接洒水、蓄水等养护方式；洒水养护应保证混凝土表面处于湿润状态。

(2)洒水养护用水应符合相关规定。

(3)当日最低温度低于5 ℃时，不应采用洒水养护。

覆盖养护应符合下列规定：

(1)覆盖养护宜在混凝土裸露表面覆盖塑料薄膜、塑料薄膜加麻袋、塑料薄膜加草帘进行。

(2)塑料薄膜应紧贴混凝土裸露表面，塑料薄膜内应保持有凝结水。

(3)覆盖物应严密，覆盖物的层数应按施工方案确定。

喷涂养护剂养护应符合下列规定：

(1)应在混凝土裸露表面喷涂覆盖致密的养护剂进行养护。

(2)养护剂应均匀喷涂在结构构件表面，不得漏喷；养护剂应具有可靠的保湿效果，保湿效果可通过试验检验。

(3)养护剂使用方法应符合产品说明书的有关要求。

6. 混凝土施工缝与后浇带

混凝土施工缝是指因设计或施工技术、施工组织等原因停顿时间有可能超过混凝土的初凝时间，而出现先后两次浇筑混凝土的分界线(面)。由于施工缝处“新”“老”混凝土连接的强度低于整体混凝土强度,因而施工缝是结构中的薄弱环节。

后浇带是在现浇钢筋混凝土结构施工过程中,为克服由于温度、收缩可能产生有害裂缝而设置的临时施工缝。后浇带需根据设计要求保留一段时间后再浇筑,将整个结构连成整体。

施工缝和后浇带的留设位置应在混凝土浇筑前确定。施工缝和后浇带宜留设在结构受剪力较小且便于施工的位置。受力复杂的结构构件或有防水抗渗要求的结构构件,施工缝留设位置应经设计单位确认。

水平施工缝的留设位置应符合下列规定:

(1)柱、墙施工缝可留设在基础、楼层结构顶面,柱施工缝与结构上表面的距离宜为 0 ~ 100 mm,墙施工缝与结构上表面的距离宜为 0 ~ 300 mm。

(2)柱、墙施工缝也可留设在楼层结构底面,施工缝与结构下表面的距离宜为 0 ~ 50 mm;当板下有梁托时,可留设在梁托下 0 ~ 20 mm。

(3)高度较大的柱、墙、梁以及厚度较大的基础,可根据施工需要在其中部留设水平施工缝;当因施工缝留设改变受力状态而需要调整构件配筋时,应经设计单位确认。

(4)特殊结构部位留设水平施工缝应经设计单位确认。

竖向施工缝和后浇带的留设位置应符合下列规定:

(1)有主次梁的楼板施工缝应留设在次梁跨度中间 1/3 范围内。

(2)单向板施工缝应留设在与跨度方向平行的任何位置。

(3)楼梯梯段施工缝宜设置在梯段板跨度端部 1/3 范围内。

(4)墙的施工缝宜设置在门洞口过梁跨中 1/3 范围内,也可留设在纵横墙交接处。

(5)后浇带留设位置应符合设计要求。

(6)特殊结构部位留设竖向施工缝应经设计单位确认。

施工缝、后浇带留设界面,应垂直于结构构件和纵向受力钢筋。结构构件厚度或高度较大时,施工缝或后浇带界面宜采用专用材料封挡。施工缝和后浇带应采取钢筋防锈或阻锈等保护措施。

混凝土浇筑过程中,因特殊原因需临时设置施工缝时,施工缝留设应规整,并宜垂直于构件表面,必要时可采取增加插筋、事后修凿等技术措施。

施工缝和后浇带应采取钢筋防锈或阻锈等保护措施。

典型例题

【单选题】当日平均气温高于 30 ℃时,混凝土的入模温度不应高于(　　)。

A. 20 ℃　　B. 25 ℃

C. 30 ℃　　D. 35 ℃

D。**【解析】**日平均气温高于 30 ℃时进行施工属于高温天气施工。高温天气施工时,混凝土拌合物的出机温度不宜超过 30 ℃,入模温度不宜超过 35 ℃;冬期施工时,混凝土拌合物的出机温度不宜低于 10 ℃,入模温度不应低于 5 ℃。

7. 质量检查

混凝土结构施工质量检查可分为过程控制检查和拆模后的实体质量检查。过程控制检查应在混凝土施工全过程中,按施工段划分和工序安排及时进行;拆模后的实体质量检查应在混凝土表面未作处理和装饰前进行。

混凝土浇筑前应检查混凝土送料单，核对混凝土配合比，确认混凝土强度等级，检查混凝土运输时间，测定混凝土坍落度，必要时还应测定混凝土扩展度。

（六）大体积混凝土

大体积混凝土是指混凝土结构物实体最小尺寸不小于 1 m 的大体量混凝土，或预计会因混凝土中胶凝材料水化引起的温度变化和收缩而导致有害裂缝产生的混凝土。

1. 浇筑方案

大体积混凝土浇筑方案应根据结构大小、整体性要求、钢筋疏密、混凝土供应等具体情况，选用如下三种方式，如图 1-17 所示：

(1) 全面分层。在整个基础内全面分层浇筑混凝土，保证第一层全面浇筑完毕回来浇筑第二层时，第一层浇筑的混凝土还未初凝，如此逐层进行施工，直至浇筑完毕。这种方案适用于结构的平面尺寸不太大，施工时从短边开始，沿长边进行较适宜。必要时也可分两段浇筑，从中间向两端或从两端向中间同时进行。

(2) 分段分层。这种方案适用于厚度不太大而面积或长度较大的结构。混凝土从底层开始浇筑，浇筑一定距离后回来浇筑第二层，如此依次向前浇筑以上各分层。

(3) 斜面分层。这种方案适用于结构的长度超过厚度的 3 倍。振捣工作应从浇筑层的下端开始，逐渐上移，以保证混凝土的施工质量。

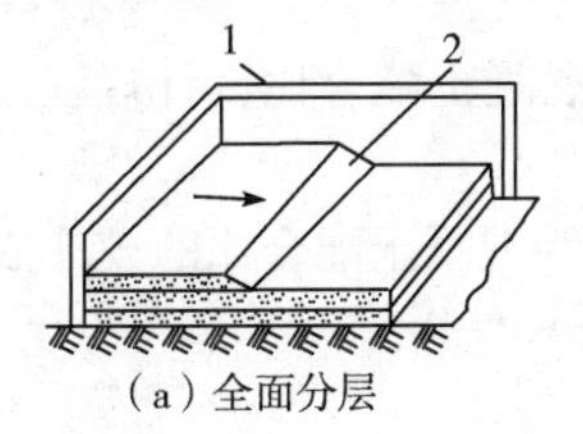

(a) 全面分层

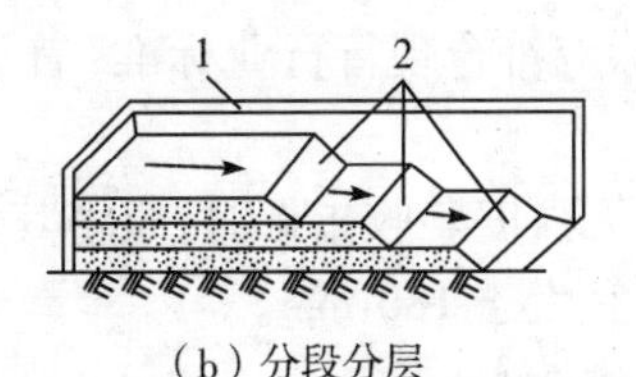

(b) 分段分层

1
2
(c) 斜面分层

1—模板；2—新浇筑的混凝土。

图 1-17　大体积混凝土浇筑方案

2. 基本规定

大体积混凝土施工应编制施工组织设计或施工技术方案，并应有环境保护和安全施工的技术措施。大体积混凝土施工应符合下列规定：

(1) 大体积混凝土的设计强度等级宜为 C25 ~ C50，并可采用混凝土 60 天或 90 天的强度作为混凝土配合比设计、混凝土强度评定及工程验收的依据。

(2) 大体积混凝土的结构配筋除应满足结构承载力和构造要求外，还应结合大体积混凝土的施工方法配置控制温度和收缩的构造钢筋。

(3) 大体积混凝土置于岩石类地基上时，宜在混凝土垫层上设置滑动层。

(4) 设计中应采取减少大体积混凝土外部约束的技术措施。

(5) 设计中应根据工程情况提出温度场和应变的相关测试要求。

大体积混凝土施工前，应对混凝土浇筑体的温度、温度应力及收缩应力进行试算，并确定混凝土浇筑体的温升峰值，里表温差及降温速率的控制指标，制定相应的温控技术措施。

大体积混凝土施工温控指标应符合下列规定：混凝土浇筑体在入模温度基础上的温升

值不宜大于50 ℃;混凝土浇筑体里表温差(不含混凝土收缩当量温度)不宜大于25 ℃;混凝土浇筑体降温速率不宜大于2.0 ℃/d;拆除保温覆盖时混凝土浇筑体表面与大气温差不应大于20 ℃。

3. 原材料、配合比、制备及运输

(1)原材料。

水泥选择及其质量,应符合下列规定:

①水泥应符合现行国家标准《通用硅酸盐水泥》的有关规定,当采用其他品种时,其性能指标应符合国家现行有关标准的规定。

②应选用水化热低的通用硅酸盐水泥,3天水化热不宜大于250 kJ/kg,7天水化热不宜大于280 kJ/kg;当选用52.5强度等级水泥时,7天水化热宜小于300 kJ/kg。

③水泥在搅拌站的入机温度不宜高于60 ℃。

骨料选择应符合下列规定:细骨料宜采用中砂,细度模数宜大于2.3,含泥量不应大于3%;粗骨料粒径宜为5.0~31.5 mm,并应连续级配,含泥量不应大于1%;应选用非碱活性的粗骨料;当采用非泵送施工时,粗骨料的粒径可适当增大。

外加剂的选择应符合下列规定:外加剂的品种、掺量应根据材料试验确定;宜提供外加剂对硬化混凝土收缩等性能的影响系数;耐久性要求较高或寒冷地区的大体积混凝土,宜采用引气剂或引气减水剂。

(2)配合比设计。

大体积混凝土配合比设计,除应符合现行行业标准《普通混凝土配合比设计规程》的有关规定外,尚应符合下列规定:

①当采用混凝土60天或90天强度验收指标时,应将其作为混凝土配合比的设计依据。

②混凝土拌合物的坍落度不宜大于180 mm。

③拌合水用量不宜大于170 kg/m^3。

④粉煤灰掺量不宜大于胶凝材料用量的50%,矿渣粉掺量不宜大于胶凝材料用量的40%;粉煤灰和矿渣粉掺量总和不宜大于胶凝材料用量的50%。

⑤水胶比不宜大于0.45。

⑥砂率宜为38%~45%。

混凝土制备前,宜进行绝热温升、泌水率、可泵性等对大体积混凝土裂缝控制有影响的技术参数的试验,必要时配合比设计应通过试泵送验证。

(3)制备及运输。

对同时供应同一工程分项的预拌混凝土,胶凝材料和外加剂、配合比应一致,制备工艺和质量控制水平应基本相同。

运输过程补充外加剂进行调整时,搅拌运输车应快速搅拌,搅拌时间不应小于120 s。

运输和浇筑过程中,不应通过向拌合物中加水方式调整其性能。

运输过程中当坍落度损失或离析严重,经采取措施无法恢复混凝土拌合物工作性能时,不得浇筑入模。

4. 施工

大体积混凝土施工宜采用整体分层或推移式连续浇筑施工。

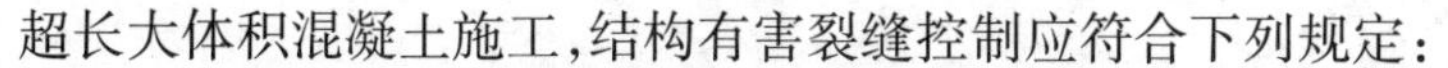

超长大体积混凝土施工，结构有害裂缝控制应符合下列规定：

(1)当采用跳仓法时，跳仓的最大分块单向尺寸不宜大于 40 m，跳仓间隔施工的时间不宜小于 7 天，跳仓接缝处应按施工缝的要求设置和处理。

(2)当采用变形缝或后浇带时，变形缝或后浇带设置和施工应符合国家现行有关标准的规定。

混凝土入模温度宜控制在 5～30 ℃。

大体积混凝土施工前应进行图纸会审，并应提出施工阶段的综合抗裂措施，制定关键部位的施工作业指导书。

大体积混凝土施工应在混凝土的模板和支架、钢筋工程、预埋管件等工作完成并验收合格的基础上进行。

施工现场供水、供电应满足混凝土连续施工需要。当有断电可能时，应采取双回路供电或自备电源等措施。

大体积混凝土供应能力应满足混凝土连续施工需要，不宜低于单位时间所需量的 1.2 倍。

对后浇带或跳仓法留置的竖向施工缝，宜采用钢板网、铁丝网或快易收口网等材料支挡；后浇带竖向支架系统宜与其他部位分开。

大体积混凝土浇筑应符合下列规定：

(1)混凝土浇筑层厚度应根据所用振捣器作用深度及混凝土的和易性确定，整体连续浇筑时宜为 300～500 mm，振捣时应避免过振和漏振。

(2)整体分层连续浇筑或推移式连续浇筑，应缩短间歇时间，并应在前层混凝土初凝之前将次层混凝土浇筑完毕。层间间歇时间不应大于混凝土初凝时间。混凝土初凝时间应通过试验确定。当层间间歇时间超过混凝土初凝时间时，层面应按施工缝处理。

(3)混凝土的浇灌应连续、有序，宜减少施工缝。

(4)混凝土宜采用泵送方式和二次振捣工艺。

当采取分层间歇浇筑混凝土时，水平施工缝的处理应符合下列规定：

(1)在已硬化的混凝土表面，应清除表面的浮浆、松动的石子及软弱混凝土层。

(2)在上层混凝土浇筑前，应采用清水冲洗混凝土表面的污物，并应充分润湿，但不得有积水。

(3)新浇筑混凝土应振捣密实，并应与先期浇筑的混凝土紧密结合。

大体积混凝土底板与侧墙相连接的施工缝，当有防水要求时，宜采取钢板止水带等处理措施。

大体积混凝土应采取保温保湿养护。在每次混凝土浇筑完毕后，除应按普通混凝土进行常规养护外，保温养护应符合下列规定：

(1)应专人负责保温养护工作，并应进行测试记录。

(2)保湿养护持续时间不宜少于 14 天，应经常检查塑料薄膜或养护剂涂层的完整情况，并应保持混凝土表面湿润。

(3)保温覆盖层拆除应分层逐步进行，当混凝土表面温度与环境最大温差小于 20 ℃时，可全部拆除。混凝土浇筑完毕后，在初凝前宜立即进行覆盖或喷雾养护工作。

5. 裂缝控制

大体积混凝土宜采用后期强度作为配合比设计、强度评定及验收的依据。基础混凝土，确定混凝土强度时的龄期可取为60天(56天)或90天;柱、墙混凝土强度等级不低于C80时,确定混凝土强度时的龄期可取为60天(56天)。确定混凝土强度时采用大于28天的龄期时,龄期应经设计单位确认。

大体积混凝土施工时,应对混凝土进行温度控制,并应符合下列规定:

(1)混凝土入模温度不宜大于30 ℃;混凝土浇筑体最大温升值不宜大于50 ℃。

(2)在覆盖养护或带模养护阶段,混凝土浇筑体表面以内40～100 mm位置处的温度与混凝土浇筑体表面温度差值不应大于25 ℃;结束覆盖养护或拆模后,混凝土浇筑体表面以内40～100 mm位置处的温度与环境温度差值不应大于25 ℃。

(3)混凝土浇筑体内部相邻两测温点的温度差值不应大于25 ℃。

(4)混凝土降温速率不宜大于2.0 ℃/d;当有可靠经验时,降温速率要求可适当放宽。

大体积混凝土测温频率应符合下列规定:

(1)第一天至第四天,每4 h不应少于一次。

(2)第五天至第七天,每8 h不应少于一次。

(3)第七天至测温结束,每12 h不应少于一次。

除了上述内容外,还需掌握大体积混凝土裂缝控制措施,以下面典型例题进行叙述,掌握解析即可。

典型例题

【多选题】针对基础底板的大体积混凝土裂缝,可采取的控制措施有(　　)。

A. 及时对混凝土覆盖保温和保湿材料

B. 在保证混凝土设计强度等级前提下,适当增加水胶比

C. 优先选用水化热大的硅酸盐水泥拌制混凝土

D. 当大体积混凝土平面尺寸过大时,设置后浇带

E. 采用二次抹面工艺,减少表面收缩裂缝

ADE。**【解析】**除了选项A,D,E外,针对基础底板的大体积混凝土裂缝,可采取的控制措施还有:(1)在保证混凝土设计强度等级前提下,适当减少水胶比。(2)优先选用水化热低的矿渣水泥拌制混凝土。(3)拌合混凝土时,可掺入适量微膨胀剂。(4)降低拌合水温度和混凝土入模温度。(5)将冷却水管预埋在基础内。

二、砌体结构工程施工技术

本部分内容主要依据《砌体结构工程施工规范》对砖砌体工程、混凝土小型空心砌块砌体工程和填充墙气体工程三部分进行详细叙述,其他内容可参考该规范学习。

(一)砖砌体工程

1. 一般规定

普通砖墙的砌筑形式有一顺一丁、三顺一丁、梅花丁等。砌砖工程宜采用"三一"砌筑

法。“三一”砌砖法是刮浆法的一种，其操作口诀是“一铲（刀）灰、一块砖、一挤揉”。

砖砌体施工程序通常包括抄平、放线、摆砖样、立皮数杆、盘角、挂线、砌砖、勾缝、清理等工序。

砖砌体的灰缝应横平竖直，厚薄均匀。水平灰缝厚度和竖向灰缝宽度宜为 10 mm，但不应小于 8 mm，且不应大于 12 mm。

2. *砌筑*

混凝土砖、蒸压砖的生产龄期应达到 28 天后，方可用于砌体的施工。

当砌筑烧结普通砖、烧结多孔砖、蒸压灰砂砖和蒸压粉煤灰砖砌体时，砖应提前 1 ~ 2 天适度湿润，不得采用干砖或吸水饱和状态的砖砌筑。砖湿润程度宜符合下列规定：

（1）烧结类砖的相对含水率宜为 60% ~ 70%。

（2）混凝土多孔砖及混凝土实心砖不宜浇水湿润，但在气候干燥炎热的情况下，宜在砌筑前对其浇水湿润。

（3）其他非烧结类砖的相对含水率宜为 40% ~ 50%。

砖砌体的转角处和交接处对非抗震设防及在抗震设防烈度为 6 度、7 度地区的临时间断处，当不能留斜槎时，除转角处外，可留直槎，但应做成凸槎。留直槎处应加设拉结钢筋，其拉结筋应符合下列规定：

（1）每 120 mm 墙厚应设置 1ϕ6 拉结钢筋；当墙厚为 120 mm 时，应设置 2ϕ6 拉结钢筋。

（2）间距沿墙高不应超过 500 mm，且竖向间距偏差不应超过 100 mm。

（3）埋入长度从留槎处算起每边均不应小于 500 mm 对抗震设防烈度 6 度、7 度的地区，不应小于 1 000 mm。

（4）末端应设 90°弯钩。

砌体组砌应上下错缝，内外搭砌；组砌方式宜采用一顺一丁、梅花丁、三顺一丁。

当采用铺浆法砌筑时，铺浆长度不得超过 750 mm；当施工期间气温超过 30 ℃时，铺浆长度不得超过 500 mm。

多孔砖的孔洞应垂直于受压面砌筑。

砌体灰缝的砂浆应密实饱满，砖墙水平灰缝的砂浆饱满度不得小于 80%，砖柱的水平灰缝和竖向灰缝饱满度不应小于 90%；竖缝宜采用挤浆或加浆方法，不得出现透明缝、瞎缝和假缝。不得用水冲浆灌缝。

砌体接槎时，应将接槎处的表面清理干净，洒水湿润，并应填实砂浆，保持灰缝平直。

砖柱和带壁柱墙砌筑应符合下列规定：砖柱不得采用包心砌法；带壁柱墙的壁柱应与墙身同时咬槎砌筑；异形柱、垛用砖，应根据排砖方案事先加工。

实心砖的弧拱式及平拱式过梁的灰缝应砌成楔形缝。灰缝的宽度，在拱底面不应小于 5 mm；在拱顶面不应大于 15 mm。平拱式过梁拱脚应伸入墙内不小于 20 mm，拱底应有 1% 起拱。

砖过梁底部的模板，应在灰缝砂浆强度不低于设计强度 75% 时，方可拆除。

正常施工条件下，砖砌体每日砌筑高度宜控制在 1.5 m 或一步脚手架高度内。

（二）混凝土小型空心砌块砌体工程

1. 一般规定

底层室内地面以下或防潮层以下的砌体，应采用水泥砂浆砌筑，小砌块的孔洞应采用强度等级不低于 Cb20 或 C20 的混凝土灌实。

防潮层以上的小砌块砌体，宜采用专用砂浆砌筑；当采用其他砌筑砂浆时，应采取改善砂浆和易性和黏结性的措施。

小砌块砌筑时的含水率，对普通混凝土小砌块，宜为自然含水率，当天气干燥炎热时，可提前浇水湿润；对轻骨料混凝土小砌块，宜提前 1～2 天浇水湿润。不得雨天施工，小砌块表面有浮水时，不得使用。

2. 砌筑

砌筑墙体时，小砌块产品龄期不应小于 28 天。承重墙体使用的小砌块应完整、无破损、无裂缝。

当砌筑厚度大于 190 mm 的小砌块墙体时，宜在墙体内外侧双面挂线。

小砌块砌体应对孔错缝搭砌。搭砌应符合下列规定：

（1）单排孔小砌块的搭接长度应为块体长度的 1/2，多排孔小砌块的搭接长度不宜小于砌块长度的 1/3。

（2）当个别部位不能满足搭砌要求时，应在此部位的水平灰缝中设 ϕ4 钢筋网片，且网片两端与该位置的竖缝距离不得小于 400 mm，或采用配块。

（3）墙体竖向通缝不得超过 2 皮小砌块，独立柱不得有竖向通缝。

墙体转角处和纵横交接处应同时砌筑。临时间断处应砌成斜槎，斜槎水平投影长度不应小于斜槎高度。临时施工洞口可预留直槎，但在补砌洞口时，应在直槎上下搭砌的小砌块孔洞内用强度等级不低于 Cb20 或 C20 的混凝土灌实。

厚度为 190 mm 的自承重小砌块墙体宜与承重墙同时砌筑。厚度小于 190 mm 的自承重小砌块墙宜后砌，且应按设计要求预留拉结筋或钢筋网片。

小砌块砌体的水平灰缝厚度和竖向灰缝宽度宜为 10 mm，但不应小于 8 mm，也不应大于 12 mm，且灰缝应横平竖直。

砌筑小砌块墙体应采用双排脚手架或工具式脚手架。当需在墙上设置脚手眼时，可采用辅助规格的小砌块侧砌，利用其孔洞作脚手眼，墙体完工后应采用强度等级不低于 Cb20 或 C20 的混凝土填实。

正常施工条件下，小砌块砌体每日砌筑高度宜控制在 1.4 m 或一步脚手架高度内。

3. 混凝土芯柱

砌筑芯柱部位的墙体，应采用不封底的通孔小砌块。

浇筑芯柱混凝土，应符合下列规定：

（1）应清除孔洞内的杂物，并应用水冲洗，湿润孔壁。

（2）当用模板封闭操作孔时，应有防止混凝土漏浆的措施。

（3）砌筑砂浆强度大于 1.0 MPa 后，方可浇筑芯柱混凝土，每层应连续浇筑。

（4）浇筑芯柱混凝土前，应先浇 50 mm 厚与芯柱混凝土配比相同的去石水泥砂浆，再浇筑混凝土；每浇筑 500 mm 左右高度，应捣实一次，或边浇筑边用插入式振捣器捣实。

(5)应预先计算每个芯柱的混凝土用量,按计量浇筑混凝土。

(6)芯柱与圈梁交接处,可在圈梁下 50 mm 处留置施工缝。

(三)石砌体、配筋砌体工程

关于砌体工程主要掌握砖砌体、混凝土小型空心砌块砌体工程和填充墙砌体工程的相关知识,而石砌体工程和配筋砌体工程在考试中涉及不多,可以参考《砌体结构工程施工规范》《砌体结构工程施工质量验收规范》学习,此处不加以叙述。

(四)填充墙砌体工程

钢筋混凝土结构和钢结构房屋中的围护墙和隔墙,常采用轻质材料填充砌筑,称为填充墙砌体。填充墙砌体采用的轻质块材通常有蒸压加气混凝土砌块、轻骨料混凝土小型空心砌块和烧结空心砖等。

1. 一般规定

填充墙砌体施工的一般工艺过程:砌筑坎台→排块撂底→立皮数杆→挂线砌筑→塞缝、收尾。

轻骨料混凝土小型空心砌块、蒸压加气混凝土砌块砌筑时,其产品龄期应大于 28 天;蒸压加气混凝土砌块的含水率宜小于 30%。

吸水率较小的轻骨料混凝土小型空心砌块及采用薄层砂浆砌筑法施工的蒸压加气混凝土砌块,砌筑前不应对其浇水湿润;在气候干燥炎热的情况下,对吸水率较小的轻骨料混凝土小型空心砌块宜在砌筑前浇水湿润。

采用普通砂浆砌筑填充墙时,烧结空心砖、吸水率较大的轻骨料混凝土小型空心砌块应提前 1 ~2 天浇水湿润;蒸压加气混凝土砌块采用专用砂浆或普通砂浆砌筑时,应在砌筑当天对砌块砌筑面浇水湿润。块体湿润程度宜符合下列规定:

(1)烧结空心砖的相对含水率宜为 60% ~70%。

(2)吸水率较大的轻骨料混凝土小型空心砌块、蒸压加气混凝土砌块的相对含水率宜为 40% ~50%。

在没有采取有效措施的情况下,不应在下列部位或环境中使用轻骨料混凝土小型空心砌块或蒸压加气混凝土砌块砌体:建筑物防潮层以下墙体;长期浸水或化学侵蚀环境;砌体表面温度高于 80 ℃的部位;长期处于有振动源环境的墙体。

在厨房、卫生间、浴室等处采用轻骨料混凝土小型空心砌块、蒸压加气混凝土砌块砌筑墙体时,墙体底部宜现浇混凝土坎台,其高度宜为 150 mm。

2. 砌筑

(1)一般规定。

填充墙砌体砌筑,应在承重主体结构检验批验收合格后进行;填充墙顶部与承重主体结构之间的空隙部位,应在填充墙砌筑 14 天后进行砌筑。

轻骨料混凝土小型空心砌块应采用整块砌块砌筑;当蒸压加气混凝土砌块需断开时,应采用无齿锯切割,裁切长度不应小于砌块总长度的 1/3。

蒸压加气混凝土砌块、轻骨料混凝土小型空心砌块等不同强度等级的同类砌块不得混砌,亦不应与其他墙体材料混砌。

(2)烧结空心砖砌体。

烧结空心砖墙应侧立砌筑,孔洞应呈水平方向。空心砖墙底部宜砌筑3皮普通砖,且门窗洞口两侧一砖范围内应采用烧结普通砖砌筑。

砌筑空心砖墙的水平灰缝厚度和竖向灰缝宽度宜为10 mm,且不应小于8 mm,也不应大于12 mm。竖缝应采用刮浆法,先抹砂浆后再砌筑。

砌筑时,墙体的第一皮空心砖应进行试摆。排砖时,不够半砖处应采用普通砖或配砖补砌,半砖以上的非整砖宜采用无齿锯加工制作。

烧结空心砖砌体组砌时,应上下错缝,交接处应咬槎搭砌,掉角严重的空心砖不宜使用。转角及交接处应同时砌筑,不得留直槎,留斜槎时,斜槎高度不宜大于1.2 m。

外墙采用空心砖砌筑时,应采取防雨水渗漏的措施。

(3)轻骨料混凝土小型空心砌块砌体。

当小砌块墙体孔洞中需填充隔热或隔声材料时,应砌一皮填充一皮,且应填满,不得捣实。

轻骨料混凝土小型空心砌块填充墙砌体,在纵横墙交接处及转角处应同时砌筑;当不能同时砌筑时,应留成斜槎,斜槎水平投影长度不应小于高度的2/3。

当砌筑带保温夹心层的小砌块墙体时,应将保温夹心层一侧靠置室外,并应对孔错缝。左右相邻小砌块中的保温夹心层应互相衔接,上下皮保温夹心层间的水平灰缝处宜采用保温砂浆砌筑。

(4)蒸压加气混凝土砌块砌体。

填充墙砌筑时应上下错缝,搭接长度不宜小于砌块长度的1/3,且不应小于150 mm。当不能满足时,在水平灰缝中应设置2ϕ6钢筋或ϕ4钢筋网片加强,加强筋从砌块搭接的错缝部位起,每侧搭接长度不宜小于700 mm。

蒸压加气混凝土砌块采用薄层砂浆砌筑法砌筑时,应符合下列规定:

①砌筑砂浆应采用专用黏结砂浆。

②砌块不得用水浇湿,其灰缝厚度宜为2~4 mm。

③砌块与拉结筋的连接,应预先在相应位置的砌块上表面开设凹槽;砌筑时,钢筋应居中放置在凹槽砂浆内。

④砌块砌筑过程中,当在水平面和垂直面上有超过2 mm的错边量时,应采用钢齿磨板和磨砂板磨平,方可进行下道工序施工。

采用非专用黏结砂浆砌筑时,水平灰缝厚度和竖向灰缝宽度不应超过15 mm。

三、钢结构工程施工技术

钢结构是把钢板、钢管及各种型钢经加工、连接、安装组成的工程结构,具有强度高、结构轻、施工周期短和精度高等特点。该部分内容主要依据《钢结构工程施工规范》对焊接、紧固件连接等进行详细叙述,其他内容可参考该规范学习。

(一)基本规定

钢结构工程施工单位应具备相应的钢结构工程施工资质,并应有安全、质量和环境管理体系。

钢结构工程实施前，应有经施工单位技术负责人审批的施工组织设计、与其配套的专项施工方案等技术文件，并按有关规定报送监理工程师或业主代表；重要钢结构工程的施工技术方案和安全应急预案，应组织专家评审。

（二）材料

钢结构工程所用的材料应符合设计文件和国家现行有关标准的规定，应具有质量合格证明文件，并应经进场检验合格后使用。

施工单位应制定材料的管理制度，并应做到订货、存放、使用规范化。

钢材订货合同应对材料牌号、规格尺寸、性能指标、检验要求、尺寸偏差等有明确的约定。定尺钢材应留有复验取样的余量；钢材的交货状态，宜按设计文件对钢材的性能要求与供货厂家商定。

钢材的进场验收，除应符合本规范的规定外，尚应符合现行国家标准《钢结构工程施工质量验收标准》的有关规定。对属于下列情况之一的钢材，应进行抽样复验：

（1）国外进口钢材。

（2）钢材混批。

（3）板厚等于或大于 40 mm，且设计有 Z 向性能要求的厚板。

（4）建筑结构安全等级为一级，大跨度钢结构中主要受力构件所采用的钢材。

（5）设计有复验要求的钢材。

（6）对质量有疑义的钢材。

钢材复验内容应包括力学性能试验和化学成分分析，其取样、制样及试验方法可按标准执行。

有厚度方向要求的钢板，宜附加逐张超声波无损探伤复验。

进口钢材复验的取样、制样及试验方法应按设计文件和合同规定执行。海关商检结果经监理工程师认可后，可作为有效的材料复验结果。

焊接材料的品种、规格、性能等应符合国家现行有关产品标准和设计要求，常用焊接材料产品标准宜按规定采用。焊条、焊丝、焊剂、电渣焊熔嘴等焊接材料应与设计选用的钢材相匹配，用于重要焊缝的焊接材料，或对质量合格证明文件有疑义的焊接材料，应进行抽样复验，复验时焊丝宜按五个批（相当炉批）取一组试验，焊条宜按三个批（相当炉批）取一组试验。

高强度大六角头螺栓连接副和扭剪型高强度螺栓连接副，应分别有扭矩系数和紧固轴力（预拉力）的出厂合格检验报告，并随箱带。当高强度螺栓连接副保管时间超过 6 个月后使用时，应按相关要求重新进行扭矩系数或紧固轴力试验，并应在合格后再使用。

高强度大六角头螺栓连接副和扭剪型高强度螺栓连接副，应分别进行扭矩系数和紧固轴力（预拉力）复验，试验螺栓应从施工现场待安装的螺栓批中随机抽取，每批应抽取 8 套连接副进行复验。

普通螺栓作为永久性连接螺栓，且设计文件要求或对其质量有疑义时，应进行螺栓实物最小拉力载荷复验，复验时每一规格螺栓应抽查 8 个。

钢结构防腐涂料、稀释剂和固化剂，应按设计文件和国家现行有关产品标准的规定选用，其品种、规格、性能等应符合设计文件及国家现行有关产品标准的要求。

钢材堆放应减少钢材的变形和锈蚀，并应放置垫木或垫块。

连接用紧固件应防止锈蚀和碰伤，不得混批存储。

（三）焊接

1. 常用的焊接方法

钢结构常用焊接方法、特点及适用范围如表1-28所示。

表1-28　钢结构常用焊接方法、特点及适用范围

焊接方法		特点	适用范围
手工焊	交流焊机	设备简单、操作灵活，可进行各种位置的焊接	普通钢结构
	直流焊机	焊接电流稳定，适用于各种焊条	要求较高的钢结构
埋弧自动焊		生产效率高，焊接质量好，表面成型光滑美观，操作容易，焊接时无弧光，有害气体少	长度较长的对接或贴角焊缝
埋弧半自动焊		与埋弧自动焊基本相同，但操作较灵活	长度较短、弯曲焊缝
CO_2 气体保护焊		生产效率高，焊接质量好	薄钢板

上述主要讲解了钢结构常用的焊接方式及其特点和适用范围，除此之外还需了解钢结构的分类形式，具体掌握下面典型例题中的解析即可。

典型例题

【单选题】钢结构常用的焊接方法中，属于半自动焊接方式的是（　　）。

A. 埋弧焊　　B. 重力焊

C. 非熔化嘴电渣焊　　D. 熔化嘴电渣焊

B。**【解析】**钢结构常用的焊接方法可按照自动化程度分为全自动化焊接、半自动化焊接和手工焊接。埋弧焊、非熔化嘴电渣焊和熔化嘴电渣焊都属于全自动化焊接方式，重力焊属于半自动化焊接方式。

2. 焊接从业人员

焊接技术人员（焊接工程师）应具有相应的资格证书；大型重要的钢结构工程，焊接技术负责人应取得中级及以上技术职称并有5年以上焊接生产或施工实践经验。

焊接质量检验人员应接受过焊接专业的技术培训，并应经岗位培训取得相应的质量检验资格证书。

焊缝无损检测人员应取得国家专业考核机构颁发的等级证书，并应按证书合格项目及权限从事焊缝无损检测工作。

焊工应经考试合格并取得资格证书，应在认可的范围内焊接作业，严禁无证上岗。

3. 焊接工艺、接头及质量检验

施工单位首次采用的钢材、焊接材料、焊接方法、接头形式、焊接位置、焊后热处理等各种参数及参数的组合，应在钢结构制作及安装前进行焊接工艺评定试验。

焊接作业应按工艺评定的焊接工艺参数进行。

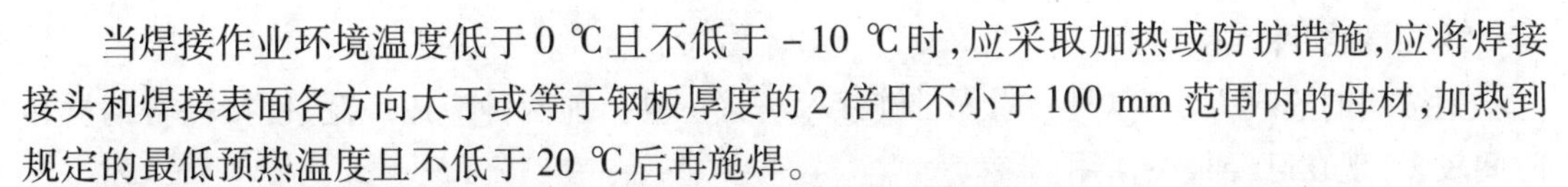

当焊接作业环境温度低于 0 ℃且不低于 -10 ℃时，应采取加热或防护措施，应将焊接接头和焊接表面各方向大于或等于钢板厚度的 2 倍且不小于 100 mm 范围内的母材，加热到规定的最低预热温度且不低于 20 ℃后再施焊。

定位焊焊缝的厚度不应小于 3 mm，不宜超过设计焊缝厚度的 2/3；长度不宜小于 40 mm 和接头中较薄部件厚度的 4 倍；间距宜为 300 ~ 600 mm。

当引弧板、引出板和衬垫板为钢材时，应选用屈服强度不大于被焊钢材标称强度的钢材，且焊接性应相近。

预热和道间温度控制宜采用电加热、火焰加热和红外线加热等加热方法，并应采用专用的测温仪器测量。预热的加热区域应在焊接坡口两侧，宽度应为焊件施焊处板厚的 1.5 倍以上，且不应小于 100 mm。温度测量点，当为非封闭空间构件时，宜在焊件受热面的背面离焊接坡口两侧不小于 75 mm 处；当为封闭空间构件时，宜在正面离焊接坡口两侧不小于 100 mm 处。

设计文件或合同文件对焊后消除应力有要求时，需经疲劳验算的结构中承受拉应力的对接接头或焊缝密集的节点或构件，宜采用电加热器局部退火和加热炉整体退火等方法进行消除应力处理；仅为稳定结构尺寸时，可采用振动法消除应力。

用锤击法消除中间焊层应力时，应使用圆头手锤或小型振动工具进行，不应对根部焊缝、盖面焊缝或焊缝坡口边缘的母材进行锤击。

T 形接头、十字接头、角接接头等要求全熔透的对接和角接组合焊缝。

焊缝的尺寸偏差、外观质量和内部质量，应按现行国家标准的有关规定进行检验。

栓钉焊接后应进行弯曲试验抽查，栓钉弯曲 30°后焊缝和热影响区不得有肉眼可见裂纹。

4. 焊接缺陷返修

焊缝缺陷返修应符合下列规定：

(1)焊缝焊瘤、凸起或余高过大，应采用砂轮或碳弧气刨清除过量的焊缝金属。

(2)焊缝凹陷、弧坑、咬边或焊缝尺寸不足等缺陷应进行补焊。

(3)焊缝未熔合、焊缝气孔或夹渣等，在完全清除缺陷后应进行补焊。

(4)焊缝或母材上裂纹应采用磁粉、渗透或其他无损检测方法确定裂纹的范围及深度，应用砂轮打磨或碳弧气刨清除裂纹及其两端各 50 mm 长的完好焊缝或母材，并应用渗透或磁粉探伤方法确定裂纹完全清除后，再重新进行补焊。对于拘束度较大的焊接接头上裂纹的返修，碳弧气刨清除裂纹前，宜在裂纹两端钻止裂孔后再清除裂纹缺陷。焊接裂纹的返修，应通知焊接工程师对裂纹产生的原因进行调查和分析，应制定专门的返修工艺方案后按工艺要求进行。

(5)焊缝缺陷返修的预热温度应高于相同条件下正常焊接的预热温度 30 ~ 50 ℃，并应采用低氢焊接方法和焊接材料进行焊接。

(6)焊缝返修部位应连续焊成，中断焊接时应采取后热、保温措施。

(7)焊缝同一部位的缺陷返修次数不宜超过 2 次。当超过 2 次时，返修前应先对焊接工艺进行工艺评定，并应评定合格后再进行后续的返修焊接。返修后的焊接接头区域应增加磁粉或着色检查。

（四）紧固件连接

钢结构的连接方法有焊接、紧固件连接及铆接三种。前两种应用广泛，铆接耗费钢材和时间较多，现在已经很少使用。

1. 一般规定

构件的紧固件连接节点和拼接接头，应在检验合格后进行紧固施工。

经验收合格的紧固件连接节点与拼接接头，应按设计文件的规定及时进行防腐和防火涂装。接触腐蚀性介质的接头应用防腐腻子等材料封闭。

钢结构制作和安装单位，应按现行国家标准《钢结构工程施工质量验收标准》的有关规定分别进行高强度螺栓连接摩擦面的抗滑移系数试验，其结果应符合设计要求。当高强度螺栓连接节点按承压型连接或张拉型连接进行强度设计时，可不进行摩擦面抗滑移系数的试验。

2. 连接件加工及摩擦面处理

连接件螺栓孔应按有关规定进行加工，螺栓孔的精度、孔壁表面粗糙度、孔径及孔距的允许偏差等，应符合有关规定。

高强度螺栓连接处的摩擦面可根据设计抗滑移系数的要求选择处理工艺，抗滑移系数应符合设计要求。采用手工砂轮打磨时，打磨方向应与受力方向垂直，且打磨范围不应小于螺栓孔径的 4 倍。

经表面处理后的高强度螺栓连接摩擦面，应符合下列规定：

(1)连接摩擦面应保持干燥、清洁，不应有飞边、毛刺、焊接飞溅物、焊疤、氧化铁皮、污垢等。

(2)经处理后的摩擦面应采取保护措施，不得在摩擦面上作标记。

(3)摩擦面采用生锈处理方法时，安装前应以细钢丝刷垂直于构件受力方向除去摩擦面上的浮锈。

3. 普通紧固件连接

普通螺栓按外形分为六角螺栓、双头螺栓和地脚螺栓，如图 1-18 所示。

（a）六角螺栓　（b）双头螺栓　（c）地脚螺栓

图 1-18　普通螺栓

普通螺栓可采用普通扳手紧固，螺栓紧固应使被连接件接触面、螺栓头和螺母与构件表面密贴。普通螺栓紧固应从中间开始，对称向两边进行，大型接头宜采用复拧。

普通螺栓作为永久性连接螺栓时，紧固连接应符合下列规定：

(1)螺栓头和螺母侧应分别放置平垫圈，螺栓头侧放置的垫圈不应多于 2 个，螺母侧放置的垫圈不应多于 1 个。

(2)承受动力荷载或重要部位的螺栓连接,设计有防松动要求时,应采取有防松动装置的螺母或弹簧垫圈,弹簧垫圈应放置在螺母侧。

(3)对工字钢、槽钢等有斜面的螺栓连接,宜采用斜垫圈。

(4)同一个连接接头螺栓数量不应少于2个。

(5)螺栓紧固后外露丝扣不应少于2扣,紧固质量检验可采用锤敲检验。

4. 高强度螺栓连接

高强度螺栓连接具有受力性能好、耐疲劳、抗震性能好、连接刚度大、施工简便等优点,被广泛地应用在建筑钢结构和桥梁钢结构的施工连接中。

高强度螺栓按外形分为扭剪型高强度螺栓和大六角头高强度螺栓,如图1-19所示。

(a)扭剪型高强度螺栓

(b)大六角头高强度螺栓

图1-19　高强度螺栓

大六角头高强度螺栓连接副应由一个螺栓、一个螺母和两个垫圈组成,扭剪型高强度螺栓连接副应由一个螺栓、一个螺母和一个垫圈组成。

高强度螺栓安装时应先使用安装螺栓和冲钉。高强度螺栓应在构件安装精度调整后进行拧紧。高强度螺栓安装应符合下列规定:

(1)扭剪型高强度螺栓安装时,螺母带圆台面的一侧应朝向垫圈有倒角的一侧。

(2)大六角头高强度螺栓安装时,螺栓头下垫圈有倒角的一侧应朝向螺栓头,螺母带圆台面的一侧应朝向垫圈有倒角的一侧。

专家解读

对于大六角头高强度螺栓连接副,垫圈设置内倒角是为了与螺栓头下的过渡圆弧相配合,因此在安装时垫圈带倒角的一侧必须朝向螺栓头,否则螺栓头就不能很好与垫圈密贴,影响螺栓的受力性能。对于螺母一侧的垫圈,因倒角侧的表面较为平整、光滑,拧紧时扭矩系数较小,且离散率也较小,所以垫圈有倒角一侧朝向螺母。

高强度螺栓现场安装时应能自由穿入螺栓孔,不得强行穿入。螺栓不能自由穿入时,可采用铰刀或锉刀修整螺栓孔,不得采用气割扩孔,扩孔数量应征得设计单位同意,修整后或扩孔后的孔径不应超过螺栓直径的1.2倍。

高强度大六角头螺栓连接副施拧可采用扭矩法或转角法,施工时应符合下列规定:

(1)施工用的扭矩扳手使用前应进行校正,其扭矩相对误差不得大于±5%;校正用的扭矩扳手,其扭矩相对误差不得大于±3%。

(2)施拧时,应在螺母上施加扭矩。

(3)施拧应分为初拧和终拧,大型节点应在初拧和终拧间增加复拧。初拧扭矩可取施工终拧扭矩的50%,复拧扭矩应等于初拧扭矩。

(4)初拧或复拧后应对螺母涂画颜色标记。

扭剪型高强度螺栓连接副应采用专用电动扳手施拧,初拧或复拧后应对螺母涂画颜色标记。

高强度螺栓连接副初拧、复拧和终拧原则上应以接头刚度较大的部位向约束较小的方向、螺栓群中央向四周的顺序进行施拧。

高强度螺栓连接副的初拧、复拧、终拧,宜在24 h内完成。

典型例题

【多选题】关于高强度螺栓安装的说法,正确的有(　　)。

A. 应能自由穿入螺栓孔　　B. 用铁锤敲击穿入螺栓孔

C. 用铰刀修正螺栓孔　　D. 用气割扩孔

E. 扩孔的孔径不超过螺栓直径的1.2倍

ACE。【解析】高强度螺栓应能自由穿入螺栓孔,当不能自由穿入时,可采用铰刀或锉刀修整螺栓孔。修孔数量不应超过该节点螺栓数量的25%,扩孔后的孔径不应超过1.2d(d为螺栓直径)。强行穿入螺栓会损伤丝扣,改变高强度螺栓连接副的扭矩系数,甚至连螺母都拧不上,因此高强度螺栓应能自由穿入螺栓孔。气割扩孔很不规则,既削弱了构件的有效载面,减少了传力面积,还会使扩孔后钢材产生缺陷,故应用铰刀或锉刀修正。

【多选题】高强度螺栓的连接形式有(　　)。

A. 摩擦连接　　B. 张拉连接

C. 承压连接　　D. 铆接

E. 焊接

ABC。【解析】常见的高强度螺栓连接形式有摩擦连接、张拉连接和承压连接等。其中,最常用的高强度螺栓连接方式为摩擦连接。铆接、焊接、高强度螺栓连接和普通螺栓连接都是常见的钢结构连接方式。

(五)零件及部件加工

钢结构构件制作加工一般在工厂进行,包括放样、号料、切割下料、平直矫正、边缘加工、弯卷成型、折边、制孔、矫正和防腐与涂饰等工艺过程。其具体内容包括:

(1)放样。放样是根据产品施工详图或零部件图样要求的形状和尺寸,按1∶1的比例把产品或零部件的实体画在放样台或平板上,求取实长并制成样板的过程。

(2)号料。号料是根据样板在钢材上画出构件的实样,并打上各种加工记号,为钢材的切割下料作准备。号料的一般工作内容包括:检查核对材料;在材料上画出切割、铣、刨、弯曲和钻孔等加工位置;打冲孔;标注出零件的编号等。

(3)切割下料。切割是将放样和号料的零件形状从原材料上进行下料分离。钢材切割可采用气割、机械切割、等离子切割等方法,选用的切割方法应满足工艺的要求。

(4)平直矫正。矫正可采用机械矫正、加热矫正、加热与机械联合矫正等方法。

(5)边缘加工。对于尺寸精度要求高的腹板、翼缘板、加劲板、支座支撑面和有技术要求的焊接坡口,需要对剪切或气割过的钢板边缘进行加工。边缘加工方法有刨边、铲边、铣边和碳弧气刨边、气割和坡口机加工等。

(6)弯卷成型。弯卷成型包括钢板卷曲和型材弯曲(如型钢弯曲、铜管弯曲)。

(7)折边。折边是指把构件的边缘压弯成倾角或一定形状的操作过程。折边广泛应用于薄板构件,折边有较长的弯曲线和很小的弯曲半径。薄板经折边后可提高构件的强度和刚度。

(8)制孔。在钢结构中制孔包括普通螺栓孔、铆钉孔、高强螺栓孔和地脚螺栓孔等。制孔可采用钻孔、冲孔、铣孔、铰孔、镗孔和锪孔等方法。钻孔用钻孔机进行,能用于钢板、型钢的孔加工;冲孔用冲孔机进行,一般只能在较薄的钢板、型钢上冲孔,且孔径一般不小于钢材的厚度。施工现场的制孔可用风钻、电钻等加工。钻孔的加工方法分为钻模钻孔、划线钻孔和数控钻孔。

(六)构件组装及加工

构件组装前,组装人员应熟悉施工详图、组装工艺及有关技术文件的要求,检查组装用的零部件的材质、规格、外观、尺寸、数量等均应符合设计要求。

构件应在组装完成并经检验合格后再进行焊接。

(七)钢结构预拼装

预拼装前,单个构件应检查合格;当同一类型构件较多时,可选择一定数量的代表性构件进行预拼装。

构件可采用整体预拼装或累积连续预拼装。当采用累积连续预拼装时,两相邻单元连接的构件应分别参与两个单元的预拼装。

(八)钢结构安装

安装前,应按构件明细表核对进场的构件,查验产品合格证;工厂预拼装过的构件在现场组装时,应根据预拼装记录进行。

钢结构吊装不宜采用抬吊。当构件重量超过单台起重设备的额定起重量范围时,构件可采用抬吊的方式吊装。采用抬吊方式时,应符合下列规定:

(1)起重设备应进行合理的负荷分配,构件重量不得超过两台起重设备额定起重量总和的75%,单台起重设备的负荷量不得超过额定起重量的80%。

(2)吊装作业应进行安全验算并采取相应的安全措施,应有经批准的抬吊作业专项方案。

(3)吊装操作时应保持两台起重设备升降和移动同步,两台起重设备的吊钩、滑车组均应基本保持垂直状态。

钢结构安装校正时应分析温度、日照和焊接变形等因素对结构变形的影响。施工单位和监理单位宜在相同的天气条件和时间段进行测量验收。

钢柱安装应符合下列规定:

(1)柱脚安装时,锚栓宜使用导入器或护套。

(2)首节钢柱安装后应及时进行垂直度、标高和轴线位置校正,钢柱的垂直度可采用经纬仪或线锤测量;校正合格后钢柱应可靠固定,并应进行柱底二次灌浆,灌浆前应清除柱底板与基础面间杂物。

(3)首节以上的钢柱定位轴线应从地面控制轴线直接引上,不得从下层柱的轴线引上;钢柱校正垂直度时,应确定钢梁接头焊接的收缩量,并应预留焊缝收缩变形值。

(4)倾斜钢柱可采用三维坐标测量法进行测校,也可采用柱顶投影点结合标高进行测校,校正合格后宜采用刚性支撑固定。

钢梁安装应符合下列规定:

(1)钢梁宜采用两点起吊;当单根钢梁长度大于21 m,采用两点吊装不能满足构件强度和变形要求时,宜设置3~4个吊装点吊装或采用平衡梁吊装,吊点位置应通过计算确定。

(2)钢梁可采用一机一吊或一机串吊的方式吊装,就位后应立即临时固定连接。

(3)钢梁面的标高及两端高差可采用水准仪与标尺进行测量,校正完成后应进行永久性连接。

由多个构件在地面组拼的重型组合构件吊装时,吊点位置和数量应经计算确定。

单跨结构宜从跨端一侧向另一侧、中间向两端或两端向中间的顺序进行吊装。多跨结构,宜先吊主跨、后吊副跨;当有多台起重设备共同作业时,也可多跨同时吊装。

同一流水作业段、同一安装高度的一节柱,当各柱的全部构件安装、校正、连接完毕并验收合格后,应再从地面引放上一节柱的定位轴线。

大跨度空间钢结构可根据结构特点和现场施工条件,采用高空散装法、分条分块吊装法、滑移法、单元或整体提升(顶升)法、整体吊装法、折叠展开式整体提升法、高空悬拼安装法等安装方法。

(九)涂装

1. 一般规定

钢结构防腐涂装施工宜在构件组装和预拼装工程检验批的施工质量验收合格后进行。涂装完毕后,宜在构件上标注构件编号;大型构件应标明重量、重心位置和定位标记。

钢结构防火涂料涂装施工应在钢结构安装工程和防腐涂装工程检验批施工质量验收合格后进行。当设计文件规定构件可不进行防腐涂装时,安装验收合格后可直接进行防火涂料涂装施工。

2. 表面处理

钢构件采用涂料防腐涂装时,表面除锈等级可按设计文件及现行国家标准的有关规定,采用机械除锈和手工除锈方法进行处理。

经处理的钢材表面不应有焊渣、焊疤、灰尘、油污、水和毛刺等;对于镀锌构件,酸洗除锈后,钢材表面应露出金属色泽,并应无污渍、锈迹和残留酸液。

3. 油漆防腐涂装

油漆防腐涂装可采用涂刷法、手工滚涂法、空气喷涂法和高压无气喷涂法。

钢结构涂装时的环境温度和相对湿度,除应符合涂料产品说明书的要求外,还应符合下列规定:

(1)当产品说明书对涂装环境温度和相对湿度未作规定时,环境温度宜为5~38 ℃,相对湿度不应大于85%,钢材表面温度应高于露点温度3 ℃,且钢材表面温度不应超过40 ℃。

(2)被施工物体表面不得有凝露。

(3)遇雨、雾、雪、强风天气时应停止露天涂装,应避免在强烈阳光照射下施工。

(4)涂装后 4 h 内应采取保护措施,避免淋雨和沙尘侵袭。

(5)风力超过五级时,室外不宜喷涂作业。

涂料调制应搅拌均匀,应随拌随用,不得随意添加稀释剂。

不同涂层间的施工应有适当的重涂间隔时间,最大及最小重涂间隔时间应符合涂料产品说明书的规定,应超过最小重涂间隔再施工,超过最大重涂间隔时应按涂料说明书的指导进行施工。

表面除锈处理与涂装的间隔时间宜在 4 h 之内,在车间内作业或湿度较低的晴天不应超过 12 h。

钢构件油漆补涂应符合下列规定:

(1)表面涂有工厂底漆的钢构件,因焊接、火焰校正、曝晒和擦伤等造成重新锈蚀或附有白锌盐时,应经表面处理后再按原涂装规定进行补漆。

(2)运输、安装过程的涂层碰损、焊接烧伤等,应根据原涂装规定进行补涂。

4. 金属热喷涂

钢结构表面处理与热喷涂施工的间隔时间,晴天或湿度不大的气候条件下应在 12 h 以内,雨天、潮湿、有盐雾的气候条件下不应超过 2 h。

金属热喷涂施工应符合下列规定:

(1)采用的压缩空气应干燥、洁净。

(2)喷枪与表面宜成直角,喷枪的移动速度应均匀,各喷涂层之间的喷枪方向应相互垂直、交叉覆盖。

(3)一次喷涂厚度宜为 25 ~ 80 μm,同一层内各喷涂带间应有 1/3 的重叠宽度。

(4)当大气温度低于 5 ℃或钢结构表面温度低于露点 3 ℃时,应停止热喷涂操作。

5. 防火涂装

(1)防火涂料的分类。

防火涂料的分类如表 1-29 所示。

表 1-29　防火涂料的分类

分类方式	名称	定义
按火灾防护对象	普通钢结构防火涂料	用于普通工业与民用建(构)筑物钢结构表面的防火涂料
	特种钢结构防火涂料	用于特殊建(构)筑物(如石油化工设施、变配电站等)钢结构表面的防火涂料
按使用场所	室内钢结构防火涂料	用于建筑物室内或隐蔽工程的钢结构表面的防火涂料
	室外钢结构防火涂料	用于建筑物室外或露天工程的钢结构表面的防火涂料
按分散介质	水基性钢结构防火涂料	以水作为分散介质的钢结构防火涂料
	溶剂性钢结构防火涂料	以有机溶剂作为分散介质的钢结构防火涂料

（续表）

分类方式	名称	定义
按防火机理	膨胀型钢结构防火涂料	涂层在高温时膨胀发泡，形成耐火隔热保护层的钢结构防火涂料
	非膨胀型钢结构防火涂料	涂层在高温时不膨胀发泡，其自身成为耐火隔热保护层的钢结构防火涂料

链接

除了上述分类外，《建筑材料术语标准》规定，钢结构防火涂料按涂装厚度可分为厚涂型、薄涂型和超薄型三类：厚涂型，属隔热型，以无机轻体材料制成，涂层厚度7～45 mm；薄涂型，属膨胀型，以合成树脂、发泡剂等有机材料制成，涂层厚度3～7 mm，受火时能膨胀发泡形成耐火隔热层以延缓钢材的温升；超薄型，属膨胀型，涂层厚度不大于3 mm，特点类似于薄涂型，在受火时膨胀发泡的速度比薄涂型钢结构防火涂料更快，膨胀倍数更高。相关标准见《钢结构防火涂料》。

(2)防火涂料涂装施工技术。

钢结构防火涂料涂装施工应在钢结构安装工程和防腐涂装工程检验批施工质量验收合格后进行。当设计文件规定钢构件可不进行防腐涂装时，安装验收合格后可直接进行防火涂料涂装施工。

防火涂料涂装前，基层表面应无油污、灰尘和泥沙等污垢，且防锈层应完整、底漆无漏刷。钢构件连接处的缝隙应采用防火涂料或其他防火材料填平。

厚涂型防火涂料，属于下列情况之一时，宜在涂层内设置与钢构件相连的钢丝网或其他相应的措施：承受冲击、振动荷载的钢梁；涂层厚度大于或等于40 mm的钢梁和桁架；涂料黏结强度小于或等于0.05 MPa的钢构件；钢板墙和腹板高度超过1.5 m的钢梁。

防火涂料施工可采用喷涂、抹涂或滚涂等方法。防火涂料涂装施工应分层施工，应在上层涂层干燥或固化后，再进行下道涂层施工。

厚涂型防火涂料有下列情况之一时，应重新喷涂或补涂：涂层干燥固化不良，黏结不牢或粉化、脱落；钢结构接头和转角处的涂层有明显凹陷；涂层厚度小于设计规定厚度的85%；涂层厚度未达到设计规定厚度，且涂层连续长度超过1 m。

薄涂型防火涂料面层涂装施工应符合下列规定：面层应在底层涂装干燥后开始涂装；面层涂装应颜色均匀、一致，接槎应平整。

四、钢筋混凝土装配式工程施工技术

为规范装配式混凝土建筑工程施工，加强质量安全控制，制定了《装配式混凝土建筑施工规程》，本部分主要围绕该规程进行学习。

(一)基本规定

施工单位应建立相应的管理体系、施工质量控制和检验制度。

装配式混凝土建筑应综合协调建筑、结构、设备和内装等专业，编制相互协同的施工组织设计。

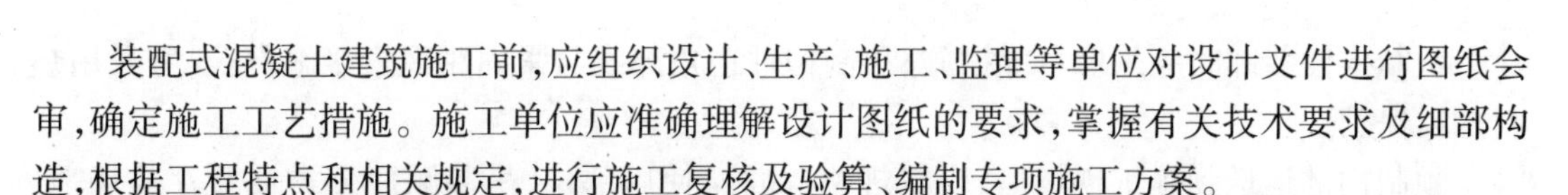

装配式混凝土建筑施工前，应组织设计、生产、施工、监理等单位对设计文件进行图纸会审，确定施工工艺措施。施工单位应准确理解设计图纸的要求，掌握有关技术要求及细部构造，根据工程特点和相关规定，进行施工复核及验算、编制专项施工方案。

施工单位应根据装配式建筑工程的管理和施工技术特点，按计划定期对管理人员及作业人员进行专项培训及技术交底。

装配式混凝土建筑施工宜采用自动化、机械化、工具式的施工工具、设备。

施工中采用的新技术、新工艺、新材料、新设备，应按有关规定进行评审、备案。

工程施工宜运用信息化技术，实现全过程、全专业的信息化，并应采取措施保证信息安全。

（二）结构工程施工

1. 一般规定

预制构件进场时，构件生产单位应提供相关质量证明文件。质量证明文件应包括以下内容：

（1）出厂合格证。

（2）混凝土强度检验报告。

（3）钢筋复验单。

（4）钢筋套筒等其他构件钢筋连接类型的工艺检验报告。

（5）合同要求的其他质量证明文件。

施工前宜选择有代表性的单元或构件进行试安装，根据试安装结果及时调整完善施工方案。

装配式混凝土结构的连接节点及叠合构件的施工应进行隐蔽工程验收。

施工现场从事特种作业的人员应取得相应的资格证书后才能上岗作业。灌浆施工人员应进行专项培训，合格后方可上岗。

2. 原材料

装配式混凝土结构施工中采用专用定型产品时，专用定型产品及施工操作应符合现行有关国家、行业标准及产品应用技术手册的规定。

3. 施工准备

施工单位应在施工前根据工程特点和施工规定，进行施工措施复核及验算、编制装配式结构专项施工方案。专项施工方案宜包括工程概况、编制依据、进度计划、施工场地布置、预制构件运输与存放、安装与连接施工、成品保护、绿色施工、安全管理、质量管理、信息化管理、应急预案等内容。

装配式混凝土结构施工前，施工单位应按照装配式结构施工的特点和要求，对作业人员进行安全技术交底。

4. 构件进场

预制构件进场前，应对构件生产单位设置的构件编号、构件标识进行验收。

预制构件进场时，混凝土强度应符合设计要求。当设计无具体要求时，混凝土同条件立方体抗压强度不应小于混凝土强度等级值的75%。

预制构件装卸时应采取可靠措施;预制构件边角部或与紧固用绳索接触部位,宜采用垫衬加以保护。

预制构件运送到施工现场后,应按规格、品种、使用部位、吊装顺序分类设置存放场地。存放场地宜设置在塔式起重机有效起重范围内,并设置通道。

预制墙板可采用插放或靠放的方式,堆放工具或支架应有足够的刚度,并支垫稳固。采用靠放方式时,预制外墙板宜对称靠放、饰面朝外,且与地面倾斜角度不宜小于80°。

预制水平类构件可采用叠放方式,层与层之间应垫平、垫实,各层支垫应上下对齐。垫木距板端不大于200 mm,且间距不大于1 600 mm,最下面一层支垫应通长设置,堆放时间不宜超过两个月。

预制构件堆放时,预制构件与支架、预制构件与地面之间宜设置柔性衬垫保护。

预应力构件需按其受力方式进行存放,不得颠倒其堆放方向。

5. 构件安装与连接

预制构件应按照施工方案吊装顺序提前编号,吊装时严格按编号顺序起吊;预制构件吊装就位并校准定位后,应及时设置临时支撑或采取临时固定措施。

预制构件吊装应符合下列规定:

(1)预制构件起吊宜采用标准吊具均衡起吊就位,吊具可采用预埋吊环或埋置式接驳器的形式;专用内埋式螺母或内埋式吊杆及配套的吊具,应根据相应的产品标准和应用技术规定选用。

(2)应根据预制构件形状、尺寸及重量和作业半径等要求选择适宜的吊具和起重设备;在吊装过程中,吊索与构件的水平夹角不宜小于60°,不应小于45°。

(3)预制构件吊装应采用慢起、快升、缓放的操作方式;构件吊装校正,可采用起吊、静停、就位、初步校正、精细调整的作业方式;起吊应依次逐级增加速度,不应越档操作。

竖向预制构件安装采用临时支撑时,应符合下列规定:

(1)每个预制构件应按照施工方案设置稳定可靠的临时支撑。

(2)对预制柱、墙板的上部斜支撑,其支撑点距离板底不宜小于柱、板高的2/3,且不应小于柱、板高的1/2;下部支承垫块应与中心线对称布置。

(3)对单个构件高度超过10 m的预制柱、墙等,需设缆风绳。

(4)构件安装就位后,可通过临时支撑对构件的位置和垂直度进行微调。

预制柱安装应符合下列规定:

(1)吊装工艺流程:基层处理→测量→预制柱起吊→下层竖向钢筋对孔→预制柱就位→安装临时支撑→预制柱位置、标高调整→临时支撑固定→摘钩→堵缝、灌浆。

(2)安装顺序应按吊装方案进行,如方案未明确要求宜按照角柱、边柱、中柱顺序进行安装,与现浇结构连接的柱先行吊装。

(3)就位前应预先设置柱底抄平垫块,控制柱安装标高。

(4)预制柱的就位以轴线和外轮廓线为控制线,对于边柱和角柱,应以外轮廓线控制为准。

(5)预制柱安装就位后应在两个方向设置可调斜撑作临时固定,并应进行标高、垂直度、

扭转调整和控制。

(6)采用灌浆套筒连接的预制柱调整就位后,柱脚连接部位应采用相关措施进行封堵。

预制剪力墙墙板安装应符合下列规定:

(1)吊装工艺流程:基层处理→测量→预制墙体起吊→下层竖向钢筋对孔→预制墙体就位→安装临时支撑→预制墙体校正→临时支撑固定→摘钩→堵缝、灌浆。

(2)与现浇连接的墙板宜先行吊装,其他墙板先外后内吊装。

(3)吊装前,应预先在墙板底部设置抄平垫块或标高调节装置,采用灌浆套筒连接、浆锚连接的夹心保温外墙板应在外侧设置弹性密封封堵材料,多层剪力墙采用坐浆时应均匀铺设坐浆料。

(4)墙板以轴线和轮廓线为控制线,外墙应以轴线和外轮廓线双控制。

(5)安装就位后应设置可调斜撑作临时固定,测量预制墙板的水平位置、倾斜度、高度等,通过墙底垫片、临时斜支撑进行调整。

(6)调整就位后,墙底部连接部位应采用相关措施进行封堵。

(7)墙板安装就位后,进行后浇处钢筋安装,墙板预留钢筋应与后浇段钢筋网交叉点全部扎牢。

预制梁或叠合梁安装应符合下列规定:

(1)吊装工艺流程:测量放线→支撑架体搭设→支撑架体调节→预制梁或叠合梁起吊→预制梁或叠合梁落位→位置、标高确认→摘钩。

(2)梁安装顺序应遵循先主梁后次梁,先低后高的原则。

(3)安装前,应测量并修正柱顶和临时支撑标高,确保与梁底标高一致,柱上弹出梁边控制线;根据控制线对梁端、两侧、梁轴线进行精密调整,误差控制在 2 mm 以内。

(4)安装前,应复核柱钢筋与梁钢筋位置、尺寸,对梁钢筋与柱钢筋位置有冲突的,应按经设计单位确认的技术方案调整。

(5)安装时,梁伸入支座的长度与搁置长度应符合设计要求。

(6)安装就位后应对安装位置、标高进行检查。

(7)临时支撑应在后浇混凝土强度达到设计要求后,方可拆除。

预制叠合板安装应符合下列规定:

(1)吊装工艺流程:测量放线→支撑架体搭设→支撑架体调节→叠合板起吊→叠合板落位→位置、标高确认→摘钩。

(2)安装预制叠合板前应检查支座顶面标高及支撑面的平整度,并检查结合面粗糙度是否符合设计要求。

(3)预制叠合板之间的接缝宽度应满足设计要求。

(4)吊装就位后,应对板底接缝高差进行校核;当叠合板板底接缝高差不满足设计要求时,应将构件重新起吊,通过可调托座进行调节。

(5)临时支撑应在后浇混凝土强度达到设计要求后方可拆除。

预制楼梯安装应符合下列规定:

(1)吊装工艺流程:测量放线→钢筋调直→垫垫片、找平→预制楼梯起吊→钢筋对孔校正→位置、标高确认→摘钩→灌浆。

(2)安装前,应检查楼梯构件平面定位及标高,并应设置抄平垫块。

(3)就位后,应立即调整并固定,避免因人员走动造成的偏差及危险。

(4)预制楼梯端部安装,应考虑建筑标高与结构标高的差异,确保踏步高度一致。

(5)楼梯与梁板采用预埋件焊接连接或预留孔连接时,应先施工梁板,后放置楼梯段;采用预留钢筋连接时,应先放置楼梯段,后施工梁板。

预制阳台板、空调板安装应符合下列规定:

(1)吊装工艺流程:测量放线→临时支撑搭设→预制阳台板、空调板起吊→预制阳台板、空调板落位→位置、标高确认→摘钩。

(2)安装前,应检查支座顶面标高及支撑面的平整度。

(3)吊装完后,应对板底接缝高差进行校核;如板底接缝高差不满足设计要求,应将构件重新起吊,通过可调托座进行调节。

(4)就位后,应立即调整并固定。

(5)预制板应待后浇混凝土强度达到设计要求后,方可拆除临时支撑。

预制构件吊装校核与调整应符合下列规定:

(1)预制墙板、预制柱等竖向构件安装后应对安装位置、安装标高、垂直度、累计垂直度进行校核与调整;对较高的预制柱,在安装其水平连系构件时,须采取对称安装方式;

(2)预制叠合类构件、预制梁等水平构件安装后应对安装位置、安装标高进行校核与调整。

(3)相邻预制板类构件,应对相邻预制构件平整度、高差、拼缝尺寸进行校核与调整;

(4)预制装饰类构件应对装饰面的完整性进行校核与调整。

预制构件间钢筋连接宜采用套筒灌浆连接、浆锚搭接连接以及直螺纹套筒连接等形式。灌浆施工工艺流程:界面清理→灌浆料制备→灌浆料检测→灌注浆料→出浆口封堵。

采用钢筋套筒灌浆连接、钢筋浆锚搭接连接的预制构件就位前,应检查下列内容:

(1)套筒、预留孔的规格、位置、数量和深度。

(2)被连接钢筋的规格、数量、位置和长度。

(3)当套筒、预留孔内有杂物时,应清理干净,并应检查注浆孔、出浆孔是否通畅。

(4)当连接钢筋倾斜时,应进行校正,连接钢筋偏离套筒或孔洞中心线符合有关规范规定。

采用钢筋套筒灌浆连接时,应符合下列规定:

(1)灌浆前应制定钢筋套筒灌浆操作的专项质量保证措施,套筒内表面和钢筋表面应洁净,被连接钢筋偏离套筒中心线的角度不应超过7°,灌浆操作全过程应由监理人员旁站;

(2)灌浆料应由经培训合格的专业人员按配置要求计量灌浆材料和水的用量,经搅拌均匀后测定其流动度满足设计要求后方可灌注。

(3)浆料应在制备后30 min内用完,灌浆作业应采取压浆法从下口灌注,当浆料从上口流出时应及时封堵,持压30 s后再封堵下口,灌浆后24 h内不得使构件和灌浆层受到振动、碰撞。

(4)灌浆作业应及时做好施工质量检查记录,并按要求每工作班应制作1组且每层不应少于3组40 mm×40 mm×160 mm的长方体试件,标准养护28天后进行抗压强度试验。

(5)灌浆施工时环境温度不应低于5 ℃;当连接部位温度低于10 ℃时,应对连接处采取加热保温措施。

(6)灌浆作业应留下影像资料,作为验收资料。

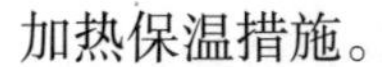

【单选题】关于装配式工程钢筋套筒灌浆作业的做法,正确的是(　　)。

A. 每工作班至少制作1组试件　　B. 浆料在制备后1 h内用完

C. 制作边长100 mm的立方体试件　　D. 施工环境温度不低于0 ℃

A。【解析】灌浆作业应及时做好施工质量检查记录,并按要求每工作班应制作1组且每层不应少于3组40 mm×40 mm×160 mm的长方体试件,标准养护28天后进行抗压强度试验。故选项A正确。

采用钢筋浆锚搭接连接时,应符合下列要求:

(1)灌浆前应对连接孔道及灌浆孔和排气孔全数检查,确保孔道通畅,内表面无污染;

(2)竖向构件与楼面连接处的水平缝应清理干净,灌浆前24 h连接面应充分浇水湿润,灌浆前不得有积水。

(3)竖向构件的水平拼缝应采用与结构混凝土同强度或高一级强度等级的水泥砂浆进行周边坐浆密封,1天以后方可进行灌浆作业。

(4)灌浆料应采用电动搅拌器充分搅拌均匀,搅拌时间从开始加水到搅拌结束应不少于5 min,然后静置2~3 min;搅拌后的灌浆料应在30 min内使用完毕,每个构件灌浆总时间应控制在30 min以内。

(5)浆锚节点灌浆必须采用机械压力注浆法,确保灌浆料能充分填充密实。

(6)灌浆应连续、缓慢、均匀地进行,直至排气孔排出浆液后,立即封堵排气孔,持压不小于30 s,再封堵灌浆孔,灌浆后24 h内不得使构件和灌浆层受到振动、碰撞。

(7)灌浆结束后应及时将灌浆孔及构件表面的浆液清理干净,并将灌浆孔表面抹压平整。

(8)灌浆作业应及时做好施工质量检查记录,并按要求每工作班应制作1组且每层不应少于3组40 mm×40 mm×160 mm的长方体试件,标准养护28天后进行抗压强度试验。

(9)灌浆作业应留下影像资料,作为验收资料。

后浇混凝土节点钢筋施工:

(1)预制墙体间后浇节点主要有"一"形、"L"形、"T"形几种形式;节点处钢筋施工工艺流程:安放封闭箍筋→连接竖向受力筋→安放开口筋、拉筋→调整箍筋位置→绑扎箍筋。

(2)预制墙体间后浇节点钢筋施工时,可在预制板上标记出封闭箍筋的位置,预先把箍筋交叉就位放置;先对预留竖向连接钢筋位置进行校正,然后再连接上部竖向钢筋。

(3)叠合构件叠合层钢筋绑扎前清理干净叠合板上的杂物,根据钢筋间距弹线绑扎,上部受力钢筋带弯钩时,弯钩向下摆放,应保证钢筋搭接和间距符合设计要求。

(4)叠合构件叠合层钢筋绑扎过程中,应注意避免局部钢筋堆载过大。

叠合层混凝土施工应符合下列规定:

(1)叠合层混凝土浇筑前应清除叠合面上的杂物、浮浆及松散骨料,浇筑前应洒水润湿,洒水后不得留有积水。

(2)浇筑时宜采取由中间向两边的方式。

(3)叠合层与现浇构件交接处混凝土应振捣密实。

(4)叠合层混凝土浇筑时应采取可靠的保护措施;不应移动预埋件的位置,且不得污染预埋件连接部位。

(5)分段施工应符合设计及施工方案要求。

预制构件接缝混凝土浇筑完成后可采取洒水、覆膜、喷涂养护剂等养护方式,养护时间不应少于14天。

装配式结构连接部位后浇混凝土或灌浆料强度达到设计规定的强度时方可进行支撑拆除。

预制外墙板的接缝及门窗洞口等防水薄弱部位应按照设计要求的防水构造进行施工。

预制外墙接缝构造应符合设计要求。外墙板接缝处,可采用聚乙烯棒等背衬材料塞紧,外侧用建筑密封胶嵌缝。外墙板接缝处等密封材料应符合相关规定。

外侧竖缝及水平缝建筑密封胶的注胶宽度、厚度应符合设计要求,建筑密封胶应在预制外墙板固定后嵌缝。建筑密封胶应均匀顺直,饱满密实,表面光滑连续。

预制外墙板接缝施工工艺流程如下:表面清洁处理→底涂基层处理→贴美纹纸→背衬材料施工→施打密封胶→密封胶整平处理→板缝两侧外观清洁→成品保护。

采用密封防水胶施工时应符合下列规定:

(1)密封防水胶施工应在预制外墙板固定校核后进行。

(2)注胶施工前,墙板侧壁及拼缝内应清理干净,保持干燥。

(3)嵌缝材料的性能、质量应符合设计要求。

(4)防水胶的注胶宽度、厚度应符合设计要求,与墙板黏接牢固,不得漏嵌和虚粘。

(5)施工时,先放填充材料后打胶,不应堵塞防水空腔,注胶均匀、顺直、饱和、密实,表面光滑,不应有裂缝现象。

装配式混凝土结构的尺寸偏差及检验方法应符合规定。

(三)外围护工程施工

外围护工程所用材料、设备的品种、规格和质量应符合设计要求,构件生产制作单位应提供相关质量证明材料,施工单位应按国家有关标准的规定进行验收,未经验收或验收不合格的产品不得使用。对材料的质量发生争议时,应进行见证取样复试,复试合格后方可继续使用。

外围护工程应采用与构配件相匹配的工厂化、标准化装配系统。装配前,宜选择有代表性的单元进行样板施工,并根据样板施工结果进行施工方案的调整和完善。

(四)内装饰工程施工

内装饰工程所用材料、设备的品种、规格和质量应符合设计要求,生产制作单位应提供相关质量证明材料,施工单位应按国家有关标准的规定进行验收。

应采用与构配件相匹配的工厂化、标准化装配系统。装配前,宜选择有代表性的单元进行样板施工,并根据样板施工结果进行施工方案的调整和完善。

(五)设备与管线工程施工

设备与管线宜在架空层或吊顶内设置。

宜采用工厂化预制加工，现场装配式安装。建筑部品与配管连接、配管与主管道连接及部品间连接应采用标准化接口，且应方便安装与使用维护，

设备与管线工程需要与预制构件连接时宜采用预留埋件或管件的连接方式。当采用其他连接方法时，不得影响预制构件的完整性与结构的安全性。

模块四　防水与保温工程施工技术

一、地下防水工程施工技术

该部分内容主要依据《地下工程防水技术规范》对防水设计、主体结构防水、细部构造防水进行详细叙述，其他内容可参考该规范学习。

（一）地下工程防水设计

1. 一般规定

地下工程应进行防水设计，并应做到定级准确、方案可靠、施工简便、耐久适用、经济合理。

地下工程防水方案应根据工程规划、结构设计、材料选择、结构耐久性和施工工艺等确定。

地下工程迎水面主体结构应采用防水混凝土，并应根据防水等级的要求采取其他防水措施。

2. 防水等级

地下工程防水的设计和施工应遵循"防、排、截、堵相结合，刚柔相济，因地制宜，综合治理"的原则。地下工程的防水等级应分为四级，各等级防水标准应符合表1-30的规定。

表1-30　地下工程防水标准

防水等级	防水标准
一级	不允许渗水，结构表面无湿渍
二级	（1）不允许漏水，结构表面可有少量湿渍。 （2）工业与民用建筑：总湿渍面积不应大于总防水面积（包括顶板、墙面、地面）的1/1 000；任意100 m^2 防水面积上的湿渍不超过2处，单个湿渍的最大面积不大于0.1 m^2。 （3）其他地下工程：总湿渍面积不应大于总防水面积的2/1 000；任意100 m^2 防水面积上的湿渍不超过3处，单个湿渍的最大面积不大于0.2 m^2；其中，隧道工程还要求平均渗水量不大于0.05 L/(m^2·d)，任意100 m^2 防水面积上的渗水量不大于0.15 L/(m^2·d)
三级	（1）有少量漏水点，不得有线流和漏泥砂。 （2）任意100 m^2 防水面积上的漏水或湿渍点数不超过7处，单个漏水点的最大漏水量不大于2.5 L/d，单个湿渍的最大面积不大于0.3 m^2
四级	（1）有漏水点，不得有线流和漏泥砂。 （2）整个工程平均漏水量不大于2 L/(m^2·d)，任意100 m^2 防水面积上的平均漏水量不大于4 L/(m^2·d)

3. 防水设防要求

地下工程的防水设防要求，应根据使用功能、使用年限、水文地质、结构形式、环境条件、施工方法及材料性能等因素确定。

处于侵蚀性介质中的工程，应采用耐侵蚀的防水混凝土、防水砂浆、防水卷材或防水涂料等防水材料。

处于冻融侵蚀环境中的地下工程，其混凝土抗冻融循环不得少于300次。

（二）地下工程混凝土结构主体防水

根据《地下工程防水技术规范》，主体防水有很多种，以下内容主要是对防水混凝土、水泥砂浆防水层和卷材防水层进行详细叙述，其他内容可参考该规范学习。

1. 防水混凝土

(1)一般规定。防水混凝土可通过调整配合比，或掺加外加剂、掺合料等措施配制而成，其抗渗等级不得小于P6。

防水混凝土的施工配合比应通过试验确定，试配混凝土的抗渗等级应比设计要求提高0.2 MPa。

(2)设计。防水混凝土的环境温度不得高于80 ℃；处于侵蚀性介质中防水混凝土的耐侵蚀要求应根据介质的性质按有关标准执行。

防水混凝土结构底板的混凝土垫层，强度等级不应小于C15，厚度不应小于100 mm，在软弱土层中不应小于150 mm。

防水混凝土结构，应符合下列规定：

①结构厚度不应小于250 mm。

②裂缝宽度不得大于0.2 mm，并不得贯通。

③钢筋保护层厚度应根据结构的耐久性和工程环境选用，迎水面钢筋保护层厚度不应小于50 mm。

(3)材料。用于防水混凝土的水泥应符合下列规定：

①水泥品种宜采用硅酸盐水泥、普通硅酸盐水泥，采用其他品种水泥时应经试验确定。

②在受侵蚀性介质作用时，应按介质的性质选用相应的水泥品种。

③不得使用过期或受潮结块的水泥，并不得将不同品种或强度等级的水泥混合使用。

用于防水混凝土的砂、石，应符合下列规定：

①宜选用坚固耐久、粒形良好的洁净石子；最大粒径不宜大于40 mm，泵送时其最大粒径不应大于输送管径的1/4；吸水率不应大于1.5%；不得使用碱活性骨料；石子的质量要求应符合国家现行标准的有关规定。

②砂宜选用坚硬、抗风化性强、洁净的中粗砂，不宜使用海砂；砂的质量要求应符合国家现行标准的有关规定。

用于拌制混凝土的水，应符合国家现行标准《混凝土用水标准》的有关规定。

防水混凝土中各类材料的总碱量(Na_2O当量)不得大于3 kg/m^3；氯离子含量不应超过胶凝材料总量的0.1%。

(4)施工。防水混凝土施工前应做好降排水工作，不得在有积水的环境中浇筑混凝土。

防水混凝土的配合比,应符合下列规定:

①胶凝材料用量应根据混凝土的抗渗等级和强度等级等选用,其总用量不宜小于 320 kg/m^3;当强度要求较高或地下水有腐蚀性时,胶凝材料用量可通过试验调整。

②在满足混凝土抗渗等级、强度等级和耐久性条件下,水泥用量不宜小于 260 kg/m^3。

③砂率宜为 35% ~40%,泵送时可增至 45%。

④灰砂比宜为 1∶1.5 ~1∶2.5。

⑤水胶比不得大于 0.50,有侵蚀性介质时水胶比不宜大于 0.45。

⑥防水混凝土采用预拌混凝土时,入泵坍落度宜控制在 120 ~160 mm,坍落度每小时损失值不应大于 20 mm,坍落度总损失值不应大于 40 mm。

⑦掺加引气剂或引气型减水剂时,混凝土含气量应控制在 3% ~5%。

⑧预拌混凝土的初凝时间宜为 6 ~8 h。

用于防水混凝土的模板应拼缝严密、支撑牢固。

防水混凝土拌合物应采用机械搅拌,搅拌时间不宜小于 2 min。掺外加剂时,搅拌时间应根据外加剂的技术要求确定。

防水混凝土拌合物在运输后如出现离析,必须进行二次搅拌。当坍落度损失后不能满足施工要求时,应加入原水胶比的水泥浆或掺加同品种的减水剂进行搅拌,严禁直接加水。

防水混凝土应分层连续浇筑,分层厚度不得大于 500 mm。防水混凝土应采用机械振捣,避免漏振、欠振和超振。

防水混凝土应连续浇筑,宜少留施工缝。当留设施工缝时,应符合下列规定:

①墙体水平施工缝不应留在剪力最大处或底板与侧墙的交接处,应留在高出底板表面不小于 300 mm 的墙体上。拱(板)墙结合的水平施工缝,宜留在拱(板)墙接缝线以下 150 ~300 mm 处。墙体有预留孔洞时,施工缝距孔洞边缘不应小于 300 mm。

②垂直施工缝应避开地下水和裂隙水较多的地段,并宜与变形缝相结合。

施工缝的施工应符合下列规定:

①水平施工缝浇筑混凝土前,应将其表面浮浆和杂物清除,然后铺设净浆或涂刷混凝土界面处理剂、水泥基渗透结晶型防水涂料等材料,再铺 30 ~50 mm 厚的 1∶1 水泥砂浆,并应及时浇筑混凝土。

②垂直施工缝浇筑混凝土前,应将其表面清理干净,再涂刷混凝土界面处理剂或水泥基渗透结晶型防水涂料,并应及时浇筑混凝土。

③遇水膨胀止水条(胶)应与接缝表面密贴。

④选用的遇水膨胀止水条(胶)应具有缓胀性能,7 天的净膨胀率不宜大于最终膨胀率的 60%,最终膨胀率宜大于 220%。

⑤采用中埋式止水带或预埋式注浆管时,应定位准确、固定牢靠。

大体积防水混凝土的施工,应符合下列规定:

①在设计许可的情况下,掺粉煤灰混凝土设计强度等级的龄期宜为 60 天或 90 天。

②宜选用水化热低和凝结时间长的水泥。

③宜掺入减水剂、缓凝剂等外加剂和粉煤灰、磨细矿渣粉等掺合料。

④炎热季节施工时,应采取降低原材料温度、减少混凝土运输时吸收外界热量等降温措

施,入模温度不应大于30 ℃。冬期施工时,入模温度不应低于5 ℃。

⑤混凝土内部预埋管道,宜进行水冷散热。

⑥应采取保温保湿养护。混凝土中心温度与表面温度的差值不应大于25 ℃,表面温度与大气温度的差值不应大于20 ℃,温降梯度不得大于3 ℃/d,养护时间不应少于14天。

专家解读

大体积混凝土与普通混凝土的区别表面上看是厚度不同,但实质的区别是大体积混凝土内部的热量不如表面的热量散失得快,容易造成内外温差过大,所产生的温度应力使混凝土开裂。因此判断是否属于大体积混凝土既要考虑混凝土的浇筑厚度,又要考虑水泥品种、强度等级、每立方米水泥用量等因素,比较准确的方法是通过计算水泥水化热所引起的混凝土的温升值与环境温度的差值大小来判别。一般来说,当其差值小于25 ℃时,所产生的温度应力将会小于混凝土本身的抗拉强度,不会造成混凝土的开裂,当差值大于25 ℃时,所产生的温度应力有可能大于混凝土本身的抗拉强度,造成混凝土的开裂,此时就可判定该混凝土属大体积混凝土。

防水混凝土结构内部设置的各种钢筋或绑扎铁丝,不得接触模板。用于固定模板的螺栓必须穿过混凝土结构时,可采用工具式螺栓或螺栓加堵头,螺栓上应加焊方形止水环。拆模后应将留下的凹槽用密封材料封堵密实,并应用聚合物水泥砂浆抹平。

防水混凝土终凝后应立即进行养护,养护时间不得少于14天。

防水混凝土的冬期施工,应符合下列规定:

①混凝土入模温度不应低于5 ℃。

②混凝土养护应采用综合蓄热法、蓄热法、暖棚法、掺化学外加剂等方法,不得采用电热法或蒸气直接加热法。

③应采取保湿保温措施。

典型例题

【单选题】防水混凝土试配时的抗渗等级应比设计要求提高(　　)。

A.0.1 MPa　　B.0.2 MPa

C.0.3 MPa　　D.0.4 MPa

B。**【解析】**防水混凝土可通过调整配合比,或掺加外加剂、掺合料等措施配制而成,其抗渗等级不得小于P6。其试配混凝土的抗渗等级应比设计要求提高0.2 MPa。

2. 水泥砂浆防水层

(1)一般规定。防水砂浆应包括聚合物水泥防水砂浆、掺外加剂或掺合料的防水砂浆,宜采用多层抹压法施工。

水泥砂浆防水层可用于地下工程主体结构的迎水面或背水面,不应用于受持续振动或温度高于80 ℃的地下工程防水。

水泥砂浆防水层应在基础垫层、初期支护、围护结构及内衬结构验收合格后施工。

(2)设计。水泥砂浆的品种和配合比设计应根据防水工程要求确定。

聚合物水泥防水砂浆厚度单层施工宜为 6 ~ 8 mm，双层施工宜为 10 ~ 12 mm；掺外加剂或掺合料的水泥防水砂浆厚度宜为 18 ~ 20 mm。

水泥砂浆防水层的基层混凝土强度或砌体用的砂浆强度均不应低于设计值的 80%。

(3)材料。用于水泥砂浆防水层的材料，应符合下列规定：

①水泥应使用硅酸盐水泥、普通硅酸盐水泥或特种水泥，不得使用过期或受潮结块的水泥。

②砂宜采用中砂，含泥量不应大于 1%，硫化物和硫酸盐含量不应大于 1%。

③拌制水泥砂浆用水，应符合国家现行标准《混凝土用水标准》的有关规定。

④聚合物乳液应为均匀液体，无杂质、无沉淀、不分层。聚合物乳液的质量要求应符合国家现行标准《建筑防水涂料用聚合物乳液》的有关规定。

⑤外加剂的技术性能应符合现行国家有关标准的质量要求。

(4)施工。基层表面应平整、坚实、清洁，并应充分湿润、无明水。基层表面的孔洞、缝隙，应采用与防水层相同的防水砂浆堵塞并抹平。

施工前应将预埋件、穿墙管预留凹槽内嵌填密封材料后，再施工水泥砂浆防水层。

水泥砂浆防水层应分层铺抹或喷射，铺抹时应压实、抹平，最后一层表面应提浆压光。

聚合物水泥防水砂浆拌合后应在规定时间内用完，施工中不得任意加水。

水泥砂浆防水层各层应紧密黏合，每层宜连续施工；必须留设施工缝时，应采用阶梯坡形槎，但离阴阳角处的距离不得小于 200 mm。

水泥砂浆防水层不得在雨天、五级及以上大风中施工。冬期施工时，气温不应低于 5 ℃。夏季不宜在 30 ℃以上或烈日照射下施工。

水泥砂浆防水层终凝后，应及时进行养护，养护温度不宜低于 5 ℃，并应保持砂浆表面湿润，养护时间不得少于 14 天。聚合物水泥防水砂浆未达到硬化状态时，不得浇水养护或直接受雨水冲刷，硬化后应采用干湿交替的养护方法。潮湿环境中，可在自然条件下养护。

3. 卷材防水层

(1)一般规定。卷材防水层宜用于经常处在地下水环境，且受侵蚀性介质作用或受振动作用的地下工程。

卷材防水层应铺设在混凝土结构的迎水面。卷材防水层用于建筑物地下室时，应铺设在结构底板垫层至墙体防水设防高度的结构基面上；用于单建式的地下工程时，应从结构底板垫层铺设至顶板基面，并应在外围形成封闭的防水层。

(2)设计。防水卷材的品种规格和层数，应根据地下工程防水等级、地下水位高低及水压力作用状况、结构构造形式和施工工艺等因素确定。

卷材及其胶黏剂应具有良好的耐水性、耐久性、耐刺穿性、耐腐蚀性和耐菌性。

阴阳角处应做成圆弧或 45°坡角，其尺寸应根据卷材品种确定。在阴阳角等特殊部位，应增做卷材加强层，加强层宽度宜为 300 ~ 500 mm。

(3)材料。高聚物改性沥青类防水卷材、合成高分子类防水卷材、聚乙烯丙纶复合防水卷材的物理性能应符合相关规定。

(4)施工。卷材防水层的基面应坚实、平整、清洁,阴阳角处应做圆弧或折角,并应符合所用卷材的施工要求。

铺贴卷材严禁在雨天、雪天、五级及以上大风中施工;冷粘法、自粘法施工的环境气温不宜低于5 ℃,热熔法、焊接法施工的环境气温不宜低于 -10 ℃。施工过程中下雨或下雪时,应做好已铺卷材的防护工作。

不同品种防水卷材的搭接宽度,应符合表1-31的要求。

1-31　**防水卷材搭接宽度**

卷材品种	搭接宽度/mm
弹性体改性沥青防水卷材	100
改性沥青聚乙烯胎防水卷材	100
自粘聚合物改性沥青防水卷材	80
三元乙丙橡胶防水卷材	100/60(胶黏剂/胶黏带)
聚氯乙烯防水卷材	60/80(单焊缝/双焊缝)
	100(胶黏剂)
聚乙烯丙纶复合防水卷材	100(黏结料)
高分子自粘胶膜防水卷材	70/80(自粘胶/胶黏带)

铺贴各类防水卷材应符合下列规定:

①应铺设卷材加强层。

②结构底板垫层混凝土部位的卷材可采用空铺法或点粘法施工,其黏结位置、点粘面积应按设计要求确定;侧墙采用外防外贴法的卷材及顶板部位的卷材应采用满粘法施工。

③卷材与基面、卷材与卷材间的黏结应紧密、牢固;铺贴完成的卷材应平整顺直,搭接尺寸应准确,不得产生扭曲和皱折。

④卷材搭接处和接头部位应粘贴牢固,接缝口应封严或采用材性相容的密封材料封缝。

⑤铺贴立面卷材防水层时,应采取防止卷材下滑的措施。

⑥铺贴双层卷材时,上下两层和相邻两幅卷材的接缝应错开1/3~1/2幅宽,且两层卷材不得相互垂直铺贴。

铺贴自粘聚合物改性沥青防水卷材应符合下列规定:

①基层表面应平整、干净、干燥、无尖锐突起物或孔隙。

②排除卷材下面的空气,应辊压粘贴牢固,卷材表面不得有扭曲、皱折和起泡现象。

③立面卷材铺贴完成后,应将卷材端头固定或嵌入墙体顶部的凹槽内,并应用密封材料封严。

④低温施工时,宜对卷材和基面适当加热,然后铺贴卷材。

高分子自粘胶膜防水卷材宜采用预铺反粘法施工,并应符合下列规定:

①卷材宜单层铺设。

②在潮湿基面铺设时,基面应平整坚固、无明显积水。

③卷材长边应采用自粘边搭接,短边应采用胶黏带搭接,卷材端部搭接区应相互错开。

④立面施工时,在自粘边位置距离卷材边缘 10 ~ 20 mm,应每隔 400 ~ 600 mm 进行机械固定,并应保证固定位置被卷材完全覆盖。

⑤浇筑结构混凝土时不得损伤防水层。

采用外防外贴法铺贴卷材防水层时,应符合下列规定:

①应先铺平面,后铺立面,交接处应交叉搭接。

②临时性保护墙宜采用石灰砂浆砌筑,内表面宜做找平层。

③从底面折向立面的卷材与永久性保护墙的接触部位,应采用空铺法施工;卷材与临时性保护墙或围护结构模板的接触部位,应将卷材临时贴附在该墙上或模板上,并应将顶端临时固定。

④当不设保护墙时,从底面折向立面的卷材接槎部位应采取可靠的保护措施。

⑤混凝土结构完成,铺贴立面卷材时,应先将接槎部位的各层卷材揭开,并应将其表面清理干净,如卷材有局部损伤,应及时进行修补;卷材接槎的搭接长度,高聚物改性沥青类卷材应为 150 mm,合成高分子类卷材应为 100 mm;当使用两层卷材时,卷材应错槎接缝,上层卷材应盖过下层卷材。

采用外防内贴法铺贴卷材防水层时,应符合下列规定:

①混凝土结构的保护墙内表面应抹厚度为 20 mm 的 1:3水泥砂浆找平层,然后铺贴卷材。

②卷材宜先铺立面,后铺平面;铺贴立面时,应先铺转角,后铺大面。

卷材防水层经检查合格后,应及时做保护层,保护层应符合下列规定:

①顶板卷材防水层上的细石混凝土保护层,应符合下列规定:采用机械碾压回填土时,保护层厚度不宜小于 70 mm;采用人工回填土时,保护层厚度不宜小于 50 mm;防水层与保护层之间宜设置隔离层。

②底板卷材防水层上的细石混凝土保护层厚度不应小于 50 mm。

③侧墙卷材防水层宜采用软质保护材料或铺抹 20 mm 厚 1:2.5 水泥砂浆层。

典型例题

【多选题】关于防水卷材施工的说法,正确的有(   )。

A. 基础底板防水混凝土垫层上铺卷材应采用满粘法

B. 地下室外墙外防外贴卷材应采用点粘法

C. 基层阴阳角处应做成圆弧或折角后再铺贴

D. 铺贴双层卷材时,上下两层卷材应垂直铺贴

E. 铺贴双层卷材时,上下两层的卷材接缝应错开

CE。**【解析】**结构底板垫层混凝土部位的卷材可采用空铺法或点粘法施工;侧墙采用外防外贴法的卷材及顶板部位的卷材应采用满粘法施工。卷材防水层基面阴阳角处应做成圆弧或 45°坡角,其尺寸应根据卷材品种确定,并应符合所用卷材的施工要求。铺贴双层卷材时,上下两层和相邻两幅卷材的接缝应错开 1/3 ~ 1/2 幅宽,且两层卷材不得相互垂直铺贴。

4. 涂料防水层

(1)一般规定。涂料防水层应包括无机防水涂料和有机防水涂料。无机防水涂料可选用掺外加剂、掺合料的水泥基防水涂料、水泥基渗透结晶型防水涂料。有机防水涂料可选用反应型、水乳型、聚合物水泥等涂料。

无机防水涂料宜用于结构主体的背水面,有机防水涂料宜用于地下工程主体结构的迎水面,用于背水面的有机防水涂料应具有较高的抗渗性,且与基层有较好的黏结性。

(2)设计。防水涂料品种的选择应符合下列规定:

①潮湿基层宜选用与潮湿基面黏结力大的无机防水涂料或有机防水涂料,也可采用先涂无机防水涂料而后再涂有机防水涂料构成复合防水涂层。

②冬期施工宜选用反应型涂料。

③埋置深度较深的重要工程、有振动或有较大变形的工程,宜选用高弹性防水涂料。

④有腐蚀性的地下环境宜选用耐腐蚀性较好的有机防水涂料,并应做刚性保护层。

⑤聚合物水泥防水涂料应选用Ⅱ型产品。

(3)材料。涂料防水层所选用的涂料应符合下列规定:应具有良好的耐水性、耐久性、耐腐蚀性及耐菌性;应无毒、难燃、低污染;无机防水涂料应具有良好的湿干黏结性和耐磨性,有机防水涂料应具有较好的延伸性及较大适应基层变形能力。

(4)施工。无机防水涂料基层表面应干净、平整、无浮浆和明显积水。

有机防水涂料基层表面应基本干燥,不应有气孔、凹凸不平、蜂窝麻面等缺陷。涂料施工前,基层阴阳角应做成圆弧形。

涂料防水层严禁在雨天、雾天、五级及以上大风时施工,不得在施工环境温度低于 5 ℃及高于 35 ℃或烈日暴晒时施工。涂膜固化前如有降雨可能时,应及时做好已完涂层的保护工作。

防水涂料应分层刷涂或喷涂,涂层应均匀,不得漏刷漏涂;接槎宽度不应小于 100 mm。

铺贴胎体增强材料时,应使胎体层充分浸透防水涂料,不得有露槎及褶皱。

(三)地下工程混凝土结构细部构造防水

1. 变形缝

变形缝处混凝土结构的厚度不应小于 300 mm。

中埋式止水带施工应符合下列规定:

(1)止水带埋设位置应准确,其中间空心圆环应与变形缝的中心线重合。

(2)止水带应固定,顶、底板内止水带应成盆状安设。

(3)中埋式止水带先施工一侧混凝土时,其端模应支撑牢固,并应严防漏浆。

(4)止水带的接缝宜为一处,应设在边墙较高位置上,不得设在结构转角处,接头宜采用热压焊接。

(5)中埋式止水带在转弯处应做成圆弧形,(钢边)橡胶止水带的转角半径不应小于 200 mm,转角半径应随止水带的宽度增大而相应加大。

2. 后浇带

后浇带宜用于不允许留设变形缝的工程部位。

后浇带应采用补偿收缩混凝土浇筑，其抗渗和抗压强度等级不应低于两侧混凝土。

后浇带混凝土应一次浇筑，不得留设施工缝；混凝土浇筑后应及时养护，养护时间不得少于28天。

二、室内防水工程施工技术

该部分内容主要依据《住宅室内防水工程技术规范》对防水材料、防水设计、防水施工进行详细叙述。

（一）基本规定

住宅室内防水工程应遵循防排结合、刚柔相济、因地制宜、经济合理、安全环保、综合治理的原则。

住宅室内防水工程宜根据不同的设防部位，按柔性防水涂料、防水卷材、刚性防水材料的顺序，选用适宜的防水材料，且相邻材料之间应具有相容性。

（二）防水材料

1. 防水涂料

住宅室内防水工程宜使用聚氨酯防水涂料、聚合物乳液防水涂料、聚合物水泥防水涂料和水乳型沥青防水涂料等水性或反应型防水涂料。

住宅室内防水工程不得使用溶剂型防水涂料。对于住宅室内长期浸水的部位，不宜使用遇水产生溶胀的防水涂料。

防水涂料的性能指标应符合《住宅室内防水工程技术规范》的规定。

用于附加层的胎体材料宜选用30～50 g/m^{2}的聚酯纤维无纺布、聚丙烯纤维无纺布或耐碱玻璃纤维网格布。

2. 防水卷材

住宅室内防水工程可选用自粘聚合物改性沥青防水卷材和聚乙烯丙纶复合防水卷材。

聚乙烯丙纶复合防水卷材应采用与之相配套的聚合物水泥防水黏结料，共同组成复合防水层。

防水卷材宜采用冷粘法施工，胶黏剂应与卷材相容，并应与基层黏结可靠。

防水卷材胶黏剂应具有良好的耐水性、耐腐蚀性和耐霉变性，且有害物质限量值应符合《住宅室内防水工程技术规范》的规定。

3. 防水砂浆

防水砂浆应使用由专业生产厂家生产的商品砂浆，并应符合现行行业标准的规定。防水砂浆的性能指标及厚度应符合《住宅室内防水工程技术规范》的规定。

4. 防水混凝土

用于配制防水混凝土的水泥应符合下列规定：

（1）水泥宜采用硅酸盐水泥、普通硅酸盐水泥，并应符合现行国家标准《通用硅酸盐水泥》的规定。

（2）不得使用过期或受潮结块的水泥，不得将不同品种或强度等级的水泥混合使用。

用于配制防水混凝土的化学外加剂、矿物掺合料、砂、石及拌合用水等应符合国家现行有关标准的规定。

5. 密封材料

住宅室内防水工程的密封材料宜采用丙烯酸建筑密封胶、聚氨酯建筑密封胶或硅酮建筑密封胶。

对于地漏、大便器、排水立管等穿越楼板的管道根部，宜使用丙烯酸酯建筑密封胶或聚氨酯建筑密封胶嵌填，且性能指标应符合《住宅室内防水工程技术规范》的规定。

对于热水管管根部、套管与穿墙管间隙及长期浸水的部位，宜使用硅酮建筑密封胶（F类）嵌填，其性能指标应符合《住宅室内防水工程技术规范》的规定。

6. 防潮材料

墙面、顶棚宜采用防水砂浆、聚合物水泥防水涂料做防潮层；无地下室的地面可采用聚氨酯防水涂料、聚合物乳液防水涂料、水乳型沥青防水涂料和防水卷材做防潮层。

采用不同材料做防潮层时，防潮层厚度可按《住宅室内防水工程技术规范》的规定确定。

提示

建筑室内工程使用的防水材料，应有产品合格证书和出厂检验报告，材料的品种、规格、性能应符合国家现行产品标准和设计要求。另外《建筑室内防水工程技术规程》规定，厕浴间、厨房等室内小区域复杂部位楼地面防水，宜选用防水涂料或刚性防水材料做迎水面防水，也可选用柔性较好且易于与基层粘贴牢固的防水卷材。墙面防水层宜选用刚性防水材料或经表面处理后与粉刷层有较好结合性的其他防水材料。顶面防水层应选用刚性防水材料做防水层。厕浴间、厨房有较高防水要求时，应做两道防水层，防水材料复合使用时应考虑其相容性。

（三）防水设计

楼地面向地漏处的排水坡度不宜小于1%，地面不得有积水现象。

地漏应设在人员不经常走动且便于维修和便于组织排水的部位。

铺贴墙（地）面砖宜用专用粘贴材料或符合粘贴性能要求的防水砂浆。

厕浴间、厨房的墙体，宜设置高出楼地面150 mm以上的现浇混凝土泛水。

主体为装配式房屋结构的厕所、厨房等部位的楼板应采用现浇混凝土结构。

厕浴间、厨房四周墙根防水层泛水高度不应小于250 mm，其他墙面防水以可能溅到水的范围为基准向外延伸不应小于250 mm。浴室花洒喷淋的临墙面防水高度不得低于2 m。

有填充层的厨房、下沉式卫生间，宜在结构板面和地面饰面层下设置两道防水层。单道防水时，防水应设置在混凝土结构板面上，材料厚度参照水池防水设计选用。填充层应选用压缩变形小、吸水率低的轻质材料。填充层面应整浇不小于40 mm厚的钢筋混凝土地面。排水沟应采用现浇钢筋混凝土结构，坡度不应小于1%，沟内应设置防水层。

墙面与楼地面交接部位、穿楼板（墙）的套管宜用防水涂料、密封材料或易粘贴的卷材进行加强防水处理。加强层的尺寸应符合下列要求：

（1）墙面与楼地面交接处、平面宽度与立面高度均不应小于100 mm。

（2）穿过楼板的套管，在管体的黏结高度不应小于20 mm，平面宽度不应小于150 mm。用于热水管道防水处理的防水材料和辅料，应具有相应耐热性能。

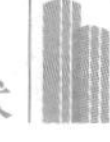

地漏与地面混凝土间应留置凹槽,用合成高分子密封胶进行密封防水处理。地漏四周应设置加强防水层,加强层宽度不应小于150 mm。防水层在地漏收头处,应用合成高分子密封胶进行密封防水处理。

长期处于蒸汽环境下的室内,所有的墙面、楼地面和顶面均应设置防水层。

穿楼板管道防水设计应符合下列规定:

(1)穿楼板管道应临墙安设,单面临墙的管道套管离墙净距不应小于50 mm;双面临墙的管道一面临墙不应小于50 mm,另一面不应小于80 mm;套管与套管的净距不应小于60 mm。

(2)穿楼板管道应设置止水套管或其他止水措施,套管直径应比管道大1~2级标准;套管高度应高出装饰地面20~50 mm。

(3)套管与管道间用阻燃密实材料填实,上口应留10~20 mm凹槽嵌入高分子弹性密封材料。

洗脸盆台板、浴盆与墙的交接角应用合成高分子密封材料进行密封处理。

(四)防水施工

1. 一般规定

建筑室内防水工程施工前,施工单位应进行图纸会审和现场勘察,应掌握工程的防水技术要求和现场实际情况,必要时应对防水工程进行二次设计,并编制防水工程的施工方案。

建筑室内防水工程的施工,应建立各道工序的自检、交接检和专职人员检查的"三检"制度,并有完整的检查记录。对上道工序未经检查确认,不得进行下道工序的施工。

建筑室内防水工程必须由有资质的专业队伍进行施工,主要施工人员应持有建设行政主管部门颁发的岗位证书。

二次埋置的套管,其周围混凝土强度等级应比原混凝土提高一级(0.2 MPa),并应掺膨胀剂;二次浇筑的混凝土结合面应清理干净后进行界面处理,混凝土应浇捣密实;加强防水层应覆盖施工缝,并超出边缘不小于150 mm。

2. 基层处理

基层应符合设计的要求,并应通过验收。基层表面应坚实平整,无浮浆,无起砂、裂缝现象。与基层相连接的各类管道、地漏、预埋件、设备支座等应安装牢固。管根、地漏与基层的交接部位,应预留宽10 mm,深10 mm的环形凹槽,槽内应嵌填密封材料。基层的阴、阳角部位宜做成圆弧形。基层表面不得有积水,基层的含水率应满足施工要求。

3. 防水涂料施工

防水涂料施工时,应采用与涂料配套的基层处理剂。基层处理剂涂刷应均匀、不流淌、不堆积。

防水涂料在大面积施工前,应先在阴阳角、管根、地漏、排水口、设备基础根等部位施作附加层,并应夹铺胎体增强材料,附加层的宽度和厚度应符合设计要求。

防水涂料施工操作应符合下列规定:

(1)双组分涂料应按配比要求在现场配制,并应使用机械搅拌均匀,不得有颗粒悬浮物。

(2)防水涂料应薄涂、多遍施工,前后两遍的涂刷方向应相互垂直,涂层厚度应均匀,不得有漏刷或堆积现象。

(3)应在前一遍涂层实干后,再涂刷下一遍涂料。

(4)施工时宜先涂刷立面,后涂刷平面。

(5)夹铺胎体增强材料时,应使防水涂料充分浸透胎体层,不得有折皱、翘边现象。

防水涂膜最后一遍施工时,可在涂层表面撒砂。

4. 防水卷材施工

防水卷材与基层应满粘施工,防水卷材搭接缝应采用与基材相容的密封材料封严。

防水卷材的施工应符合下列规定:

(1)防水卷材应在阴阳角、管根、地漏等部位先铺设附加层,附加层材料可采用与防水层同品种的卷材或与卷材相容的涂料。

(2)卷材与基层应满粘施工,表面应平整、顺直,不得有空鼓、起泡、皱折。

(3)防水卷材应与基层黏结牢固,搭接缝处应黏结牢固。

聚乙烯丙纶复合防水卷材施工时,基层应湿润,但不得有明水。

自粘聚合物改性沥青防水卷材在低温施工时,搭接部位宜采用热风加热。

链接

《建筑室内防水工程技术规程》规定,防水卷材施工还应符合下列规定:采用水泥基胶黏剂的基层应先充分湿润,但不得有明水。卷材铺贴施工环境温度:采用冷粘法施工不应低于5 ℃;热熔法施工不应低于 -10 ℃。以粘贴法施工的防水卷材,其与基层应采用满粘法铺贴。卷材搭接缝位置距阴阳角应大于300 mm。防水卷材施工宜先铺立面,后铺平面。卷材防水层施工完毕验收合格后,方可进行其他层面的施工。

5. 防水砂浆施工

施工前应洒水润湿基层,但不得有明水,并宜做界面处理。

防水砂浆应用机械搅拌均匀,并应随拌随用。

防水砂浆宜连续施工。当需留施工缝时,应采用坡形接槎,相邻两层接槎应错开 100 mm 以上,距转角不得小于200 mm。

水泥砂浆防水层终凝后,应及时进行保湿养护,养护温度不宜低于5 ℃。

聚合物防水砂浆,应按产品的使用要求进行养护。

链接

《建筑室内防水工程技术规程》规定,防水砂浆施工还应符合下列规定:防水层终凝后应及时进行养护,养护温度不应低于5 ℃,养护时间不应少于14天。聚合物水泥防水砂浆未达到硬化状态时,不得浇水养护或直接受水冲刷,硬化后应采用干湿交替的养护方法。潮湿环境中可在自然条件下养护。

6. 密封施工

基层应干净、干燥,可根据需要涂刷基层处理剂。

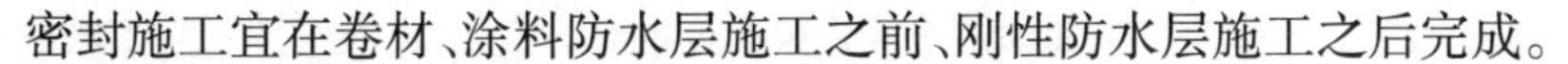
密封施工宜在卷材、涂料防水层施工之前、刚性防水层施工之后完成。

双组分密封材料应配比准确，混合均匀。

密封材料施工宜采用胶枪挤注施工，也可用腻子刀等嵌填压实。

密封材料应根据预留凹槽的尺寸、形状和材料的性能采用一次或多次嵌填。

密封材料嵌填完成后，在硬化前应避免灰尘、破损及污染等。

除了掌握上述施工具体要求外，还需了解室内防水施工的过程，以下面典型例题形式进行展示，掌握解析即可。

典型例题

【单选题】室内防水施工过程包括：①细部附加层；②防水层；③结合层；④清理基层，正确的施工流程是（　　）。

A. ①②③④　　B. ④①②③

C. ④③①②　　D. ④②①③

C。**【解析】**室内防水工程施工流程：防水材料进场复试→技术交底→清理基层→结合层→细部附加层→防水层→试水试验。

链接

对于室内防水，《建筑室内防水工程技术规程》还有防水混凝土施工、涂膜防水施工等相应规定。防水混凝土施工应符合下列规定：防水混凝土应采用高频机械分层振捣密实，振捣时间宜为 10～30 s，以混凝土泛浆和不冒气泡为准，应避免漏振、欠振和超振。当采用自密实混凝土时，可不进行机械振捣。防水混凝土应连续浇筑，少留施工缝。当留设施工缝时，宜留置在受剪力较小的部位，留置部位应便于施工；墙体水平施工缝应留在高出底板表面不小于 300 mm 的墙体上。防水混凝土终凝后应立即进行养护，养护时间不得少于 14 天。防水混凝土的冬期施工，应符合下列规定：混凝土入模温度不应低于 5 ℃；宜采用综合蓄热法、蓄热法、暖棚法等养护方法，并应保持混凝土表面湿润，防止混凝土早期脱水；采用掺化学外加剂方法施工时，应采取保温保湿措施。涂膜防水施工应符合下列规定：基层应平整牢固，表面不得出现孔洞、蜂窝麻面、缝隙等缺陷；基面必须干净、无浮浆，基层干燥度应符合产品要求。施工环境温度：溶剂型涂料宜为 0～35 ℃；水乳型涂料宜为 5～35 ℃。涂料施工时应先对阴阳角、预埋件、穿墙（楼板）管等部位进行加强或密封处理。涂膜防水层应多遍成活，后一遍涂料施工应待前一遍涂层表干后再进行，涂层应均匀，不得漏涂、堆积。

三、屋面防水工程施工技术

（一）基本规定

屋面防水工程应根据建筑物的类别、重要程度、使用功能要求确定防水等级，并应按相应等级进行防水设防；对防水有特殊要求的建筑屋面，应进行专项防水设计。屋面防水等级和设防要求应符合表 1-32 的规定。

表 1-32　屋面防水等级和设防要求

防水等级	建筑类别	设防要求
Ⅰ级	重要建筑和高层建筑	两道防水设防
Ⅱ级	一般建筑	一道防水设防

（二）排水设计及施工

屋面排水方式可分为有组织排水和无组织排水。有组织排水又可分为内排水、外排水、内外排水相结合的方式。

高层建筑屋面宜采用内排水；多层建筑屋面宜采用有组织外排水；低层建筑及檐高小于 10 m 的屋面，可采用无组织排水。多跨及汇水面积较大的屋面宜采用天沟排水，天沟找坡较长时，宜采用中间内排水和两端外排水。暴雨强度较大地区的大型屋面，宜采用虹吸式屋面雨水排水系统。严寒地区应采用内排水，寒冷地区宜采用内排水。湿陷性黄土地区宜采用有组织排水，并应将雨雪水直接排至排水管网。

（三）找坡层和找平层设计及施工

混凝土结构层宜采用结构找坡，坡度不应小于 3%；当采用材料找坡时，宜采用质量轻、吸水率低和有一定强度的材料，坡度宜为 2%。

保温层上的找平层应留设分格缝，缝宽宜为 5 ~ 20 mm，纵横缝的间距不宜大于 6 m。

找坡应按屋面排水方向和设计坡度要求进行，找坡层最薄处厚度不宜小于 20 mm。

找坡层和找平层的施工环境温度不宜低于 5 ℃。

（四）保温层和隔热层设计及施工

该部分内容会在后面保温工程施工技术进行详细叙述，此处就不再阐述。

（五）卷材防水层设计及施工

卷材、涂膜屋面防水等级和防水做法应符合表 1-33 的规定。需注意，在Ⅰ级屋面防水做法中，防水层仅作单层卷材时，应符合有关单层防水卷材屋面技术的规定。

表 1-33　卷材、涂膜屋面防水等级和防水做法

防水等级	防水做法
Ⅰ级	卷材防水层和卷材防水层、卷材防水层和涂膜防水层、复合防水层
Ⅱ级	卷材防水层、涂膜防水层、复合防水层

卷材防水层基层应坚实、干净、平整，应无孔隙、起砂和裂缝。基层的干燥程度应根据所选防水卷材的特性确定。

卷材防水层铺贴顺序和方向应符合下列规定：

（1）卷材防水层施工时，应先进行细部构造处理，然后由屋面最低标高向上铺贴。

（2）檐沟、天沟卷材施工时，宜顺檐沟、天沟方向铺贴，搭接缝应顺流水方向。

（3）卷材宜平行屋脊铺贴，上下层卷材不得相互垂直铺贴。

立面或大坡面铺贴卷材时，应采用满粘法，并宜减少卷材短边搭接。

采用基层处理剂时，其配制与施工应符合下列规定：

（1）基层处理剂应与卷材相容。

(2)基层处理剂应配比准确,并应搅拌均匀。

(3)喷、涂基层处理剂前,应先对屋面细部进行涂刷。

(4)基层处理剂可选用喷涂或涂刷施工工艺,喷、涂应均匀一致,干燥后应及时进行卷材施工。

卷材搭接缝应符合下列规定:

(1)平行屋脊的搭接缝应顺流水方向,搭接缝宽度应符合规范的规定。

(2)同一层相邻两幅卷材短边搭接缝错开不应小于500 mm。

(3)上下层卷材长边搭接缝应错开,且不应小于幅宽的1/3。

(4)叠层铺贴的各层卷材,在天沟与屋面的交接处,应采用叉接法搭接,搭接缝应错开;搭接缝宜留在屋面与天沟侧面,不宜留在沟底。

冷粘法铺贴卷材应符合下列规定:

(1)胶黏剂涂刷应均匀,不得露底、堆积;卷材空铺、点粘、条粘时,应按规定的位置及面积涂刷胶黏剂。

(2)应根据胶黏剂的性能与施工环境、气温条件等,控制胶黏剂涂刷与卷材铺贴的间隔时间。

(3)铺贴卷材时应排除卷材下面的空气,并应辊压粘贴牢固。

(4)铺贴的卷材应平整顺直,搭接尺寸应准确,不得扭曲、皱折;搭接部位的接缝应满涂胶黏剂,应辊压粘贴牢固。

(5)合成高分子卷材铺好压粘后,应将搭接部位的黏合面清理干净,并应采用与卷材配套的接缝专用胶黏剂,在搭接缝黏合面上应涂刷均匀,不得露底、堆积,应排除缝间的空气,并用辊压粘贴牢固。

(6)合成高分子卷材搭接部位采用胶黏带黏结时,黏合面应清理干净,必要时可涂刷与卷材及胶黏带材性相容的基层胶黏剂,撕去胶黏带隔离纸后应及时黏合接缝部位的卷材,并应辊压粘贴牢固;低温施工时,宜采用热风机加热。

(7)搭接缝口应用材性相容的密封材料封严。

热粘法铺贴卷材应符合下列规定:

(1)熔化热熔型改性沥青胶结料时,宜采用专用导热油炉加热,加热温度不应高于200 ℃,使用温度不宜低于180 ℃。

(2)粘贴卷材的热熔型改性沥青胶结料厚度宜为1.0～1.5 mm。

(3)采用热熔型改性沥青胶结料铺贴卷材时,应随刮随滚铺,并应展平压实。

热熔法铺贴卷材应符合下列规定:

(1)火焰加热器的喷嘴距卷材面的距离应适中,幅宽内加热应均匀,应以卷材表面熔融至光亮黑色为度,不得过分加热卷材;厚度小于3 mm的高聚物改性沥青防水卷材,严禁采用热熔法施工。

(2)卷材表面沥青热熔后应立即滚铺卷材,滚铺时应排除卷材下面的空气。

(3)搭接缝部位宜以溢出热熔的改性沥青胶结料为度,溢出的改性沥青胶结料宽度宜为8 mm,并宜均匀顺直;当接缝处的卷材上有矿物粒或片料时,应用火焰烘烤及清除干净后再进行热熔和接缝处理。

(4)铺贴卷材时应平整顺直,搭接尺寸应准确,不得扭曲。

自粘法铺贴卷材应符合下列规定:

(1)铺粘卷材前,基层表面应均匀涂刷基层处理剂,干燥后应及时铺贴卷材。

(2)铺贴卷材时应将自粘胶底面的隔离纸完全撕净。

(3)铺贴卷材时应排除卷材下面的空气,并应辊压粘贴牢固。

(4)铺贴的卷材应平整顺直,搭接尺寸应准确,不得扭曲、皱折;低温施工时,立面、大坡面及搭接部位宜采用热风机加热,加热后应随即粘贴牢固。

(5)搭接缝口应采用材性相容的密封材料封严。

焊接法铺贴卷材应符合下列规定:

(1)对热塑性卷材的搭接缝可采用单缝焊或双缝焊,焊接应严密。

(2)焊接前,卷材应铺放平整、顺直,搭接尺寸应准确,焊接缝的结合面应清理干净。

(3)应先焊长边搭接缝,后焊短边搭接缝。

(4)应控制加热温度和时间,焊接缝不得漏焊、跳焊或焊接不牢。

机械固定法铺贴卷材应符合下列规定:

(1)固定件应与结构层连接牢固。

(2)固定件间距应根据抗风揭试验和当地的使用环境与条件确定,并不宜大于600 mm。

(3)卷材防水层周边800 mm范围内应满粘,卷材收头应采用金属压条钉压固定和密封处理。

防水卷材的贮运、保管应符合下列规定:不同品种、规格的卷材应分别堆放;卷材应贮存在阴凉通风处,应避免雨淋、日晒和受潮,严禁接近火源,卷材应避免与化学介质及有机溶剂等有害物质接触。

进场的防水卷材应检验下列项目:

(1)高聚物改性沥青防水卷材的可溶物含量,拉力,最大拉力时延伸率,耐热度,低温柔性,不透水性。

(2)合成高分子防水卷材的断裂拉伸强度、扯断伸长率、低温弯折性、不透水性。

卷材防水层的施工环境温度应符合下列规定:热熔法和焊接法不宜低于-10 ℃;冷粘法和热粘法不宜低于5 ℃;自粘法不宜低于10 ℃。

典型例题

【单选题】防水等级为Ⅰ级的屋面防水工程需要设置(　　)防水设防。

A. 一道　　B. 两道

C. 三道　　D. 四道

B。**【解析】**屋面防水工程应根据建筑物的类别、重要程度、使用功能要求确定防水等级,并应按相应等级进行防水设防;对防水有特殊要求的建筑屋面,应进行专项防水设计。屋面防水等级和设防要求应符合的规定:防水等级为Ⅰ级的屋面防水工程需要设置两道防水设防;防水等级为Ⅱ级的屋面防水工程需要设置一道防水设防。

（六）涂膜防水层设计及施工

胎体增强材料设计应符合下列规定：

(1)胎体增强材料宜采用聚酯无纺布或化纤无纺布。

(2)胎体增强材料长边搭接宽度不应小于50 mm，短边搭接宽度不应小于70 mm。

(3)上下层胎体增强材料的长边搭接缝应错开，且不得小于幅宽的1/3。

(4)上下层胎体增强材料不得相互垂直铺设。

涂膜防水层的基层应坚实、平整、干净，应无孔隙、起砂和裂缝。基层的干燥程度应根据所选用的防水涂料特性确定；当采用溶剂型、热熔型和反应固化型防水涂料时，基层应干燥。

双组分或多组分防水涂料应按配合比准确计量，应采用电动机具搅拌均匀，已配制的涂料应及时使用。配料时，可加入适量的缓凝剂或促凝剂调节固化时间，但不得混合已固化的涂料。

涂膜防水层施工应符合下列规定：

(1)防水涂料应多遍均匀涂布，涂膜总厚度应符合设计要求。

(2)涂膜间夹铺胎体增强材料时，宜边涂布边铺胎体；胎体应铺贴平整，应排除气泡，并应与涂料黏结牢固。在胎体上涂布涂料时，应使涂料浸透胎体，并应覆盖完全，不得有胎体外露现象。最上面的涂膜厚度不应小于1.0 mm。

(3)涂膜施工应先做好细部处理，再进行大面积涂布。

(4)屋面转角及立面的涂膜应薄涂多遍，不得流淌和堆积。

涂膜防水层施工应符合下列规定：水乳型及溶剂型防水涂料宜选用滚涂或喷涂施工；反应固化型防水涂料宜选用刮涂或喷涂施工；热熔型防水涂料宜选用刮涂施工；聚合物水泥防水涂料宜选用刮涂法施工；所有防水涂料用于细部构造时，宜选用刮(刷)涂或喷涂施工。

防水涂料和胎体增强材料的贮运、保管，应符合下列规定：

(1)防水涂料包装容器应密封，容器表面应标明涂料名称、生产厂家、执行标准号、生产日期和产品有效期，并应分类存放。

(2)反应型和水乳型涂料贮运和保管环境温度不宜低于5 ℃。

(3)溶剂型涂料贮运和保管环境温度不宜低于0 ℃，并不得日晒、碰撞和渗漏；保管环境应干燥、通风，并应远离火源、热源。

(4)胎体增强材料贮运、保管环境应干燥、通风，并应远离火源、热源。

进场的防水涂料和胎体增强材料应检验下列项目：

(1)高聚物改性沥青防水涂料的固体含量、耐热性、低温柔性、不透水性、断裂伸长率或抗裂性。

(2)合成高分子防水涂料和聚合物水泥防水涂料的固体含量、低温柔性、不透水性、拉伸强度、断裂伸长率。

(3)胎体增强材料的拉力、延伸率。

涂膜防水层的施工环境温度应符合下列规定：水乳型及反应型涂料宜为5～35 ℃；溶剂型涂料宜为－5～35 ℃；热熔型涂料不宜低于－10 ℃；聚合物水泥涂料宜为5～35 ℃。

(七)接缝密封防水设计及施工

接缝密封防水设计应保证密封部位不渗水,并应做到接缝密封防水与主体防水层相匹配。

改性沥青密封材料防水施工应符合下列规定:

(1)采用冷嵌法施工时,宜分次将密封材料嵌填在缝内,并应防止裹入空气。

(2)采用热灌法施工时,应由下向上进行,并宜减少接头;密封材料熬制及浇灌温度,应按不同材料要求严格控制。

密封材料的贮运、保管应符合下列规定:

(1)运输时应防止日晒、雨淋、撞击、挤压。

(2)贮运、保管环境应通风、干燥,防止日光直接照射,并应远离火源、热源;乳胶型密封材料在冬季时应采取防冻措施。

(3)密封材料应按类别、规格分别存放。

进场的密封材料应检验下列项目:

(1)改性石油沥青密封材料的耐热性、低温柔性、拉伸黏结性、施工度。

(2)合成高分子密封材料的拉伸模量、断裂伸长率、定伸黏结性。

接缝密封防水的施工环境温度应符合下列规定:

(1)改性沥青密封材料和溶剂型合成高分子密封材料宜为0~35 ℃。

(2)乳胶型及反应型合成高分子密封材料宜为5~35 ℃。

(八)保护层和隔离层设计及施工

上人屋面保护层可采用块体材料、细石混凝土等材料,不上人屋面保护层可采用浅色涂料、铝箔、矿物粒料、水泥砂浆等材料。

施工完的防水层应进行雨后观察、淋水或蓄水试验,并应在合格后再进行保护层和隔离层的施工。

块体材料、水泥砂浆、细石混凝土保护层表面的坡度应符合设计要求,不得有积水现象。

块体材料保护层铺设应符合下列规定:

(1)在砂结合层上铺设块体时,砂结合层应平整,块体间应预留10 mm的缝隙,缝内应填砂,并应用1:2水泥砂浆勾缝。

(2)在水泥砂浆结合层上铺设块体时,应先在防水层上做隔离层,块体间应预留10 mm的缝隙,缝内应用1:2水泥砂浆勾缝。

(3)块体表面应洁净、色泽一致,应无裂纹、掉角和缺楞等缺陷。

水泥砂浆及细石混凝土保护层铺设应符合下列规定:

(1)水泥砂浆及细石混凝土保护层铺设前,应在防水层上做隔离层。

(2)细石混凝土铺设不宜留施工缝;当施工间隙超过时间规定时,应对接槎进行处理。

(3)水泥砂浆及细石混凝土表面应抹平压光,不得有裂纹、脱皮、麻面、起砂等缺陷。

保护层的施工环境温度应符合下列规定:

(1)块体材料干铺不宜低于-5 ℃,湿铺不宜低于5 ℃。

(2)水泥砂浆及细石混凝土宜为 5 ~ 35 ℃。

(3)浅色涂料不宜低于 5 ℃。

(九)瓦屋面、金属板屋面、玻璃采光顶设计

瓦屋面、金属板屋面、玻璃采光顶设计考试涉及不多,此处不再叙述,可参考《屋面工程技术规范》学习。

(十)细部构造设计

屋面细部构造应包括檐口、檐沟和天沟、女儿墙和山墙、水落口、变形缝、伸出屋面管道、屋面出入口、反梁过水孔、设施基座、屋脊、屋顶窗等部位。

卷材防水屋面檐口 800 mm 范围内的卷材应满粘,卷材收头应采用金属压条钉压,并应用密封材料封严。檐口下端应做鹰嘴和滴水槽.

卷材或涂膜防水屋面檐沟和天沟的防水构造,应符合下列规定:

(1)檐沟和天沟的防水层下应增设附加层,附加层伸入屋面的宽度不应小于 250 mm。

(2)檐沟防水层和附加层应由沟底翻上至外侧顶部,卷材收头应用金属压条钉压,并应用密封材料封严,涂膜收头应用防水涂料多遍涂刷。

(3)檐沟外侧下端应做鹰嘴或滴水槽。

(4)檐沟外侧高于屋面结构板时,应设置溢水口。

虹吸式排水的水落口防水构造应进行专项设计。

屋面垂直出入口泛水处应增设附加层,附加层在平面和立面的宽度均不应小于 250 mm。

四、保温工程施工技术

(一)屋面保温工程

《屋面工程技术规范》对屋面保温层施工有如下规定。

1. 设计

保温层设计应符合下列规定:保温层宜选用吸水率低、密度和导热系数小,并有一定强度的保温材料;保温层厚度应根据所在地区现行建筑节能设计标准,经计算确定;保温层的含水率,应相当于该材料在当地自然风干状态下的平衡含水率;屋面为停车场等高荷载情况时,应根据计算确定保温材料的强度;纤维材料做保温层时,应采取防止压缩的措施;屋面坡度较大时,保温层应采取防滑措施;封闭式保温层或保温层干燥有困难的卷材屋面,宜采取排汽构造措施。

屋面热桥部位,当内表面温度低于室内空气的露点温度时,均应作保温处理。

2. 施工

严寒和寒冷地区屋面热桥部位,应按设计要求采取节能保温等隔断热桥措施。

倒置式屋面保温层施工应符合下列规定:施工完的防水层,应进行淋水或蓄水试验,并应在合格后再进行保温层的铺设;板状保温层的铺设应平稳,拼缝应严密;保护层施工时,应避免损坏保温层和防水层。

隔汽层施工应符合下列规定：隔汽层施工前，基层应进行清理，宜进行找平处理；屋面周边隔汽层应沿墙面向上连续铺设，高出保温层上表面不得小于150 mm；采用卷材做隔汽层时，卷材宜空铺，卷材搭接缝应满粘，其搭接宽度不应小于80 mm；采用涂膜做隔汽层时，涂料涂刷应均匀，涂层不得有堆积、起泡和露底现象；穿过隔汽层的管道周围应进行密封处理。

屋面排汽构造施工应符合下列规定：排汽道及排汽孔的设置应符合本规定；排汽道应与保温层连通，排汽道内可填入透气性好的材料；施工时，排汽道及排汽孔均不得被堵塞；屋面纵横排汽道的交叉处可埋设金属或塑料排汽管，排汽管宜设置在结构层上，穿过保温层及排汽道的管壁四周应打孔。排汽管应作好防水处理。

板状材料保温层施工应符合下列规定：基层应平整、干燥、干净；相邻板块应错缝拼接，分层铺设的板块上下层接缝应相互错开，板间缝隙应采用同类材料嵌填密实；采用干铺法施工时，板状保温材料应紧靠在基层表面上，并应铺平垫稳；采用黏结法施工时，胶黏剂应与保温材料相容，板状保温材料应贴严、粘牢，在胶黏剂固化前不得上人踩踏；采用机械固定法施工时，固定件应固定在结构层上，固定件的间距应符合设计要求。

纤维材料保温层施工应符合下列规定：基层应平整、干燥、干净；纤维保温材料在施工时，应避免重压，并应采取防潮措施；纤维保温材料铺设时，平面拼接缝应贴紧，上下层拼接缝应相互错开；屋面坡度较大时，纤维保温材料宜采用机械固定法施工；在铺设纤维保温材料时，应做好劳动保护工作。

喷涂硬泡聚氨酯保温层施工应符合下列规定：基层应平整、干燥、干净；施工前应对喷涂设备进行调试，并应喷涂试块进行材料性能检测；喷涂时喷嘴与施工基面的间距应由试验确定；喷涂硬泡聚氨酯的配比应准确计量，发泡厚度应均匀一致；一个作业面应分遍喷涂完成，每遍喷涂厚度不宜大于15 mm，硬泡聚氨酯喷涂后20 min内严禁上人；喷涂作业时，应采取防止污染的遮挡措施。

现浇泡沫混凝土保温层施工应符合下列规定：基层应清理干净，不得有油污、浮尘和积水；泡沫混凝土应按设计要求的干密度和抗压强度进行配合比设计，拌制时应计量准确，并应搅拌均匀；泡沫混凝土应按设计的厚度设定浇筑面标高线，找坡时宜采取挡板辅助措施；泡沫混凝土的浇筑出料口离基层的高度不宜超过1 m，泵送时应采取低压泵送；泡沫混凝土应分层浇筑，一次浇筑厚度不宜超过200 mm，终凝后应进行保湿养护，养护时间不得少于7天。

保温材料的贮运、保管应符合下列规定：

（1）保温材料应采取防雨、防潮、防火的措施，并应分类存放。

（2）板状保温材料搬运时应轻拿轻放。

（3）纤维保温材料应在干燥、通风的房屋内贮存，搬运时应轻拿轻放。

进场的保温材料应检验下列项目：

（1）板状保温材料：表观密度或干密度、压缩强度或抗压强度、导热系数、燃烧性能。

（2）纤维保温材料应检验表观密度、导热系数、燃烧性能。

保温层的施工环境温度应符合下列规定：

（1）干铺的保温材料可在负温度下施工。

(2)用水泥砂浆粘贴的板状保温材料不宜低于5 ℃。

(3)喷涂硬泡聚氨酯宜为15～35 ℃,空气相对湿度宜小于85%,风速不宜大于三级。

(4)现浇泡沫混凝土宜为5～35 ℃。

(二)外墙外保温工程

1.概念

外墙外保温系统是指由保温层、防护层和固定材料构成,并固定在外墙外表面的非承重保温构造总称,简称外保温系统。

外墙外保温工程是指将外保温系统通过施工或安装,固定在外墙外表面上所形成的建筑构造实体,简称外保温工程。

2.基本规定

外保温工程应能适应基层墙体的正常变形而不产生裂缝或空鼓。

外保温工程在正常使用中或地震时不应发生脱落。

外保温工程应具有防止火焰沿外墙面蔓延的能力。外保温工程应具有防止水渗透性能。

在正确使用和正常维护的条件下,外保温工程的使用年限不应少于25年。

3.性能要求

外保温系统经耐候性试验后,不得出现空鼓、剥落或脱落、开裂等破坏,不得产生裂缝出现渗水;外保温系统拉伸黏结强度应符合表1-34的规定,且破坏部位应位于保温层内。

表1-34　外保温系统拉伸黏结强度　　单位:MPa

检验项目	粘贴保温板薄抹灰外保温系统、EPS板现浇混凝土外保温系统	胶粉聚苯颗粒保温浆料外保温系统	胶粉聚苯颗粒浆料贴砌EPS板外保温系统、现场喷涂硬泡聚氨酯外保温系统
拉伸黏结强度	≥0.10	≥0.06	≥0.10

胶黏剂与保温板的黏结在原强度、浸水48 h且干燥7天后的耐水强度条件下发生破坏时,破坏部位应位于保温板内。抹面胶浆与保温材料的黏结在原强度、浸水48 h且干燥7天后的耐水强度条件下发生破坏时,破坏部位应位于保温材料内。

4.设计与施工

当薄抹灰外保温系统采用燃烧性能等级为B_1,B_2级的保温材料时,首层防护层厚度不应小于15 mm,其他层防护层厚度不应小于5 mm且不宜大于6 mm,并应在外保温系统中每层设置水平防火隔离带。

除采用EPS板现浇混凝土外保温系统和EPS钢丝网架板现浇混凝土外保温系统外,外保温工程施工前,外门窗洞口应通过验收,洞口尺寸、位置应符合设计要求和质量要求,门窗框或辅框应安装完毕。伸出墙面的消防梯、水落管、各种进户管线和空调器等的预埋件、联结件应安装完毕,并应按外保温系统厚度留出间隙。

保温层施工前,应进行基层墙体检查或处理。基层墙体表面应洁净、坚实、平整,无油污和脱模剂等妨碍黏结的附着物,凸起、空鼓和疏松部位应剔除。

外保温工程施工期间的环境空气温度不应低于5 ℃。五级以上大风天气和雨天不应施工。

5. 外墙外保温系统构造和技术要求

粘贴保温板薄抹灰外保温系统的构造和技术要求如下：

(1)粘贴保温板薄抹灰外保温系统应由粘结层、保温层、抹面层和饰面层构成。粘结层材料应为胶黏剂；保温层材料可为 EPS 板、XPS 板和 PUR 板或 PIR 板；抹面层材料应为抹面胶浆，抹面胶浆中满铺玻纤网；饰面层可为涂料或饰面砂浆。

(2)当粘贴保温板薄抹灰外保温系统做找平层时，找平层应与基层墙体黏结牢固，不得有脱层、空鼓、裂缝，面层不得有粉化、起皮、爆灰等现象。

(3)温板应采用点框粘法或条粘法固定在基层墙体上，EPS 板与基层墙体的有效黏贴面积不得小于保温板面积的 40%，并宜使用锚栓辅助固定。XPS 板和 PUR 板或 PIR 板与基层墙体的有效黏贴面积不得小于保温板面积的 50%，并应使用锚栓辅助固定。

(4)保温板宽度不宜大于 1 200 mm，高度不宜大于 600 mm。

胶粉聚苯颗粒保温浆料外保温系统的构造和技术要求如下：

(1)胶粉聚苯颗粒保温浆料外保温系统应由界面层、保温层、抹面层和饰面层构成。界面层材料应为界面砂浆；保温层材料应为胶粉聚苯颗粒保温浆料，经现场拌合均匀后抹在基层墙体上；抹面层材料应为抹面胶浆，抹面胶浆中满铺玻纤网；饰面层可为涂料或饰面砂浆。

(2)胶粉聚苯颗粒保温浆料保温层设计厚度不宜超过 100 mm。胶粉聚苯颗粒保温浆料宜分遍抹灰，每遍间隔应在前一遍保温浆料终凝后进行，每遍抹灰厚度不宜超过 20 mm。第一遍抹灰应压实，最后一遍应找平，并应用大杠搓平。

EPS 板现浇混凝土外保温系统的构造和技术要求如下：

(1)EPS 板现浇混凝土外保温系统应以现浇混凝土外墙作为基层墙体，EPS 板为保温层，EPS 板内表面(与现浇混凝土接触的表面)开有凹槽，内外表面均应满涂界面砂浆。施工时应将 EPS 板置于外模板内侧，并安装辅助固定件。EPS 板表面应做抹面胶浆抹面层，抹面层中满铺玻纤网；饰面层可为涂料或饰面砂浆。

(2)进场前 EPS 板内外表面应预喷刷界面砂浆。EPS 板宽度宜为 1 200 mm，高度宜为建筑物层高。水平分隔缝宜按楼层设置。垂直分隔缝宜按墙面面积设置，在板式建筑中不宜大于 30 m^2，在塔式建筑中宜留在阴角部位。混凝土一次浇注高度不宜大于 1 m。混凝土应振捣密实均匀，墙面及接茬处应光滑、平整。混凝土结构验收后，保温层中的穿墙螺栓孔洞应使用保温材料填塞，EPS 板缺损或表面不平整处宜使用胶粉聚苯颗粒保温浆料修补和找平。

胶粉聚苯颗粒浆料贴砌 EPS 板外保温系统的构造和技术要求如下：

(1)胶粉聚苯颗粒浆料贴砌 EPS 板外保温系统应由界面砂浆层、胶粉聚苯颗粒贴砌浆料层、EPS 板保温层、胶粉聚苯颗粒贴砌浆料层、抹面层和饰面层构成。抹面层中应满铺玻纤网，饰面层可为涂料或饰面砂浆。

(2)胶粉聚苯颗粒浆料贴砌 EPS 板外保温系统的施工应符合下列规定：

①基层墙体表面应喷刷界面砂浆。

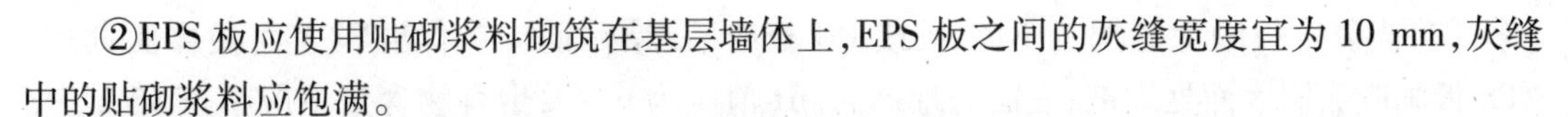

②EPS 板应使用贴砌浆料砌筑在基层墙体上，EPS 板之间的灰缝宽度宜为 10 mm，灰缝中的贴砌浆料应饱满。

③按顺砌方式贴砌 EPS 板，竖缝应逐行错缝，墙角处排板应交错互锁，门窗洞口四角处 EPS 板不得拼接，应采用整块 EPS 板切割成形，EPS 板接缝应离开角部至少 200 mm。

④EPS 板贴砌完成 24 h 之后，应采用胶粉聚苯颗粒贴砌浆料进行找平，找平层厚度不宜小于 15 mm。

⑤找平层施工完成 24 h 之后，应进行抹面层施工。

提示

除了上述外墙外保温系统外，还需要了解外墙 EPS 板薄抹灰系统的公益流程，记住即可，其工艺流程为：清理基层墙面→测量、放线、挂基准线→粘贴或锚固聚苯板→聚苯板表面扫毛→薄抹→层抹面胶浆→贴压耐碱玻纤网布→细部处理和加贴耐碱玻纤网布→抹面层抹面胶浆找平→施工面层涂料工程→验收。

（三）外墙内保温工程

1. 概念

外墙内保温系统是指主要由保温层和防护层组成，用于外墙内表面起保温作用的系统，简称内保温系统。

外墙内保温工程是指内保温系统通过设计、施工或安装，固定在外墙内表面上形成保温构造，简称内保温工程。

2. 基本规定

内保温工程应能适应基层墙体的正常变形而不产生裂缝、空鼓和脱落。

内保温工程应防止火灾危害。内保温工程应与基层墙体有可靠连接。内保温工程用于厨房、卫生间等潮湿环境时，应具有防水渗透性能。

3. 性能要求

内保温系统及其组成材料的性能应符合《外墙内保温工程技术规程》的规定。

4. 设计与施工

内保温工程应合理选用内保温系统，并应确保系统各项性能满足具体工程的要求。

内保温工程宜在墙体易裂部位及与屋面板、楼板交接部位采取抗裂构造措施。

内保温工程施工期间以及完工后 24 h 内，基层墙体及环境空气温度不应低于 0 ℃，平均气温不应低于 5 ℃。

内保温工程施工，应在基层墙体施工质量验收合格后进行。基层应坚实、平整、干燥、洁净。

5. 内保温系统构造和技术要求

复合板内保温系统的构造和技术要求如下：

(1) 施工时，宜先在基层墙体上做水泥砂浆找平层，采用以粘为主、粘锚结合方式将复合板固定于垂直墙面，并应采用嵌缝材料封填板缝。

(2)当复合板的保温层为XPS板或PU板时,在粘贴前应在保温板表面做界面处理。XPS板画应涂刷表面处理剂,表面处理剂的pH值应为6~9,聚合物含量不应小于35%;PU板应采用水泥基材料作界面处理,界面层厚度不宜大于1 mm。

(3)复合板与基层墙体之间的粘贴,应符合下列规定:

①涂料饰面时,黏贴面积不应小于复合板面积的30%;面砖饰面时,黏贴面积不应小于复合板面积的40%。

②在门窗洞口四周、外墙转角和复合板上下两端距顶面和地面100 mm处,均应采用通长黏结,且宽度不应小于50 mm。

有机保温板内保温系统的构造和技术要求如下:

(1)有机保温板宽度不宜大于1 200 mm,高度不宜大于600 mm。施工时,宜先在基层墙体上做水泥砂浆找平层,采用黏结方式将有机保温板固定于垂直墙面。

(2)当保温层为XPS板和PU板时,在粘贴及抹面层施工前应做界面处理。XPS板画应涂刷表面处理剂,表面处理剂的pH值应为6~9,聚合物含量不应小于35%;PU板应采用水泥基材料做界面处理,界面层厚度不宜大于1 mm。

(3)有机保温板与基层墙体的粘贴,应符合下列规定:

①涂料饰面时,黏贴面积不得小于有机保温板面积的30%;面砖饰面时,不得小于有机保温板面积的40%。

②保温板在门窗洞口四周、阴阳角处和保温板上下两端距顶面和地面100 mm处,均应采用通长黏结,且宽度不应小于50 mm。

无机保温板内保温系统的构造和技术要有如下:

(1)无机保温板粘贴前,应清除板表面的碎屑浮尘。

(2)无机保温板内保温系统的抹面胶浆施工应符合下列规定:

①无机保温板粘贴完毕后,应在室内环境温度条件静待1~2天后,再进行抹面胶浆施工。

②施工前应采用2 m靠尺检查无机保温板板面的平整度,对凸出部位应刮平,并应清理碎屑后再进行抹面施工。

保温砂浆内保温系统的构造和技术要求如下:

(1)保温砂浆施工应符合下列规定:

①应采用专用机械搅拌,搅拌时间不宜少于3 min,且不宜大于6 min。搅拌后的砂浆应在2 h内用完。

②应分层施工,每层厚度不应大于20 mm。后一层保温砂浆施工,应在前一层保温砂浆终凝后进行(一般为24 h)。

③应先用保温砂浆做标准饼,然后冲筋,其厚度应以墙面最高处抹灰厚度不小于设计厚度为准,并应进行垂直度检查,门窗口处及墙体阳角部分宜做护角。

(2)保温砂浆内保温系统的各构造层之间的黏结应牢固,不应脱层、空鼓和开裂。保温砂浆内保温系统采用涂料饰面时,宜采用弹性腻子和弹性涂料。

喷涂硬泡聚氨酯内保温系统的构造和技术要求如下：

(1)喷涂硬泡聚氨酯的施工应符合下列规定：

①环境温度不应低于 10 ℃，空气相对湿度宜小于 85%。

②硬泡聚氨酯应分层喷涂，每遍厚度不宜大于 15 mm。当日的施工作业面应在当日连续喷涂完毕。

③喷涂过程中应保证硬泡聚氨酯保温层表面平整度，喷涂完毕后保温层平整度偏差不宜大于 6 mm。

④阴阳角及不同材料的基层墙体交接处，保温层应连续不留缝。

(2)喷涂硬泡聚氨酯保温层的密度、厚度，应抽样检验。硬泡聚氨酯喷涂完工 24 h 后，再进行下道工序施工。

玻璃棉、岩棉、喷涂硬泡聚氨酯龙骨固定内保温系统的构造和技术要求如下：

(1)龙骨应采用专用固定件与基层墙体连接，面板与龙骨应采用螺钉连接。当保温材料为玻璃棉板(毡)、岩棉板(毡)时，应采用塑料钉将保温材料固定在基层墙体上。

(2)对于固定龙骨的锚栓，实心基层墙体可采用敲击式固定锚栓或旋入式固定锚栓；空心砌块的基层墙体应采用旋入式固定锚栓。

模块五　装饰装修工程施工技术

一、吊顶工程施工技术

吊顶，或称顶棚，是室内空间三大界面的顶界面，既可以增加室内的亮度和美观，又能达到节约能耗的目的，并具有保温、隔热、隔声和吸声的作用，对室内的整体装修效果有着重要的影响。本部分内容主要依据《住宅装饰装修工程施工规范》对明龙骨和暗龙骨吊顶工程进行详细叙述。

（一）一般规定

吊杆、龙骨的安装间距、连接方式应符合设计要求。后置埋件、金属吊杆、龙骨应进行防腐处理。木吊杆、木龙骨、造型木板和木饰面板应进行防腐、防火、防蛀处理。

吊顶材料在运输、搬运、安装、存放时应采取相应措施，防止受潮、变形及损坏板材的表面和边角。

重型灯具、电扇及其他重型设备严禁安装在吊顶龙骨上。

吊顶内填充的吸音、保温材料的品种和铺设厚度应符合设计要求，并应有防散落措施。

饰面板上的灯具、烟感器、喷淋头、风口篦子等设备的位置应合理、美观，与饰面板交接处应严密。

吊顶与墙面、窗帘盒的交接应符合设计要求。

搁置式轻质饰面板，应按设计要求设置压卡装置。

胶黏剂的类型应按所用饰面板的品种配套选用。

（二）主要材料质量要求

吊顶工程所用材料的品种、规格和颜色应符合设计要求。饰面板、金属龙骨应有产品合格证书。木吊杆、木龙骨的含水率应符合国家现行标准的有关规定。

饰面板表面应平整，边缘应整齐、颜色应一致。穿孔板的孔距应排列整齐；胶合板、木质纤维板、大芯板不应脱胶、变色。

防火涂料应有产品合格证书及使用说明书。

（三）施工要点

龙骨的安装应符合下列要求：

（1）应根据吊顶的设计标高在四周墙上弹线。弹线应清晰、位置应准确。

（2）主龙骨吊点间距、起拱高度应符合设计要求。当设计无要求时，吊点间距应小于 1.2 m，应按房间短向跨度的 0.1% ~0.3% 起拱。主龙骨安装后应及时校正其位置标高。

（3）吊杆应通直，距主龙骨端部距离不得超过 300 mm。当吊杆与设备相遇时，应调整吊点构造或增设吊杆。

（4）次龙骨应紧贴主龙骨安装。固定板材的次龙骨间距不得大于 600 mm，在潮湿地区和场所，间距宜为 300 ~400 mm。用沉头自攻钉安装饰面板时，接缝处次龙骨宽度不得小于 40 mm。

（5）暗龙骨系列横撑龙骨应用连接件将其两端连接在通长次龙骨上。明龙骨系列的横撑龙骨与通长龙骨搭接处的间隙不得大于 1 mm。

（6）边龙骨应按设计要求弹线，固定在四周墙上。

（7）全面校正主、次龙的位置及平整度，连接件应错位安装。

安装饰面板前应完成吊顶内管道和设备的调试和验收。

暗龙骨饰面板（包括纸面石膏板、纤维水泥加压板、胶合板、金属方块板、金属条形板、塑料条形板、石膏板、钙塑板、矿棉板和格栅等）的安装应符合下列规定：

（1）以轻钢龙骨、铝合金龙骨为骨架，采用钉固法安装时应使用沉头自攻钉固定。

（2）以木龙骨为骨架，采用钉固法安装时应使用木螺钉固定，胶合板可用铁钉固定。

（3）金属饰面板采用吊挂连接件、插接件固定时应按产品说明书的规定放置。

（4）采用复合粘贴法安装时，胶黏剂未完全固化前板材不得有强烈振动。

纸面石膏板和纤维水泥加压板安装应符合下列规定：

（1）板材应在自由状态下进行安装，固定时应从板的中间向板的四周固定。

（2）纸面石膏板螺钉与板边距离：纸包边宜为 10 ~15 mm，切割边宜为 15 ~20 mm；水泥加压板螺钉与板边距离宜为 8 ~15 mm。

（3）板周边钉距宜为 150 ~170 mm，板中钉距不得大于 200 mm。

（4）安装双层石膏板时，上下层板的接缝应错开，不得在同一根龙骨上接缝。

（5）螺钉头宜略埋入板面，并不得使纸面破损。钉眼应做防锈处理并用腻子抹平。

（6）石膏板的接缝应按设计要求进行板缝处理。

矿棉装饰吸声板安装应符合下列规定：

(1)房间内湿度过大时不宜安装。

(2)安装前应预先排板,保证花样、图案的整体性。

(3)安装时,吸声板上不得放置其他材料,防止板材受压变形。

明龙骨饰面板的安装应符合以下规定:

(1)饰面板安装应确保企口的相互咬接及图案花纹的吻合。

(2)饰面板与龙骨嵌装时应防止相互挤压过紧或脱挂。

(3)采用搁置法安装时应留有板材安装缝,每边缝隙不宜大于1 mm。

(4)玻璃吊顶龙骨上留置的玻璃搭接宽度应符合设计要求,并应采用软连接。

(5)装饰吸声板的安装如采用搁置法安装,应有定位措施。

链接

对于吊顶工程,除了上述的明龙骨和暗龙骨吊顶工程外,还需要掌握《公共建筑吊顶工程技术规程》对整体面层吊顶、板块面层及格栅吊顶安装施工的相关规定,具体内容可扫描右侧二维码进行学习。

码上看内容

整体面层吊顶安装施工应符合下列规定:

(1)面板安装前,应进行吊顶内隐蔽工程验收,并应在所有项目验收合格且建筑外围护封闭完成后方可进行面板安装施工。

(2)面板类型的选择应按照设计施工图要求进行。面板安装时,正面朝外,面板长边与次龙骨垂直方向铺设。穿孔石膏板背面应有背覆材料,需要施工现场贴覆时,应在穿孔板背面施胶,不得在背覆材料上施胶。

板块面层及格栅吊顶安装施工应符合下列规定:

(1)板块面层吊顶:面板应置放于T型龙骨上并应防止污物污染板面。面板需要切割时应用专用工具切割。

(2)格栅吊顶:当面板安装边为互相咬接的企口或彼此钩搭连接时,应按顺序从一侧开始安。

二、轻质隔墙工程施工技术

在现代室内装饰施工中,轻质隔墙的使用非常普遍,它既可以满足划分室内大空间的功能要求,又可以满足人们生活和审美的需求。轻质隔墙不能承重,但由于其墙身薄、自重小,可以提高平面利用系数,拆装非常方便,同时还具有隔声、防火、防潮等功能,因此具有很强的适用性。

该部分内容主要依据《住宅装饰装修工程施工规范》对板材隔墙、骨架隔墙和玻璃隔墙等进行详细叙述。

(一)常见的轻质隔墙类型

1. 板材隔墙

板材隔墙是指轻质的条板用黏结剂拼合在一起形成的隔墙。即指不需要设置隔墙龙

骨，由隔墙板材自承重，将预制或现制的隔墙板材直接固定于建筑主体结构上的隔墙工程。由于板材隔墙是用轻质材料制成的大型板材，施工中直接拼装而不依赖骨架，因此它具有自重轻、墙身薄，拆及安装方便、节能环保施工速度快、工业化程度高的特点。

2. 骨架隔墙

骨架隔墙也称龙骨隔墙，主要用木料或钢材构成骨架，再在两侧做面层。简单说是指在隔墙龙骨两侧安装面板以形成的轻质隔墙。骨架分别由上槛、下槛、竖筋、横筋（又称横档）、斜撑等组成。竖筋的间距取决于所用材料的规格，再用同样的断面的材料在竖筋间沿高度方向，按板材规格而设定横筋，两端撑紧、钉牢，以增加稳定性。面层材料通常用的有纤维板、纸面石膏板、胶合板、钙塑板、塑铝板、纤维水泥板等轻质薄板。面板和骨架的固定方法，可根据不同材料，采用钉子、膨胀螺栓、铆钉、自攻螺丝或金属夹子等。

3. 玻璃隔墙

玻璃隔墙是一种到顶的，可完全划分空间的隔断。专业型的高隔断间，不仅能实现传统的空间分隔的功能，而且它在采光、隔音、防火、环保、易安装、可重复利用、可批量生产等特点上明显优于传统隔墙。玻璃隔墙主要作用就是使用玻璃作为隔墙将空间根据需求划分，更加合理的利用好空间，满足各种家装和工装用途。目前主要分为玻璃砖隔墙和玻璃板隔墙。

（二）一般规定

轻质隔墙材料在运输和安装时，应轻拿轻放，不得损坏表面和边角。应防止受潮变形。

当轻质隔墙下端用木踢脚覆盖时，饰面板应与地面留有 20～30 mm 缝隙；当用大理石、瓷砖、水磨石等做踢脚板时，饰面板下端应与踢脚板上口齐平，接缝应严密。

轻质隔墙与顶棚和其他墙体的交接处应采取防开裂措施。

（三）主要材料质量要求

板材隔墙的墙板、骨架隔墙的饰面板和龙骨、玻璃隔墙的玻璃应有产品合格证书。

饰面板表面应平整，边沿应整齐，不应有污垢、裂纹、缺角、翘曲、起皮、色差和图案不完整等缺陷。胶合板不应有脱胶、变色和腐朽。

复合轻质墙板的板面与基层（骨架）黏接必须牢固。

（四）施工要点

墙位放线应按设计要求，沿地、墙、顶弹出隔墙的中心线和宽度线，宽度线应与隔墙厚度一致。弹线应清晰，位置应准确。

轻钢龙骨的安装应符合下列规定：

（1）应按弹线位置固定沿地、沿顶龙骨及边框龙骨，龙骨的边线应与弹线重合。龙骨的端部应安装牢固，龙骨与基体的固定点间距应不大于 1 m。

（2）安装竖向龙骨应垂直，龙骨间距应符合设计要求。潮湿房间和钢板网抹灰墙，龙骨间距不宜大于 400 mm。

（3）安装支撑龙骨时，应先将支撑卡安装在竖向龙骨的开口方向，卡距宜为 400～600 mm，距龙骨两端的距离宜为 20～25 mm。

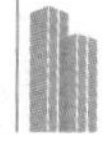

(4)安装贯通系列龙骨时,低于3 m的隔墙安装一道,3~5 m隔墙安装两道。

(5)饰面板横向接缝处不在沿地、沿顶龙骨上时,应加横撑龙骨(横撑龙骨是指在次龙骨骨架中起横撑及固定饰面板作用的构件)固定。

(6)门窗或特殊接点处安装附加龙骨应符合设计要求。

木龙骨的安装应符合下列规定:木龙骨的横截面积及纵、横向间距应符合设计要求;骨架横、竖龙骨宜采用开半榫、加胶、加钉连接;安装饰面板前应对龙骨进行防火处理。

纸面石膏板的安装应符合以下规定:

(1)石膏板宜竖向铺设,长边接缝应安装在竖龙骨上。

(2)龙骨两侧的石膏板及龙骨一侧的双层板的接缝应错开,不得在同一根龙骨上接缝。

(3)轻钢龙骨应用自攻螺钉固定,木龙骨应用木螺钉固定。沿石膏板周边钉间距不得大于200 mm,板中钉间距不得大于300 mm,螺钉与板边距离应为10~15 mm。

(4)安装石膏板时应从板的中部向板的四边固定。钉头略埋入板内,但不得损坏纸面。钉眼应进行防锈处理。

(5)石膏板的接缝应按设计要求进行板缝处理。石膏板与周围墙或柱应留有3 mm的槽口,以便进行防开裂处理。

板材隔墙的安装应符合下列规定:墙位放线应清晰,位置应准确。隔墙上下基层应平整,牢固;板材隔墙安装拼接应符合设计和产品构造要求;安装板材隔墙时宜使用简易支架;安装板材隔墙所用的金属件应进行防腐处理;板材隔墙拼接用的芯材应符合防火要求;在板材隔墙上开槽、打孔应用云石机切割或电钻钻孔,不得直接剔凿和用力敲击。

玻璃砖墙的安装应符合下列规定:玻璃砖墙宜以1.5 m高为一个施工段,待下部施工段胶结材料达到设计强度后再进行上部施工;当玻璃砖墙面积过大时应增加支撑。玻璃砖墙的骨架应与结构连接牢固;玻璃砖应排列均匀整齐,表面平整,嵌缝的油灰或密封膏应饱满密实。

平板玻璃隔墙的安装应符合下列规定:墙位放线应清晰,位置应准确,隔墙基层应平整、牢固;骨架边框的安装应符合设计和产品组合的要求;压条应与边框紧贴,不得弯棱、凸鼓;安装玻璃前应对骨架、边框的牢固程度进行检查,如有不牢应进行加固;玻璃安装应符合有关规定。

三、门窗工程施工技术

该部分内容主要依据《住宅装饰装修工程施工规范》对木门窗、铝合金门窗、塑料门窗安装工程的施工进行详细叙述。

(一)分类

建筑的门窗包括门(窗)框、门(窗)扇、玻璃、五金配件。门窗按开启方式、用途、所用材料分类如图1-20所示。

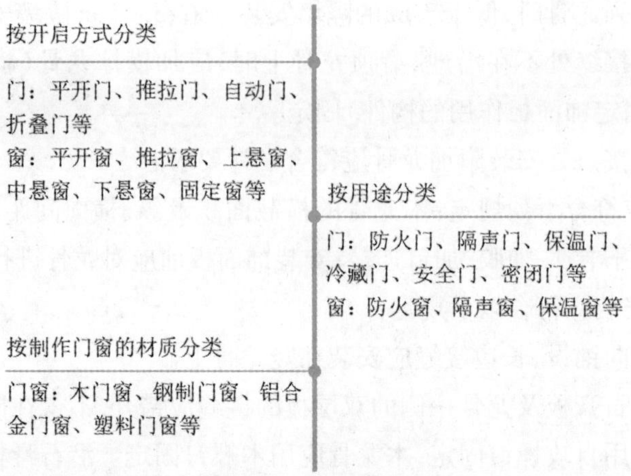

按开启方式分类

门：平开门、推拉门、自动门、折叠门等

窗：平开窗、推拉窗、上悬窗、中悬窗、下悬窗、固定窗等

按用途分类

门：防火门、隔声门、保温门、冷藏门、安全门、密闭门等

窗：防火窗、隔声窗、保温窗等

按制作门窗的材质分类

门窗：木门窗、钢制门窗、铝合金门窗、塑料门窗等

图 1-20　门窗的分类

（二）一般规定

门窗安装前应按下列要求进行检查：门窗的品种、规格、开启方向、平整度等应符合国家现行有关标准规定，附件应齐全。门窗洞口应符合设计要求。

门窗安装应采用预留洞口的施工方法，不得采用边安装边砌口或先安装后砌口的施工方法。

推拉门窗扇必须有防脱落措施，扇与框的搭接量应符合设计要求。

（三）主要材料质量要求

门窗、玻璃、密封胶等应按设计要求选用，并应有产品合格证书。

门窗的外观、外形尺寸、装配质量、力学性能应符合国家现行标准的有关规定，塑料门窗中的竖框、中横框或拼樘料等主要受力杆件中的增强型钢，应在产品说明中注明规格、尺寸。门窗表面不应有影响外观质量的缺陷。

（四）施工要点

木门窗的安装应符合下列规定：

(1)门窗框与砖石砌体、混凝土或抹灰层接触部位以及固定用木砖等均应进行防腐处理。

(2)门窗框安装前应校正方正，加钉必要拉条避免变形。安装门窗框时，每边固定点不得少于两处，其间距不得大于 1.2 m。

(3)门窗框需镶贴脸时，门窗框应凸出墙面，凸出的厚度应等于抹灰层或装饰面层的厚度。

(4)木门窗五金配件的安装应符合下列规定：合页距门窗扇上下端宜取立梃高度的 1/10，并应避开上、下冒头；五金配件安装应用木螺钉固定。硬木应钻 2/3 深度的孔，孔径应略小于木螺钉直径；门锁不宜安装在冒头与立梃的结合处；窗拉手距地面宜为 1.5 ~ 1.6 m，门拉手距地面宜为 0.9 ~ 1.05 m。

铝合金门窗的安装应符合下列规定：

(1)门窗装入洞口应横平竖直，严禁将门窗框直接埋入墙体。

(2)密封条安装时应留有比门窗的装配边长 20 ~ 30 mm 的余量,转角处应斜面断开,并用胶黏剂粘贴牢固,避免收缩产生缝隙。

(3)门窗框与墙体间缝隙不得用水泥砂浆填塞,应采用弹性材料填嵌饱满,表面应用密封胶密封。

塑料门窗的安装应符合下列规定:

(1)门窗安装五金配件时,应钻孔后用自攻螺钉拧入,不得直接锤击钉入。

(2)门窗框、副框和扇的安装必须牢固。固定片或膨胀螺栓的数量与位置应正确,连接方式应符合设计要求,固定点应距窗角、中横框、中竖框 150 ~ 100 mm,固定点间距应小于或等于 600 mm。

(3)安装组合窗时应将两窗框与拼樘料卡接,卡接后应用紧固件双向拧紧,其间距应小于或等于 600 mm,紧固件端头及拼樘料与窗框间的缝隙应用嵌缝膏进行密封处理。拼樘料型钢两端必须与洞口固定牢固。

(4)门窗框与墙体间缝隙不得用水泥砂浆填塞,应采用弹性材料填嵌饱满,表面应用密封胶密封。

木门窗玻璃的安装应符合下列规定:

(1)玻璃安装前应检查框内尺寸、将裁口内的污垢清除干净。

(2)安装长边大于 1.5 m 或短边大于 1 m 的玻璃,应用橡胶垫并用压条和螺钉固定。

(3)安装木框、扇玻璃,可用钉子固定,钉距不得大于 300 mm,且每边不少于两个;用木压条固定时,应先刷底油后安装,并不得将玻璃压得过紧。

(4)安装玻璃隔墙时,玻璃在上框面应留有适量缝隙,防止木框变形,损坏玻璃。

(5)使用密封膏时,接缝处的表面应清洁、干燥。

铝合金、塑料门窗玻璃的安装应符合下列规定:

(1)安装玻璃前,应清出槽口内的杂物。

(2)使用密封膏前,接缝处的表面应清洁、干燥。

(3)玻璃不得与玻璃槽直接接触,并应在玻璃四边垫上不同厚度的垫块,边框上的垫块应用胶黏剂固定。

(4)镀膜玻璃应安装在玻璃的最外层,单面镀膜玻璃应朝向室内。

四、细部工程施工技术

细部工程应在隐蔽工程已完成并经验收后进行。

扶手高度不应小于 0.90 m,护栏高度不应小于 1.05 m,栏杆间距不应大于 0.11 m。

扶手、护栏的制作安装应符合下列规定:木扶手与弯头的接头要在下部连接牢固。木扶手的宽度或厚度超过 70 mm 时,其接头应黏接加强;扶手与垂直杆件连接牢固,紧固件不得外露;整体弯头制作前应做足尺样板,按样板划线。弯头黏结时,温度不宜低于 5 ℃。弯头下部应与栏杆扁钢结合紧密、牢固;木扶手弯头加工成形应刨光,弯曲应自然,表面应磨光;金属扶手、护栏垂直杆件与预埋件连接应牢固、垂直,如焊接,则表面应打磨抛光;玻璃栏板应使用夹层夹玻璃或安全玻璃。

链接

根据《建筑防护栏杆技术标准》,建筑防护栏杆的防护高度应符合下列规定:建筑临空部位栏杆的防护高度应符合现行国家标准《住宅设计规范》《民用建筑设计统一标准》的相关规定;窗台的防护高度,住宅、托儿所、幼儿园、中小学校及供少年儿童独自活动的场所不应低于0.90 m,其余建筑不应低于0.80 m;住宅凸窗的可开启窗扇窗洞口底距窗台面的净高低于0.90 m时,窗洞口处的防护高度从窗台面起算不应低于0.90 m。

建筑防护栏杆构件应符合下列规定:阳台、外廊、室内外平台、露台、室内回廊、内天井、上人屋面及室外楼梯、台阶等临空处的防护栏杆,栏板或水平构件的间隙应大于30 mm且不应大于110 mm,有无障碍要求或挡水要求时,离楼面、地面或屋面100 mm高度处不应留空;住宅、托儿所、幼儿园、中小学及供少年儿童独自活动的场所,直接临空的通透防护栏杆垂直杆件的净间距不应大于110 mm且不宜小于30 mm;应采用防止少年儿童攀登的构造;该类场所的无障碍防护栏杆,当采用双层扶手时,下层扶手的高度不应低于700 mm,且扶手到可踏面之间不应设置少年儿童可登援的水平构件;住宅、托儿所、幼儿园、中小学及供少年儿童独自活动场所的楼梯,楼梯井净宽大于110 mm时,栏杆扶手应设置防止少年儿童攀滑的措施。

五、饰面板(砖)工程施工技术

饰面工程是指把饰面材料镶贴或安装到基体表面上以形成装饰层的过程。饰面工程可根据饰面材料的不同细分为饰面板工程和饰面砖工程。

(一)饰面板工程

饰面板工程包括内墙饰面板安装工程和高度不大于24 m、抗震设防烈度不大于8度的外墙饰面板安装工程的石板安装、陶瓷板安装、木板安装、金属板安装、塑料板安装等分项工程。

1. 粘贴法安装施工工艺

清除墙、柱基体上的灰尘、污垢,保证基体的平整、粗糙和湿润。

用1∶3的水泥砂浆在基体上抹12 mm厚的底灰,刮平、划毛。

按照设计图样和实际粘贴的部位,以及饰面板的规格及接缝宽度,在底灰上弹出水平线和垂直线。

饰面板粘贴前用水浸泡,取出晾干。饰面板粘贴之前,底灰上刷一道素水泥砂浆。饰面板粘贴时必须按弹线和标志进行,墙面的转角、阴阳角处均需拉垂直线,并进行兜方。粘贴第一层面板时,应以房间内最低的地漏处或水平线为准,并在板的下口用直尺托底。粘贴时在饰面板背面抹上3 mm厚的素水泥砂浆,贴上后用橡胶锤或木锤敲击,使之粘牢。

待整个墙面粘贴完毕,接缝处应用与饰面板颜色相同的水泥浆或石膏浆进行嵌缝。勾缝材料硬化后,用盐酸溶液刷洗后,再用清水冲洗干净。

2. 挂贴法安装施工工艺

安装前墙面应先抄平,进行预排。按设计要求在饰面板的四周侧面钻好绑扎铜丝的圆孔,以便将板材与基体表面的钢筋骨架绑扎固定。饰面板应自下而上进行安装,每层板由中

间或一端开始。饰面板用铜丝或不锈钢丝绑扎在钢筋网片上，板材的平整度、垂直度和接缝宽度用木楔调整。板材就位后，上下角的四角用石膏临时固定，确保板面平整。然后用1∶2的水泥砂浆分层灌缝，每层厚度为200 mm。下层终凝后再灌上层，直至板材水平接缝以下10 mm为止，安装好上一行板材后再继续灌缝，依次往上操作。安装好的板材接缝处用与板材颜色接近的水泥浆嵌缝，使缝隙密实干净，颜色一致。

3. 干挂法安装施工工艺

干挂法是直接在板材上打孔，然后用不锈钢连接器与埋在混凝土墙体内的膨胀螺栓相连，板与墙体间形成80～90 mm的空气层。该工艺多用于30 m以下的钢筋混凝土结构，造价较高，不适用于砖墙或加气混凝土基层。其主要施工工序包括：基层清理、墙面定位放线、龙骨制作安装、挑选石材、预排石材、石材开槽、石材干挂安装、调整打胶固定、勾缝清洁。

（二）饰面砖工程

饰面砖工程主要包括内墙饰面砖粘贴和高度不大于100 m、抗震设防烈度不大于8度、采用满粘法施工的外墙饰面砖粘贴等分项工程。

饰面砖镶贴前应挑选、预排，使规格、颜色一致。基层表面残留的砂浆、灰尘等用钢丝刷洗干净，基层表面凸凹明显的部分应事先剔平，门窗口与墙交接处用水泥嵌填密实。基层表面用1∶3的水泥砂浆分层抹灰。抹灰时，注意找好檐口、窗台、腰线、雨篷等饰面的流水坡度和滴水线。

镶贴前按砖实际尺寸弹出控制线，定出水平标高和皮数，用水浸砖3～5 h。镶贴时先浇水湿润底层，根据弹线稳好平尺板。内墙面粘贴的顺序为：由下往上，由左往右，逐层粘贴。对于水池应由中心往两边分贴。如墙面有突出的管线、灯具、卫生器具支撑物等，应用整砖套割吻合，不得用非整砖拼凑镶贴。外墙面砖的粘贴顺序、粘贴要求等和内墙面砖基本相同。外墙面砖的粘贴排列方式较多，常用的有密缝粘贴和离缝粘贴，齐缝粘贴和错缝粘贴。阳角部位应用整砖，正立面的整砖应盖住侧立面整砖；对大面积墙面的粘贴除不规则部分外，其他都不裁砖。对突出的窗台、腰线等部位，粘贴时要做出一定的排水坡度，台面砖盖住立面砖。在完成一个层段的墙并检查合格后，用水泥砂浆勾缝，勾缝做成凹缝。面砖密缝处可用相同颜色的水泥擦缝，硬化后将表面清洗干净。

六、涂料涂饰、裱糊、软包工程施工技术

对于裱糊、软包，只需掌握其质量相关知识即可，将在后面第二章中的验收管理进行讲解，对施工要点考查不多，因此此处不加以叙述。本部分内容主要依据《住宅装饰装修工程施工规范》对水性涂料、溶剂型涂料和美术涂饰的涂饰工程施工进行详细叙述。

（一）一般规定

涂饰工程应在抹灰、吊顶、细部、地面及电气工程等已完成并验收合格后进行。

涂饰工程应优先采用绿色环保产品。

混凝土或抹灰基层涂刷溶剂型涂料时，含水率不得大于8%；涂刷水性涂料时，含水率不得大于10%；木质基层含水率不得大于12%。

施工现场环境温度宜为5～35 ℃，并应注意通风换气和防尘。

（二）主要材料质量要求

涂料的品种、颜色应符合设计要求，并应有产品性能检测报告和产品合格证书。

涂饰工程所用腻子的黏结强度应符合国家现行标准的有关规定。

（三）施工要点

基层处理应符合下列规定：

(1)混凝土及水泥砂浆抹灰基层：应满刮腻子、砂纸打光，表面应平整光滑、线角顺直。

(2)纸面石膏板基层：应按设计要求对板缝、钉眼进行处理后，满刮腻子、砂纸打光。

(3)清漆木质基层：表面应平整光滑、颜色谐调一致、表面无污染、裂缝、残缺等缺陷。

(4)调和漆木质基层：表面应平整、无严重污染。

(5)金属基层：表面应进行除锈和防锈处理。

七、地面工程施工技术

本部分内容主要依据《住宅装饰装修工程施工规范》对地面面层的铺贴安装工程施工等进行详细叙述。

（一）一般规定

地面铺装宜在地面隐蔽工程、吊顶工程、墙面抹灰工程完成并验收后进行。

天然石材在铺装前应采取防护措施，防止出现污损、泛碱等现象。

湿作业施工现场环境温度宜在5 ℃以上。

（二）主要材料质量要求

地面铺装材料的品种、规格、颜色等均匀符合设计要求并应有产品合格证书。

地面铺装时所用龙骨、垫木、毛地板等木料的含水率，以及防腐、防蛀、防火处理等均应符合国家现行标准、规范的有关规定。

（三）施工要点

石材、地面砖铺贴应符合下列规定：石材、地面砖铺贴前应浸水湿润。天然石材铺贴前应进行对色、拼花并试拼、编号；铺贴前应根据设计要求确定结合层砂浆厚度，拉十字线控制其厚度和石材、地面砖表面平整度；结合层砂浆宜采用体积比为1∶3的干硬性水泥砂浆，厚度宜高出实铺厚度2～3 mm。铺贴前应在水泥砂浆上刷一道水灰比为1∶2的素水泥浆或干铺水泥1～2 mm后洒水；石材、地面砖铺贴时应保持水平就位，用橡皮锤轻击使其与砂浆黏结紧密，同时调整其表面平整度及缝宽。铺贴后应及时清理表面，24 h后应用1∶1水泥浆灌缝，选择与地面颜色一致的颜料与白水泥拌和均匀后嵌缝。

竹、实木地板铺装应符合下列规定：

(1)基层平整度误差不得大于5 mm。

(2)铺装前应对基层进行防潮处理，防潮层宜涂刷防水涂料或铺设塑料薄膜。

(3)铺装前应对地板进行选配，宜将纹理、颜色接近的地板集中使用于一个房间或部位。

(4)木龙骨应与基层连接牢固，固定点间距不得大于600 mm。

(5)毛地板应与龙骨成30°或45°铺钉，板缝应为2～3 mm，相邻板的接缝应错开。

(6)在龙骨上直接铺装地板时，主次龙骨的间距应根据地板的长宽模数计算确定，地板

接缝应在龙骨的中线上。

(7)地板钉长度宜为板厚的2.5倍,钉帽应砸扁。固定时应从凹榫边30°角倾斜钉入。硬木地板应先钻孔,孔径应略小于地板钉直径。

(8)毛地板及地板与墙之间应留有8~10 mm的缝隙。

(9)地板磨光应先刨后磨,磨削应顺木纹方向,磨削总量应控制在0.3~0.8 mm内。

(10)单层直铺地板的基层必须平整、无油污。铺贴前应在基层刷一层薄而匀的底胶以提高黏结力。铺贴时基层和地板背面均应刷胶,待不黏手后再进行铺贴。拼板时应用榔头垫木块敲打紧密,板缝不得大于0.3 mm。溢出的胶液应及时清理干净。

涂饰施工一般方法:

(1)滚涂法。将蘸取漆液的毛辊先按W方式运动将涂料大致涂在基层上,然后用不蘸取漆液的毛辊紧贴基层上下、左右来回滚动,使漆液在基层上均匀展开,最后用蘸取漆液的毛辊按一定方向满滚一遍。阴角及上下口宜采用排笔刷涂找齐。

(2)喷涂法。喷枪压力宜控制为0.4~0.8 MPa。喷涂时喷枪与墙面应保持垂直,距离宜在500 mm左右,匀速平行移动。两行重叠宽度宜控制在喷涂宽度的1/3。

(3)刷涂法。宜按先左后右、先上后下、先难后易、先边后面的顺序进行。

木质基层涂刷清漆:木质基层上的节疤、松脂部位应用虫胶漆封闭,钉眼处应用油性腻子嵌补。在刮腻子、上色前,应涂刷一遍封闭底漆,然后反复对局部进行拼色和修色,每修完一次,刷一遍中层漆,干后打磨,直至色调协调统一,再做饰面漆。

木质基层涂刷调和漆:先满刷清油一遍,待其干后用油腻子将钉孔、裂缝、残缺处嵌刮平整,干后打磨光滑,再刷中层和面层油漆。

对泛碱、析盐的基层应先用3%的草酸溶液清洗,然后用清水冲刷干净或在基层上满刷一遍耐碱底漆,待其干后刮腻子,再涂刷面层涂料。

涂料、油漆打磨应待涂膜完全干透后进行,打磨应用力均匀,不得磨透露底。

八、建筑幕墙工程施工技术

本部分内容主要依据《建筑幕墙》《玻璃幕墙工程技术规范》《金属与石材幕墙工程技术规范》对玻璃幕墙、金属板幕墙、石材幕墙、人造板材幕墙施工进行详细叙述。

(一)分类

按主要支承结构形式不同,可分为构件式幕墙、单元式幕墙、点支承幕墙、全玻幕墙、双层幕墙。

按密闭形式不同,可分为封闭式幕墙和开放式幕墙。

按面板材料不同,可分为玻璃幕墙、金属板幕墙、石材幕墙、人造板材幕墙、组合面板幕墙。

(二)玻璃幕墙

1. 一般规定

玻璃幕墙应具有足够的承载能力、刚度、稳定性和相对于主体结构的位移能力。采用螺栓连接的幕墙构件,应有可靠的防松、防滑措施;采用挂接或插接的幕墙构件,应有可靠的防脱、防滑措施。

玻璃幕墙的非承重胶缝应采用硅酮建筑密封胶。开启扇的周边缝隙宜采用氯丁橡胶、三元乙丙橡胶或硅橡胶密封条制品密封。

专家解读

玻璃幕墙的墙面大、胶缝多，建筑室内装修对水密性和气密性要求较高，如果所用胶的质量不能保证，将产生严重后果，所以应采用密封性和耐久性都较好的硅酮建筑密封胶。同理，幕墙的开启缝隙亦应采用性能较好的橡胶密封条。对全玻幕墙等依靠胶缝传力的情况，胶缝应采用硅酮结构密封胶。

隐框和半隐框玻璃幕墙，其玻璃与铝型材的黏结必须采用中性硅酮结构密封胶；全玻幕墙和点支承幕墙采用镀膜玻璃时，不应采用酸性硅酮结构密封胶黏结。

玻璃幕墙在制作时，除全玻幕墙外，不应在现场打注硅酮结构密封胶。

硅酮结构密封胶和硅酮建筑密封胶必须在有效期内使用。

幕墙开启窗的设置，应满足使用功能和立面效果要求，并应启闭方便，避免设置在梁、柱、隔墙等位置。开启扇的开启角度不宜大于30°，开启距离不宜大于300 mm。

硅酮结构密封胶使用前，应经国家认可的检测机构进行与其相接触材料的相容性和剥离黏结性试验，并应对邵氏硬度、标准状态拉伸黏结性能进行复验。检验不合格的产品不得使用。进口硅酮结构密封胶应具有商检报告。

人员流动密度大、青少年或幼儿活动的公共场所以及使用中容易受到撞击的部位，其玻璃幕墙应采用安全玻璃；对使用中容易受到撞击的部位，尚应设置明显的警示标志。

玻璃幕墙的防雷设计应符合国家现行标准《建筑防雷设计规范》和《民用建筑电气设计标准》的有关规定。幕墙的金属框架应与主体结构的防雷体系可靠连接，连接部位应清除非导电保护层。

专家解读

玻璃幕墙是附属于主体建筑的围护结构，幕墙的金属框架一般不单独作防雷接地，而是利用主体结构的防雷体系，与建筑本身的防雷设计相结合，因此要求应与主体结构的防雷体系可靠连接，并保持导电通畅。通常，玻璃幕墙的铝合金立柱，在不大于10 m范围内宜有一根柱采用柔性导线上、下连通，铜质导线截面积不宜小于25 mm^2，铝质导线截面积不宜小于30 mm^2。在主体建筑有水平均压环的楼层，对应导电通路立柱的预埋件或固定件应采用圆钢或扁钢与水平均压环焊接连通，形成防雷通路，焊缝和连线应涂防锈漆。扁钢截面不宜小于5 mm×40 mm，圆钢直径不宜小于12 mm。兼有防雷功能的幕墙压顶板宜采用厚度不小于3 mm的铝合金板制造，压顶板截面不宜小于70 mm^2（幕墙高度不小于150 m时）或50 mm^2（幕墙高度小于150 m时）。幕墙压顶板体系与主体结构屋顶的防雷系统应有效的连通。

主体结构或结构构件，应能够承受幕墙传递的荷载和作用。连接件与主体结构的锚固承载力设计值应大于连接件本身的承载力设计值。

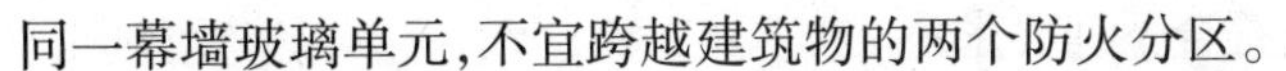

同一幕墙玻璃单元,不宜跨越建筑物的两个防火分区。

玻璃幕墙应采用反射比不大于0.30的幕墙玻璃,对有采光功能要求的玻璃幕墙,其采光折减系数不宜低于0.20。

预埋件的锚板宜采用Q235级钢。锚筋应采用HRB400级热轧钢筋,严禁采用冷加工钢筋。

预埋件的受力直锚筋不宜少于4根,且不宜多于4层;其直径不宜小于8 mm,且不宜大于25 mm。受剪预埋件的直锚筋可采用2根。预埋件的锚筋应放置在构件的外排主筋的内侧。

直锚筋与锚板应采用T型焊。当锚筋直径不大于20 mm时,宜采用压力埋弧焊;当锚筋直径大于20 mm时,宜采用穿孔塞焊。当采用手工焊时,焊缝高度不宜小于6 mm及$0.5d$(HPB235级钢筋)或$0.6d$(HRB335或HRB400级钢筋),d为锚筋直径。注:HPB235和HRB335级钢筋已停产。

硅酮结构密封胶应根据不同的受力情况进行承载力极限状态验算。在风荷载、水平地震作用下,硅酮结构密封胶的拉应力或剪应力设计值不应大于其强度设计值f_1,f_1应取0.2 N/mm^2;在永久荷载作用下,硅酮结构密封胶的拉应力或剪应力设计值不应大于其强度设计值f_2,f_2应取0.01 N/mm^2。

2. 框支承玻璃幕墙安装施工

框支承玻璃幕墙,宜采用安全玻璃。框支承玻璃幕墙单片玻璃的厚度不应小于6 mm,夹层玻璃的单片厚度不宜小于5 mm。夹层玻璃和中空玻璃的单片玻璃厚度相差不宜大于3 mm。

框支承玻璃幕墙横梁截面主要受力部位的厚度,应符合下列要求:

(1)当横梁跨度不大于1.2 m时,铝合金型材截面主要受力部位的厚度不应小于2.0 mm;当横梁跨度大于1.2 m时,其截面主要受力部位的厚度不应小于2.5 mm。型材孔壁与螺钉之间直接采用螺纹受力连接时,其局部截面厚度不应小于螺钉的公称直径。

(2)钢型材截面主要受力部位的厚度不应小于2.5 mm。

框支承玻璃幕墙立柱截面主要受力部位的厚度,应符合下列要求:

(1)铝型材截面开口部位的厚度不应小于3.0 mm,闭口部位的厚度不应小于2.5 mm;型材孔壁与螺钉之间直接采用螺纹受力连接时,其局部厚度尚不应小于螺钉的公称直径。

(2)钢型材截面主要受力部位的厚度不应小于3.0 mm。

框支承玻璃幕墙立柱可采用铝合金型材或钢型材。铝合金型材的表面处理应符合规范的要求;钢型材宜采用高耐候钢,碳素钢型材应采用热浸锌或采取其他有效防腐措施。处于腐蚀严重环境下的钢型材,应预留腐蚀厚度。

构件式玻璃幕墙立柱的安装应符合下列要求:

(1)立柱安装轴线偏差不应大于2 mm。

(2)相邻两根立柱安装标高偏差不应大于3 mm,同层立柱的最大标高偏差不应大于5 mm;相邻两根立柱固定点的距离偏差不应大于2 mm。

(3)立柱安装就位、调整后应及时紧固。

构件式玻璃幕墙横梁安装应符合下列要求:

(1)横梁应安装牢固,设计中横梁和立柱间留有空隙时,空隙宽度应符合设计要求。

(2)同一根横梁两端或相邻两根横梁的水平标高偏差不应大于1 mm。同层标高偏差:当一幅幕墙宽度不大于35 m时,不应大于5 mm;当一幅幕墙宽度大于35 m时,不应大于7 mm。

(3)当安装完成一层高度时,应及时进行检查、校正和固定。

构件式幕墙玻璃安装应按下列要求进行:

(1)玻璃安装前应进行表面清洁。除设计另有要求外,应将单片阳光控制镀膜玻璃的镀膜面朝向室内,非镀膜面朝向室外。

(2)应按规定型号选用玻璃四周的橡胶条,其长度宜比边框内槽口长1.5% ~2%;橡胶条斜面断开后应拼成预定的设计角度,并应采用黏结剂黏结牢固;镶嵌应平整。

专家解读

幕墙玻璃安装采用机械或人工吸盘,故要求玻璃表面擦拭干净,以避免发生漏气,保证施工安全。实际工程中,阳光控制镀膜玻璃曾发现有镀膜面安反的现象,这不仅影响装饰效果,而且影响其耐久性和使用寿命。因此,单片阳光控制镀膜玻璃的镀膜面一般应朝室内一侧;阳光控制镀膜中空玻璃镀膜面应在第二面;Low-E中空玻璃镀膜层位置应符合设计要求。安装玻璃的构件框槽底部应设两块定位橡胶块,玻璃四周的嵌入量及空隙应符合要求,左右空隙宜一致,使玻璃在建筑变形及温度变形时,在胶垫的夹持下竖向和水平向滑动,消除变形对玻璃的不利影响。

构件式玻璃幕墙中硅酮建筑密封胶的施工应符合下列要求:

(1)硅酮建筑密封胶的施工厚度应大于3.5 mm,施工宽度不宜小于施工厚度的2倍;较深的密封槽口底部应采用聚乙烯发泡材料填塞。

(2)硅酮建筑密封胶在接缝内应两对面黏结,不应三面黏结。

单元式玻璃幕墙在场内堆放单元板块时,应符合下列要求:宜设置专用堆放场地,并应有安全保护措施;宜存放在周转架上;应依照安装顺序先出后进的原则按编号排列放置;不应直接叠层堆放;不宜频繁装卸。

单元式玻璃幕墙起吊和就位应符合下列要求:

(1)吊点和挂点应符合设计要求,吊点不应少于2个。必要时可增设吊点加固措施并试吊。

(2)起吊单元板块时,应使各吊点均匀受力,起吊过程应保持单元板块平稳。

(3)吊装升降和平移应使单元板块不摆动、不撞击其他物体。

(4)吊装过程应采取措施保证装饰面不受磨损和挤压。

(5)单元板块就位时,应先将其挂到主体结构的挂点上,板块未固定前,吊具不得拆除。

3.全玻幕墙安装施工

全玻幕墙的板面不得与其他刚性材料直接接触。板面与装修面或结构面之间的空隙不应小于8 mm,且应采用密封胶密封。

面板玻璃的厚度不宜小于10 mm;夹层玻璃单片厚度不应小于8 mm。

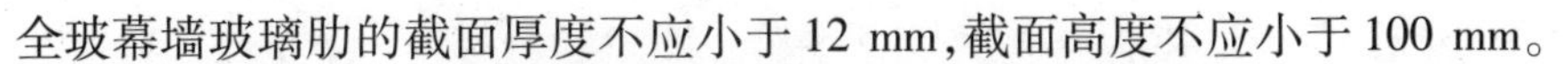

全玻幕墙玻璃肋的截面厚度不应小于 12 mm，截面高度不应小于 100 mm。

采用胶缝传力的全玻幕墙，其胶缝必须采用硅酮结构密封胶。

全玻幕墙安装前，应清洁镶嵌槽；中途暂停施工时，应对槽口采取保护措施。

全玻幕墙安装过程中，应随时检测和调整面板、玻璃肋的水平度和垂直度，使墙面安装平整。

每块玻璃的吊夹应位于同一平面，吊夹的受力应均匀。

全玻幕墙玻璃两边嵌入槽口深度及预留空隙应符合设计要求，左右空隙尺寸宜相同。

全玻幕墙的玻璃宜采用机械吸盘安装，并应采取必要的安全措施。

4. 点支承玻璃幕墙安装施工

点支承玻璃幕墙的面板玻璃应采用钢化玻璃。采用玻璃肋支承的点支承玻璃幕墙，其玻璃肋应采用钢化夹层玻璃。

采用浮头式连接件的幕墙玻璃厚度不应小于 6 mm；采用沉头式连接件的幕墙玻璃厚度不应小于 8 mm。安装连接件的夹层玻璃和中空玻璃，其单片厚度也应符合上述要求。玻璃之间的空隙宽度不应小于 10 mm，且应采用硅酮建筑密封胶嵌缝。

支承头应能适应玻璃面板在支承点处的转动变形。

点支承玻璃幕墙支承结构的安装应符合下列要求：

(1) 钢结构安装过程中，制孔、组装、焊接和涂装等工序均应符合现行国家标准《钢结构工程施工质量验收标准》的有关规定。

(2) 大型钢结构构件应进行吊装设计，并应试吊。

(3) 钢结构安装就位、调整后应及时紧固，并应进行隐蔽工程验收。

(4) 钢构件在运输、存放和安装过程中损坏的涂层以及未涂装的安装连接部位，应按现行国家标准《钢结构工程施工质量验收标准》的有关规定补涂。

专家解读

当高层建筑的玻璃幕墙安装与主体结构施工交叉作业时，在主体结构的施工层下方应设置防护网；在距离地面约 3 m 高度处，应设置挑出宽度不小于 6 m 的水平防护网。

典型例题

【单选题】关于玻璃幕墙工程的说法，正确的是（　　）。

A. 采用胶缝传力的，胶缝可采用硅酮耐候密封胶

B. 全玻璃幕墙的板面不得与其他刚性材料直接接触

C. 全玻璃幕墙不可以在现场打注硅酮结构密封胶

D. 不同金属的接触面之间可直接密贴连接

B。**【解析】**全玻幕墙的板面不得与其他刚性材料直接接触。板面与装修面或结构面之间的空隙不应小于 8 mm，且应采用密封胶密封。采用胶缝传力的全玻幕墙，其胶缝必须采用硅酮结构密封胶。除全玻幕墙外，不应在现场打注硅酮结构密封胶。除不锈钢外，玻璃幕墙中不同金属材料接触处，应合理设置绝缘垫片或采取其他防腐蚀措施。

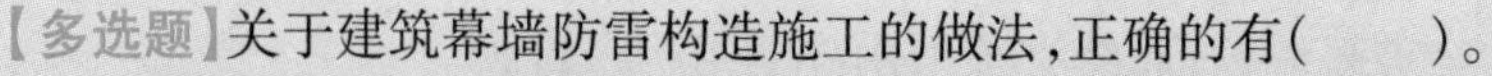

【多选题】关于建筑幕墙防雷构造施工的做法，正确的有（　　）。

A. 幕墙的金属框架应与主体结构的防雷体系可靠连接

B. 每三层设一道均压环

C. 每隔 15 m 上下立柱有效连接

D. 有镀膜层的构件，应除去其镀膜层后进行连接

E. 防雷连接的钢构件在完成后都应进行防锈油漆处理

ABDE。【解析】玻璃幕墙是附属于主体建筑的围护结构，幕墙的金属框架一般不单独作防雷接地，而是利用主体结构的防雷体系，与建筑本身的防雷设计相结合。因此要求应与主体结构的防雷体系可靠连接，并保持导电通畅。通常，玻璃幕墙的铝合金上下立柱宜在不大于 10 m 范围内进行有效连接。故选项 C 错误。

（三）金属与石材幕墙工程

1. 材料

花岗石板材的弯曲强度应经法定检测机构检测确定，其弯曲强度不应小于 8.0 MPa。

同一幕墙工程应采用同一品牌的单组分或双组分的硅酮结构密封胶，并应有保质年限的质量证书。用于石材幕墙的硅酮结构密封胶还应有证明无污染的试验报告。

同一幕墙工程应采用同一品牌的硅酮结构密封胶和硅酮耐候密封胶配套使用。

2. 性能与构造

石材幕墙中的单块石材板面面积不宜大于 1.5 m^2。

幕墙构架的立柱与横梁在风荷载标准值作用下，钢型材的相对挠度不应大于 $l/300$（l 为立柱或横梁两支点间的跨度，下同），绝对挠度不应大于 15 mm；铝合金型材的相对挠度不应大于 $l/180$，绝对挠度不应大于 20 mm。

幕墙在风荷载标准值除以阵风系数后的风荷载值作用下，不应发生雨水渗漏。其雨水渗漏性能应符合设计要求。

幕墙的钢框架结构应设温度变形缝。

幕墙的保温材料可与金属板、石板结合在一起，但应与主体结构外表面有 50 mm 以上的空气层。

金属与石材幕墙的防火除应符合现行国家标准《建筑设计防火规范》的有关规定外，还应符合下列规定：

（1）防火层应采取隔离措施，并应根据防火材料的耐火极限，决定防火层的厚度和宽度，且应在楼板处形成防火带。

（2）幕墙的防火层必须采用经防腐处理且厚度不小于 1.5 mm 的耐热钢板，不得采用铝板。

（3）防火层的密封材料应采用防火密封胶，防火密封胶应有法定检测机构的防火检验报告。

金属与石材幕墙的防雷设计除应符合现行国家标准《建筑物防雷设计规范》的有关规定外，还应符合下列规定：

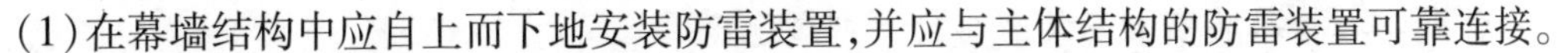

(1)在幕墙结构中应自上而下地安装防雷装置,并应与主体结构的防雷装置可靠连接。

(2)导线应在材料表面的保护膜除掉部位进行连接。

(3)幕墙的防雷装置设计及安装应经建筑设计单位认可。

3.结构设计

钢销式石材幕墙可在非抗震设计或6度、7度抗震设计幕墙中应用,幕墙高度不宜大于20 m,石板面积不宜大于1.0 m^2。钢销和连接板应采用不锈钢。连接板截面尺寸不宜小于40 mm×4 mm。

横梁应通过角码、螺钉或螺栓与立柱连接,角码应能承受横梁的剪力。螺钉直径不得小于4 mm,每处连接螺钉数量不应少于3个,螺栓不应少于2个。横梁与立柱之间应有一定的相对位移能力。

上下立柱之间应有不小于15 mm的缝隙,并应采用芯柱连接。芯柱总长度不应小于400 mm。芯柱与立柱应紧密接触。芯柱与下柱之间应采用不锈钢螺栓固定。

立柱应采用螺栓与角码连接,并再通过角码与预埋件或钢构件连接。螺栓直径不应小于10 mm,连接螺栓应按现行国家标准《钢结构设计规范》进行承载力计算。立柱与角码采用不同金属材料时应采用绝缘垫片分隔。

4.加工制作与安装施工

幕墙在制作前,应对建筑物的设计施工图进行核对,并应对已建的建筑物进行复测,按实测结果调整幕墙图纸中的偏差,经设计单位同意后方可加工组装。

用硅酮结构密封胶黏结固定构件时,注胶应在温度15 ℃以上30 ℃以下,相对湿度50%以上,且洁净、通风的室内进行,胶的宽度、厚度应符合设计要求。

钢销式安装的石板加工应符合下列规定:

(1)钢销的孔位应根据石板的大小而定。孔位距离边端不得小于石板厚度的3倍,也不得大于180 mm;钢销间距不宜大于600 mm;边长不大于1.0 m时每边应设两个钢销,边长大于1.0 m时应采用复合连接。

(2)石板的钢销孔的深度宜为22~33 mm,孔的直径宜为7 mm或8 mm,钢销直径宜为5 mm或6 mm,钢销长度宜为20~30 mm。

(3)石板的钢销孔处不得有损坏或崩裂现象,孔径内应光滑、洁净。

金属与石材幕墙构件应按同一种类构件的5%进行抽样检查,且每种构件不得少于5件。当有一个构件抽检不符合上述规定时,应加倍抽样复验,全部合格后方可出厂。

金属、石材幕墙与主体结构连接的预埋件,应在主体结构施工时按设计要求埋设。预埋件应牢固,位置准确,预埋件的位置误差应按设计要求进行复查。当设计无明确要求时,预埋件的标高偏差不应大于10 mm,预埋件位置差不应大于20 mm。

金属与石材幕墙立柱的安装应符合下列规定:

(1)立柱安装标高偏差不应大于3 mm,轴线前后偏差不应大于2 mm,左右偏差不应大于3 mm。

(2)相邻两根立柱安装标高偏差不应大于3 mm,同层立柱的最大标高偏差不应大于5 mm,相邻两根立柱的距离偏差不应大于2 mm。

金属与石材幕墙横梁安装应符合下列规定：

(1)应将横梁两端的连接件及垫片安装在立柱的预定位置，并应安装牢固，其接缝应严密。

(2)相邻两根横梁的水平标高偏差不应大于1 mm。当一幅幕墙宽度小于或等于35 m时，同层标高偏差不应大于5 mm；当一幅幕墙宽度大于35 m时，同层标高偏差不应大于7 mm。

金属板与石板安装应符合下列规定：

(1)应对横竖连接件进行检查、测量、调整。

(2)金属板、石板安装时，左右、上下的偏差不应大于1.5 mm。

(3)金属板、石板空缝安装时，必须有防水措施，并应有符合设计要求的排水出口。

(4)填充硅酮耐候密封胶时，金属板、石板缝的宽度、厚度应根据硅酮耐候密封胶的技术参数，经计算后确定。

幕墙安装过程中宜进行接缝部位的雨水渗漏检验。

幕墙安装施工应对下列项目进行验收：主体结构与立柱、立柱与横梁连接节点安装及防腐处理；幕墙的防火、保温安装；幕墙的伸缩缝、沉降缝、防震缝及阴阳角的安装；幕墙的防雷节点的安装；幕墙的封口安装。

(四)人造板材幕墙工程

1.一般规定

幕墙应与主体结构可靠连接。连接件与主体结构的锚固承载力设计值应大于连接件本身的承载力设计值。

面板及其连接设计，应根据幕墙面板的材质、截面形状和建筑装饰要求确定。面板与幕墙构件的连接，宜采用下列形式：

(1)瓷板、微晶玻璃板宜采用短挂件连接、通长挂件连接和背栓连接。

(2)陶板宜采用短挂件连接，也可采用通长挂件连接。

(3)纤维水泥板宜采用穿透支承连接或背栓支承连接，也可采用通长挂件连接。穿透连接的基板厚度不应小于8 mm，背栓连接的基板厚度不应小于12 mm，通长挂件连接的基板厚度不应小于15 mm。

(4)石材蜂窝板宜通过板材背面预置螺母连接。

(5)木纤维板宜采用末端形式为刮削式(SC)的螺钉连接或背栓连接，也可采用穿透连接。采用穿透连接的板材厚度不应小于6 mm，采用背面连接或背栓连接的木纤维板厚度不应小于8 mm。

横梁和立柱之间的连接设计，应符合下列规定：

(1)横梁和立柱之间可通过连接件、螺栓、螺钉或销钉与立柱连接。

(2)连接角码应能承受横梁传递的剪力和扭矩，连接件的截面厚度应经过计算确定且不宜小于3 mm；角码和横梁采用不同金属材料时，除不锈钢外，应采取措施防止双金属腐蚀。

(3)连接件与立柱之间的连接螺栓、螺钉或销钉应满足抗拉、抗剪、抗扭承载力的要求。螺栓、螺钉或销钉应采用奥氏体型不锈钢制品；螺栓、螺钉的直径，不宜小于6 mm；销钉的直径不宜小于5；螺栓、螺钉和销钉的数量，均不得少于2个。

(4)钢横梁和钢立柱之间可采用焊缝连接，焊缝承载能力应满足设计要求。

2. 安装施工

当预埋件位置偏差过大或主体结构未埋设预埋件时，应制定补救措施或可靠连接方案，经与业主、土建设计单位洽商后方可实施。

由于主体结构施工偏差过大而妨碍幕墙施工安装时，应会同业主、土建承建商洽商相应措施，并在幕墙安装施工前实施。

幕墙立柱的安装应符合下列规定：

(1)立柱安装轴线偏差不应大于2 mm。

(2)相邻两根立柱安装标高偏差不应大于3 mm，同层立柱端部的标高偏差不应大于5 mm。相邻两根立柱固定点的距离偏差不应大于2 mm。

(3)立柱安装就位、调整后应及时紧固。

幕墙面板安装应符合下列规定：

(1)安装面板前，应按规定的面板材料进行面板的弯曲强度试验。用于寒冷地区的幕墙面板，还应进行抗冻性试验。

(2)面板表面防护应符合设计要求。

(3)检查面板用胶黏剂的相容性和密封胶的污染性，面板用胶黏剂应符合规定。

(4)根据连接方式确定幕墙面板的安装顺序，预安装并调整后，需在孔、槽内注胶黏剂的面板，胶黏剂的品种和性能应符合规定。

幕墙面板开缝安装时，应对主体结构采取可靠的防水措施，并应有符合设计要求的排水出口。

板缝密封施工，不得在雨天打胶，也不宜在夜晚进行。打胶温度应符合设计要求和产品要求，打胶前应使打胶面清洁、干燥。较深的密封槽口底部应采用聚乙烯发泡材填塞。

九、建筑内部装修设计防火要求

建筑内部装修设计应积极采用不燃性材料和难燃性材料，避免采用燃烧时产生大量浓烟或有毒气体的材料，做到安全适用，技术先进，经济合理。

(一)装修材料的分类和分级

装修材料按其使用部位和功能，可划分为顶棚装修材料、墙面装修材料、地面装修材料、隔断装修材料、固定家具、装饰织物、其他装修装饰材料七类。其他装修装饰材料系指楼梯扶手、挂镜线、踢脚板、窗帘盒、暖气罩等。

装修材料按其燃烧性能应划分为四级，并应符合表1-35的规定。

表1-35　装修材料燃烧性能等级

等级	装修材料燃烧性能
A	不燃性
B_1	难燃型
B_2	可燃性
B_3	易燃性

安装在金属龙骨上燃烧性能达到 B_1 级的纸面石膏板、矿棉吸声板，可作为 A 级装修材料使用。

单位面积质量小于 300 g/m^2 的纸质、布质壁纸，当直接粘贴在 A 级基材上时，可作为 B_1 级装修材料使用。

施涂于 A 级基材上的无机装修涂料，可作为 A 级装修材料使用；施涂于 A 级基材上，湿涂覆比小于 1.5 kg/m^2，且涂层干膜厚度不大于 1.0 mm 的有机装修涂料，可作为 B_1 级装修材料使用。

（二）特别场所

建筑内部装修不应擅自减少、改动、拆除、遮挡消防设施、疏散指示标志、安全出口、疏散出口、疏散走道和防火分区、防烟分区等。

建筑内部消火栓箱门不应被装饰物遮掩，消火栓箱门四周的装修材料颜色应与消火栓箱门的颜色有明显区别或在消火栓箱门表面设置发光标志。

疏散走道和安全出口的顶棚、墙面不应采用影响人员安全疏散的镜面反光材料。

地上建筑的水平疏散走道和安全出口的门厅，其顶棚应采用 A 级装修材料，其他部位应采用不低于 B_1 级的装修材料；地下民用建筑的疏散走道和安全出口的门厅，其顶棚、墙面和地面均应采用 A 级装修材料。

疏散楼梯间和前室的顶棚、墙面和地面均应采用 A 级装修材料。

建筑物内设有上下层相连通的中庭、走马廊、开敞楼梯、自动扶梯时，其连通部位的顶棚、墙面应采用 A 级装修材料，其他部位应采用不低于 B_1 级的装修材料。

建筑内部变形缝（包括沉降缝、伸缩缝、抗震缝等）两侧基层的表面装修应采用不低于 B_1 级的装修材料。

无窗房间内部装修材料的燃烧性能等级除 A 级外，应在《建筑内部装修设计防火规范》相关规定的基础上提高一级。

消防水泵房、机械加压送风排烟机房、固定灭火系统钢瓶间、配电室、变压器室、发电机房、储油间、通风和空调机房等，其内部所有装修均应采用 A 级装修材料。

消防控制室等重要房间，其顶棚和墙面应采用 A 级装修材料，地面及其他装修应采用不低于 B_1 级的装修材料。

建筑物内的厨房，其顶棚、墙面、地面均应采用 A 级装修材料。

经常使用明火器具的餐厅、科研试验室，其装修材料的燃烧性能等级除 A 级外，应在《建筑内部装修设计防火规范》相关规定的基础上提高一级。

民用建筑内的库房或贮藏间，其内部所有装修除应符合相应场所规定外，且应采用不低于 B_1 级的装修材料。

展览性场所装修设计应符合下列规定：

（1）展台材料应采用不低于 B_1 级的装修材料。

（2）在展厅设置电加热设备的餐饮操作区内，与电加热设备贴邻的墙面、操作台均应采用 A 级装修材料。

（3）展台与卤钨灯等高温照明灯具贴邻部位的材料应采用 A 级装修材料。

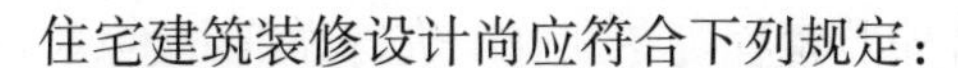

住宅建筑装修设计尚应符合下列规定：

(1)不应改动住宅内部烟道、风道。

(2)厨房内的固定橱柜宜采用不低于 B_1级的装修材料。

(3)卫生间顶棚宜采用 A 级装修材料。

(4)阳台装修宜采用不低于 B_1级的装修材料。

照明灯具及电气设备、线路的高温部位，当靠近非 A 级装修材料或构件时，应采取隔热、散热等防火保护措施，与窗帘、帷幕、幕布、软包等装修材料的距离不应小于 500 mm；灯饰应采用不低于 B_1级的材料。

建筑内部的配电箱、控制面板、接线盒、开关、插座等不应直接安装在低于 B_1级的装修材料上；用于顶棚和墙面装修的木质类板材，当内部含有电器、电线等物体时，应采用不低于 B_1级的材料。

当室内顶棚、墙面、地面和隔断装修材料内部安装电加热供暖系统时，室内采用的装修材料和绝热材料的燃烧性能等级应为 A 级。当室内顶棚、墙面、地面和隔断装修材料内部安装水暖(或蒸汽)供暖系统时，其顶棚采用的装修材料和绝热材料的燃烧性能应为 A 级，其他部位的装修材料和绝热材料的燃烧性能不应低于 B_1级，且尚应符合相关公共场所的规定。

建筑内部不宜设置采用 B_3级装饰材料制成的壁挂、布艺等，当需要设置时，不应靠近电气线路、火源或热源，或采取隔离措施。

(三)民用建筑

单层、多层、高层、地下民用建筑内部各部位装修材料的燃烧性能等级，不应低于《建筑内部装修设计防火规范》的相关规定。

电视塔等特殊高层建筑的内部装修，装饰织物应采用不低于 B_1级的材料，其他均应采用 A 级装修材料。

地下民用建筑系指单层、多层、高层民用建筑的地下部分，单独建造在地下的民用建筑以及平战结合的地下人防工程。

(四)厂房仓库

厂房内部和仓库内部各部位装修材料的燃烧性能等级，不应低于《建筑内部装修设计防火规范》的相关规定。

当厂房的地面为架空地板时，其地面应采用不低于 B_1级的装修材料。

附设在工业建筑内的办公、研发、餐厅等辅助用房，当采用现行国家标准《建筑设计防火规范》规定的防火分隔和疏散设施时，其内部装修材料的燃烧性能等级可按民用建筑的规定执行。

模块六　建筑工程季节性施工技术

一、冬期施工技术

该部分内容主要依据《建筑工程冬期施工规程》《砌体结构工程施工规范》《混凝土结构工程施工规范》对建筑地基基础工程、砌体工程、钢筋工程、混凝土工程、保温及屋面防水工程、建筑装饰装修工程、钢结构工程、混凝土构件安装工程等冬期施工进行详细叙述。

(一)建筑地基基础工程

1. 一般规定

建筑场地宜在冻结前清除地上和地下障碍物、地表积水,并应平整场地与道路。冬期应及时清除积雪,春融期应作好排水。

同一建筑物基槽(坑)开挖时应同时进行,基底不得留冻土层。基础施工中,应防止地基土被融化的雪水或冰水浸泡。

2. 土方工程

冻土挖掘应根据冻土层的厚度和施工条件,采用机械、人工或爆破等方法进行,并应符合下列规定:

(1)人工挖掘冻土可采用锤击铁楔子劈冻土的方法分层进行;铁楔子长度应根据冻土层厚度确定,且宜在300~600 mm内取值。

(2)机械挖掘冻土可根据冻土层厚度按表1-36选用设备。

(3)爆破法挖掘冻土应选择具有专业爆破资质的队伍,爆破施工应按国家有关规定进行。

表1-36　机械挖掘冻土设备选择表

冻土厚度/mm	挖掘设备
<500	铲运机、挖掘机
500~1 000	松土机、挖掘机
1 000~1 500	重锤或重球

在挖方上边弃置冻土时,其弃土堆坡脚至挖方边缘的距离应为常温下规定的距离加上弃土堆的高度。

挖掘完毕的基槽(坑)应采取防止基底部受冻的措施,因故未能及时进行下道工序施工时,应在基槽(坑)底标高以上预留土层,并应覆盖保温材料。

土方回填时,每层铺土厚度应比常温施工时减少20%~25%,预留沉陷量应比常温施工时增加。对于大面积回填土和有路面的路基及其人行道范围内的平整场地填方,可采用含有冻土块的土回填,但冻土块的粒径不得大于150 mm,其含量不得超过30%。铺填时冻土块应分散开,并应逐层夯实。

冬期施工应在填方前清除基底上的冰雪和保温材料,填方上层部位应采用未冻的或透水性好的土方回填,其厚度应符合设计要求。填方边坡的表层1 m以内,不得采用含有冻土块的土填筑。

室外的基槽(坑)或管沟可采用含有冻土块的土回填,冻土块粒径不得大于150 mm,含量不得超过15%,且应均匀分布。管沟底以上500 mm范围内不得用含有冻土块的土回填。

室内的基槽(坑)或管沟不得采用含有冻土块的土回填,施工应连续进行并应夯实。当采用人工夯实时,每层铺土厚度不得超过200 mm,夯实厚度宜为100~150 mm。

室内地面垫层下回填的土方,填料中不得含有冻土块,并应及时夯实。填方完成后至地

面施工前,应采取防冻措施。

3. 地基处理、桩基础、基坑支护

黏性土或粉土地基的强夯,宜在被夯土层表面铺设粗颗粒材料,并应及时清除黏结于锤底的土料。

冻土地基可采用干作业钻孔桩、挖孔灌注桩等或沉管灌注桩、预制桩等施工。

桩基施工时,当冻土层厚度超过 500 mm,冻土层宜采用钻孔机引孔,引孔直径不宜大于桩径 20 mm。

桩基静荷载试验前,应将试桩周围的冻土融化或挖除。试验期间,应对试桩周围地表土和锚桩横梁支座进行保温。

基坑支护冬期施工宜选用排桩和土钉墙的方法。

(二)砌体工程

1. 一般规定

冬期施工所用材料应符合下列规定:

(1)砌筑前,应清除块材表面污物和冰霜,遇水浸冻后的砖或砌块不得使用。

(2)石灰膏应防止受冻,当遇冻结,应经融化后方可使用。

(3)拌制砂浆所用砂,不得含有冰块和直径大于 10 mm 的冻结块。

(4)砂浆宜采用普通硅酸盐水泥拌制,冬期砌筑不得使用无水泥拌制的砂浆。

(5)拌合砂浆宜采用两步投料法,水的温度不得超过 80 ℃,砂的温度不得超过 40 ℃,砂浆稠度宜较常温适当增大。

(6)砌筑时砂浆温度不应低于 5 ℃。

(7)砌筑砂浆试块的留置,除应按常温规定要求外,尚应增设一组与砌体同条件养护的试块。

冬期施工过程中,施工记录除应按常规要求外,尚应包括室外温度、暖棚气温、砌筑砂浆温度及外加剂掺量。

冬期施工过程中,不得使用已冻结的砂浆,严禁用热水掺入冻结砂浆内重新搅拌使用,且不宜在砌筑时的砂浆内掺水。

当混凝土小砌块冬期施工砌筑砂浆强度等级低于 M10 时,其砂浆强度等级应比常温施工提高一级。

冬期施工的砖砌体应采用“三一”砌筑法施工。每日砌筑高度不宜超过 1.2 m,砌筑后应在砌体表面覆盖保温材料,砌体表面不得留有砂浆。在继续砌筑前,应清理干净砌筑表面的杂物,然后再施工。

提示

根据当地气象资料确定,当室外日平均气温连续 5 天稳定低于 5 ℃时,砌体工程应采取冬期施工措施。砌体工程冬期施工应有完整的冬期施工方案。

2. 外加剂法

砌体工程冬期施工用砂浆应选用外加剂法。

当最低气温不高于 -15 ℃时，采用外加剂法砌筑承重砌体，其砂浆强度等级应按常温施工时的规定提高一级。

在氯盐砂浆中掺加砂浆增塑剂时，应先加氯盐溶液后再加砂浆增塑剂。

外加剂溶液应由专人配制，并应先配制成规定浓度溶液置于专用容器中，再按使用规定加入搅拌机中。

下列砌体工程，不得采用掺氯盐的砂浆：对可能影响装饰效果的建筑物；使用湿度大于80%的建筑物；热工要求高的工程；配筋、铁埋件无可靠的防腐处理措施的砌体；接近高压电线的建筑物；经常处于地下水位变化范围内，而又无防水措施的砌体；经常受 40 ℃以上高温影响的建筑物。

砖与砂浆的温度差值砌筑时宜控制在 20 ℃以内，且不应超过 30 ℃。

3. 暖棚法

地下工程、基础工程以及建筑面积不大又急需砌筑使用的砌体结构应采用暖棚法施工。

当采用暖棚法施工时，块体和砂浆在砌筑时的温度不应低于 5 ℃。距离所砌结构底面 0.5 m 处的棚内温度也不应低于 5 ℃。

在暖棚内的砌体养护时间，应符合表 1-37 的规定。

表 1-37　暖棚法砌体的养护时间

暖棚内温度/℃	5	10	15	20
养护时间不少于/天	6	5	4	3

采用暖棚法施工，搭设的暖棚应牢固、整齐。宜在背风面设置一个出入口，并应采取保温避风措施。当需设两个出入口时，两个出入口不应对齐。

（三）钢筋工程

1. 一般规定

钢筋调直冷拉温度不宜低于 -20 ℃。预应力钢筋张拉温度不宜低于 -15 ℃。

钢筋负温焊接，可采用闪光对焊、电弧焊、电渣压力焊等方法。当采用细晶粒热轧钢筋时，其焊接工艺应经试验确定。当环境温度低于 -20 ℃时，不宜进行施焊。

负温条件下使用的钢筋，施工过程中应加强管理和检验，钢筋在运输和加工过程中应防止撞击和刻痕。

当环境温度低于 -20 ℃时，不得对 HRB400 钢筋进行冷弯加工。

2. 钢筋负温焊接

雪天或施焊现场风速超过三级风焊接时，应采取遮蔽措施，焊接后未冷却的接头应避免碰到冰雪。

钢筋负温电弧焊宜采取分层控温施焊。热轧钢筋焊接的层间温度宜控制在 150 ~ 350 ℃之间。

钢筋负温电弧焊可根据钢筋牌号、直径、接头形式和焊接位置选择焊条和焊接电流。焊接时应采取防止产生过热、烧伤、咬肉和裂缝等措施。

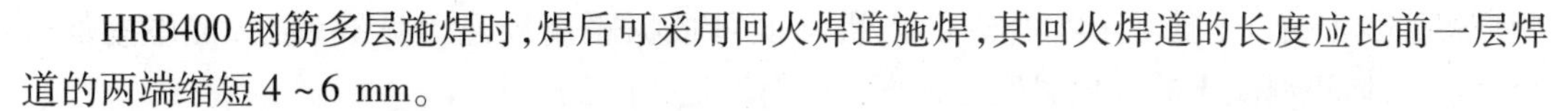

HRB400 钢筋多层施焊时，焊后可采用回火焊道施焊，其回火焊道的长度应比前一层焊道的两端缩短 4～6 mm。

钢筋负温电渣压力焊应符合下列规定：

(1)电渣压力焊宜用于 HRB400 热轧带肋钢筋。

(2)电渣压力焊机容量应根据所焊钢筋直径选定。

(3)焊剂应存放于干燥库房内，在使用前经 250～300 ℃烘焙 2 h 以上。

(4)焊接前，应进行现场负温条件下的焊接工艺试验，经检验满足要求后方可正式作业。

(四)混凝土工程

根据当地多年气象资料统计，当室外日平均气温连续 5 日稳定低于 5 ℃时，应采取冬期施工措施；当室外日平均气温连续 5 日稳定高于 5 ℃时，可解除冬期施工措施。当混凝土未达到受冻临界强度而气温骤降至 0 ℃以下时，应按冬期施工的要求采取应急防护措施。工程越冬期间，应采取维护保温措施。

冬期施工混凝土宜采用硅酸盐水泥或普通硅酸盐水泥；采用蒸汽养护时，宜采用矿渣硅酸盐水泥。

用于冬期施工混凝土的粗、细骨料中，不得含有冰、雪冻块及其他易冻裂物质。

冬期施工混凝土配合比，应根据施工期间环境气温、原材料、养护方法、混凝土性能要求等经试验确定，并宜选择较小的水胶比和坍落度。

冬期施工混凝土搅拌前，原材料预热应符合下列规定：

(1)宜加热拌合水，当仅加热拌合水不能满足热工计算要求时，可加热骨料；拌合水与骨料的加热温度可通过热工计算确定，加热温度不应超过表 1-38 的规定；当拌合水和骨料的温度仍不能满足热工计算要求时，可提高水温到 100 ℃，但水泥不得与 80 ℃以上的水直接接触。

(2)水泥、外加剂、矿物掺合料不得直接加热，应置于暖棚内预热。

表 1-38 拌合水及骨料最高加热温度

单位：℃

水泥强度等级	拌合水	骨料
42.5 以下	80	60
42.5、42.5R 及以上	60	40

冬期施工混凝土搅拌应符合下列规定：

(1)液体防冻剂使用前应搅拌均匀，由防冻剂溶液带入的水分应从混凝土拌合水中扣除。

(2)蒸汽法加热骨料时，应加大对骨料含水率测试频率，并应将由骨料带入的水分从混凝土拌合水中扣除。

(3)混凝土搅拌前应对搅拌机械进行保温或采用蒸汽进行加温，搅拌时间应比常温搅拌时间延长 30～60 s。

(4)混凝土搅拌时应先投入骨料与拌合水，预拌后再投入胶凝材料与外加剂。胶凝材料、引气剂或含引气组分外加剂不得与 60 ℃以上热水直接接触。

混凝土拌合物的出机温度不宜低于 10 ℃，入模温度不应低于 5 ℃；预拌混凝土或需远距离运输的混凝土，混凝土拌合物的出机温度可根据距离经热工计算确定，但不宜低于15 ℃。大体积混凝土的入模温度可根据实际情况适当降低。

混凝土运输、输送机具及泵管应采取保温措施。当采用泵送工艺浇筑时，应采用水泥浆或水泥砂浆对泵和泵管进行润滑、预热。混凝土运输、输送与浇筑过程中应进行测温，其温度应满足热工计算的要求。

混凝土浇筑前，应清除地基、模板和钢筋上的冰雪和污垢，并应进行覆盖保温。

混凝土分层浇筑时，分层厚度不应小于400 mm。在被上一层混凝土覆盖前，已浇筑层的温度应满足热工计算要求，且不得低于2 ℃。

冬期浇筑的混凝土，其受冻临界强度应符合下列规定：

(1)当采用蓄热法、暖棚法、加热法施工时，采用硅酸盐水泥、普通硅酸盐水泥配制的混凝土，不应低于设计混凝土强度等级值的30%；采用矿渣硅酸盐水泥、粉煤灰硅酸盐水泥、火山灰质硅酸盐水泥、复合硅酸盐水泥配制的混凝土时，不应低于设计混凝土强度等级值的40%。

(2)当室外最低气温不低于－15 ℃时，采用综合蓄热法、负温养护法施工的混凝土受冻临界强度不应低于4.0 MPa；当室外最低气温不低于－30 ℃时，采用负温养护法施工的混凝土受冻临界强度不应低于5.0 MPa。

(3)强度等级等于或高于C50的混凝土，不宜低于设计混凝土强度等级值的30%。

(4)有抗渗要求的混凝土，不宜小于设计混凝土强度等级值的50%。

(5)有抗冻耐久性要求的混凝土，不宜低于设计混凝土强度等级值的70%。

(6)当采用暖棚法施工的混凝土中掺入早强剂时，可按综合蓄热法受冻临界强度取值。

(7)当施工需要提高混凝土强度等级时，应按提高后的强度等级确定受冻临界强度。

混凝土浇筑后，对裸露表面应采取防风、保湿、保温措施，对边、棱角及易受冻部位应加强保温。在混凝土养护和越冬期间，不得直接对负温混凝土表面浇水养护。

混凝土强度未达到受冻临界强度和设计要求时，应继续进行养护。当混凝土表面温度与环境温度之差大于20 ℃时，拆模后的混凝土表面应立即进行保温覆盖。

除了上述内容外，混凝土冬期施工还需掌握混凝土施工期间的测温项目与频次。《建筑工程冬期施工规程》规定，施工期间的测温项目与频次应符合表1-39规定。

表1-39　施工期间的测温项目与频次

测温项目	频次
室外气温	测量最高、最低气温
环境温度	每昼夜不少于4次
搅拌机棚温度	每一工作班不少于4次
水、水泥、矿物掺合料、砂、石及外加剂溶液温度	每一工作班不少于4次
混凝土出机、浇筑、入模温度	每一工作班不少于4次

【单选题】混凝土工程在冬季施工时正确的做法是(　　)。

A. 采用蒸汽养护时,宜选用矿渣硅酸盐水泥

B. 确定配合比时,宜选择较大的水胶比和坍落度

C. 水泥、外加剂、矿物掺合料可以直接加热

D. 当需要提高混凝土强度等级时,应按提高前的强度等级确定受冻临界强度

A。【解析】冬期施工时,混凝土的配合比设计应尽量采用较小的水胶比和坍落度。故选项B错误。水泥、外加剂、矿物掺合料一般应在暖棚内预热后才可加热,不得直接加热。故选线C错误。当施工需要提高混凝土强度等级时,应按提高后的强度等级确定受冻临界强度。故选项D错误。

(五)保温及屋面防水工程

1. 一般规定

保温工程、屋面防水工程冬期施工应选择晴朗天气进行,不得在雨、雪天和五级风及其以上或基层潮湿、结冰、霜冻条件下进行。

保温及屋面工程应依据材料性能确定施工气温界限,最低施工环境气温宜符合表1-40的规定。

表1-40　保温及屋面工程施工环境气温要求

防水与保温材料	施工环境气温
粘结保温板	有机胶黏剂不低于-10 ℃;无机胶黏剂不低于5 ℃
现喷硬泡聚氨酯	15~30 ℃
高聚物改性沥青防水卷材	热熔法不低于-10 ℃
合成高分子防水卷材	冷粘法不低于5 ℃;焊接法不低于-10 ℃
高聚物改性沥青防水涂料	溶剂型不低于5 ℃;热熔型不低于-10 ℃
合成高分子防水涂料	溶剂型不低于-5 ℃
防水混凝土、防水砂浆	符合本规程混凝土、砂浆相关规定
改性石油沥青密封材料	不低于0 ℃
合成高分子密封材料	溶剂型不低于0 ℃

屋面防水施工时,应先做好排水比较集中的部位,凡节点部位均应加铺一层附加层。

2. 外墙外保温工程施工

外墙外保温工程冬期施工宜采用EPS板薄抹灰外墙外保温系统、EPS板现浇混凝土外墙外保温系统或EPS钢丝网架板现浇混凝土外墙外保温系统。

建筑外墙外保温工程冬期施工最低温度不应低于-5 ℃。

外墙外保温工程施工期间以及完工后24 h内,基层及环境空气温度不应低于5 ℃。

EPS板薄抹灰外墙外保温系统应符合下列规定:

(1)应采用低温型 EPS 板胶黏剂和低温型聚合物抹面胶浆,并应按产品说明书要求进行使用。

(2)低温型 EPS 板胶黏剂和低温型 EPS 板聚合物抹面胶浆的性能应符合规定。

(3)胶黏剂和聚合物抹面胶浆拌合温度皆应高于 5 ℃,聚合物抹面胶浆拌合水温度不宜大于 80 ℃,且不宜低于 40 ℃。

(4)拌合完毕的 EPS 板胶黏剂和聚合物抹面胶浆每隔 15 min 搅拌一次,1 h 内使用完毕。

(5)施工前应按常温规定检查基层施工质量,并确保干燥、无结冰、霜冻。

(6)EPS 板粘贴应保证有效粘贴面积大于 50%。

(7)EPS 板粘贴完毕后,应养护至规定强度后方可进行面层薄抹灰施工。

3. 屋面保温工程施工

屋面保温材料应符合设计要求,且不得含有冰雪、冻块和杂质。

干铺的保温层可在负温下施工;采用沥青胶结的保温层应在气温不低于 -10 ℃时施工;采用水泥、石灰或其他胶结料胶结的保温层应在气温不低于 5 ℃时施工。当气温低于上述要求时,应采取保温、防冻措施。

倒置式屋面所选用材料应符合设计及本规程相关规定,施工前应检查防水层平整度及有无结冰、霜冻或积水现象,满足要求后方可施工。

4. 屋面防水工程施工

找平层宜留设分格缝,缝宽宜为 20 mm,并应填充密封材料。当分格缝兼作排汽屋面的排汽道时,可适当加宽,并应与保温层连通。找平层表面宜平整,平整度不应超过 5 mm,且不得有酥松、起砂、起皮现象。

隔气层可采用气密性好的单层卷材或防水涂料。冬期施工采用卷材时,可采用花铺法施工,卷材搭接宽度不应小于 80 mm;采用防水涂料时,宜选用溶剂型涂料。隔气层施工的温度不应低于 -5 ℃。

(六)建筑装饰装修工程

1. 一般规定

室外建筑装饰装修工程施工不得在五级及以上大风或雨、雪天气下进行。施工前,应采取挡风措施。

室内抹灰、块料装饰工程施工与养护期间的温度不应低于 5 ℃。

室内粘贴壁纸时,其环境温度不宜低于 5 ℃。

2. 抹灰工程

室内抹灰的环境温度不应低于 5 ℃。抹灰前,应将门口和窗口、外墙脚手眼或孔洞等封堵好,施工洞口、运料口及楼梯间等处应封闭保温。

室内抹灰工程结束后,在 7 天以内应保持室内温度不低于 5 ℃。当采用热空气加温时,应注意通风,排除湿气。当抹灰砂浆中掺入防冻剂时,温度可相应降低。

室外抹灰采用冷作法施工时,可使用掺防冻剂水泥砂浆或水泥混合砂浆。

3. 油漆、刷浆、裱糊、玻璃工程

油漆、刷浆、裱糊、玻璃工程应在采暖条件下进行施工。当需要在室外施工时，其最低环境温度不应低于 5 ℃。

室外喷、涂、刷油漆、高级涂料时应保持施工均衡。粉浆类料浆宜采用热水配制，随用随配并应将料浆保温，料浆使用温度宜保持 15 ℃左右。

裱糊工程施工时，混凝土或抹灰基层含水率不应大于 8%。施工中当室内温度高于 20 ℃，且相对湿度大于 80%时，应开窗换气，防止壁纸皱折起泡。

（七）钢结构工程

1. 一般规定

在负温下进行钢结构的制作和安装时，应按照负温施工的要求，编制钢结构制作工艺规程和安装施工组织设计文件。

参加负温钢结构施工的电焊工应经过负温焊接工艺培训，并应取得合格证，方能参加钢结构的负温焊接工作。定位点焊工作应由取得定位点焊合格证的电焊工来担任。

2. 材料

冬期施工宜采用 Q345 钢、Q390 钢、Q420 钢，其质量应分别符合国家现行标准的规定。

负温下施工用钢材，应进行负温冲击韧性试验，合格后方可使用。

钢结构使用的涂料应符合负温下涂刷的性能要求，不得使用水基涂料。

3. 钢结构制作

钢结构在负温下放样时，切割、铣刨的尺寸，应考虑负温对钢材收缩的影响。

端头为焊接接头的构件下料时，应根据工艺要求预留焊缝收缩量，多层框架和高层钢结构的多节柱应预留荷载使柱子产生的压缩变形量。焊接收缩量和压缩变形量应与钢材在负温下产生的收缩变形量相协调。

普通碳素结构钢工作地点温度低于 -20 ℃、低合金钢工作地点温度低于 -15 ℃时不得剪切、冲孔，普通碳素结构钢工作地点温度低于 -16 ℃、低合金结构钢工作地点温度低于 -12 ℃时不得进行冷矫正和冷弯曲。当工作地点温度低于 -30 ℃时，不宜进行现场火焰切割作业。

负温下对边缘加工的零件应采用精密切割机加工，焊缝坡口宜采用自动切割。采用坡口机、刨条机进行坡口加工时，不得出现鳞状表面。重要结构的焊缝坡口，应采用机械加工或自动切割加工，不宜采用手工气焊切割加工。

构件的组装应按工艺规定的顺序进行，由里往外扩展组拼。在负温下组装焊接结构时，预留焊缝收缩值宜由试验确定，点焊缝的数量和长度应经计算确定。

在负温下构件组装定型后进行焊接应符合焊接工艺规定。单条焊缝的两端应设置引弧板和熄弧板，引弧板和熄弧板的材料应和母材相一致。严禁在焊接的母材上引弧。

在负温下露天焊接钢结构时，应考虑雨、雪和风的影响。当焊接场地环境温度低于 -10 ℃时，应在焊接区域采取相应保温措施；当焊接场地环境温度低于 -30 ℃时，宜搭设临时防护棚。严禁雨水、雪花飘落在尚未冷却的焊缝上。

当焊接场地环境温度低于－15 ℃时，应适当提高焊机的电流强度，每降低3 ℃，焊接电流应提高2%。

负温下钢构件需成孔时，成孔工艺应选用钻成孔或先冲后扩钻孔。

不合格的焊缝应铲除重焊，并仍应按在负温下钢结构焊接工艺的规定进行施焊，焊后应采用同样的检验标准进行检验。

钢结构焊接加固时，应由对应类别合格的焊工施焊；施焊镇静钢板的厚度不大于30 mm时，环境空气温度不应低于－15 ℃，当厚度超过30 mm时，温度不应低于0 ℃；当施焊沸腾钢板时，环境空气温度应高于5 ℃。

4.钢结构安装

在负温下安装构件时，应根据气温条件编制钢构件安装顺序图表，施工中应按照规定的顺序进行安装。平面上应从建筑物的中心逐步向四周扩展安装，立面上宜从下部逐件往上安装。

钢结构在低温安装过程中，需要进行临时固定或连接时，宜采用螺栓连接形式；当需要现场临时焊接时，应在安装完毕后及时清理临时焊缝。

提示

需特别注意钢结构在雨期施工的相关知识。如雨期施工时，钢结构所用的高强螺栓、焊条、焊丝、涂料等材料应在干燥、封闭环境下储存。需要烘烤的焊条，重复烘烤次数不宜超过2次，并由管理人员及时做好烘烤记录；焊接作业区的相对湿度不大于90%；构件涂装后，4 h内不得雨淋；若焊缝部位比较潮湿，在焊接前必须用干布擦净并用氧炔焰烤干等。

（八）混凝土构件安装工程

混凝土构件运输及堆放前，应将车辆、构件、垫木及堆放场地的积雪、结冰清除干净，场地应平整、坚实。

装配整浇式构件接头的冬期施工应根据混凝土体积小、表面系数大、配筋密等特点，采取相应的保证质量措施。

二、雨期施工技术

（一）砌体结构工程

雨期施工应结合本地区特点，编制专项雨期施工方案，防雨应急材料应准备充足，并对操作人员进行技术交底，施工现场应做好排水措施，砌筑材料应防止雨水冲淋。

雨期施工应符合下列规定：

（1）露天作业遇大雨时应停工，对已砌筑砌体应及时进行覆盖；雨后继续施工时，应检查已完工砌体的垂直度和标高。

（2）应加强原材料的存放和保护，不得久存受潮。

（3）应加强雨期施工期间的砌体稳定性检查。

（4）砌筑砂浆的拌合量不宜过多，拌好的砂浆应防止雨淋。

(5)电气装置及机械设备应有防雨设施。

雨期施工时应防止基槽灌水和雨水冲刷砂浆,每天砌筑高度不宜超过 1.2 m。

当块材表面存在水渍或明水时,不得用于砌筑。

夹心复合墙每日砌筑工作结束后,墙体上口应采用防雨布遮盖。

(二)混凝土工程

雨季和降雨期间,应按雨期施工要求采取措施。

雨期施工期间,水泥和矿物掺合料应采取防水和防潮措施,并应对粗骨料、细骨料的含水率进行监测,及时调整混凝土配合比。

雨期施工期间,应选用具有防雨水冲刷性能的模板脱模剂。

雨期施工期间,混凝土搅拌、运输设备和浇筑作业面应采取防雨措施,并应加强施工机械检查维修及接地接零检测工作。

雨期施工期间,除应采用防护措施外,小雨、中雨天气不宜进行混凝土露天浇筑,且不应进行大面积作业的混凝土露天浇筑;大雨、暴雨天气不应进行混凝土露天浇筑。

雨后应检查地基面的沉降,并应对模板及支架进行检查。

雨期施工期间,应采取防止模板内积水的措施。模板内和混凝土浇筑分层面出现积水时,应在排水后再浇筑混凝土。

混凝土浇筑过程中,因雨水冲刷致使水泥浆流失严重的部位,应采取补救措施后再继续施工。

在雨天进行钢筋焊接时,应采取挡雨等安全措施。

混凝土浇筑完毕后,应及时采取覆盖塑料薄膜等防雨措施。

台风来临前,应对尚未浇筑混凝土的模板及支架采取临时加固措施;台风结束后,应检查模板及支架,已验收合格的模板及支架应重新办理验收手续。

典型例题

【多选题】露天料场的搅拌站在雨后拌制混凝土时,应对配合比中原材料重量进行调整的有(　　)。

A. 水　　B. 水泥

C. 石子　　D. 砂子

E. 粉煤灰

ACD。**【解析】**凡进行雨期施工的工程项目,应编制雨期施工专项方案,方案中应包含汛期应急救援预案。雨期施工期间,对水泥和掺合料应采取防水和防潮措施,并应对粗、细骨料含水率实时监测,及时调整混凝土配合比。

三、高温天气施工技术

当日平均气温达到 30 ℃及以上时,应按高温施工要求采取措施。

高温施工时,露天堆放的粗、细骨料应采取遮阳防晒等措施。必要时,可对粗骨料进行喷雾降温。

高温施工的混凝土配合比设计，除应符合本节模块三中关于混凝土配合比的规定外，尚应符合下列规定：

(1)应分析原材料温度、环境温度、混凝土运输方式与时间对混凝土初凝时间、坍落度损失等性能指标的影响，根据环境温度、湿度、风力和采取温控措施的实际情况，对混凝土配合比进行调整。

(2)宜在近似现场运输条件、时间和预计混凝土浇筑作业最高气温的天气条件下，通过混凝土试拌、试运输的工况试验，确定适合高温天气条件下施工的混凝土配合比。

(3)宜降低水泥用量，并可采用矿物掺合料替代部分水泥；宜选用水化热较低的水泥。

(4)混凝土坍落度不宜小于 70 mm。

原材料最高入机温度不宜超过表 1-41 的规定。混凝土拌合物出机温度不宜大于 30 ℃。

表 1-41　原材料最高入机温度

原材料	最高入机温度/℃
水泥	60
骨料	30
水	25
粉煤灰等矿物掺合料	60

混凝土宜采用白色涂装的混凝土搅拌运输车运输；混凝土输送管应进行遮阳覆盖，并应洒水降温。

混凝土浇筑前，施工作业面宜采取遮阳措施，并应对模板、钢筋和施工机具采用洒水等降温措施，但浇筑时模板内不得积水。

混凝土浇筑宜在早间或晚间进行，且应连续浇筑。当混凝土水分蒸发较快时，应在施工作业面采取挡风、遮阳、喷雾等措施。

混凝土浇筑完成后，应及时进行保湿养护。侧模拆除前宜采用带模湿润养护。

典型例题

【单选题】关于高温天气混凝土施工的说法，错误的是(　　)。

A. 入模温度宜低于 35 ℃　　B. 宜在午间进行浇筑

C. 应及时进行保湿养护　　D. 宜用白色涂装混凝土运输车

B。**【解析】**高温天气混凝土施工注意事项：混凝土浇筑入模温度不应高于 35 ℃。混凝土浇筑宜在早间或晚间进行，且宜连续浇筑。当水分蒸发速率大于 1 kg/(m^2 · h)时，应在施工作业面采取挡风、遮阳、喷雾等措施。混凝土浇筑完成后，应及时进行保湿养护。侧模拆除前宜采用带模湿润养护。混凝土宜采用白色涂装的混凝土搅拌运输车运输；对混凝土输送管应进行遮阳覆盖，并应洒水降温。

第二章　建筑工程项目施工管理

模块一　建筑工程施工招标投标管理

一、基本要求

《中华人民共和国招标投标法》（以下简称《招标投标法》）的立法目的是规范招标投标活动，保护国家利益、社会公共利益和招标投标活动当事人的合法权益，提高经济效益，保证项目质量。其适用于在中华人民共和国境内进行的招标投标活动。

工程建设项目符合《工程建设项目招标范围和规模标准规定》规定的范围和标准的，必须通过招标选择施工单位。任何单位和个人不得将依法必须进行招标的项目化整为零或者以其他任何方式规避招标。

在中华人民共和国境内进行下列工程建设项目包括项目的勘察、设计、施工、监理以及与工程建设有关的重要设备、材料等的采购，必须进行招标：

(1)大型基础设施、公用事业等关系社会公共利益、公众安全的项目。

(2)全部或者部分使用国有资金投资或者国家融资的项目。

(3)使用国际组织或者外国政府贷款、援助资金的项目。

上述所列项目的具体范围和规模标准，由国务院发展计划部门会同国务院有关部门制定，报国务院批准。法律或者国务院对必须进行招标的其他项目的范围有规定的，依照其规定。

链接

工程建设项目，是指工程以及与工程建设有关的货物、服务。

工程，是指建设工程，包括建筑物和构筑物的新建、改建、扩建及其相关的装修、拆除、修缮等；所称与工程建设有关的货物，是指构成工程不可分割的组成部分，且为实现工程基本功能所必需的设备、材料等；所称与工程建设有关的服务，是指为完成工程所需的勘察、设计、监理等服务。

必须招标的工程项目规定：

(1)全部或者部分使用国有资金投资或者国家融资的项目包括：使用预算资金200万元人民币以上，并且该资金占投资额10%以上的项目；使用国有企业事业单位资金，并且该资金占控股或者主导地位的项目。

(2)使用国际组织或者外国政府贷款、援助资金的项目包括:使用世界银行、亚洲开发银行等国际组织贷款、援助资金的项目;使用外国政府及其机构贷款、援助资金的项目。

(3)不属于(1)(2)规定情形的大型基础设施、公用事业等关系社会公共利益、公众安全的项目,必须招标的具体范围由国务院发展改革部门会同国务院有关部门按照确有必要、严格限定的原则制定,报国务院批准。

在上述范围内的项目,其勘察、设计、施工、监理以及与工程建设有关的重要设备、材料等的采购达到下列标准之一的,必须招标:施工单项合同估算价在400万元人民币以上;重要设备、材料等货物的采购,单项合同估算价在200万元人民币以上;勘察、设计、监理等服务的采购,单项合同估算价在100万元人民币以上。同一项目中可以合并进行的勘察、设计、施工、监理以及与工程建设有关的重要设备、材料等的采购,合同估算价合计达到前款规定标准的,必须招标。

招标投标活动应当遵循公开、公平、公正和诚实信用的原则。

依法必须进行招标的项目,其招标投标活动不受地区或者部门的限制。任何单位和个人不得违法限制或者排斥本地区、本系统以外的法人或者其他组织参加投标,不得以任何方式非法干涉招标投标活动。

招标投标活动及其当事人应当接受依法实施的监督。有关行政监督部门依法对招标投标活动实施监督,依法查处招标投标活动中的违法行为。对招标投标活动的行政监督及有关部门的具体职权划分,由国务院规定。

二、招标投标实施要求

(一)招标

按照国家有关规定需要履行项目审批、核准手续的依法必须进行招标的项目,其招标范围、招标方式、招标组织形式应当报项目审批、核准部门审批、核准。项目审批、核准部门应当及时将审批、核准确定的招标范围、招标方式、招标组织形式通报有关行政监督部门。

国有资金占控股或者主导地位的依法必须进行招标的项目,应当公开招标;但有下列情形之一的,可以邀请招标:

(1)技术复杂、有特殊要求或者受自然环境限制,只有少量潜在投标人可供选择。

(2)采用公开招标方式的费用占项目合同金额的比例过大。

链接

邀请招标是招标的一种方式,招标的另一种方式是公开招标。

除涉及国家安全、国家秘密、抢险救灾或者属于利用扶贫资金实行以工代赈、需要使用农民工等特殊情况,不适宜进行招标的项目,按照国家有关规定可以不进行招标的特殊情况外,有下列情形之一的,可以不进行招标:

(1)需要采用不可替代的专利或者专有技术。

(2)采购人依法能够自行建设、生产或者提供。

(3)已通过招标方式选定的特许经营项目投资人依法能够自行建设、生产或者提供。

(4)需要向原中标人采购工程、货物或者服务,否则将影响施工或者功能配套要求。

(5)国家规定的其他特殊情形。

招标人为适用上述规定弄虚作假的,属于规避招标。

公开招标的项目,应当依照《招标投标法》和《招标投标法实施条例》的规定发布招标公告、编制招标文件。招标人采用资格预审办法对潜在投标人进行资格审查的,应当发布资格预审公告、编制资格预审文件。依法必须进行招标的项目的资格预审公告和招标公告,应当在国务院发展改革部门依法指定的媒介发布。在不同媒介发布的同一招标项目的资格预审公告或者招标公告的内容应当一致。指定媒介发布依法必须进行招标的项目的境内资格预审公告、招标公告,不得收取费用。

招标人应当按照资格预审公告、招标公告或者投标邀请书规定的时间、地点发售资格预审文件或者招标文件。资格预审文件或者招标文件的发售期不得少于5日。招标人发售资格预审文件、招标文件收取的费用应当限于补偿印刷、邮寄的成本支出,不得以营利为目的。

招标人应当合理确定提交资格预审申请文件的时间。依法必须进行招标的项目提交资格预审申请文件的时间,自资格预审文件停止发售之日起不得少于5日。

招标人应当确定投标人编制投标文件所需要的合理时间;但是,依法必须进行招标的项目,自招标文件开始发出之日起至投标人提交投标文件截止之日止,最短不得少于20日。

招标人可以对已发出的资格预审文件或者招标文件进行必要的澄清或者修改。澄清或者修改的内容可能影响资格预审申请文件或者投标文件编制的,招标人应当在提交资格预审申请文件截止时间至少3日前,或者投标截止时间至少15日前,以书面形式通知所有获取资格预审文件或者招标文件的潜在投标人;不足3日或者15日的,招标人应当顺延提交资格预审申请文件或者投标文件的截止时间。

招标人应当在招标文件中载明投标有效期。投标有效期从提交投标文件的截止之日起算。

(二)投标

投标人参加依法必须进行招标的项目的投标,不受地区或者部门的限制,任何单位和个人不得非法干涉。

与招标人存在利害关系可能影响招标公正性的法人、其他组织或者个人,不得参加投标。单位负责人为同一人或者存在控股、管理关系的不同单位,不得参加同一标段投标或者未划分标段的同一招标项目投标。违反规定的,相关投标均无效。

投标人撤回已提交的投标文件,应当在投标截止时间前书面通知招标人。招标人已收取投标保证金的,应当自收到投标人书面撤回通知之日起5日内退还。投标截止后投标人撤销投标文件的,招标人可以不退还投标保证金。

未通过资格预审的申请人提交的投标文件,以及逾期送达或者不按照招标文件要求密封的投标文件,招标人应当拒收。招标人应当如实记载投标文件的送达时间和密封情况,并存档备查。

招标人应当在资格预审公告、招标公告或者投标邀请书中载明是否接受联合体投标。招标人接受联合体投标并进行资格预审的，联合体应当在提交资格预审申请文件前组成。资格预审后联合体增减、更换成员的，其投标无效。联合体各方在同一招标项目中以自己名义单独投标或者参加其他联合体投标的，相关投标均无效。

投标人发生合并、分立、破产等重大变化的，应当及时书面告知招标人。投标人不再具备资格预审文件、招标文件规定的资格条件或者其投标影响招标公正性的，其投标无效。

三、招标投标流程

（一）建设项目报建

建设项目报建，是建设单位招标活动的前提，其范围包括：各类房屋建筑（包括新建、改建、扩建、翻修等）、土木工程（包括道路、基础打桩等）、设备安装、管道线路铺设和装修等建设工程。报建的内容主要包括工程名称、建设地点、投资规模、工程规模、发包方式、计划开工和竣工日期、工程筹建情况等。在建设项目的立项批准文件或投资计划下达后，建设单位按规定进行报建，并由建设行政主管部门审批。具备招标条件的，方可开始办理建设单位资质审查。

（二）审查建设单位资质

审查建设单位资质是指政府招标管理机构审查建设单位是否具备施工招标条件，不具备条件的建设单位，需委托具有相应资质的中介机构代理招标，建设单位与中介机构签订委托代理招标的协议，并报招标管理机构备案。

（三）招标申请

招标申请是指由招标单位填写“建设工程招标申请表”，并经上级主管部门批准后，连同“工程建设项目报建审查登记表”一起报招标管理机构审批。申请表的内容主要包括工程名称、建设地点、招标建设规模、结构类型、招标范围、招标方式、施工企业等级、施工前期准备情况（土地征用、拆迁情况、勘察设计情况、施工现场条件等）、招标机构组织情况等。

（四）资格预审文件与招标文件的编制、送审

公开招标的项目，应当依照规定发布招标公告、编制招标文件。招标人采用资格预审办法对潜在投标人进行资格审查的，应当发布资格预审公告、编制资格预审文件。编制依法必须进行招标的项目的资格预审文件和招标文件，应当使用国务院发展改革部门会同有关行政监督部门制定的标准文本。

招标人编制的资格预审文件、招标文件的内容违反法律、行政法规的强制性规定，违反公开、公平、公正和诚实信用原则，影响资格预审结果或者潜在投标人投标的，依法必须进行招标的项目的招标人应当在修改资格预审文件或者招标文件后重新招标。

资格预审文件和招标文件需报招标管理机构审查，审查同意后可刊登资格预审通告、招标通告。

（五）刊登资格预审通告、招标通告

招标通告是指采用公开招标方式的招标人（包括招标代理机构）向所有投标人发出的一种广泛的通告，招标通告的目的是使所有潜在的投标人都具有公平的投标竞争的机会。招

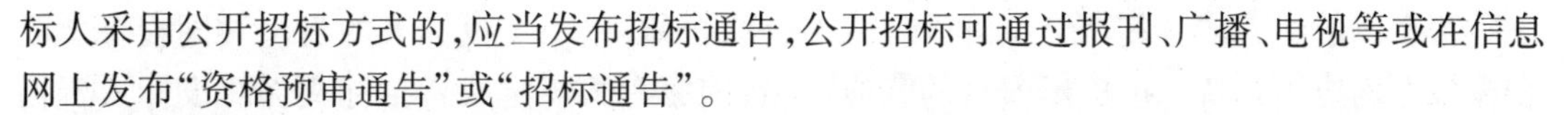

标人采用公开招标方式的，应当发布招标通告，公开招标可通过报刊、广播、电视等或在信息网上发布“资格预审通告”或“招标通告”。

（六）资格预审

资格预审应当按照资格预审文件载明的标准和方法进行。国有资金占控股或者主导地位的依法必须进行招标的项目，招标人应当组建资格审查委员会审查资格预审申请文件。资格审查委员会及其成员应当遵守《招标投标法》和《招标投标法实施条例》中有关评标委员会及其成员的规定。

资格预审结束后，招标人应当及时向资格预审申请人发出资格预审结果通知书。未通过资格预审的申请人不具有投标资格。通过资格预审的申请人少于 3 个的，应当重新招标。

（七）发放招标文件

招标文件发放给通过资格预审并获得投标资格的投标人，投标人在收到招标文件、图纸和有关资料后，应认真核对，核对无误后应以书面形式予以确认。

（八）勘察现场

招标人根据招标项目的具体情况，可以组织潜在投标人踏勘项目现场，向其介绍工程场地和相关环境的有关情况。潜在投标人依据招标人介绍情况作出的判断和决策，由投标人自行负责。招标人不得组织单个或者部分潜在投标人踏勘项目现场。

（九）投标预备会

对于潜在投标人在阅读招标文件和现场踏勘中提出的疑问，招标人可以书面形式或召开投标预备会的方式解答，但需同时将解答以书面形式通知所有购买招标文件的潜在投标人。该解答的内容为招标文件的组成部分。

（十）工程标底的编制与送审

招标人可根据项目特点决定是否编制标底。编制标底的，标底编制过程和标底在开标前必须保密。招标项目编制标底的，应根据批准的初步设计、投资概算，依据有关计价办法，参照有关工程定额，结合市场供求状况，综合考虑投资、工期和质量等方面的因素合理确定。

标底由招标人自行编制或委托中介机构编制。一个工程只能编制一个标底。任何单位和个人不得强制招标人编制或报审标底，或干预其确定标底。招标项目可以不设标底，进行无标底招标。标底编制完后应将必要的资料报送招标管理机构审定。

（十一）投标文件的编制与递交

投标人应当按照招标文件的要求编制投标文件。投标文件应当对招标文件提出的实质性要求和条件作出响应。招标项目属于建设施工的，投标文件的内容应当包括拟派出的项目负责人与主要技术人员的简历、业绩和拟用于完成招标项目的机械设备等。

投标人应当在招标文件要求提交投标文件的截止时间前，将投标文件送达投标地点。招标人收到投标文件后，应当签收保存，不得开启。投标人少于 3 个的，招标人应当依法重新招标。在招标文件要求提交投标文件的截止时间后送达的投标文件，招标人应当拒收。

投标人在招标文件要求提交投标文件的截止时间前，可以补充、修改或者撤回已提交的投标文件，并书面通知招标人。补充、修改的内容为投标文件的组成部分。

两个以上法人或者其他组织可以组成一个联合体，以一个投标人的身份共同投标。联合体各方均应当具备承担招标项目的相应能力；国家有关规定或者招标文件对投标人资格条件有规定的，联合体各方均应当具备规定的相应资格条件。由同一专业的单位组成的联合体，按照资质等级较低的单位确定资质等级。联合体各方应当签订共同投标协议，明确约定各方拟承担的工作和责任，并将共同投标协议连同投标文件一并提交招标人。联合体中标的，联合体各方应当共同与招标人签订合同，就中标项目向招标人承担连带责任。招标人不得强制投标人组成联合体共同投标，不得限制投标人之间的竞争。

禁止投标人相互串通投标。有下列情形之一的，属于投标人相互串通投标：

(1)投标人之间协商投标报价等投标文件的实质性内容。

(2)投标人之间约定中标人。

(3)投标人之间约定部分投标人放弃投标或者中标。

(4)属于同一集团、协会、商会等组织成员的投标人按照该组织要求协同投标。

(5)投标人之间为谋取中标或者排斥特定投标人而采取的其他联合行动。

有下列情形之一的，视为投标人相互串通投标：

(1)不同投标人的投标文件由同一单位或者个人编制。

(2)不同投标人委托同一单位或者个人办理投标事宜。

(3)不同投标人的投标文件载明的项目管理成员为同一人。

(4)不同投标人的投标文件异常一致或者投标报价呈规律性差异。

(5)不同投标人的投标文件相互混装。

(6)不同投标人的投标保证金从同一单位或者个人的账户转出。

禁止招标人与投标人串通投标。有下列情形之一的，属于招标人与投标人串通投标：

(1)招标人在开标前开启投标文件并将有关信息泄露给其他投标人。

(2)招标人直接或者间接向投标人泄露标底、评标委员会成员等信息。

(3)招标人明示或者暗示投标人压低或者抬高投标报价。

(4)招标人授意投标人撤换、修改投标文件。

(5)招标人明示或者暗示投标人为特定投标人中标提供方便。

(6)招标人与投标人为谋求特定投标人中标而采取的其他串通行为。

(十二)开标

开标应当在招标文件确定的提交投标文件截止时间的同一时间公开进行；开标地点应当为招标文件中预先确定的地点。开标由招标人主持，邀请所有投标人参加。

开标时，由投标人或者其推选的代表检查投标文件的密封情况，也可以由招标人委托的公证机构检查并公证；经确认无误后，由工作人员当众拆封，宣读投标人名称、投标价格和投标文件的其他主要内容。招标人在招标文件要求提交投标文件的截止时间前收到的所有投标文件，开标时都应当当众予以拆封、宣读。开标过程应当记录，并存档备查。

(十三)评标

评标由招标人依法组建的评标委员会负责。依法必须进行招标的项目，其评标委员会由招标人的代表和有关技术、经济等方面的专家组成，成员人数为 5 人以上单数，其中技术、

经济等方面的专家不得少于成员总数的2/3。

评标委员会可以要求投标人对投标文件中含义不明确的内容作必要的澄清或者说明，但是澄清或者说明不得超出投标文件的范围或者改变投标文件的实质性内容。

中标人的投标应当符合下列条件之一：

(1)能够最大限度地满足招标文件中规定的各项综合评价标准。

(2)能够满足招标文件的实质性要求，并且经评审的投标价格最低；但是投标价格低于成本的除外。

评标委员会经评审，认为所有投标都不符合招标文件要求的，可以否决所有投标。依法必须进行招标的项目的所有投标被否决的，招标人应当依法重新招标。

有下列情形之一的，评标委员会应当否决其投标：投标文件未经投标单位盖章和单位负责人签字；投标联合体没有提交共同投标协议；投标人不符合国家或者招标文件规定的资格条件；同一投标人提交两个以上不同的投标文件或者投标报价，但招标文件要求提交备选投标的除外；投标报价低于成本或者高于招标文件设定的最高投标限价；投标文件没有对招标文件的实质性要求和条件作出响应；投标人有串通投标、弄虚作假、行贿等违法行为。

在确定中标人前，招标人不得与投标人就投标价格、投标方案等实质性内容进行谈判。

提示

关于投标报价，还需要注意的是投标报价应由投标人或受其委托具有相应资质的工程造价咨询人编制。投标人应依据规定自主确定投标报价。投标报价不得低于工程成本。投标人必须按招标工程量清单填报价格。项目编码、项目名称、项目特征、计量单位、工程量必须与招标工程量清单一致。

（十四）中标

评标完成后，评标委员会应当向招标人提交书面评标报告和中标候选人名单。中标候选人应当不超过3个，并标明排序。评标报告应当由评标委员会全体成员签字。对评标结果有不同意见的评标委员会成员应当以书面形式说明其不同意见和理由，评标报告应当注明该不同意见。评标委员会成员拒绝在评标报告上签字又不书面说明其不同意见和理由的，视为同意评标结果。

依法必须进行招标的项目，招标人应当自收到评标报告之日起3日内公示中标候选人，公示期不得少于3日。投标人或者其他利害关系人对依法必须进行招标的项目的评标结果有异议的，应当在中标候选人公示期间提出。招标人应当自收到异议之日起3日内作出答复；作出答复前，应当暂停招标投标活动。

国有资金占控股或者主导地位的依法必须进行招标的项目，招标人应当确定排名第一的中标候选人为中标人。排名第一的中标候选人放弃中标、因不可抗力不能履行合同、不按照招标文件要求提交履约保证金，或者被查实存在影响中标结果的违法行为等情形，不符合中标条件的，招标人可以按照评标委员会提出的中标候选人名单排序依次确定其他中标候选人为中标人，也可以重新招标。

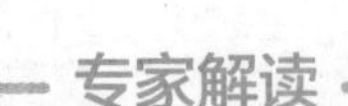

此阶段在《招标投标法实施条例》中称为“中标”，而在《工程建设项目施工招标投标办法》中将该阶段称为“定标”，须注意不同法规中对该阶段的相关规定。

（十五）签订合同

招标人和中标人应当自中标通知书发出之日起30日内，按照招标文件和中标人的投标文件订立书面合同。合同的标的、价款、质量、履行期限等主要条款应当与招标文件和中标人的投标文件的内容一致。招标人和中标人不得再行订立背离合同实质性内容的其他协议。

招标人最迟应当在书面合同签订后5日内向中标人和未中标的投标人退还投标保证金及银行同期存款利息。招标文件要求中标人提交履约保证金的，中标人应当按照招标文件的要求提交。履约保证金不得超过中标合同金额的10%。

链接

在施工合同签订阶段，企业一般有严格的管理制度和流程，各部门需依据本企业的管理标准，评审施工合同的各项条款，判断风险，并做出实质性结论性意见。参加施工合同条款评审的部门包括本企业的合约管理、工程、质量、技术、法律、物资、资金、财务、劳务部门，通常由合约管理部门负责牵头召集其他部门共同参与评审。

模块二　建设工程施工合同管理

合同管理是指对合同的订立、履行、变更、终止、违约、索赔、争议处理等进行的管理。合同管理是项目管理的重要内容，也是项目管理中其他活动的基础和前提。广义的建设工程合同有两个层次，第一层次是政府对工程合同的宏观管理，第二层次是合同当事人各方对合同实施的具体管理。

一、建设工程施工合同

（一）基本规定

《建设工程施工合同（示范文本）》由合同协议书、通用合同条款和专用合同条款三部分组成。

组成合同的各项文件应互相解释，互为说明。除专用合同条款另有约定外，解释合同文件的优先顺序如下：合同协议书；中标通知书（如果有）；投标函及其附录（如果有）；专用合同条款及其附件；通用合同条款；技术标准和要求；图纸；已标价工程量清单或预算书；其他合同文件。

上述各项合同文件包括合同当事人就该项合同文件所作出的补充和修改，属于同一类内容的文件，应以最新签署的为准。

在合同订立及履行过程中形成的与合同有关的文件均构成合同文件组成部分，并根据其性质确定优先解释顺序。

（二）发包人

1. 许可或批准

发包人应遵守法律，并办理法律规定由其办理的许可、批准或备案，包括但不限于建设用地规划许可证、建设工程规划许可证、建设工程施工许可证、施工所需临时用水、临时用电、中断道路交通、临时占用土地等许可和批准。发包人应协助承包人办理法律规定的有关施工证件和批件。

因发包人原因未能及时办理完毕前述许可、批准或备案，由发包人承担由此增加的费用和（或）延误的工期，并支付承包人合理的利润。

2. 施工现场、施工条件和基础资料的提供

除专用合同条款另有约定外，发包人应最迟于开工日期 7 天前向承包人移交施工现场。

除专用合同条款另有约定外，发包人应负责提供施工所需要的条件，包括：将施工用水、电力、通信线路等施工所必需的条件接至施工现场内；保证向承包人提供正常施工所需要的进入施工现场的交通条件；协调处理施工现场周围地下管线和邻近建筑物、构筑物、古树名木的保护工作，并承担相关费用；按照专用合同条款约定应提供的其他设施和条件。

发包人应当在移交施工现场前向承包人提供施工现场及工程施工所必需的毗邻区域内供水、排水、供电、供气、供热、通信、广播电视等地下管线资料，气象和水文观测资料，地质勘查资料，相邻建筑物、构筑物和地下工程等有关基础资料，并对所提供资料的真实性、准确性和完整性负责。按照法律规定确需在开工后方能提供的基础资料，发包人应尽其努力及时地在相应工程施工前的合理期限内提供，合理期限应以不影响承包人的正常施工为限。

因发包人原因未能按合同约定及时向承包人提供施工现场、施工条件、基础资料的，由发包人承担由此增加的费用和（或）延误的工期。

除专用合同条款另有约定外，发包人应在收到承包人要求提供资金来源证明的书面通知后 28 天内，向承包人提供能够按照合同约定支付合同价款的相应资金来源证明。除专用合同条款另有约定外，发包人要求承包人提供履约担保的，发包人应当向承包人提供支付担保。支付担保可以采用银行保函或担保公司担保等形式，具体由合同当事人在专用合同条款中约定。

发包人应按合同约定向承包人及时支付合同价款。

发包人应按合同约定及时组织竣工验收。

发包人应与承包人、由发包人直接发包的专业工程的承包人签订施工现场统一管理协议，明确各方的权利义务。施工现场统一管理协议作为专用合同条款的附件。

（三）承包人

1. 承包人的义务

承包人在履行合同过程中应遵守法律和工程建设标准规范，并履行以下义务：

（1）办理法律规定应由承包人办理的许可和批准，并将办理结果书面报送发包人留存。

（2）按法律规定和合同约定完成工程，并在保修期内承担保修义务。

（3）按法律规定和合同约定采取施工安全和环境保护措施，办理工伤保险，确保工程及人员、材料、设备和设施的安全。

(4)按合同约定的工作内容和施工进度要求,编制施工组织设计和施工措施计划,并对所有施工作业和施工方法的完备性和安全可靠性负责。

(5)在进行合同约定的各项工作时,不得侵害发包人与他人使用公用道路、水源、市政管网等公共设施的权利,避免对邻近的公共设施产生干扰。承包人占用或使用他人的施工场地,影响他人作业或生活的,应承担相应责任。

(6)按照约定负责施工场地及其周边环境与生态的保护工作。

(7)按约定采取施工安全措施,确保工程及其人员、材料、设备和设施的安全,防止因工程施工造成的人身伤害和财产损失。

(8)将发包人按合同约定支付的各项价款专用于合同工程,且应及时支付其雇用人员工资,并及时向分包人支付合同价款。

(9)按照法律规定和合同约定编制竣工资料,完成竣工资料立卷及归档,并按专用合同条款约定的竣工资料的套数、内容、时间等要求移交发包人。

(10)应履行的其他义务。

2. 分包

(1)分包的一般约定。承包人不得将其承包的全部工程转包给第三人,或将其承包的全部工程肢解后以分包的名义转包给第三人。承包人不得将工程主体结构、关键性工作及专用合同条款中禁止分包的专业工程分包给第三人,主体结构、关键性工作的范围由合同当事人按照法律规定在专用合同条款中予以明确。承包人不得以劳务分包的名义转包或违法分包工程。

(2)分包的确定。承包人应按专用合同条款的约定进行分包,确定分包人。按照合同约定进行分包的,承包人应确保分包人具有相应的资质和能力。工程分包不减轻或免除承包人的责任和义务,承包人和分包人就分包工程向发包人承担连带责任。除合同另有约定外,承包人应在分包合同签订后7天内向发包人和监理人提交分包合同副本。

(3)分包合同权益的转让。分包人在分包合同项下的义务持续到缺陷责任期届满以后的,发包人有权在缺陷责任期届满前,要求承包人将其在分包合同项下的权益转让给发包人,承包人应当转让。除转让合同另有约定外,转让合同生效后,由分包人向发包人履行义务。

(五)变更

1. 变更的范围

除专用合同条款另有约定外,合同履行过程中发生以下情形的,应按照本条约定进行变更:

(1)增加或减少合同中任何工作,或追加额外的工作。

(2)取消合同中任何工作,但转由他人实施的工作除外。

(3)改变合同中任何工作的质量标准或其他特性。

(4)改变工程的基线、标高、位置和尺寸。

(5)改变工程的时间安排或实施顺序。

2. 变更权

发包人和监理人均可以提出变更。变更指示均通过监理人发出,监理人发出变更指示

前应征得发包人同意。承包人收到经发包人签认的变更指示后,方可实施变更。未经许可,承包人不得擅自对工程的任何部分进行变更。

涉及设计变更的,应由设计人提供变更后的图纸和说明。如变更超过原设计标准或批准的建设规模时,发包人应及时办理规划、设计变更等审批手续。

3. 变更程序

变更程序的具体内容如表 2-1 所示。

表 2-1　变更程序

程序	内容
发包人提出变更	发包人提出变更的,应通过监理人向承包人发出变更指示,变更指示应说明计划变更的工程范围和变更的内容
监理人提出变更建议	监理人提出变更建议的,需要向发包人以书面形式提出变更计划,说明计划变更工程范围和变更的内容、理由,以及实施该变更对合同价格和工期的影响。发包人同意变更的,由监理人向承包人发出变更指示。发包人不同意变更的,监理人无权擅自发出变更指示
变更执行	承包人收到监理人下达的变更指示后,认为不能执行,应立即提出不能执行该变更指示的理由。承包人认为可以执行变更的,应当书面说明实施该变更指示对合同价格和工期的影响,且合同当事人应当按照变更估价约定确定变更估价

4. 变更估价

(1)变更估价原则。

除专用合同条款另有约定外,变更估价按照下列约定处理:

①已标价工程量清单或预算书有相同项目的,按照相同项目单价认定。

②已标价工程量清单或预算书中无相同项目,但有类似项目的,参照类似项目的单价认定。

③变更导致实际完成的变更工程量与已标价工程量清单或预算书中列明的该项目工程量的变化幅度超过 15% 的,或已标价工程量清单或预算书中无相同项目及类似项目单价的,按照合理的成本与利润构成的原则,由合同当事人按照规定确定变更工作的单价。

(2)变更估价程序。

承包人应在收到变更指示后 14 天内,向监理人提交变更估价申请。监理人应在收到承包人提交的变更估价申请后 7 天内审查完毕并报送发包人,监理人对变更估价申请有异议,通知承包人修改后重新提交。发包人应在承包人提交变更估价申请后 14 天内审批完毕。发包人逾期未完成审批或未提出异议的,视为认可承包人提交的变更估价申请。

因变更引起的价格调整应计入最近一期的进度款中支付。

5. 承包人的合理化建议

承包人提出合理化建议的,应向监理人提交合理化建议说明,说明建议的内容和理由,以及实施该建议对合同价格和工期的影响。

除专用合同条款另有约定外,监理人应在收到承包人提交的合理化建议后 7 天内审查完毕并报送发包人,发现其中存在技术上的缺陷,应通知承包人修改。发包人应在收到监理人报送的合理化建议后7天内审批完毕。合理化建议经发包人批准的，监理人应及时发出变更指示，由此引起的合同价格调整按变更估价约定执行。发包人不同意变更的，监理人应书面通知承包人。

合理化建议降低了合同价格或者提高了工程经济效益的，发包人可对承包人给予奖励，奖励的方法和金额在专用合同条款中约定。

6. 变更引起的工期调整

因变更引起工期变化的，合同当事人均可要求调整合同工期，由合同当事人按照商定或确定原则并参考工程所在地的工期定额标准确定增减工期天数。

典型例题

【单选题】发包人提出设计变更时，向承包人发出变更指令的是（　　）。

A. 监理人　　B. 发包人

C. 设计人　　D. 承包人

A。**【解析】**发生设计变更时，无论是哪一方提出的变更，都需要通过监理人向承包人发出变更指令。监理人提出的变更建议，应征得发包人同意后方可向承包人发出变更指示。

（六）不可抗力

1. 不可抗力的确认

不可抗力是指合同当事人在签订合同时不可预见，在合同履行过程中不可避免且不能克服的自然灾害和社会性突发事件，如地震、海啸、瘟疫、骚乱、戒严、暴动、战争和专用合同条款中约定的其他情形。不可抗力发生后，发包人和承包人应收集证明不可抗力发生及不可抗力造成损失的证据，并及时认真统计所造成的损失。

2. 不可抗力后果的承担

不可抗力引起的后果及造成的损失由合同当事人按照法律规定及合同约定各自承担。不可抗力发生前已完成的工程应当按照合同约定进行计量支付。

不可抗力导致的人员伤亡、财产损失、费用增加和（或）工期延误等后果，由合同当事人按以下原则承担：

（1）永久工程、已运至施工现场的材料和工程设备的损坏，以及因工程损坏造成的第三人人员伤亡和财产损失由发包人承担。

（2）承包人施工设备的损坏由承包人承担。

（3）发包人和承包人承担各自人员伤亡和财产的损失。

（4）因不可抗力影响承包人履行合同约定的义务，已经引起或将引起工期延误的，应当顺延工期，由此导致承包人停工的费用损失由发包人和承包人合理分担，停工期间必须支付的工人工资由发包人承担。

（5）因不可抗力引起或将引起工期延误，发包人要求赶工的，由此增加的赶工费用由发包人承担。

（6）承包人在停工期间按照发包人要求照管、清理和修复工程的费用由发包人承担。

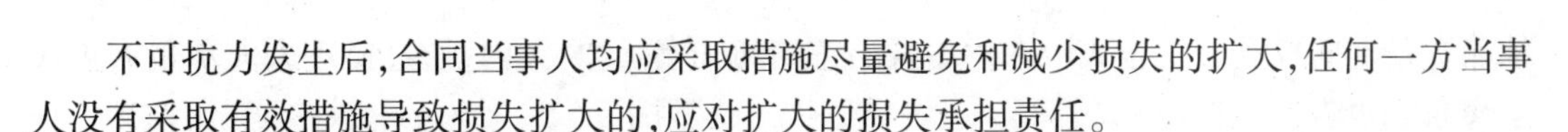

不可抗力发生后，合同当事人均应采取措施尽量避免和减少损失的扩大，任何一方当事人没有采取有效措施导致损失扩大的，应对扩大的损失承担责任。

因合同一方迟延履行合同义务，在迟延履行期间遭遇不可抗力的，不免除其违约责任。

（七）索赔

1. 索赔成立的条件

索赔成立应同时具备的三个前提条件：

（1）与合同对照，发生的事件已造成了承包人对项目成本的额外支出或直接工期损失。

（2）造成费用增加或工期损失的原因，按合同约定不属于承包人的行为责任或风险责任。

（3）承包人按合同约定的程序和时间提交索赔意向通知及索赔报告。

2. 承包人的索赔

根据合同约定，承包人认为有权得到追加付款和（或）延长工期的，应按以下程序向发包人提出索赔：

（1）承包人应在知道或应当知道索赔事件发生后 28 天内，向监理人递交索赔意向通知书，并说明发生索赔事件的事由；承包人未在前述 28 天内发出索赔意向通知书的，丧失要求追加付款和（或）延长工期的权利。

（2）承包人应在发出索赔意向通知书后 28 天内，向监理人正式递交索赔报告；索赔报告应详细说明索赔理由以及要求追加的付款金额和（或）延长的工期，并附必要的记录和证明材料。

（3）索赔事件具有持续影响的，承包人应按合理时间间隔继续递交延续索赔通知，说明持续影响的实际情况和记录，列出累计的追加付款金额和（或）工期延长天数。

（4）在索赔事件影响结束后 28 天内，承包人应向监理人递交最终索赔报告，说明最终要求索赔的追加付款金额和（或）延长的工期，并附必要的记录和证明材料。

3. 对承包人索赔的处理

对承包人索赔的处理程序如下：

（1）监理人应在收到索赔报告后 14 天内完成审查并报送发包人。监理人对索赔报告存在异议的，有权要求承包人提交全部原始记录副本。

（2）发包人应在监理人收到索赔报告或有关索赔的进一步证明材料后的 28 天内，由监理人向承包人出具经发包人签认的索赔处理结果。发包人逾期答复的，则视为认可承包人的索赔要求。

（3）承包人接受索赔处理结果的，索赔款项在当期进度款中进行支付；承包人不接受索赔处理结果的，按照相关约定处理。

4. 发包人的索赔

根据合同约定，发包人认为有权得到赔付金额和（或）延长缺陷责任期的，监理人应向承包人发出通知并附有详细的证明。

发包人应在知道或应当知道索赔事件发生后 28 天内通过监理人向承包人提出索赔意向通知书，发包人未在前述 28 天内发出索赔意向通知书的，丧失要求赔付金额和（或）延长缺陷责任期的权利。发包人应在发出索赔意向通知书后28天内,通过监理人向承包人正式递交索赔报告。

5.对发包人索赔的处理

对发包人索赔的处理程序如下:

(1)承包人收到发包人提交的索赔报告后,应及时审查索赔报告的内容、查验发包人证明材料。

(2)承包人应在收到索赔报告或有关索赔的进一步证明材料后28天内,将索赔处理结果答复发包人。如果承包人未在上述期限内作出答复的,则视为对发包人索赔要求的认可。

(3)承包人接受索赔处理结果的,发包人可从应支付给承包人的合同价款中扣除赔付的金额或延长缺陷责任期;发包人不接受索赔处理结果的,按相关约定处理。

6.提出索赔的期限

承包人按约定接收竣工付款证书后,应被视为已无权再提出在工程接收证书颁发前所发生的任何索赔。

承包人按规定提交的最终结清申请单中,只限于提出工程接收证书颁发后发生的索赔。提出索赔的期限自接受最终结清证书时终止。

提示

关于索赔,还需掌握其费用的计算方法。费用索赔的计算方法有三种,分别如下:

(1)分项法。该方法是按每个索赔事件所引起损失的费用项目分别计算索赔金额的一种方法,如可以分为机械费、人工费、管理费、利润等分别计算费用。

(2)总费用法。就是当发生多次索赔事件后,重新计算出该工程的实际总费用,再从这个实际总费用中减去投标报价时的估算总费用,计算出索赔余额。

(3)修正总费用法。修正总费用法是对总费用法的改进,即在总费用计算的原则上去掉一些不合理的因素,使其更合理。

二、建设项目工程总承包合同

《建筑法》规定,提倡对建筑工程实行总承包,禁止将建筑工程肢解发包。建筑工程的发包单位可以将建筑工程的勘察、设计、施工、设备采购一并发包给一个工程总承包单位,也可以将建筑工程勘察、设计、施工、设备采购的一项或者多项发包给一个工程总承包单位;但是,不得将应当由一个承包单位完成的建筑工程肢解成若干部分发包给几个承包单位。

建筑工程总承包单位可以将承包工程中的部分工程发包给具有相应资质条件的分包单位;但是,除总承包合同中约定的分包外,必须经建设单位认可。施工总承包的,建筑工程主体结构的施工必须由总承包单位自行完成。建筑工程总承包单位按照总承包合同的约定对建设单位负责;分包单位按照分包合同的约定对总承包单位负责。总承包单位和分包单位就分包工程对建设单位承担连带责任。禁止总承包单位将工程分包给不具备相应资质条件的单位。禁止分包单位将其承包的工程再分包。

施工现场安全由建筑施工企业负责。实行施工总承包的,由总承包单位负责。分包单位向总承包单位负责，服从总承包单位对施工现场的安全生产管理。

建筑工程实行总承包的，工程质量由工程总承包单位负责，总承包单位将建筑工程分包给其他单位的，应当对分包工程的质量与分包单位承担连带责任。分包单位应当接受总承包单位的质量管理。

链接

承包单位的违法分包行为：总承包单位将建设工程分包给不具备相应资质条件的单位的；建设工程总承包合同中未有约定，又未经建设单位认可，承包单位将其承包的部分建设工程交由其他单位完成的；施工总承包单位将建设工程主体结构的施工分包给其他单位的；分包单位将其承包的建设工程再分包的。

三、建设工程施工分包合同

（一）建设工程施工劳务分包合同

工程承包人应提供总（分）包合同（有关承包工程的价格细节除外），供劳务分包人查阅。当劳务分包人要求时，工程承包人应向劳务分包提供一份总包合同或专业分包合同（有关承包工程的价格细节除外）的副本或复印件。

除非合同另有约定，工程承包人完成劳务分包人施工前期的下列工作并承担相应费用：向劳务分包人交付具备合同项下劳务作业开工条件的施工场地；完成水、电、热、电讯等施工管线和施工道路，并满足完成合同劳务作业所需的能源供应、通信及施工道路畅通的时间和质量要求；向劳务分包人提供相应的工程地质和地下管网线路资料；完成办理工作手续（包括各种证件、批件、规费，但涉及劳务分包人自身的手续除外）；向劳务分包人提供相应的水准点与坐标控制点位置；向劳务分包人提供生产、生活临时设施。

（二）建设工程施工专业分包合同

分包人应当按照合同协议书约定的开工日期开工。分包人不能按时开工，应当不迟于合同协议书约定的开工日期前5天，以书面形式向承包人提出延期开工的理由。承包人应当在接到延期开工申请后的48 h内以书面形式答复分包人。承包人在接到延期开工申请后48 h内不答复，视为同意分包人要求，工期相应顺延。承包人不同意延期要求或分包人未在规定时间内提出延期开工要求，工期不予顺延。

因下列原因之一造成分包工程工期延误，经项目经理确认，工期相应顺延：

（1）承包人根据总包合同从工程师处获得与分包合同相关的竣工时间延长。

（2）承包人未按合同专用条款的约定提供图纸、开工条件、设备设施、施工场地。

（3）承包人未按约定日期支付工程预付款、进度款，致使分包工程施工不能正常进行。

（4）项目经理未按分包合同约定提供所需的指令、批准或所发出的指令错误，致使分包工程施工不能正常进行。

（5）非分包人原因的分包工程范围内的工程变更及工程量增加。

（6）不可抗力的原因。

（7）合同专用条款中约定的或项目经理同意工期顺延的其他情况。

链接

《建筑业企业资质等级标准》规定,施工资质分为施工总承包企业资质、专业承包企业资质、劳务分包企业资质。施工总承包企业资质等级标准包括12个类别,一般分为四个等级(特级、一级、二级、三级);专业承包企业资质等级标准包括36个类别,一般分为三个等级(一级、二级、三级);劳务分包企业资质不分类别与等级。其中,专业承包企业资质等级标准分类:地基基础工程;起重设备安装工程;预拌混凝土;电子与智能化工程;消防设施工程;防水防腐保温工程;桥梁工程;隧道工程;钢结构工程;模板脚手架;建筑装修装饰工程;建筑机电安装工程;建筑幕墙工程等。

2020年11月30日住房和城乡建设部发布的《建设工程企业资质管理制度改革方案》规定,施工资质分为综合资质、施工总承包资质、专业承包资质和专业作业资质。具体压减情况如下:将10类施工总承包企业特级资质调整为施工综合资质,可承担各行业、各等级施工总承包业务;保留12类施工总承包资质,将民航工程的专业承包资质整合为施工总承包资质;将36类专业承包资质整合为18类;将施工劳务企业资质改为专业作业资质,由审批制改为备案制。综合资质和专业作业资质不分等级;施工总承包资质、专业承包资质等级原则上压减为甲、乙两级(部分专业承包资质不分等级),其中,施工总承包甲级资质在本行业内承揽业务规模不受限制。改革后的专业承包企业资质等级标准分类:建筑装修装饰工程;建筑机电工程;公路工程类;港口与航道工程类;铁路电务电气化工程;水利水电工程类;通用;地基基础工程;起重设备安装工程;预拌混凝土;模板脚手架;防水防腐保温工程;桥梁工程;隧道工程;消防设施工程;古建筑工程;输变电工程;核工程。

模块三　单位工程施工组织设计

一、施工组织设计的管理

该部分内容主要依据《建筑施工组织设计规范》对单位工程施工组织设计进行详细叙述。

(一)基本规定

施工组织设计是以施工项目为对象编制的,用以指导施工的技术、经济和管理的综合性文件。施工组织设计按编制对象,可分为施工组织总设计、单位工程施工组织设计和施工方案。

施工组织设计的编制必须遵循工程建设程序,并应符合下列原则:

(1)符合施工合同或招标文件中有关工程进度、质量、安全、环境保护、造价等方面的要求。

(2)积极开发、使用新技术和新工艺,推广应用新材料和新设备。

(3)坚持科学的施工程序和合理的施工顺序,采用流水施工和网络计划等方法,科学配置资源,合理布置现场,采取季节性施工措施,实现均衡施工,达到合理的经济技术指标。

(4)采取技术和管理措施,推广建筑节能和绿色施工。

(5)与质量、环境和职业健康安全三个管理体系有效结合。

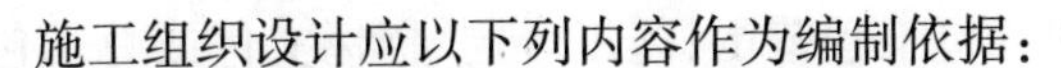

施工组织设计应以下列内容作为编制依据：

(1)与工程建设有关的法律、法规和文件。

(2)国家现行有关标准和技术经济指标。

(3)工程所在地区行政主管部门的批准文件，建设单位对施工的要求。

(4)工程施工合同或招标投标文件。

(5)工程设计文件。

(6)工程施工范围内的现场条件，工程地质及水文地质、气象等自然条件。

(7)与工程有关的资源供应情况。

(8)施工企业的生产能力、机具设备状况、技术水平等。

施工组织设计应包括编制依据、工程概况、施工部署、施工进度计划、施工准备与资源配置计划、主要施工方法、施工现场平面布置及主要施工管理计划等基本内容。

施工组织设计的编制和审批应符合下列规定：

(1)施工组织设计应由项目负责人主持编制，可根据需要分阶段编制和审批。

(2)施工组织总设计应由总承包单位技术负责人审批；单位工程施工组织设计应由施工单位技术负责人或技术负责人授权的技术人员审批；施工方案应由项目技术负责人审批；重点、难点分部(分项)工程和专项工程施工方案应由施工单位技术部门组织相关专家评审，施工单位技术负责人批准。

(3)由专业承包单位施工的分部(分项)工程或专项工程的施工方案，应由专业承包单位技术负责人或技术负责人授权的技术人员审批；有总承包单位时，应由总承包单位项目技术负责人核准备案。

(4)规模较大的分部(分项)工程和专项工程的施工方案应按单位工程施工组织设计进行编制和审批。

施工组织设计应实行动态管理，并符合下列规定：

(1)项目施工过程中，发生以下情况之一时，施工组织设计应及时进行修改或补充：工程设计有重大修改；有关法律、法规、规范和标准实施、修订和废止；主要施工方法有重大调整；主要施工资源配置有重大调整；施工环境有重大改变。

(2)经修改或补充的施工组织设计应重新审批后实施。

(3)项目施工前，应进行施工组织设计逐级交底；项目施工过程中，应对施工组织设计的执行情况进行检查、分析并适时调整。

施工组织设计应在工程竣工验收后归档。

(二)单位工程施工组织设计

单位工程施工组织设计的内容包括工程概况、施工部署、施工进度计划、施工准备与资源配置计划、主要施工方案、施工现场平面布置等。

1. 工程概况

工程概况应包括工程主要情况、各专业设计简介和工程施工条件等，宜采用图表说明。

工程主要情况的内容包括：工程名称、性质和地理位置；工程的建设、勘察、设计、监理和总承包等相关单位的情况;工程承包范围和分包工程范围;施工合同、招标文件或总承包单位对工程施工的重点要求;其他应说明的情况。

各专业设计简介的内容包括:建筑设计简介应依据建设单位提供的建筑设计文件进行描述,包括建筑规模、建筑功能、建筑特点、建筑耐火、防水及节能要求等,并应简单描述工程的主要装修做法;结构设计简介应依据建设单位提供的结构设计文件进行描述,包括结构形式、地基基础形式、结构安全等级、抗震设防类别、主要结构构件类型及要求等;机电及设备安装专业设计简介应依据建设单位提供的各相关专业设计文件进行描述,包括给水、排水及采暖系统、通风与空调系统、电气系统、智能化系统、电梯等各个专业系统的做法要求。

2. 施工部署

工程施工目标应根据施工合同、招标文件以及本单位对工程管理目标的要求确定,包括进度、质量、安全、环境、成本、节能及绿色施工等目标。各项目标应满足施工组织总设计中确定的总体目标。

施工部署中的进度安排和空间组织应符合下列规定:

(1)工程主要施工内容及其进度安排应明确说明,施工顺序应符合工序逻辑关系。

(2)施工流水段应结合工程具体情况分阶段进行划分;单位工程施工阶段的划分一般包括地基基础、主体结构、装修装饰和机电设备安装三个阶段。

对于工程施工的重点和难点应进行分析,包括组织管理和施工技术两个方面。

对于工程施工中开发和使用的“四新技术”(新技术、新工艺、新材料、新设备)应做出部署,对新材料和新设备的使用应提出技术及管理要求。

对主要分包工程施工单位的选择要求及管理方式应进行简要说明。

3. 施工进度计划

单位工程施工进度计划应按照施工部署的安排进行编制。施工进度计划可采用网络图或横道图表示,并附必要说明;对于工程规模较大或较复杂的工程,宜采用网络图表示。

专家解读

单位工程进度计划编制内容应包括:

(1)编制说明。包括工程建设概况、工程施工情况。

(2)进度安排。包括单位工程进度计划、分阶段进度计划。

(3)资源需求计划。包括劳动力需用量计划、主要材料设备及加工计划、主要施工机械和机具需要量计划。

(4)进度保证措施。包括单位工程准备工作计划、主要施工方案及流水段划分、各项经济技术指标要求。

4. 施工准备与资源配置计划

施工准备应包括技术准备、现场准备和资金准备等。

(1)技术准备应包括施工所需技术资料的准备、施工方案编制计划、试验检验及设备调试工作计划、样板制作计划等。主要分部(分项)工程和专项工程在施工前应单独编制施工

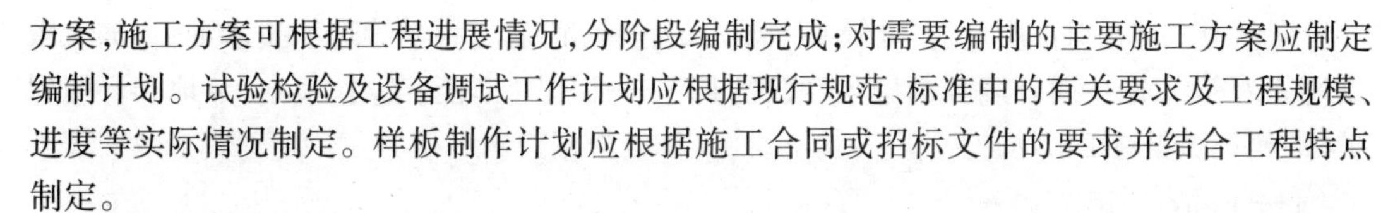

方案，施工方案可根据工程进展情况，分阶段编制完成；对需要编制的主要施工方案应制定编制计划。试验检验及设备调试工作计划应根据现行规范、标准中的有关要求及工程规模、进度等实际情况制定。样板制作计划应根据施工合同或招标文件的要求并结合工程特点制定。

(2)现场准备应根据现场施工条件和工程实际需要，准备现场生产、生活等临时设施。

(3)资金准备应根据施工进度计划编制资金使用计划。

资源配置计划应包括劳动力配置计划和物资配置计划等。劳动力配置计划的内容包括：确定各施工阶段用工量；根据施工进度计划确定各施工阶段劳动力配置计划。物资配置计划的内容包括：主要工程材料和设备的配置计划应根据施工进度计划确定，包括各施工阶段所需主要工程材料、设备的种类和数量；工程施工主要周转材料和施工机具的配置计划应根据施工部署和施工进度计划确定，包括各施工阶段所需主要周转材料、施工机具的种类和数量。

5. 主要施工方案

施工方案的确定要遵循先进性、可行性和经济性兼顾的原则。对脚手架工程、起重吊装工程、临时用水用电工程、季节性施工等专项工程所采用的施工方案应进行必要的验算和说明。

另外，对于施工方案需记住一般工程施工的顺序，以下面典型例题的形式进行叙述，掌握解析即可。

典型例题

【单选题】关于一般工程施工顺序的说法，错误的是(　　)。

A. 先地下后地上　　B. 先结构后装饰

C. 先围护后主体　　D. 先土建后设备

C。**【解析】**一般工程安排施工顺序时应遵循以下规定：先准备、后开工；先地下、后地上；先主体、后围护；先结构、后装饰；先土建、后设备。

6. 施工现场平面布置

施工现场平面布置图应包括下列内容：

(1)工程施工场地状况。

(2)拟建建(构)筑物的位置、轮廓尺寸、层数等。

(3)工程施工现场的加工设施、存贮设施、办公和生活用房等的位置和面积。

(4)布置在工程施工现场的垂直运输设施、供电设施、供水供热设施、排水排污设施和临时施工道路等。

(5)施工现场必备的安全、消防、保卫和环境保护等设施。

(6)相邻的地上、地下既有建(构)筑物及相关环境。

二、建筑工程绿色施工

该部分内容主要依据《建筑工程绿色施工评价标准》对绿色施工进行详细叙述。

绿色施工是在保证质量、安全等基本要求的前提下，通过科学管理和技术进步，最大限度地节约资源，减少对环境负面影响，实现"四节一环保"（节能、节材、节水、节地和环境保护）的建筑工程施工活动。

（一）基本规定

绿色施工评价应以建筑工程施工过程为对象进行评价。

绿色施工项目应符合以下规定：

（1）建立绿色施工管理体系和管理制度。实施目标管理。

（2）根据绿色施工要求进行图纸会审和深化设计。

（3）施工组织设计及施工方案应有专门的绿色施工章节，绿色施工目标明确，内容应涵盖"四节一环保"要求。

（4）工程技术交底应包含绿色施工内容。

（5）采用符合绿色施工要求的新材料、新技术、新工艺、新机具进行施工。

（6）建立绿色施工培训制度，并有实施记录。

（7）根据检查情况，制定持续改进措施。

（8）采集和保存过程管理资料、见证资料和自检评价记录等绿色施工资料。

（9）在评价过程中，应采集反映绿色施工水平的典型图片或影像资料。

（二）评价框架体系

评价阶段宜按地基与基础工程、结构工程，装饰装修与机电安装工程进行。建筑工程绿色施工应依据环境保护、节材与材料资源利用、节水与水资源利用、节能与能源利用和节地与土地资源保护五个要素进行评价。评价要素应由控制项、一般项、优选项三类评价指标组成。评价等级应分为不合格、合格和优良。绿色施工评价框架体系应由评价阶段、评价要素、评价指标、评价等级构成。

（三）环境保护评价指标

1. 控制项

现场施工标牌应包括环境保护内容，应在醒目位置设环境保护标识。施工现场的文物古迹和古树名木应采取有效保护措施。现场食堂应有卫生许可证，炊事员应持有效健康证明。

2. 一般项

资源保护应符合下列规定：

（1）应保护场地四周原有地下水形态，减少抽取地下水。

（2）危险品、化学品存放处及污物排放应采取隔离措施。

人员健康应符合下列规定：

（1）施工作业区和生活办公区应分开布置，生活设施应远离有毒有害物质。

（2）生活区应有专人负责，应有消暑或保暖措施。

（3）现场工人劳动强度和工作时间应符合有关规定。

（4）从事有毒、有害、有刺激性气味和强光、强噪声施工的人员应佩戴与其相应的防护器具。

(5)深井、密闭环境、防水和室内装修施工应有自然通风或临时通风设施。

(6)现场危险设备、地段、有毒物品存放地应配置醒目安全标志,施工应采取有效防毒、防污、防尘、防潮、通风等措施,应加强人员健康管理。

(7)厕所、卫生设施、排水沟及阴暗潮湿地带应定期消毒。

(8)食堂各类器具应清洁,个人卫生、操作行为应规范。

扬尘控制应符合下列规定:

(1)现场应建立洒水清扫制度,配备洒水设备,并应有专人负责。

(2)对裸露地面、集中堆放的土方应采取抑尘措施。

(3)运送土方、渣土等易产生扬尘的车辆应采取封闭或遮盖措施。

(4)现场进出口应设冲洗池和吸湿垫,应保持进山现场车辆清洁。

(5)易飞扬和细颗粒建筑材料应封闭存放,余料应及时回收。

(6)易产生扬尘的施工作业应采取遮挡、抑尘等措施。

(7)拆除爆破作业应有降尘措施。

(8)高空垃圾清运应采用封闭式管道或垂直运输机械完成。

(9)现场使用散装水泥、预拌砂浆应有密闭防尘措施。

废气排放控制应符合下列规定:

(1)进出场车辆及机械设备废气排放应符合国家年检要求。

(2)不应使用煤作为现场生活的燃料。

(3)电焊烟气的排放应符合现行国家标准《大气污染物综合排放标准》的规定。

(4)不应在现场燃烧废弃物。

建筑垃圾处置应符合下列规定:

(1)建筑垃圾应分类收集、集中堆放。

(2)废电池、废墨盒等有毒有害的废弃物应封闭回收,不应混放。

(3)有毒有害废物分类率应达到100%。

(4)垃圾桶应分为可回收利用与不可回收利用两类,应定期清运。

(5)建筑垃圾回收利用率应达到30%。

(6)碎石和土石方类等应用作地基和路基回填材料。

污水排放应符合下列规定:

(1)现场道路和材料堆放场地周边应设排水沟。

(2)工程污水和试验室养护用水应经处理达标后排入市政污水管道。

(3)现场厕所应设置化粪池,化粪池应定期清理。

(4)工地厨房应设隔油池,应定期清理。

(5)雨水、污水应分流排放。

提示

施工现场泥浆和污水未经处理不得排入城市排水设施和河流、湖泊、池塘等水体。

典型例题

【多选题】关于施工现场污水排放的说法,正确的有(　　)。

A. 现场厕所设置化粪池,并定期清理

B. 试验室污水直接排入市政污水管道

C. 现场的工程污水处理达标后排入市政污水管道

D. 现场雨、污水合流排放

E. 工地厨房设隔油池,并定期清理

ACE。【解析】解析见上文。

光污染应符合下列规定:

(1)夜间焊接作业时,应采取挡光措施。

(2)工地设置大型照明灯具时,应有防止强光线外泄的措施。

噪声控制应符合下列规定:

(1)应采用先进机械、低噪声设备进行施工,机械、设备应定期保养维护。

(2)产生噪声较大的机械设备,应尽量远离施工现场办公区、生活区和周边住宅区。

(3)混凝土输送泵、电锯房等应设有吸声降噪屏或其他降噪措施。

(4)夜间施工噪声声强值应符合国家有关规定。

(5)吊装作业指挥应使用对讲机传达指令。

提示

《噪声污染防治法》规定,在噪声敏感建筑物集中区域,禁止夜间进行产生噪声的建筑施工作业,但抢修、抢险施工作业,因生产工艺要求或者其他特殊需要必须连续施工作业的除外。因特殊需要必须连续施工作业的,应当取得地方人民政府住房和城乡建设、生态环境主管部门或者地方人民政府指定的部门的证明,并在施工现场显著位置公示或者以其他方式公告附近居民。

施工现场应设置连续、密闭能有效隔绝各类污染的围挡。

施工中,开挖土方应合理回填利用。

3. 优选项

施工作业面应设置隔声设施。建筑垃圾回收利用率应达到50%。

提示

对于控制项、一般项、优选项三类评价指标,重点掌握一般项的评价要素,控制项和优选项的评价要素简单了解即可。

(四)节材与材料资源利用评价指标

1. 控制项

应根据就地取材的原则进行材料选择并有实施记录。应有健全的机械保养、限额领料、建筑垃圾再生利用等制度。

2. 一般项

节材与材料资源利用的一般性评价指标如表 2-2 所示。

表 2-2　节材与材料资源利用的一般性评价指标

类别	规定
材料的选择	(1)施工应选用绿色、环保材料。 (2)临建设施应采用可拆迁、可回收材料。 (3)应利用粉煤灰、矿渣、外加剂等新材料降低混凝土和砂浆中的水泥用量;粉煤灰、矿渣、外加剂等新材料掺量应按供货单位推荐掺量、使用要求、施工条件、原材料等因素通过试验确定
材料的节约	(1)应采用管件合一的脚手架和支撑体系。 (2)应采用工具式模板和新型模板材料,如铝合金、塑料、玻璃钢和其他可再生材质的大模板和钢框镶边模板。 (3)材料运输方法应科学,应降低运输损耗率。 (4)应优化线材下料方案。 (5)面材、块材镶贴,应做到预先总体排版。 (6)应因地制宜,采用新技术、新工艺、新设备、新材料。 (7)应提高模板、脚手架体系的周转率
资源再生利用	(1)建筑余料应合理使用。 (2)板材、块材等下脚料和撒落混凝土及砂浆应科学利用。 (3)临建设施应充分利用既有建筑物、市政设施和周边道路。 (4)现场办公用纸应分类摆放,纸张应两面使用,废纸应回收

3. 优选项

应编制材料计划,合理使用材料。建筑材料包装物回收率应达到 100%。

(五)节水与水资源利用评价指标

1. 控制项

签订标段分包或劳务合同时,应将节水指标纳入合同条款。应有计量考核记录。

2. 一般项

节水与水资源利用的一般性评价指标如表 2-3 所示。

表 2-3　节水与水资源利用的一般性评价指标

类别	规定
节约用水	(1)应根据工程特点,制定用水定额。 (2)施工现场供、排水系统应合理适用。 (3)施工现场办公区、生活区的生活用水应采用节水器具,节水器具配置率应达到 100%。 (4)施工现场的生活用水与工程用水应分别计量。 (5)施工中应采用先进的节水施工工艺。 (6)混凝土养护和砂浆搅拌用水应合理,应有节水措施。 (7)管网和用水器具不应有渗漏

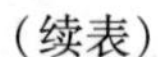

（续表）

类别	规定
水资源的利用	(1)基坑降水应储存使用。 (2)冲洗现场机具、设备、车辆用水，应设立循环用水装置

3. 优选项

施工现场应建立基坑降水再利用的收集处理系统。施工现场应有雨水收集利用的设施。

（六）节能与能源利用评价指标

1. 控制项

对施工现场的生产、生活、办公和主要耗能施工设备应设有节能的控制措施。

2. 一般项

节能与能源利用的一般性评价指标如表2-4所示。

表2-4　节能与能源利用的一般性评价指标

类别	规定
临时用电设施	(1)应采用节能型设施。 (2)临时用电应设置合理，管理制度应齐全并落实到位。 (3)现场照明设计应符合国家现行标准《施工现场临时用电安全技术规范》的规定
机械设备	(1)应采用能源利用效率高的施工机械设备。 (2)施工机具资源应共享。 (3)应定期监控重点耗能设备的能源利用情况，并有记录。 (4)应建立设备技术档案，并应定期进行设备维护、保养
临时设施	(1)施工临时设施应结合日照和风向等自然条件，合理采用自然采光、通风和外窗遮阳设施。 (2)临时施工用房应使用热工性能达标的复合墙体和屋面板，顶棚宜采用吊顶
材料运输与施工	(1)建筑材料的选用应缩短运输距离，减少能源消耗。 (2)应采用能耗少的施工工艺。 (3)应合理安排施工工序和施工进度。 (4)应尽量减少夜间作业和冬期施工的时间

3. 优选项

应根据当地气候和自然资源条件，合理利用太阳能或其他可再生能源。临时用电设备应采用自动控制装置。

（七）节地与土地资源保护评价指标

1. 控制项

施工场地布置应合理并实施动态管理。

2. 一般项

节地与土地资源保护的一般性评价指标如表2-5所示。

表2-5　节地与土地资源保护的一般性评价指标

类别	规定
节约用地	(1)施工总平面布置应紧凑,并应尽量减少占地。 (2)应在经批准的临时用地范围内组织施工。 (3)应根据现场条件,合理设计场内交通道路。 (4)施工现场临时道路布置应与原有及永久道路兼顾考虑,并应充分利用拟建道路为施工服务。 (5)应采用预拌混凝土
保护用地	(1)应采取防止水土流失的措施。 (2)应充分利用山地、荒地作为取、弃土场的用地。 (3)施工后应恢复植被。 (4)应对深基坑施工方案进行优化,并减少土方开挖和回填量,保护用地。 (5)在生态脆弱的地区施工完成后,应进行地貌复原

3. 优选项

临时办公和生活用房应采用结构可靠的多层轻钢活动板房、钢骨架多层水泥活动板房等可重复使用的装配式结构。

(八)评价方法

绿色施工项目自评价次数每月不应少于1次,且每阶段不应少于1次。

模块四　建筑工程施工现场管理

一、现场消防管理

消防工作贯彻预防为主、防消结合的方针,按照政府统一领导、部门依法监管、单位全面负责、公民积极参与的原则,实行消防安全责任制,建立健全社会化的消防工作网络。工程项目在建设过程中,要预防建设工程施工现场火灾,减少火灾危害,保护人身和财产安全。

(一)总平面布局

1. 一般规定

临时用房、临时设施的布置应满足现场防火、灭火及人员安全疏散的要求。

2. 防火间距

易燃易爆危险品库房与在建工程的防火间距不应小于15 m,可燃材料堆场及其加工场、固定动火作业场与在建工程的防火间距不应小于10 m,其他临时用房、临时设施与在建工程的防火间距不应小于6 m。

3. 消防车道

施工现场内应设置临时消防车道,临时消防车道与在建工程、临时用房、可燃材料堆场及其加工场的距离不宜小于 5 m,且不宜大于 40 m;施工现场周边道路满足消防车通行及灭火救援要求时,施工现场内可不设置临时消防车道。

临时消防车道的设置应符合下列规定:

(1)临时消防车道宜为环形,设置环形车道确有困难时,应在消防车道尽端设置尺寸不小于 12 m×12 m 的回车场。

(2)临时消防车道的净宽度和净空高度均不应小于 4 m。

(3)临时消防车道的右侧应设置消防车行进路线指示标识。

(4)临时消防车道路基、路面及其下部设施应能承受消防车通行压力及工作荷载。

下列建筑应设置环形临时消防车道,设置环形临时消防车道确有困难时,除应按规定设置回车场外,尚应按规定设置临时消防救援场地:

(1)建筑高度大于 24 m 的在建工程。

(2)建筑工程单体占地面积大于 3 000 m^2 的在建工程。

(3)超过 10 栋,且成组布置的临时用房。

(二)建筑防火

1. 一般规定

在建工程防火设计应根据施工性质、建筑高度、建筑规模及结构特点等情况进行确定。

2. 临时用房防火

宿舍、办公用房的防火设计应符合下列规定:

(1)建筑构件的燃烧性能等级应为 A 级。当采用金属夹芯板材时,其芯材的燃烧性能等级应为 A 级。

(2)建筑层数不应超过 3 层,每层建筑面积不应大于 300 m^2。

(3)层数为 3 层或每层建筑面积大于 200 m^2时,应设置至少 2 部疏散楼梯,房间疏散门至疏散楼梯的最大距离不应大于 25 m。

(4)单面布置用房时,疏散走道的净宽度不应小于 1.0 m;双面布置用房时,疏散走道的净宽度不应小于 1.5 m。

(5)疏散楼梯的净宽度不应小于疏散走道的净宽度。

(6)宿舍房间的建筑面积不应大于 30 m^2,其他房间的建筑面积不宜大于 100 m^2。

(7)房间内任一点至最近疏散门的距离不应大于 15 m,房门的净宽度不应小于 0.8 m;房间建筑面积超过 50 m^2时,房门的净宽度不应小于 1.2 m。

(8)隔墙应从楼地面基层隔断至顶板基层底面。

发电机房、变配电房、厨房操作间、锅炉房、可燃材料库房及易燃易爆危险品库房的防火设计应符合下列规定:

(1)建筑构件的燃烧性能等级应为A级。

(2)层数应为1层,建筑面积不应大于200 m²。

(3)可燃材料库房单个房间的建筑面积不应超过30 m²,易燃易爆危险品库房单个房间的建筑面积不应超过20 m²。

(4)房间内任一点至最近疏散门的距离不应大于10 m,房门的净宽度不应小于0.8 m。

3. 在建工程防火

在建工程作业场所的临时疏散通道应采用不燃、难燃材料建造,并应与在建工程结构施工同步设置,也可利用在建工程施工完毕的水平结构、楼梯。

在建工程作业场所临时疏散通道的设置应符合下列规定:

(1)耐火极限不应低于0.5 h。

(2)设置在地面上的临时疏散通道,其净宽度不应小于1.5 m;利用在建工程施工完毕的水平结构、楼梯作临时疏散通道时,其净宽度不宜小于1.0 m;用于疏散的爬梯及设置在脚手架上的临时疏散通道,其净宽度不应小于0.6 m。

(3)临时疏散通道为坡道,且坡度大于25°时,应修建楼梯或台阶踏步或设置防滑条。

(4)临时疏散通道不宜采用爬梯,确需采用时,应采取可靠固定措施。

(5)临时疏散通道的侧面为临空面时,应沿临空面设置高度不小于1.2 m的防护栏杆。

(6)临时疏散通道设置在脚手架上时,脚手架应采用不燃材料搭设。

(7)临时疏散通道应设置明显的疏散指示标识。

(8)临时疏散通道应设置照明设施。

(三)临时消防设施

1. 一般规定

施工现场应设置灭火器、临时消防给水系统和应急照明等临时消防设施。

临时消防设施应与在建工程的施工同步设置。房屋建筑工程中,临时消防设施的设置与在建工程主体结构施工进度的差距不应超过3层。

施工现场的消火栓泵应采用专用消防配电线路。专用消防配电线路应自施工现场总配电箱的总断路器上端接入,且应保持不间断供电。

2. 灭火器

在建工程及临时用房的下列场所应配置灭火器:

(1)易燃易爆危险品存放及使用场所。

(2)动火作业场所。

(3)可燃材料存放、加工及使用场所。

(4)厨房操作间、锅炉房、发电机房、变配电房、设备用房、办公用房、宿舍等临时用房。

(5)其他具有火灾危险的场所。

链接

除了上述内容外，灭火器的设置也是需要重点了解的内容。《建筑灭火器配置设计规范》规定，灭火器应设置在位置明显和便于取用的地点，且不得影响安全疏散。对有视线障碍的灭火器设置点，应设置指示其位置的发光标志。灭火器的摆放应稳固，其铭牌应朝外。手提式灭火器宜设置在灭火器箱内或挂钩、托架上，其顶部离地面高度不应大于1.50 m；底部离地面高度宜大于0.15 m。灭火器箱不得上锁。灭火器不宜设置在潮湿或强腐蚀性的地点。当必须设置时，应有相应的保护措施。灭火器设置在室外时，应有相应的保护措施。灭火器不得设置在超出其使用温度范围的地点。根据《建筑灭火器配置验收及检查规范》，手提式灭火器的安装设置：手提式灭火器宜设置在灭火器箱内或挂钩、托架上。对于环境干燥、洁净的场所，手提式灭火器可直接放置在地面上。灭火器箱不应被遮挡、上锁或拴系。设有夹持带的挂钩、托架，夹持带的打开方式应从正面可以看到。当夹持带打开时，灭火器不应掉落。推车式灭火器的设置：推车式灭火器宜设置在平坦场地，不得设置在台阶上。在没有外力作用下，推车式灭火器不得自行滑动。推车式灭火器的设置和防止自行滑动的固定措施等均不得影响其操作使用和正常行驶移动。

3. 临时消防给水系统

施工现场临时室外消防给水系统的设置应符合下列规定：

(1)给水管网宜布置成环状。

(2)临时室外消防给水干管的管径，应根据施工现场临时消防用水量和干管内水流计算速度计算确定，且不应小于 *DN*100。

(3)室外消火栓应沿在建工程、临时用房和可燃材料堆场及其加工场均匀布置，与在建工程、临时用房和可燃材料堆场及其加工场的外边线的距离不应小于5 m。

(4)消火栓的间距不应大于120 m。

(5)消火栓的最大保护半径不应大于150 m。

建筑高度大于24 m或单体体积超过30 000 m^3 的在建工程，应设置临时室内消防给水系统，应设置具有足够扬程的高压水泵，临时消防竖管的管径不得小于75 mm。

4. 应急照明

施工现场的下列场所应配备临时应急照明：自备发电机房及变配电房；水泵房；无天然采光的作业场所及疏散通道；高度超过100 m的在建工程的室内疏散通道；发生火灾时仍需坚持工作的其他场所。

（四）防火管理

1. 一般规定

施工现场的消防安全管理应由施工单位负责。实行施工总承包时，应由总承包单位负责。分包单位应向总承包单位负责，并应服从总承包单位的管理，同时应承担国家法律、法规规定的消防责任和义务。监理单位应对施工现场的消防安全管理实施监理。

施工单位应编制施工现场防火技术方案，并应根据现场情况变化及时对其修改、完善。防火技术方案应包括下列主要内容：施工现场重大火灾危险源辨识；施工现场防火技术措施；临时消防设施、临时疏散设施配备；临时消防设施和消防警示标识布置图。

施工单位应编制施工现场灭火及应急疏散预案。灭火及应急疏散预案应包括下列主要内容：应急灭火处置机构及各级人员应急处置职责；报警、接警处置的程序和通信联络的方式；扑救初起火灾的程序和措施；应急疏散及救援的程序和措施。

施工人员进场时，施工现场的消防安全管理人员应向施工人员进行消防安全教育和培训。消防安全教育和培训应包括下列内容：施工现场消防安全管理制度、防火技术方案、灭火及应急疏散预案的主要内容；施工现场临时消防设施的性能及使用、维护方法；扑灭初起火灾及自救逃生的知识和技能；报警、接警的程序和方法。

施工作业前，施工现场的施工管理人员应向作业人员进行消防安全技术交底。消防安全技术交底应包括下列主要内容：施工过程中可能发生火灾的部位或环节；施工过程应采取的防火措施及应配备的临时消防设施；初起火灾的扑救方法及注意事项；逃生方法及路线。

施工过程中，施工现场的消防安全负责人应定期组织消防安全管理人员对施工现场的消防安全进行检查。消防安全检查应包括下列主要内容：可燃物及易燃易爆危险品的管理是否落实；动火作业的防火措施是否落实；用火、用电、用气是否存在违章操作，电、气焊及保温防水施工是否执行操作规程；临时消防设施是否完好有效；临时消防车道及临时疏散设施是否畅通。

施工单位应依据灭火及应急疏散预案，定期开展灭火及应急疏散的演练。

施工单位应做好并保存施工现场消防安全管理的相关文件和记录，并应建立现场消防安全管理档案。

2. 可燃物及易燃易爆危险品管理

用于在建工程的保温、防水、装饰及防腐等材料的燃烧性能等级应符合设计要求。室内使用油漆及其有机溶剂、乙二胺、冷底子油等易挥发产生易燃气体的物资作业时，应保持良好通风，作业场所严禁明火，并应避免产生静电。

3. 用火、用电、用气管理

施工现场用火、用电、用气应符合相关规定。

施工现场动火作业多，用（动）火管理缺失和动火作业不慎引燃可燃、易燃建筑材料是导致火灾事故发生的主要原因。施工现场动火作业分为一级动火作业、二级动火作业、三级动火作业，动火等级依次递减，如表 2-6 所示。

表 2-6　施工现场动火作业的分类

一级动火作业	二级动火作业	三级动火作业
禁火区域内的动火作业	非禁火区域内的动火作业	—
油罐、油箱、油槽车的动火作业	小型油箱的动火作业	—

（续表）

一级动火作业	二级动火作业	三级动火作业
危险性较大的登高焊、割动火作业	一般性的焊、割动火作业	—
受压设备的动火作业	—	—
有限空间（地下室、容器等）内的动火作业	—	—
有大量可燃和易燃物质场所的动火作业	—	—

三级动火作业主要是指在没有明显危险且不固定的场所进行的动火作业，如焊接工地围挡、办公区大门焊接等。

链接

动火作业是指在施工现场进行明火、爆破、焊接、气割或采用酒精炉、煤油炉、喷灯、砂轮、电钻等工具进行可能产生火焰、火花和赤热表面的临时性作业。

施工现场动火审批程序如表 2-7 所示。

表 2-7　施工现场动火审批程序

动火等级	编制对象和人员	动火申请表填写人员	审查批准人员和部门
一级动火	由项目负责人编制防火安全技术方案	项目负责人	企业安全管理部门
二级动火	由项目责任工程师编制防火安全技术措施	项目责任工程师	项目负责人和项目安全管理部门
三级动火	—	施工所在班组	项目责任工程师和项目安全管理部门

典型例题

【单选题】下列作业中，属于二级动火作业的是(　　)。

A. 危险性较大的登高焊、割作业　　B. 一般性登高焊、割作业

C. 有易燃物场所的焊接作业　　D. 有限空间内焊接作业

B。**【解析】**常见的二级动火作业类型有：(1)一般性的登高焊、割作业。(2)小型油箱等容器内的动火作业。(3)在具有一定危险的非禁火区域内进行的临时焊、割作业。二级动火作业较一级动火作业危险性要低一些，其他选项都为一级动火作业。

【单选题】施工现场一级动火作业要由(　　)组织编制防火安全技术方案。

A. 项目负责人　　B. 项目责任工程师

C. 专职安全员　　D. 班组长

A。**【解析】**施工现场一级动火作业要由项目负责人组织编制防火安全技术方案；施工现场二级动火作业要由项目责任工程师组织编制防火安全技术措施。

二、现场文明施工管理

《建筑施工安全检查标准》规定，文明施工检查评定保证项目应包括现场围挡、封闭管

理、施工场地、材料管理、现场办公与住宿、现场防火。一般项目应包括综合治理、公示标牌、生活设施、社区服务。

（一）文明施工保证项目评定规定

文明施工保证项目的检查评定应符合表 2-8 的规定。

表 2-8　文明施工保证项目的检查评定

项目	规定
现场围挡	(1)市区主要路段的工地应设置高度不小于 2.5 m 的封闭围挡。 (2)一般路段的工地应设置高度不小于 1.8 m 的封闭围挡。 (3)围挡应坚固、稳定、整洁、美观
封闭管理	(1)施工现场进出口应设置大门,并应设置门卫值班室。 (2)应建立门卫值守管理制度,并应配备门卫值守人员。 (3)施工人员进入施工现场应佩戴工作卡。 (4)施工现场出入口应标有企业名称或标识,并应设置车辆冲洗设施
施工场地	(1)施工现场的主要道路及材料加工区地面应进行硬化处理。 (2)施工现场道路应畅通,路面应平整坚实。 (3)施工现场应有防止扬尘措施。 (4)施工现场应设置排水设施,且排水通畅无积水。 (5)施工现场应有防止泥浆、污水、废水污染环境的措施。 (6)施工现场应设置专门的吸烟处,严禁随意吸烟。 (7)温暖季节应有绿化布置
材料管理	(1)建筑材料、构件、料具应按总平面布局进行码放。 (2)材料应码放整齐,并应标明名称、规格等。 (3)施工现场材料码放应采取防火、防锈蚀、防雨等措施。 (4)建筑物内施工垃圾的清运,应采用器具或管道运输,严禁随意抛掷。 (5)易燃易爆物品应分类储藏在专用库房内,并应制定防火措施
现场办公与住宿	(1)施工作业、材料存放区与办公、生活区应划分清晰,并应采取相应的隔离措施。 (2)在建工程内、伙房、库房不得兼作宿舍。 (3)宿舍、办公用房的防火等级应符合规范要求。 (4)宿舍应设置可开启式窗户,床铺不得超过 2 层,通道宽度不应小于 0.9 m。 (5)宿舍内住宿人员人均面积不应小于 2.5 m^2,且不得超过 16 人。 (6)冬季宿舍内应有采暖和防一氧化碳中毒措施。 (7)夏季宿舍内应有防暑降温和防蚊蝇措施。 (8)生活用品应摆放整齐,环境卫生应良好
现场防火	(1)施工现场应建立消防安全管理制度,制定消防措施。 (2)施工现场临时用房和作业场所的防火设计应符合规范要求。 (3)施工现场应设置消防通道、消防水源,并应符合规范要求。 (4)施工现场灭火器材应保证可靠有效,布局配置应符合规范要求。 (5)明火作业应履行动火审批手续,配备动火监护人员

（二）文明施工一般项目评定规定

文明施工一般项目的检查评定应符合表 2-9 的规定。

表 2-9　文明施工一般项目的检查评定

项目	规定
综合治理	(1)生活区内应设置供作业人员学习和娱乐的场所。 (2)施工现场应建立治安保卫制度,责任分解落实到人。 (3)施工现场应制定治安防范措施
公示标牌	(1)大门口处应设置公示标牌,主要内容应包括:工程概况牌、消防保卫牌、安全生产牌、文明施工牌、管理人员名单及监督电话牌、施工现场总平面图。 (2)标牌应规范、整齐、统一。 (3)施工现场应有安全标语。 (4)应有宣传栏、读报栏、黑板报
生活设施	(1)应建立卫生责任制度并落实到人。 (2)食堂与厕所、垃圾站、有毒有害场所等污染源的距离应符合规范要求。 (3)食堂必须有卫生许可证,炊事人员必须持身体健康证上岗。 (4)食堂使用的燃气罐应单独设置存放间,存放间应通风良好,并严禁存放其他物品。 (5)食堂的卫生环境应良好,且应配备必要的排风、冷藏、消毒、防鼠、防蚊蝇等设施。 (6)厕所内的设施数量和布局应符合规范要求。 (7)厕所必须符合卫生要求。 (8)必须保证现场人员卫生饮水。 (9)应设置淋浴室,且能满足现场人员需求。 (10)生活垃圾应装入密闭式容器内,并应及时清理
社区服务	(1)夜间施工前,必须经批准后方可进行施工。 (2)施工现场严禁焚烧各类废弃物。 (3)施工现场应制定防粉尘、防噪声、防光污染等措施。 (4)应制定施工不扰民措施

三、现场成品保护管理

（一）主体结构工程成品保护

1. 模板的成品保护

塔式起重机运料时严禁碰撞已支设好的柱模及墙模。

梁板钢筋绑扎时应注意保护梁底模板,防止移位;钢筋绑扎时不得划伤木模多层板覆膜面,以免影响混凝土表面光洁效果。

顶板模板支设完毕后,上方堆料不得过重以防模板变形,甚而压塌模板。

水电埋管须穿过模板时,模板上打孔必须使用开孔器进行钻孔,不得随意破坏。

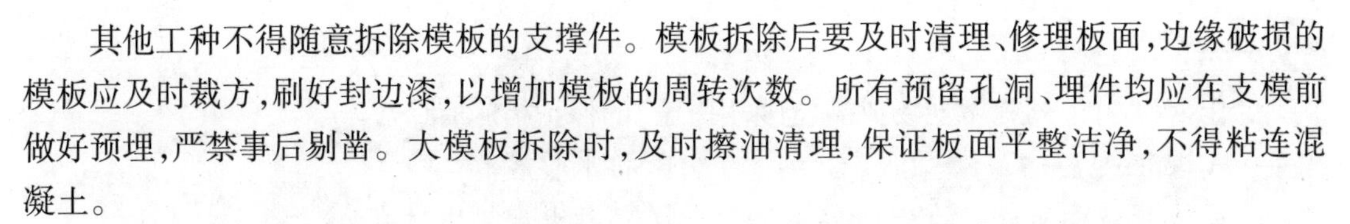
其他工种不得随意拆除模板的支撑件。模板拆除后要及时清理、修理板面，边缘破损的模板应及时裁方，刷好封边漆，以增加模板的周转次数。所有预留孔洞、埋件均应在支模前做好预埋，严禁事后剔凿。大模板拆除时，及时擦油清理，保证板面平整洁净，不得粘连混凝土。

2. 钢筋的成品保护

顶板钢筋绑扎完毕后，要避免在上面堆积重物，并且不得随意上人，如果因为施工操作及运送材料必须上人，须采取一定措施，如增设马凳、铺脚手板等。

水电专业施工时不允许切断钢筋，若需要断筋，应及时通报土建技术负责人，做好必要的加固补强，方可断筋，并应注意钢筋混凝土保护层的控制。

注意防止钢筋的污染，并做好钢筋的除锈、防锈工作。

直螺纹钢筋应戴好保护套，防止撞伤螺纹。

墙柱钢筋绑扎完成后不得上人蹬踏。

采用钢筋原材加工预制好的成品料应做好标识，用 100 mm × 100 mm 的木方垫起，做好防潮工作。雨期施工时钢筋堆放地要做好排水措施和必要的遮盖。

3. 混凝土的成品保护

由于模板拆除时混凝土强度较低，须特别注意塔式起重机运料及人工运料过程中不得碰撞混凝土墙、柱，以免影响混凝土的观感。

施工过程中必要的剔凿必须待混凝土基本达到设计强度时方可进行。

所有墙、柱、较大孔洞口、楼梯踏步，在拆模后及时用废旧的多层板条做好角部包封，防止撞伤混凝土阳角。

后浇带、孔洞口在清理处理好后及时封盖。避免因混凝土养护用水浸泡导致钢筋锈蚀。

混凝土顶板在浇筑后 24 h 内不得堆料上人，防止混凝土板早期强度被破坏，板面出现裂缝。

现场混凝土墙面、柱面不得随意涂画，做好成品的清洁。

（二）装饰装修工程成品保护

装饰装修工程施工和保修期间，应对所施工的项目和相关工程进行成品保护；相关专业工程施工时，应对装饰装修工程进行成品保护。

装饰装修工程施工组织设计应包含成品保护方案，特殊气候环境应制定专项保护方案。

装饰装修工程施工前，各参建单位应制定交叉作业面的施工顺序、配合和成品保护要求。

成品保护可采用覆盖、包裹、遮搭、围护、封堵、封闭、隔离等方式。注：此处需重点掌握，以下面典型例题进行展开叙述，掌握解析即可。

典型例题

【多选题】下列施工现场成品，宜采用“盖”的保护措施有(　　)。

A. 地漏　　B. 排水管落水口

C. 水泥地面完成后的房间　　D. 门厅大理石块材地面

E. 地面砖铺贴完成后的房间

ABD。**【解析】**成品保护可采用覆盖、包裹、遮搭、围护、封堵、封闭、隔离等方式。其中，覆盖简称为“盖”，即覆盖表面防止异物进入而造成损伤或堵塞，如地漏、排水管落水口、门厅大理石块材地面等应采取“盖”的保护措施。而选项 C 水泥地面完成后的房间和选项 E 地面砖铺贴完成后的房间更适合选用封闭的保护措施，即封闭整个房间防止地面被破坏。

成品保护所用材料应符合国家现行相关材料规范，并符合工序质量要求；宜采用绿色、环保、可再循环使用的材料。

成品保护重要部位应设置明显的保护标识。

在已完工的装饰面层施工时，应采取防污染措施。

成品保护过程中应采取相应的防火措施。

有粉尘、喷涂作业时，作业空间的成品应做包裹、覆盖保护。

在成品区域进行产生高温的施工作业时，应对成品表面采用隔离防护措施，不得将产生热源的设备或工具直接放置在装饰面层上。

施工期间应对成品保护设施进行检查。对有损坏的保护设施应及时进行修复。

装饰装修工程产品竣工验收时，宜提供使用手册。使用手册应包括下列内容：使用方法及注意事项；清洁方法及注意事项；日常维护和保养。

四、建筑施工现场标志设置

（一）基本规定

建筑工程施工现场应设置安全标志和专用标志。

建筑工程施工现场的下列危险部位和场所应设置安全标志：通道口、楼梯口、电梯口和孔洞口；基坑和基槽外围、管沟和水池边沿；高差超过 1.5 m 的临边部位；爆破、起重、拆除和其他各种危险作业场所；爆破物、易燃物、危险气体、危险液体和其他有毒有害危险品存放处；临时用电设施；施工现场其他可能导致人身伤害的危险部位或场所。

建筑工程施工现场应在临近危险源的位置设置安全标志。

建筑工程施工现场标志应保持清晰、醒目、准确和完好。施工现场标志设置应与实际情况相符。不得遮挡和随意挪动施工现场标志。

建筑工程施工现场的重点消防防火区域，应设置消防安全标志。消防安全标志的设置应符合现行国家标准的有关规定。

标志颜色的选用应符合现行国家标准《安全色》的有关规定。

（二）安全标志

安全标志是用以表达特定安全信息的标志，由图形符号、安全色、几何形状（边框）或文字构成，包括禁止标志、警告标志、指令标志和提示标志。

禁止标志的基本形状（图 2-1）应为带斜杠的圆边框，文字辅写框应在其正下方。禁止标志的颜色应为白底、红圈、红斜杠、黑图形符号；文字辅助标志应为红底白字。

警告标志的基本形状（图 2-2）应为等边三角形，顶角朝上，文字辅助标志应在其正下方。其颜色应为黄底、黑边、黑图形符号；文字辅助标志应为白底黑字。

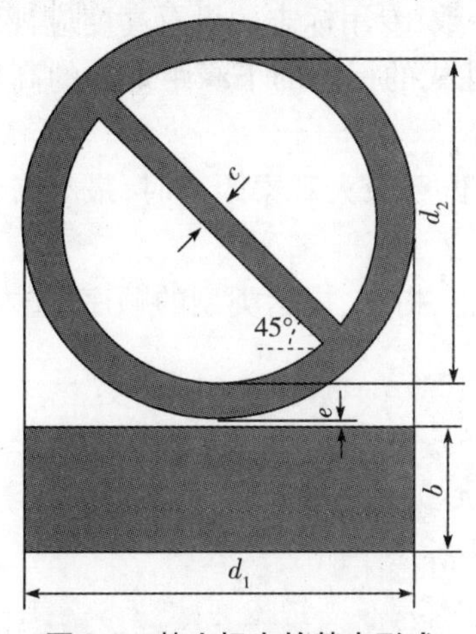

图 2-1　禁止标志的基本形式

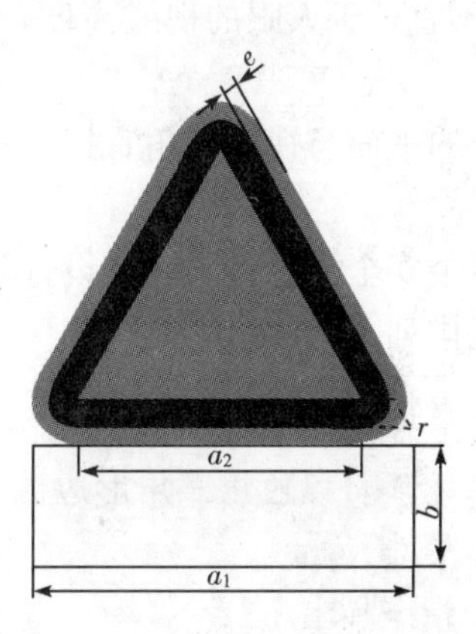

图 2-2　警告标志的基本形式

指令标志的基本形状（图 2-3）应为圆形，文字辅助标志应在其正下方。其颜色应为蓝底、白图形符号；文字辅助标志应为蓝底白字。

提示标志的基本形状（图 2-4）应为正方形，文字辅助标志应在其正下方。其颜色应为绿底、白图案、白字；文字辅助标志应为绿底白字。

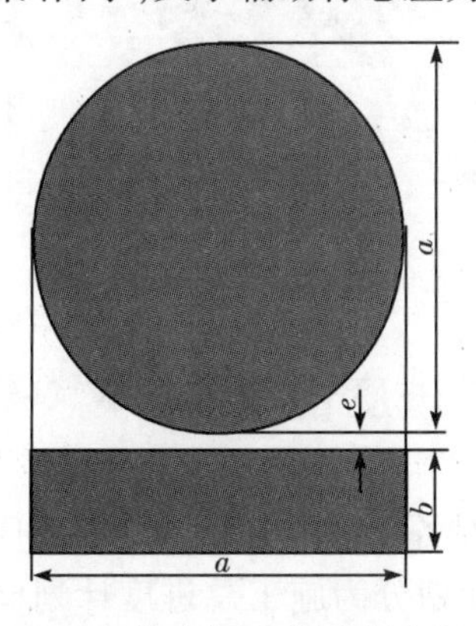

图 2-3　指令标志的基本形式

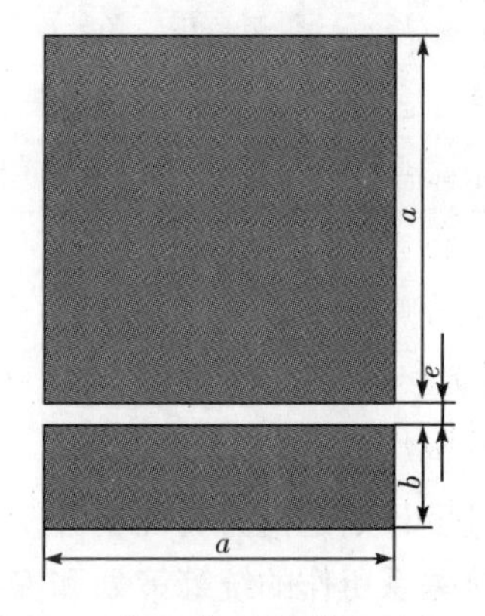

图 2-4　提示标志的基本形式

（三）安全标志的设置

标志的设置不得影响建筑工程施工，通行安全和紧急疏散。

标志不应与广告及其他图形和文字混合设置。

标志在露天设置时，应防止日照、风、雨、雹等自然因素对标志的破坏和影响。

标志材料应采用坚固、安全、环保、耐用、不褪色的材料制作，不宜使用易变形、易变质或易燃的材料。有触电危险的作业场所应使用绝缘材料。

施工现场涉及紧急电话、消防设备、疏散等标志应采用主动发光或照明式标志，其他标志宜采用主动发光或照明式标志。

安全标志应设在与安全有关的醒目位置，且应使进入现场的人员有足够的时间注视其所表示的内容。

标志牌不宜设在门、窗、架等可移动的物体上，标志牌前不得放置妨碍认读的障碍物。

安全标志设置的高度，宜与人眼的视线高度相一致；专用标志的设置高度应视现场情况确定，但不宜低于人眼的视线高度。采用悬挂式和柱式的标志的下缘距地面的高度不宜小于 2 m。

标志的平面与视线夹角宜接近90°角，当观察者位于最大观察距离时，最小夹角不宜小于75°。

当多个安全标志在同一处设置时，应按警告、禁止、指令、提示类型的顺序，先左后右，先上后下地排列。

典型例题

【单选题】黑色正三角形边框、背景为黄色、图形是黑色的安全标志是(　　)。

A. 警告标志　　B. 禁止标志

C. 指令标志　　D. 提示标志

A。**【解析】**安全标志一般分为禁止标志、警告标志、指令标志和提示标志。各标志图形特点如下表所示。

标志类型	边框形状	背景颜色	图形颜色
禁止标志	红色带斜杠圆形边框	白色	黑色
警告标志	黑色正三角形(等边三角形)边框	黄色	黑色
指令标志	黑色圆形边框	蓝色	白色
提示标志	矩形边框	绿色	白色

模块五　建筑工程施工进度管理

施工进度计划是指为实现项目设定的工期目标，对各项施工过程的施工顺序、起止时间和相互衔接关系所作的统筹策划和安排。施工进度计划分为施工总进度计划、单位工程施工进度计划、分阶段(或专项)工程施工进度计划以及分部分项工程施工进度计划。

施工进度计划的实现离不开管理上和技术上的具体措施。另外，在工程施工进度计划执行过程中，由于各方面条件的变化，经常使实际进度脱离原计划，这就需要施工管理者随时掌握工程施工进度，检查和分析进度计划的实施情况，及时进行必要的调整，保证施工进度总目标的完成。

一、施工进度计划编制

（一）横道图法

横道图法是以时间为横坐标，以各分部分项工程等为纵坐标，以横向线条形象表示分部分项工程施工进度的方法。该方法简单、直观、易懂（图 2-5）。

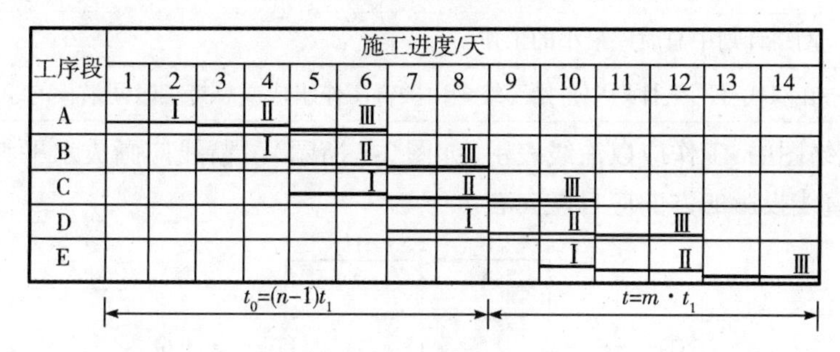

图 2-5 横道图

在横道图法中，常用的流水参数如图 2-6 所示。

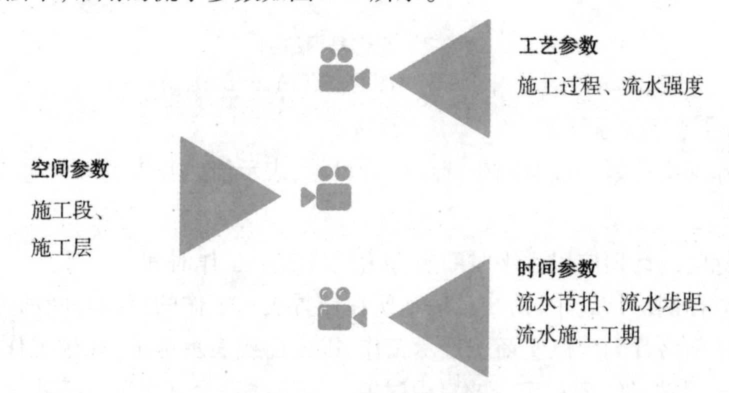

图 2-6 流水施工参数

（二）双代号网络计划

双代号网络计划是以双代号网络图表示的网络计划，而双代号网络图是以箭线及其两端节点的编号表示工作的网络图，其基本定义如表 2-10 所示。

表 2-10 双代号网络计划的基本定义

名称	定义
工作	计划任务按需要粗细程度划分而成的、消耗时间或资源的一个子项目或子任务
箭线	网络图中一端带箭头的实线。双代号网络计划中，箭线表示一项工作
节点	网络图中箭线端部的圆圈或其他形状的封闭图形。在双代号网络计划中，表示工作开始或完成的时刻
网络图	由箭线和节点组成的，用来表示工作流程的有向、有序网状图形
线路	网络图中从起点节点开始，沿箭线方向连续通过一系列箭线（或虚箭线）与节点，最后达到终点节点所经过的通路

（续表）

名称	定义
自由时差	在不影响其紧后工作最早开始和有关时限的前提下，一项工作可以利用的机动时间
总时差	在不影响工期和有关时限的前提下，一项工作可以利用的机动时间
关键工作	网络计划中总时差最小的工作
关键线路	在双代号网络计划中自始至终全由关键工作组成或总持续时间最长的线路

双代号网络图中，工作应以箭线表示（如图 2-7 所示）。箭线应画成水平直线、垂直直线或折线，水平直线投影的方向应自左向右。

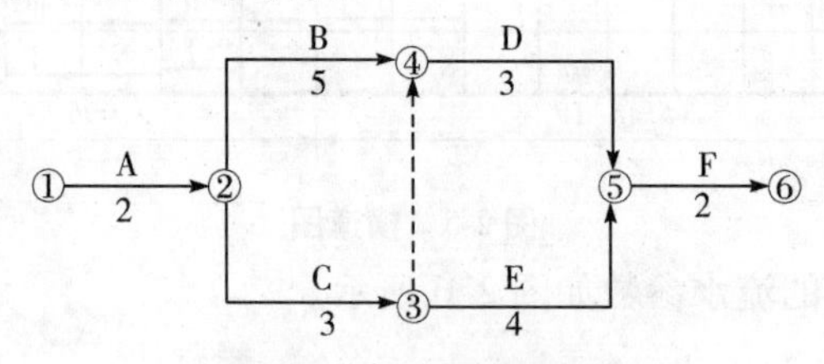

图 2-7　双代号网络图

①，②，③，④，⑤，⑥—网络图的节点；A，B，C，D，E，F—工作

（三）双代号时标网络计划

双代号时标网络计划是以时间坐标单位为尺度，表示箭线长度的双代号网络计划。

1. 基本规定

双代号时标网络计划应以水平时间坐标为尺度表示工作时间。

在双代号时标网络计划中，箭线长短和所在位置表示工作的持续时间和进程。

双代号时标网络计划应以实箭线表示工作，以虚箭线表示虚工作（虚工作必须以垂直方向的箭线表示），以波形线表示工作的自由时差。波形线不允许出现在箭线之前。

双代号时标网络计划中所有符号在时间坐标上的水平投影位置都必须与其时间参数相对应。

双代号时标网络图示例如图 2-8 所示。

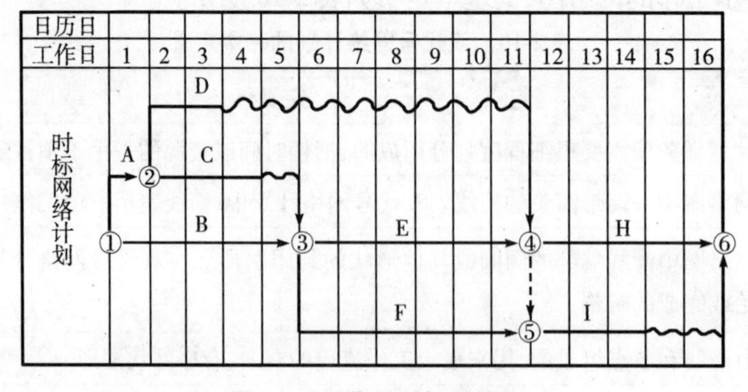

图 2-8　双代号时标网络图

2. 特点

双代号时标网络图能够清楚地展现计划的时间进程，直接显示各项工作的开始与完成

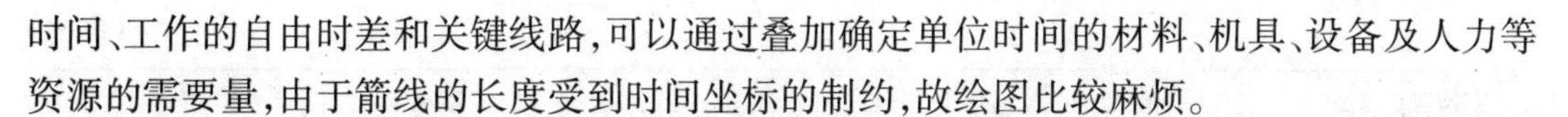

时间、工作的自由时差和关键线路，可以通过叠加确定单位时间的材料、机具、设备及人力等资源的需要量，由于箭线的长度受到时间坐标的制约，故绘图比较麻烦。

3. 时标网络计划的编制

双代号时标网络计划宜按最早时间编制。编制双代号时标网络计划之前，应先按已确定的时间单位绘出时标计划表。时标可标注在时标计划表的顶部或底部。时标的长度单位必须注明。可在顶部时标之上或底部时标之下加注日历的对应时间。

间接法绘制时标网络计划可按下列步骤进行：

(1)绘制出无时标网络计划。

(2)计算各节点的最早时间。

(3)根据节点最早时间在时标计划表上确定节点的位置，节点中心必须对准相应的时标位置。

(4)按要求连线，某些工作箭线长度不足以达到该工作的完成节点时，用波形线补足。

直接法绘制时标网络计划可按下列步骤进行：

(1)将起点节点定位在时标计划表的起始刻度线上。

(2)按工作持续时间在时标计划表上绘制起点节点的外向箭线。

(3)其他工作的开始节点必须在所有紧前工作都绘出以后，定位在这些紧前工作最早完成时间最大值的时间刻度上；某些工作的箭线长度不足以到达该节点时，用波形线补足；箭头画在波形线与节点连接处。

(4)从左至右依次确定其他节点位置，直至网络计划终点节点，绘图完成。

二、网络计划的应用

(一)网络计划应用的阶段和步骤

网络计划技术在项目管理中应用的阶段和步骤如表2-11所示。

表2-11　网络计划技术在项目管理中应用的阶段和步骤

序号	阶段	步骤
1	准备	确定网络计划目标
		调查研究
		项目分解
		工作方案设计
2	绘制网络图	逻辑关系分析
		网络图构图
3	计算参数	计算工作持续时间和搭接时间
		计算其他时间参数
		确定关键线路

（续表）

序号	阶段	步骤
4	编制可行网络计划	检查与修正
		可行网络计划编制
5	确定正式网络计划	网络计划优化
		网络计划的确定
6	网络计划的实施与控制	网络计划的贯彻
		检查和数据采集
		控制与调整
7	收尾	分析
		总结

（二）网络计划的检查

检查网络计划首先要收集反映网络计划实际执行情况的有关信息，按照一定的方法进行记录。记录方法有以下几种：

（1）用实际进度前锋线记录计划执行状况。在时标网络计划图上标画前锋线的关键是标定工作的实际进度前锋的位置。其标定方法有两种：按已完成的工作量的比例来标定；按尚需时间来标定。

（2）在图上用文字或适当的符号记录。当采用无时标网络计划时，可直接在图上用文字或适当符号、列表等方式记录。

（三）网络计划的优化和调整

1. 网络计划的优化

优化是指在一定约束条件下，按既定目标对网络计划进行不断检查、评价、调整和完善的过程。

网络计划的优化的基本规定：

（1）网络计划的优化目标应包括工期目标、费用目标和资源目标，优化目标应按计划项目的需要和条件选定。

（2）网络计划的优化应按选定目标，在满足既定约束条件下，通过不断改进网络计划，寻求满意方案。

（3）编制完成的网络计划应满足预定的目标要求，否则应做出调整。当经多次修改方案和调整计划均不能达到预定目标时，对预定目标应重新审定。

（4）网络计划的优化不得影响工程的质量和安全。

工期优化是指压缩计算工期，以达到要求工期目标，或在一定约束条件下使工期最短的过程。

资源优化是指网络计划以资源为目标所进行的优化。网络计划宜按“资源有限，工期最短”和“工期固定，资源均衡”进行资源优化。

工期－费用优化，应计算出到不同工期下的直接费用，并考虑相应的间接费用的影响，通过迭加求出工程总费用最低时的工期。工期－费用优化的具体步骤可参考《工程网络计划技术规程》的相关规定。

2. 网络计划调整的内容

当网络计划检查结果与计划发生偏差，应采取相应措施进行纠偏，使计划得以实现。采取措施仍不能纠偏时，应对网络计划进行调整。调整后应形成新的网络计划，并应按新计划执行。

网络计划调整可包括下列内容：调整关键线路；利用时差调整非关键工作的开始时间、完成时间或工作持续时间；增减工作项目；调整逻辑关系；重新估计某些工作的持续时间；调整资源投入。

3. 调整关键线路的方法

实际进度比计划进度提前，当不需要提前工期时，应选择资源占用量大或直接费用率高的后续关键工作，适当延长其持续时间，以降低其资源强度或费用；当需要提前工期时，应将计划的未完成部分作为一个新计划，重新计算时间参数并确定关键工作，按新计划实施。

实际进度比计划进度延误，当工期允许延长时，应将计划的未完成部分作为一个新计划，重新计算时间参数并确定关键工作，按新计划实施；当工期不允许延长时，应在未完成的关键工作中，选择资源强度小或直接费用率低的，缩短其持续时间，并把计划的未完成部分作为一个新计划，按工期优化方法进行调整。

4. 调整非关键工作的方法

非关键工作的调整应在其时差范围内进行，每次调整后应计算时间参数，判断调整对计划的影响。进行调整可采用下列方法：将工作在其最早开始时间和最迟完成时间范围内移动；延长工作持续时间；缩短工作持续时间。

模块六　建筑工程施工质量管理

一、建筑材料质量管理

建筑材料的质量控制主要体现在材料的采购、材料的进场试验检验、材料的保管和材料的使用四个方面。

（一）基本规定

建筑工程施工现场检测试验技术管理应按以下程序进行：

(1)制订检测试验计划。

(2)制取试样。

(3)登记台账。

(4)送检。

(5)检测试验。

(6)检测试验报告管理。

建筑工程施工现场应配备满足检测试验需要的试验人员、仪器设备、设施及相关标准。

建筑工程施工现场检测试验的组织管理和实施应由施工单位负责。当建筑工程实行施工总承包时,可由总承包单位负责整体组织管理和实施,分包单位按合同确定的施工范围各负其责。

施工单位及其取样、送检人员必须确保提供的检测试样具有真实性和代表性。

承担建筑工程施工检测试验任务的检测单位应符合下列规定:

(1)当行政法规、国家现行标准或合同对检测单位的资质有要求时,应遵守其规定;当没有要求时,可在施工单位的企业试验室试验,也可委托具备相应资质的检测机构检测。

(2)对检测试验结果有争议时,应委托共同认可的具备相应资质的检测机构重新检测。

(3)检测单位的检测试验能力应与其所承接检测试验项目相适应。

见证人员必须对见证取样和送检的过程进行见证,且必须确保见证取样和送检过程的真实性。

检测方法应符合国家现行相关标准的规定。当国家现行标准未规定检测方法时,检测机构应制定相应的检测方案并经相关各方认可,必要时应进行论证或验证。

检测机构应确保检测数据和检测报告的真实性和准确性。

(二)检测试验项目

施工过程质量检测试验项目和主要检测试验参数应依据国家现行相关标准、设计文件、合同要求和施工质量控制的需要确定。

施工过程质量检测试验的主要内容应包括土方回填、地基与基础、基坑支护、结构工程、装饰装修等五类。施工过程质量检测试验项目、主要检测试验参数和取样依据可按表 2-12 的规定确定。

表 2-12　施工过程质量检测试验项目、主要检测试验参数和取样依据

序号	类别	检测试验项目	主要检测试验参数	取样依据	备注
1	土方回填	土工击实	最大干密度	《土工试验方法标准》	
			最优含水率		
		压实程度	压实系数	《建筑地基基础设计规范》	
2	地基与基础	换填地基	压实系数或承载力	《建筑地基处理技术规范》《建筑地基基础工程施工质量验收标准》	
		加固地基、复合地基	承载力		
		桩基	承载力	《建筑基桩检测技术规范》	
			桩身完整性		钢桩除外

（续表）

序号	类别	检测试验项目		主要检测试验参数	取样依据	备注
3	基坑支护	土钉墙		土钉抗拔力	《建筑基坑支护技术规程》	
		水泥土墙		墙身完整性		
				墙体强度		设计有要求时
		锚杆、锚索		锁定力		
4	结构工程	钢筋连接	机械连接工艺检验	抗拉强度	《钢筋机械连接技术规程》	
			机械连接现场检验			
			钢筋焊接工艺检验	抗拉强度	《钢筋焊接及验收规程》	
				弯曲		适用于闪光对焊、气压焊接头
			闪光对焊	抗拉强度		
				弯曲		
			气压焊	抗拉强度		
				弯曲		适用于水平连接筋
			电弧焊、电渣压力焊、预埋件钢筋T形接头	抗拉强度		
			网片焊接	抗剪力		热轧带肋钢筋
				抗拉强度		冷轧带肋钢筋
				抗剪力		
		混凝土	混凝土配合比设计	工作性	《普通混凝土配合比设计规程》	指工作度、坍落度和坍落扩展度等
				强度等级		
			混凝土性能	标准养护试件强度	《混凝土结构工程施工质量验收规范》《混凝土外加剂应用技术规范》《建筑工程冬期施工规程》	
				同条件试件强度（受冻临界、拆模、张拉、放张和临时负荷等）		同条件养护28天转标准养护28天试件强度和受冻临界强度试件按冬期施工相关要求增设，其他同条件试件根据施工需要留置
				同条件养护28天转标准养护28天试件强度		

（续表）

序号	类别	检测试验项目		主要检测试验参数	取样依据	备注
4	结构工程	混凝土	混凝土性能	抗渗性能	《地下防水工程质量验收规范》《混凝土结构工程施工质量验收规范》	有抗渗要求时
		砌筑砂浆	砌筑砂浆配比设计	强度等级	《砌筑砂浆配合比设计规程》	
				稠度		
			砂浆力学性能	标准养护试件强度	《砌体结构工程施工质量验收规范》	
				同条件养护试件强度		冬期施工时增设
		钢结构	网架结构焊接球节点、螺栓球节点	承载力	《钢结构工程施工质量验收标准》	安全等级一级、$L \geqslant 40$ m且设计有要求时
			焊缝质量	焊缝探伤		
		后锚固（植筋、锚栓）		抗拔承载力	《混凝土结构后锚固技术规程》	
5	装饰装修	饰面砖粘贴		黏结强度	《建筑工程饰面砖粘结强度检验标准》	

施工工艺参数检测试验项目应由施工单位根据工艺特点及现场施工条件确定，检测试验任务可由企业试验室承担。

（三）管理要求

1. 管理制度

施工现场应建立健全检测试验管理制度，施工项目技术负责人应组织检查检测试验管理制度的执行情况。

2. 人员、设备、环境及设施

现场试验人员应掌握相关标准，并经过技术培训、考核。施工现场配置的仪器、设备应建立管理台账，按有关规定进行计量检定或校准，并保持状态完好。施工现场试验环境及设施应满足检测试验工作的要求。

3. 施工检测试验计划

施工检测试验计划应在工程施工前由施工项目技术负责人组织有关人员编制，并应报送监理单位进行审查和监督实施。

根据施工检测试验计划，应制订相应的见证取样和送检计划。

施工检测试验计划应按检测试验项目分别编制，并应包括以下内容：

（1）检测试验项目名称。

（2）检测试验参数。

(3)试样规格。

(4)代表批量。

(5)施工部位。

(6)计划检测试验时间。

施工检测试验计划编制应依据国家有关标准的规定和施工质量控制的需要,并应符合以下规定:

(1)材料和设备的检测试验应依据预算量、进场计划及相关标准规定的抽检率确定抽检频次。

(2)施工过程质量检测试验应依据施工流水段划分、工程量、施工环境及质量控制的需要确定抽检频次。

(3)工程实体质量与使用功能检测应按照相关标准的要求确定检测频次。

(4)计划检测试验时间应根据工程施工进度计划确定。

4. 试样与标识

进场材料的检测试样,必须从施工现场随机抽取,严禁在现场外制取。施工过程质量检测试样,除确定工艺参数可制作模拟试样外,必须从现场相应的施工部位制取。

5. 试样台账

现场试验人员制取试样并做出标识后,应按试样编号顺序登记试样台账。试样台账应作为施工资料保存。

6. 试样送检

现场试验人员应根据施工需要及有关标准的规定,将标识后的试样及时送至检测单位进行检测试验。

7. 检测试验报告

现场试验人员应及时获取检测试验报告,核查报告内容。当检测试验结果为不合格或不符合要求时,应及时报告施工项目技术负责人、监理单位及有关单位的相关人员。对检测试验结果不合格的报告严禁抽撤、替接或修改。

8. 见证管理

见证检测的检测项目应按国家有关行政法规及标准的要求确定。

见证人员应由具有建筑施工检测试验知识的专业技术人员担任。

见证人员发生变化时,监理单位应通知相关单位,办理书面变更手续。

需要见证检测的检测项目,施工单位应在取样及送检前通知见证人员。

见证人员应对见证取样和送检的全过程进行见证并填写见证记录。

检测机构接收试样时应核实见证人员及见证记录,见证人员与备案见证人员不符或见证记录无备案见证人员签字时不得接收试样。

见证人员应核查见证检测的检测项目、数量和比例是否满足有关规定。

二、地基基础工程施工质量管理

该部分内容主要依据《建筑地基基础工程施工质量验收标准》对地基基础工程的质量验收进行详细叙述。

（一）地基工程

1. 一般规定

地基工程的质量验收宜在施工完成并在间歇期后进行，间歇期应符合国家现行标准的有关规定和设计要求。

平板静载试验采用的压板尺寸应按设计或有关标准确定。素土和灰土地基、砂和砂石地基、土工合成材料地基、粉煤灰地基、注浆地基、预压地基的静载试验的压板面积不宜小于1.0 m^2；强夯地基静载试验的压板面积不宜小于2.0 m^2。复合地基静载试验的压板尺寸应根据设计置换率计算确定。

地基承载力检验时，静载试验最大加载量不应小于设计要求的承载力特征值的2倍。

2. 素土、灰土地基

施工前应检查素土、灰土土料、石灰或水泥等配合比及灰土的拌合均匀性。

施工中应检查分层铺设的厚度、夯实时的加水量、夯压遍数及压实系数。

施工结束后，应进行地基承载力检验。

3. 砂和砂石地基

施工前应检查砂、石等原材料质量和配合比及砂、石拌和的均匀性。

施工中应检查分层厚度、分段施工时搭接部分的压实情况、加水量、压实遍数、压实系数。

施工结束后，应进行地基承载力检验。

4. 土工合成材料地基

施工前应检查土工合成材料的单位面积质量、厚度、比重、强度、延伸率以及土、砂石料质量等。土工合成材料以100 m^2为一批，每批应抽查5%。

施工中应检查基槽清底状况、回填料铺设厚度及平整度、土工合成材料的铺设方向、接缝搭接长度或缝接状况、土工合成材料与结构的连接状况等。

施工结束后，应进行地基承载力检验。

5. 粉煤灰地基

施工前应检查粉煤灰材料质量。

施工中应检查分层厚度、碾压遍数、施工含水量控制、搭接区碾压程度、压实系数等。

施工结束后，应进行承载力检验。

6. 强夯地基

施工前应检查夯锤质量和尺寸、落距控制方法、排水设施及被夯地基的土质。

施工中应检查夯锤落距、夯点位置、夯击范围、夯击击数、夯击遍数、每击夯沉量、最后两击的平均夯沉量、总夯沉量和夯点施工起止时间等。

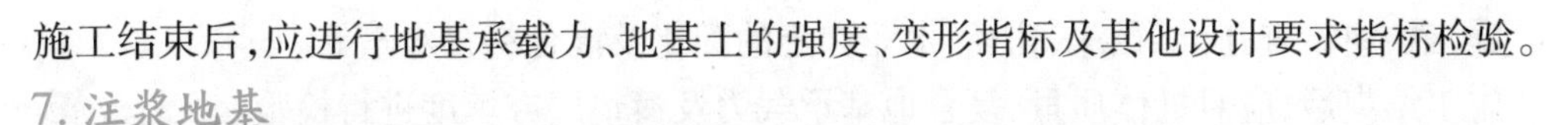

施工结束后，应进行地基承载力、地基土的强度、变形指标及其他设计要求指标检验。

7. 注浆地基

施工前应检查注浆点位置、浆液配比、浆液组成材料的性能及注浆设备性能。

施工中应抽查浆液的配比及主要性能指标、注浆的顺序及注浆过程中的压力控制等。

施工结束后，应进行地基承载力、地基土强度和变形指标检验。

8. 预压地基

施工前应检查施工监测措施和监测初始数据、排水设施和竖向排水体等。

施工中应检查堆载高度、变形速率，真空预压施工时应检查密封膜的密封性能、真空表读数等。

施工结束后，应进行地基承载力与地基土强度和变形指标检验。

9. 砂石桩复合地基

施工前应检查砂石料的含泥量及有机质含量等。振冲法施工前应检查振冲器的性能，应对电流表、电压表进行检定或校准。

施工中应检查每根砂石桩的桩位、填料量、标高、垂直度等。振冲法施工中尚应检查密实电流、供水压力、供水量、填料量、留振时间、振冲点位置、振冲器施工参数等。

施工结束后，应进行复合地基承载力、桩体密实度等检验。

10. 高压喷射注浆复合地基

施工前应检验水泥、外掺剂等的质量，桩位，浆液配比，高压喷射设备的性能等，并应对压力表、流量表进行检定或校准。

施工中应检查压力、水泥浆量、提升速度、旋转速度等施工参数及施工程序。

施工结束后，应检验桩体的强度和平均直径，以及单桩与复合地基的承载力等。

11. 水泥土搅拌桩复合地基

施工前应检查水泥及外掺剂的质量、桩位、搅拌机工作性能，并应对各种计量设备进行检定或校准。

施工中应检查机头提升速度、水泥浆或水泥注入量、搅拌柱的长度及标高。

施工结束后，应检验桩体的强度和直径，以及单桩与复合地基的承载力。

12. 土和灰土挤密桩复合地基

施工前应对石灰及土的质量、桩位等进行检查。

施工中应对桩孔直径、桩孔深度、夯击次数、填料的含水量及压实系数等进行检查。

施工结束后，应检验成桩的质量及复合地基承载力。

13. 水泥粉煤灰碎石桩复合地基

施工前应对入场的水泥、粉煤灰、砂及碎石等原材料进行检验。

施工中应检查桩身混合料的配合比、坍落度和成孔深度、混合料充盈系数等。

施工结束后，应对桩体质量、单桩及复合地基承载力进行检验。

14. 夯实水泥土桩复合地基

施工前应对进场的水泥及夯实用土料的质量进行检验。

施工中应检查孔位、孔深、孔径、水泥和土的配比及混合料含水量等。

施工结束后，应对桩体质量、复合地基承载力及褥垫层夯填度进行检验。

典型例题

【多选题】强夯地基施工结束后，应进行的检验有（　　）。

A. 总夯沉量的检验　　B. 地基承载力检验

C. 桩身完整性检验　　D. 变形指标检验

E. 被夯地基土质检验

BD。**【解析】**强夯地基施工结束后，应进行地基承载力、地基土的强度、变形指标及其他设计要求指标检验。

（二）基础工程

1. 一般规定

扩展基础、筏形与箱形基础、沉井与沉箱，施工前应对放线尺寸进行复核；桩基工程施工前应对放好的轴线和桩位进行复核。群桩桩位的放样允许偏差应为 20 mm，单排桩桩位的放样允许偏差应为 10 mm。

灌注桩混凝土强度检验的试件应在施工现场随机留取。

工程桩应进行承载力和桩身完整性检验。

设计等级为甲级或地质条件复杂时，应采用静载试验的方法对桩基承载力进行检验，检验桩数不应少于总桩数的 1%，且不应少于 3 根，当总桩数少于 50 根时，不应少于 2 根。在有经验和对比资料的地区，设计等级为乙级、丙级的桩基可采用高应变法对桩基进行竖向抗压承载力检测，检测数量不应少于总桩数的 5%，且不应少于 10 根。

工程桩的桩身完整性的抽检数量不应少于总桩数的 20%，且不应少于 10 根。每根柱子承台下的桩抽检数量不应少于 1 根。

2. 无筋扩展基础

施工前应对放线尺寸进行检验。

施工中应对砌筑质量、砂浆强度、轴线及标高等进行检验。

施工结束后，应对混凝土强度、轴线位置、基础顶面标高等进行检验。

3. 钢筋混凝土扩展基础

施工前应对放线尺寸进行检验。

施工中应对钢筋、模板、混凝土、轴线等进行检验。

施工结束后，应对混凝土强度、轴线位置、基础顶面标高进行检验。

4. 筏形与箱形基础

施工前应对放线尺寸进行检验。

施工中应对轴线、预埋件、预留洞中心线位置、钢筋位置及钢筋保护层厚度进行检验。

施工结束后，应对筏形和箱形基础的混凝土强度、轴线位置、基础顶面标高及平整度进行验收。

5. 钢筋混凝土预制桩

施工前应检验成品桩构造尺寸及外观质量。

施工中应检验接桩质量、锤击及静压的技术指标、垂直度以及桩顶标高等。

施工结束后应对承载力及桩身完整性等进行检验。

6. 泥浆护壁成孔灌注桩

施工前应检验灌注桩的原材料及桩位处的地下障碍物处理资料。

施工中应对成孔、钢筋笼制作与安装、水下混凝土灌注等各项质量指标进行检查验收；嵌岩桩应对桩端的岩性和入岩深度进行检验。

施工后应对桩身完整性、混凝土强度及承载力进行检验。

7. 干作业成孔灌注桩

施工前应对原材料、施工组织设计中制定的施工顺序、主要成孔设备性能指标、监测仪器、监测方法、保证人员安全的措施或安全专项施工方案等进行检查验收。

施工中应检验钢筋笼质量、混凝土坍落度、桩位、孔深、桩顶标高等。

施工结束后应检验桩的承载力、桩身完整性及混凝土的强度。

人工挖孔桩应复验孔底持力层土岩性，嵌岩桩应有桩端持力层的岩性报告。

8. 长螺旋钻孔压灌桩

施工前应对放线后的桩位进行检查。

施工中应对桩位、桩长、垂直度、钢筋笼笼顶标高等进行检查。

施工结束后应对混凝土强度、桩身完整性及承载力进行检验。

9. 沉管灌注桩

施工前应对放线后的桩位进行检查。

施工中应对桩位、桩长、垂直度、钢筋笼笼顶标高、拔管速度等进行检查。

施工结束后应对混凝土强度、桩身完整性及承载力进行检验。

10. 钢桩

施工前应对桩位、成品桩的外观质量进行检验。

施工中应进行下列检验：打入（静压）深度、收锤标准、终压标准及桩身（架）垂直度检查；接桩质量、接桩间歇时间及桩顶完整状况；电焊质量除应进行常规检查外，尚应做10%的焊缝探伤检查；每层土每米进尺锤击数、最后1.0 m进尺锤击数、总锤击数、最后三阵贯入度、桩顶标高、桩尖标高等。

施工结束后应进行承载力检验。

11. 锚杆静压桩

施工前应对成品桩做外观及强度检验，接桩用焊条应有产品合格证书，或送有关部门检验；压桩用压力表、锚杆规格及质量应进行检查。

压桩施工中应检查压力、桩垂直度、接桩间歇时间、桩的连接质量及压入深度。重要工程应对电焊接桩的接头进行探伤检查。对承受反力的结构应加强观测。

施工结束后应进行桩的承载力检验。

12. 岩石锚杆基础

施工前应检验原材料质量、水泥砂浆或混凝土配合比。

施工中应对孔位、孔径、孔深、注浆压力等进行检验。

施工结束后应对抗拔承载力和锚固体强度进行检验。

13. 沉井与沉箱

沉井与沉箱施工前应对砂垫层的地基承载力进行检验。沉箱施工前尚应对施工设备、备用的电源和供气设备进行检验。

沉井与沉箱施工中的验收应符合下列规定:混凝土浇筑前应对模板尺寸、预埋件位置、模板的密封性进行检验;拆模后应检查混凝土浇筑质量;下沉过程中应对下沉偏差进行检验;下沉后的接高应对地基强度、接高稳定性进行检验;封底结束后,应对底板的结构及渗漏情况进行检验,并应符合现行国家标准的规定;浮运沉井应进行起浮可能性检验。

沉井与沉箱施工结束后应对沉井与沉箱的平面位置、尺寸、终沉标高、渗漏情况等进行综合验收。

(三)基坑支护工程

1. 一般规定

基坑支护结构施工前应对放线尺寸进行校核,施工过程中应根据施工组织设计复核各项施工参数,施工完成后宜在一定养护期后进行质量验收。

围护结构施工完成后的质量验收应在基坑开挖前进行,支锚结构的质量验收应在对应的分层土方开挖前进行,验收内容应包括质量和强度检验、构件的几何尺寸、位置偏差及平整度等。

基坑开挖过程中,应根据分区分层开挖情况及时对基坑开挖面的围护墙表观质量,支护结构的变形、渗漏水情况以及支撑竖向支承构件的垂直度偏差等项目进行检查。

除强度或承载力等主控项目外,其他项目应按检验批抽取。

基坑支护工程验收应以保证支护结构安全和周围环境安全为前提。

2. 排桩

灌注桩排桩和截水帷幕施工前,应对原材料进行检验。

灌注桩施工前应进行试成孔,试成孔数量应根据工程规模和场地地层特点确定,且不宜少于 2 个。

灌注桩排桩施工中应加强过程控制,对成孔、钢筋笼制作与安装、混凝土灌注等各项技术指标进行检查验收。

灌注桩排桩应采用低应变法检测桩身完整性,检测桩数不宜少于总桩数的 20%,且不得少于 5 根。采用桩墙合一时,低应变法检测桩身完整性的检测数量应为总桩数的 100%;采用声波透射法检测的灌注桩排桩数量不应低于总桩数的 10%,且不应少于 3 根。当根据低应变法或声波透射法判定的桩身完整性为Ⅲ类、Ⅳ类时,应采用钻芯法进行验证。

灌注桩混凝土强度检验的试件应在施工现场随机抽取。灌注桩每浇筑 50 m^3 必须至少留置 1 组混凝土强度试件,单桩不足 50 m^3 的桩,每连续浇筑 12 h 必须至少留置 1 组混凝土强度试件。有抗渗等级要求的灌注桩尚应留置抗渗等级检测试件,一个级配不宜少于 3 组。

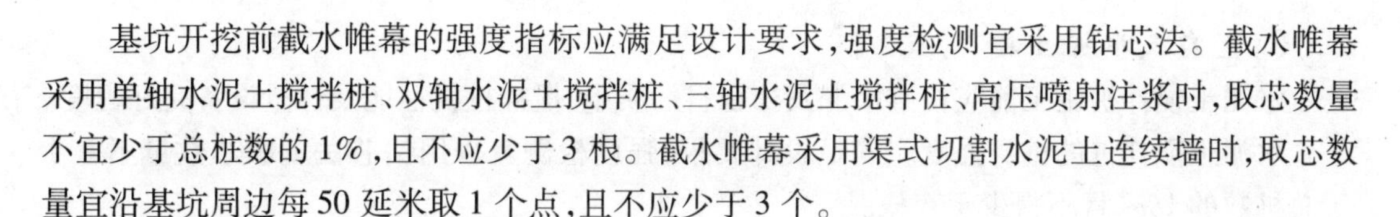

基坑开挖前截水帷幕的强度指标应满足设计要求，强度检测宜采用钻芯法。截水帷幕采用单轴水泥土搅拌桩、双轴水泥土搅拌桩、三轴水泥土搅拌桩、高压喷射注浆时，取芯数量不宜少于总桩数的1%，且不应少于3根。截水帷幕采用渠式切割水泥土连续墙时，取芯数量宜沿基坑周边每50延米取1个点，且不应少于3个。

3. 板桩围护墙

板桩围护墙施工前，应对钢板桩或预制钢筋混凝土板桩的成品进行外观检查。

4. 咬合桩围护墙

施工前，应对导墙的质量和钢套管顺直度进行检查。

施工过程中应对桩成孔质量、钢筋笼的制作、混凝土的坍落度进行检查。咬合桩围护墙施工中的质量检测要求尚应符合规定。

5. 型钢水泥土搅拌墙

型钢水泥土搅拌墙施工前，应对进场的H型钢进行检验。

焊接H型钢焊缝质量应符合设计要求和国家现行标准《钢结构焊接规范》和《焊接H型钢》的规定。

基坑开挖前应检验水泥土桩(墙)体强度，强度指标应符合设计要求。墙体强度宜采用钻芯法确定，三轴水泥土搅拌桩抽检数量不应少于总桩数的2%，且不得少于3根；渠式切割水泥土连续墙抽检数量每50延米不应少于1个取芯点，且不得少于3个。

6. 土钉墙

土钉墙支护工程施工前应对钢筋、水泥、砂石、机械设备性能等进行检验。

土钉墙支护工程施工过程中应对放坡系数，土钉位置，土钉孔直径、深度及角度，土钉杆体长度，注浆配比、注浆压力及注浆量，喷射混凝土面层厚度、强度等进行检验。

土钉应进行抗拔承载力检验，检验数量不宜少于土钉总数的1%，且同一土层中的土钉检验数量不应小于3根。

7. 地下连续墙

施工前应对导墙的质量进行检查。

施工中应定期对泥浆指标、钢筋笼的制作与安装、混凝土的坍落度、预制地下连续墙墙段安放质量、预制接头、墙底注浆、地下连续墙成槽及墙体质量等进行检验。

兼作永久结构的地下连续墙，其与地下结构底板、梁及楼板之间连接的预埋钢筋接驳器应按原材料检验要求进行抽样复验，取每500套为一个检验批，每批应抽查3件，复验内容为外观、尺寸、抗拉强度等。

混凝土抗压强度和抗渗等级应符合设计要求。墙身混凝土抗压强度试块每100 m^3混凝土不应少于1组，且每幅槽段不应少于1组，每组为3件；墙身混凝土抗渗试块每5幅槽段不应少于1组，每组为6件。作为永久结构的地下连续墙，其抗渗质量标准可按规定执行。

作为永久结构的地下连续墙墙体施工结束后，应采用声波透射法对墙体质量进行检验，同类型槽段的检验数量不应少于10%，且不得少于3幅。

8. 重力式水泥土墙

水泥土搅拌桩施工前应检查水泥及掺合料的质量、搅拌桩机性能及计量设备完好程度。

水泥土搅拌桩的桩身强度应满足设计要求,强度检测宜采用钻芯法。取芯数量不宜少于总桩数的1%,且不得少于6根。

基坑开挖期间应对开挖面桩身外观质量以及桩身渗漏水等情况进行质量检查。

9. 土体加固

在基坑工程中设置被动区土体加固、封底加固时,土体加固的施工检验应符合规定。

采用水泥土搅拌桩、高压喷射注浆等土体加固的桩身强度应满足设计要求,强度检测宜采用钻芯法。取芯数量不宜少于总桩数的0.5%,且不得少于3根。

注浆法加固结束28天后,宜采用静力触探、动力触探、标准贯入等原位测试方法对加固土层进行检验。检验点的位置应根据注浆加固布置和现场条件确定,每200 m^2检测数量不应少于1点,且总数量不应少于5点。

10. 内支撑

内支撑施工前,应对放线尺寸、标高进行校核。对混凝土支撑的钢筋和混凝土、钢支撑的产品构件和连接构件以及钢立柱的制作质量等进行检验。

施工中应对混凝土支撑下垫层或模板的平整度和标高进行检验。

施工结束后,对应的下层土方开挖前应对水平支撑的尺寸、位置、标高、支撑与围护结构的连接节点、钢支撑的连接节点和钢立柱的施工质量进行检验。

11. 锚杆

锚杆施工前应对钢绞线、锚具、水泥、机械设备等进行检验。

锚杆施工中应对锚杆位置,钻孔直径、长度及角度,锚杆杆体长度,注浆配比、注浆压力及注浆量等进行检验。

锚杆应进行抗拔承载力检验,检验数量不宜少于锚杆总数的5%,且同一土层中的锚杆检验数量不应少于3根。

12. 与主体结构相结合的基坑支护

与主体结构外墙相结合的灌注排桩围护墙、咬合桩围护墙和地下连续墙的质量检验应按规定执行。

结构水平构件施工应与设计工况一致,施工质量检验应符合现行国家标准的规定。

支承桩施工结束后,应采用声波透射法、钻芯法或低应变法进行桩身完整性检验,以上三种方法的检验总数量不应少于总桩数的10%,且不应少于10根。

钢管混凝土支承柱在基坑开挖后应采用低应变法检验柱体质量,检验数量应为100%。当发现立柱有缺陷时,应采用声波透射法或钻芯法进行验证。

(四)地下水控制

1. 一般规定

降排水运行前,应检验工程场区的排水系统。排水系统最大排水能力不应小于工程所需最大排量的1.2倍。

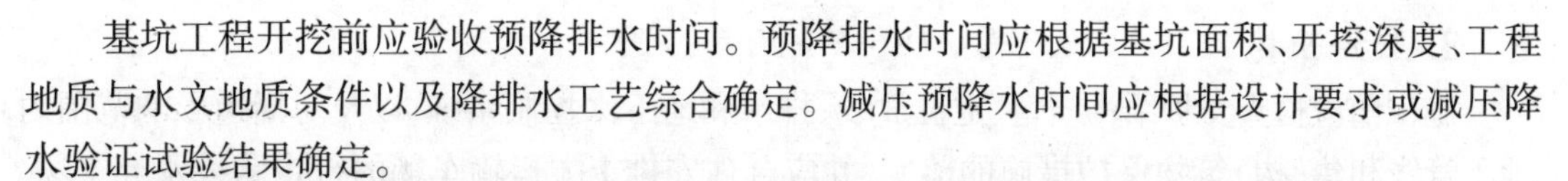

基坑工程开挖前应验收预降排水时间。预降排水时间应根据基坑面积、开挖深度、工程地质与水文地质条件以及降排水工艺综合确定。减压预降水时间应根据设计要求或减压降水验证试验结果确定。

降排水运行中，应检验基坑降排水效果是否满足设计要求。分层、分块开挖的土质基坑，开挖前潜水水位应控制在土层开挖面以下0.5～1.0 m；承压含水层水位应控制在安全水位埋深以下。岩质基坑开挖施工前，地下水位应控制在边坡坡脚或坑中的软弱结构面以下。

设有截水帷幕的基坑工程，宜通过预降水过程中的坑内外水位变化情况检验帷幕止水效果。

2. 降排水

采用集水明排的基坑，应检验排水沟、集水井的尺寸。排水时集水井内水位应低于设计要求水位不小于0.5 m。

降水井正式施工时应进行试成井。试成井数量不应少于2口（组），并应根据试成井检验成孔工艺、泥浆配比，复核地层情况等。

降水井施工完成后应进行试抽水，检验成井质量和降水效果。降水运行应独立配电。降水运行前，应检验现场用电系统。连续降水的工程项目，尚应检验双路以上独立供电电源或备用发电机的配置情况。降水运行结束后，应检验降水井封闭的有效性。

3. 回灌

回灌管井正式施工时应进行试成孔。试成孔数量不应少于2个，根据试成孔检验成孔工艺、泥浆配比，复核地层情况等。

回灌管井施工完成后的休止期不应少于14天，休止期结束后应进行试回灌，检验成井质量和回灌效果。

回灌运行前，应检验回灌管路的安装质量和密封性。

（五）土石方工程

1. 一般规定

在土石方工程开挖施工前，应完成支护结构、地面排水、地下水控制、基坑及周边环境监测、施工条件验收和应急预案准备等工作的验收，合格后方可进行土石方开挖。

在土石方工程开挖施工中，应定期测量和校核设计平面位置、边坡坡率和水平标高。平面控制桩和水准控制点应采取可靠措施加以保护，并应定期检查和复测。土石方不应堆在基坑影响范围内。

土石方开挖的顺序、方法必须与设计工况和施工方案相一致，并应遵循“开槽支撑，先撑后挖，分层开挖，严禁超挖”的原则。

平整后的场地表面坡率应符合设计要求，设计无要求时，沿排水沟方向的坡率不应小于0.2%，平整后的场地表面应逐点检查。土石方工程的标高检查点为每100 m^2取1点，且不应少于10点；土石方工程的平面几何尺寸（长度、宽度等）应全数检查；土石方工程的边坡为每20 m取1点，且每边不应少于1点。土石方工程的表面平整度检查点为每100 m^2取1点，且不应少于10点。

2. 土方开挖

施工前应检查支护结构质量、定位放线、排水和地下水控制系统，以及对周边影响范围内地下管线和建(构)筑物保护措施的落实，并应合理安排土方运输车辆的行走路线及弃土场。附近有重要保护设施的基坑，应在土方开挖前对围护体的止水性能通过预降水进行检验。

施工中应检查平面位置、水平标高、边坡坡率、压实度、排水系统、地下水控制系统、预留土墩、分层开挖厚度、支护结构的变形，并随时观测周围环境变化。

施工结束后应检查平面几何尺寸、水平标高、边坡坡率、表面平整度和基底土性等。

3. 岩质基坑开挖

施工前应检查支护结构质量、定位放线、爆破器材(购置、运输、储存和使用)、排水和地下水控制系统、起爆设备和检测仪表，以及对周边影响范围内地下管线和建(构)筑物保护措施的落实情况，并应合理安排土石方运输车辆的行走路线及弃土场。

施工中应检查平面位置、平面尺寸、水平标高、边坡坡率、分层开挖厚度、排水系统、地下水控制系统、支护结构的变形等，并应随时对周围环境观测和监测。采用爆破施工时，爆前应检查爆破装药和爆破网路等，并应加强环境监测。

施工结束后应检查平面几何尺寸、水平标高、边坡坡率、表面平整度、基底岩(土)质情况和承载力以及基底处理情况。

4. 土石方堆放与运输

施工前应对土石方平衡计算进行检查，堆放与运输应满足施工组织设计要求。

施工中应检查安全文明施工、堆放位置、堆放的安全距离、堆土的高度、边坡坡率、排水系统、边坡稳定、防扬尘措施等内容，并应满足设计或施工组织设计要求。

在基坑(槽)、管沟等周边堆土的堆载限值和堆载范围应符合基坑围护设计要求，严禁在基坑(槽)、管沟、地铁及建构(筑)物周边影响范围内堆土。对于临时性堆土，应视挖方边坡处的土质情况、边坡坡率和高度，检查堆放的安全距离，确保边坡稳定。在挖方下侧堆土时应将土堆表面平整，其顶面高程应低于相邻挖方场地设计标高，保持排水畅通，堆土边坡坡率不宜大于1:1.5。在河岸处堆土时，不得影响河堤的稳定和排水，不得阻塞污染河道。

施工结束后，应检查堆土的平面尺寸、高度、安全距离、边坡坡率、排水、防扬尘措施等内容，并应满足设计或施工组织设计要求。

5. 土石方回填

施工前应检查基底的垃圾、树根等杂物清除情况，测量基底标高、边坡坡率，检查验收基础外墙防水层和保护层等。回填料应符合设计要求，并应确定回填料含水量控制范围、铺土厚度、压实遍数等施工参数。

施工中应检查排水系统，每层填筑厚度、辗迹重叠程度、含水量控制、回填土有机质含量、压实系数等。回填施工的压实系数应满足设计要求。当采用分层回填时，应在下层的压实系数经试验合格后进行上层施工。填筑厚度及压实遍数应根据土质、压实系数及压实机具确定。

施工结束后，应进行标高及压实系数检验。

（六）边坡工程

锚杆（索）、挡土墙等可根据与施工方式相一致且便于控制施工质量的原则，按支护类型、施工缝或施工段划分若干检验批。

对边坡工程的质量验收，应在钢筋、混凝土、预应力锚杆、挡土墙等验收合格的基础上，进行质量控制资料的检查及感观质量验收，并对涉及结构安全的材料、试件、施工工艺和结构的重要部位进行见证检测或结构实体检验。

边坡工程应进行监控量测。

三、混凝土结构工程施工质量管理

该部分内容主要依据《混凝土结构工程施工质量验收规范》《混凝土结构通用规范》对模板工程、钢筋工程、混凝土工程等质量验收进行详细叙述。

（一）模板分项工程

1. 一般规定

模板工程应编制施工方案。爬升式模板工程、工具式模板工程及高大模板支架工程的施工方案，应按有关规定进行技术论证。

模板及支架应根据施工过程中的各种控制工况进行设计，并应满足承载力、刚度和整体稳固性要求。

模板及支架应保证混凝土结构和构件各部分形状、尺寸和位置准确。

2. 模板安装

模板及支架用材料的技术指标应符合国家现行有关标准的规定。进场时应抽样检验模板和支架材料的外观、规格和尺寸。

现浇混凝土结构模板及支架的安装质量，应符合国家现行有关标准的规定和施工方案的要求。

后浇带处的模板及支架应独立设置。

支架竖杆和竖向模板安装在土层上时，应符合下列规定：土层应坚实、平整，其承载力或密实度应符合施工方案的要求；应有防水、排水措施；对冻胀性土，应有预防冻融措施；支架竖杆下应有底座或垫板。

模板安装质量应符合下列规定：模板的接缝应严密；模板内不应有杂物、积水或冰雪等；模板与混凝土的接触面应平整、清洁；用作模板的地坪、胎膜等应平整、清洁，不应有影响构件质量的下沉、裂缝、起砂或起鼓；对清水混凝土及装饰混凝土构件，应使用能达到设计效果的模板。

隔离剂的品种和涂刷方法应符合施工方案的要求。隔离剂不得影响结构性能及装饰施工；不得沾污钢筋、预应力筋、预埋件和混凝土接槎处；不得对环境造成污染。

现浇混凝土结构多层连续支模应符合施工方案的规定。上下层模板支架的竖杆宜对准。竖杆下垫板的设置应符合施工方案的要求。

现浇结构模板安装的尺寸偏差及检验方法应符合表2-13的规定。

表 2-13 现浇结构模板安装的允许偏差及检验方法

项目		允许偏差/mm	检验方法
轴线位置		5	尺量
底模上表面标高		±5	水准仪或拉线、尺量
模板内部尺寸	基础	±10	尺量
	柱、墙、梁	±5	尺量
	楼梯相邻踏步高差	5	尺量
柱、墙垂直度	层高≤6 m	8	经纬仪或吊线、尺量
	层高>6 m	10	经纬仪或吊线、尺量
相邻模板表面高差		2	尺量
表面平整度		5	2 m 靠尺和塞尺量测

注:检查轴线位置当有纵横两个方向时,沿纵、横两个方向量测,并取其中偏差的较大值。

(二)钢筋分项工程

1. 一般规定

浇筑混凝土之前,应进行钢筋隐蔽工程验收。隐蔽工程验收应包括下列主要内容:纵向受力钢筋的牌号、规格、数量、位置;钢筋的连接方式、接头位置、接头质量、接头面积百分率、搭接长度、锚固方式及锚固长度;箍筋、横向钢筋的牌号、规格、数量、间距、位置,箍筋弯钩的弯折角度及平直段长度;预埋件的规格、数量和位置。

钢筋、成型钢筋进场检验,当满足下列条件之一时,其检验批容量可扩大一倍:

(1)获得认证的钢筋、成型钢筋。

(2)同一厂家、同一牌号、同一规格的钢筋,连续三批均一次检验合格。

(3)同一厂家、同一类型、同一钢筋来源的成型钢筋,连续三批均一次检验合格。

2. 材料

成型钢筋进场时,应抽取试件作屈服强度、抗拉强度、伸长率和重量偏差检验,检验结果应符合国家现行相关标准的规定。对由热轧钢筋制成的成型钢筋,当有施工单位或监理单位的代表驻厂监督生产过程,并提供原材钢筋力学性能第三方检验报告时,可仅进行重量偏差检验。同一厂家、同一类型、同一钢筋来源的成型钢筋,不超过 30 t 为一批,每批中每种钢筋牌号、规格均应至少抽取 1 个钢筋试件,总数不应少于 3 个。

钢筋应平直、无损伤,表面不得有裂纹、油污、颗粒状或片状老锈。

3. 钢筋加工

钢筋弯折的弯弧内直径应符合下列规定:光圆钢筋,不应小于钢筋直径的 2. 5 倍;335 MPa 级、400 MPa 级带肋钢筋,不应小于钢筋直径的 4 倍;500 MPa 级带肋钢筋,当直径为 28 mm 以下时不应小于钢筋直径的 6 倍,当直径为 28 mm 及以上时不应小于钢筋直径的 7 倍;箍筋弯折处尚不应小于纵向受力钢筋的直径。

纵向受力钢筋的弯折后平直段长度应符合设计要求。光圆钢筋末端做180°弯钩时，弯钩的平直段长度不应小于钢筋直径的3倍。

箍筋、拉筋的末端应按设计要求作弯钩，并应符合下列规定：

(1)对一般结构构件，箍筋弯钩的弯折角度不应小于90°，弯折后平直段长度不应小于箍筋直径的5倍；对有抗震设防要求或设计有专门要求的结构构件，箍筋弯钩的弯折角度不应小于135°，弯折后平直段长度不应小于箍筋直径的10倍。

(2)圆形箍筋的搭接长度不应小于其受拉锚固长度，且两末端弯钩的弯折角度不应小于135°，弯折后平直段长度对一般结构构件不应小于箍筋直径的5倍，对有抗震设防要求的结构构件不应小于箍筋直径的10倍。

(3)梁、柱复合箍筋中的单肢箍筋两端弯钩的弯折角度均不应小于135°，弯折后平直段长度应符合第(1)项对箍筋的有关规定。

盘卷钢筋调直后应进行力学性能和质量偏差检验，其强度应符合国家现行有关标准的规定，其断后伸长率、质量偏差应符合相关规定。力学性能和质量偏差检验应符合下列规定：

(1)应对3个试件先进行质量偏差检验，再取其中2个试件进行力学性能检验。

(2)质量偏差应按相关公式计算。

(3)检验质量偏差时，试件切口应平滑并与长度方向垂直，其长度不应小于500 mm；长度和质量的量测精度分别不应低于1 mm和1 g。

采用无延伸功能的机械设备调直的钢筋，可不进行上述规定的检验。

4. 钢筋连接

钢筋采用机械连接或焊接连接时，钢筋机械连接接头、焊接接头的力学性能、弯曲性能应符合国家现行有关标准的规定。接头试件应从工程实体中截取。

钢筋采用机械连接时，螺纹接头应检验拧紧扭矩值，挤压接头应量测压痕直径，检验结果应符合相关规定。

钢筋接头的位置应符合设计和施工方案要求。有抗震设防要求的结构中，梁端、柱端箍筋加密区范围内不应进行钢筋搭接。接头末端至钢筋弯起点的距离不应小于钢筋直径的10倍。

当纵向受力钢筋采用机械连接接头或焊接接头时，同一连接区段内纵向受力钢筋的接头面积百分率应符合设计要求；当设计无具体要求时，应符合下列规定：

(1)受拉接头，不宜大于50%；受压接头，可不受限制。

(2)直接承受动力荷载的结构构件中，不宜采用焊接；当采用机械连接时，不应超过50%。

当纵向受力钢筋采用绑扎搭接接头时，接头的设置应符合下列规定：

(1)接头的横向净间距不应小于钢筋直径，且不应小于25 mm。

(2)同一连接区段内，纵向受拉钢筋的接头面积百分率应符合设计要求；当设计无具体要求时，应符合下列规定：梁类、板类及墙类构件，不宜超过25%；基础筏板，不宜超过50%。

柱类构件,不宜超过50%。当工程中确有必要增大接头面积百分率时,对梁类构件,不应大于50%。

5.钢筋安装

钢筋应安装牢固。受力钢筋的安装位置、锚固方式应符合设计要求。

（三）预应力分项工程

预应力分项工程在考试中涉及不多,可自行参考《混凝土结构工程施工规范》《混凝土结构工程施工质量验收规范》等规范学习,此处不加以叙述。

（四）混凝土分项工程

1.一般规定

混凝土强度应按现行国家标准《混凝土强度检验评定标准》的规定分批检验评定。划入同一检验批的混凝土,其施工持续时间不宜超过3个月。检验评定混凝土强度时,应采用28天或设计规定龄期的标准养护试件。试件成型方法及标准养护条件应符合现行国家标准《混凝土物理力学性能试验方法标准》的规定。采用蒸汽养护的构件,其试件应先随构件同条件养护,然后再置入标准养护条件下继续养护至28天或设计规定龄期。

当混凝土试件强度评定不合格时,应委托具有资质的检测机构按国家现行有关标准的规定对结构构件中的混凝土强度进行推定,并应按规范的规定进行处理。

水泥、外加剂进场检验,当满足下列情况之一时,其检验批容量可扩大一倍:

(1)获得认证的产品。

(2)同一厂家、同一品种、同一规格的产品,连续三次进场检验均一次检验合格。

2.原材料

混凝土外加剂进场时,应对其品种、性能、出厂日期等进行检查,并应对外加剂的相关性能指标进行检验,检验结果应符合规定。按同一厂家、同一品种、同一性能、同一批号且连续进场的混凝土外加剂,不超过50 t为一批,每批抽样数量不应少于一次。

混凝土用矿物掺合料进场时,应对其品种、技术指标、出厂日期等进行检查,并应对矿物掺合料的相关技术指标进行检验,检验结果应符合国家现行有关标准的规定。按同一厂家、同一品种、同一技术指标、同一批号且连续进场的矿物掺合料,粉煤灰、石灰石粉、磷渣粉和钢铁渣粉不超过200 t为一批,粒化高炉矿渣粉和复合矿物掺合料不超过500 t为一批,沸石粉不超过120 t为一批,硅灰不超过30 t为一批,每批抽样数量不应少于一次。

混凝土拌制及养护用水应符合规定。采用饮用水时,可不检验;采用中水、搅拌站清洗水、施工现场循环水等其他水源时,应对其成分进行检验。同一水源检查不应少于一次。

3.混凝土拌合物

混凝土拌合物不应离析。首次使用的混凝土配合比应进行开盘鉴定,其原材料、强度、凝结时间、稠度等应满足设计配合比的要求。

4.混凝土施工

应对结构混凝土强度等级进行检验评定,试件应在浇筑地点随机抽取。

后浇带的留设位置应符合设计要求。后浇带和施工缝的留设及处理方法应符合施工方案要求。

混凝土浇筑完毕后应及时进行养护，养护时间以及养护方法应符合施工方案要求。

（五）现浇结构分项工程

1. 一般规定

现浇结构质量验收应符合下列规定：现浇结构质量验收应在拆模后、混凝土表面未作修整和装饰前进行，并应作出记录；已经隐蔽的不可直接观察和量测的内容，可检查隐蔽工程验收记录；修整或返工的结构构件或部位应有实施前后的文字及图像记录。

现浇结构的外观质量缺陷应由监理单位、施工单位等各方根据其对结构性能和使用功能影响的严重程度按表2-14确定。

表2-14　现浇结构外观质量缺陷

名称	现象	严重缺陷	一般缺陷
露筋	构件内钢筋未被混凝土包裹而外露	纵向受力钢筋有露筋	其他钢筋有少量露筋
蜂窝	混凝土表面缺少水泥砂浆而形成石子外露	构件主要受力部位有蜂窝	其他部位有少量蜂窝
孔洞	混凝土中孔穴深度和长度均超过保护层厚度	构件主要受力部位有孔洞	其他部位有少量孔洞
夹渣	混凝土中夹有杂物且深度超过保护层厚度	构件主要受力部位有夹渣	其他部位有少量夹渣
疏松	混凝土中局部不密实	构件主要受力部位有疏松	其他部位有少量疏松
裂缝	裂缝从混凝土表面延伸至混凝土内部	构件主要受力部位有影响结构性能或使用功能的裂缝	其他部位有少量不影响结构性能或使用功能的裂缝
连接部位缺陷	构件连接处混凝土有缺陷及连接钢筋、连接件松动	连接部位有影响结构传力性能的缺陷	连接部位有基本不影响结构传力性能的缺陷
外形缺陷	缺棱掉角、棱角不直、翘曲不平、飞边凸肋等	清水混凝土构件有影响使用功能或装饰效果的外形缺陷	其他混凝土构件有不影响使用功能的外形缺陷
外表缺陷	构件表面麻面、掉皮、起砂、沾污等	具有重要装饰效果的清水混凝土构件有外表缺陷	其他混凝土构件有不影响使用功能的外表缺陷

2. 外观质量

现浇结构的外观质量不应有严重缺陷。对已经出现的严重缺陷，应由施工单位提出技术处理方案，并经监理单位认可后进行处理；对裂缝或连接部位的严重缺陷及其他影响结构安全的严重缺陷，技术处理方案尚应经设计单位认可。对经处理的部位应重新验收。

现浇结构的外观质量不应有一般缺陷。对已经出现的一般缺陷，应由施工单位按技术处理方案进行处理。对经处理的部位应重新验收。

3. 位置和尺寸偏差

现浇结构不应有影响结构性能或使用功能的尺寸偏差;混凝土设备基础不应有影响结构性能和设备安装的尺寸偏差。

对超过尺寸允许偏差且影响结构性能和安装、使用功能的部位,应由施工单位提出技术处理方案,经监理、设计单位认可后进行处理。对经处理的部位应重新验收。

现浇结构的位置和尺寸偏差及检验方法应符合规定。

(六)装配式结构分项工程

1. 一般规定

装配式结构连接节点及叠合构件浇筑混凝土之前,应进行隐蔽工程验收。隐蔽工程验收应包括下列主要内容:混凝土粗糙面的质量,键槽的尺寸、数量、位置;钢筋的牌号、规格、数量、位置、间距,箍筋弯钩的弯折角度及平直段长度;钢筋的连接方式、接头位置、接头数量、接头面积百分率、搭接长度、锚固方式及锚固长度;预埋件、预留管线的规格、数量、位置。

2. 预制构件

预制构件的外观质量不应有严重缺陷,且不应有影响结构性能和安装、使用功能的尺寸偏差。预制构件应有标识。预制构件的外观质量不应有一般缺陷。

3. 安装与连接

装配式结构施工后,其外观质量不应有严重缺陷,且不应有影响结构性能和安装、使用功能的尺寸偏差。装配式结构施工后,其外观质量不应有一般缺陷。

(七)混凝土结构子分部工程

1. 结构实体检验

对涉及混凝土结构安全的有代表性的部位应进行结构实体检验。结构实体检验应包括混凝土强度、钢筋保护层厚度、结构位置与尺寸偏差以及合同约定的项目;必要时可检验其他项目。

结构实体检验应由监理单位组织施工单位实施,并见证实施过程。施工单位应制定结构实体检验专项方案,并经监理单位审核批准后实施。除结构位置与尺寸偏差外的结构实体检验项目,应由具有相应资质的检测机构完成。

结构实体检验中,当混凝土强度或钢筋保护层厚度检验结果不满足要求时,应委托具有资质的检测机构按国家现行有关标准的规定进行检测。

2. 混凝土结构子分部工程验收

混凝土结构子分部工程施工质量验收合格应符合下列规定:所含分项工程质量验收应合格;应有完整的质量控制资料;观感质量验收应合格;结构实体检验结果应符合规范要求。

当混凝土结构施工质量不符合要求时,应按下列规定进行处理:经返工、返修或更换构件、部件的,应重新进行验收;经有资质的检测机构按国家现行相关标准检测鉴定达到设计要求的,应予以验收;经有资质的检测机构按国家现行相关标准检测鉴定达不到设计要求,但经原设计单位核算并确认仍可满足结构安全和使用功能的,可予以验收;经返修或加固处理能够满足结构可靠性要求的,可根据技术处理方案和协商文件进行验收。

混凝土结构子分部工程施工质量验收时,应提供下列文件和记录:设计变更文件;原材料质量证明文件和抽样检验报告;预拌混凝土的质量证明文件;混凝土、灌浆料试件的性能检验报告;钢筋接头的试验报告;预制构件的质量证明文件和安装验收记录;预应力筋用锚具、连接器的质量证明文件和抽样检验报告;预应力筋安装、张拉的检验记录;钢筋套筒灌浆连接及预应力孔道灌浆记录;隐蔽工程验收记录;混凝土工程施工记录;混凝土试件的试验报告;分项工程验收记录;结构实体检验记录;工程的重大质量问题的处理方案和验收记录;其他必要的文件和记录。

混凝土结构工程子分部工程施工质量验收合格后,应将所有的验收文件存档备案。

四、砌体结构工程施工质量管理

该部分内容主要依据《砌体结构工程施工质量验收规范》《砌体结构通用规范》对砌筑砂浆、砖砌体工程、混凝土小型空心砌块砌体工程、填充墙砌体工程等质量验收进行详细叙述。

(一)砌筑砂浆

砂浆用砂宜采用过筛中砂,并应满足下列要求:

(1)不应混有草根、树叶、树枝、塑料、煤块、炉渣等杂物。

(2)砂中含泥量、泥块含量、石粉含量、云母、轻物质、有机物、硫化物、硫酸盐及氯盐含量(配筋砌体砌筑用砂)等应符合现行行业标准《普通混凝土用砂、石质量及检验方法标准》的有关规定。

(3)人工砂、山砂及特细砂,应经试配能满足砌筑砂浆技术条件要求。

施工中不应采用强度等级小于 M5 水泥砂浆替代同强度等级水泥混合砂浆,如需替代,应将水泥砂浆提高一个强度等级。

在砂浆中掺入的砌筑砂浆增塑剂、早强剂、缓凝剂、防冻剂、防水剂等砂浆外加剂,其品种和用量应经有资质的检测单位检验和试配确定。所用外加剂的技术性能应符合国家现行有关标准的质量要求。

配制砌筑砂浆时,各组分材料应采用质量计量,水泥及各种外加剂配料的允许偏差为 ±2%;砂、粉煤灰、石灰膏等配料的允许偏差为 ±5%。

砌体结构工程使用的湿拌砂浆,除直接使用外必须储存在不吸水的专用容器内,并根据气候条件采取遮阳、保温、防雨雪等措施,砂浆在储存过程中严禁随意加水。

砌筑砂浆试块强度验收时其强度合格标准应符合下列规定:

(1)同一验收批砂浆试块强度平均值应大于或等于设计强度等级值的 1.10 倍。

(2)同一验收批砂浆试块抗压强度的最小一组平均值应大于或等于设计强度等级值的 85%。

每一检验批且不超过 250 m^3 砌体的各类、各强度等级的普通砌筑砂浆,每台搅拌机应至少抽检一次。验收批的预拌砂浆、蒸压加气混凝土砌块专用砂浆,抽检可为 3 组。在砂浆搅拌机出料口或在湿拌砂浆的储存容器出料口随机取样制作砂浆试块(现场拌制的砂浆,同盘砂浆只应作1组试块)，试块标养28天后作强度试验。预拌砂浆中的湿拌砂浆稠度应在进场时取样检验。

(二)砖砌体工程

1. 一般规定

砌体砌筑时，混凝土多孔砖、混凝土实心砖、蒸压灰砂砖、蒸压粉煤灰砖等块体的产品龄期不应小于28天。

240 mm厚承重墙的每层墙的最上一皮砖，砖砌体的阶台水平面上及挑出层的外皮砖，应整砖丁砌。

多孔砖的孔洞应垂直于受压面砌筑。半盲孔多孔砖的封底面应朝上砌筑。

砖砌体施工临时间断处补砌时，必须将接槎处表面清理干净，洒水湿润，并填实砂浆，保持灰缝平直。

2. 主控项目

砌体灰缝砂浆应密实饱满，砖墙水平灰缝的砂浆饱满度不得低于80%；砖柱水平灰缝和竖向灰缝饱满度不得低于90%。每检验批抽查不应少于5处。用百格网检查砖底面与砂浆的黏结痕迹面积，每处检测3块砖，取其平均值。

非抗震设防及抗震设防烈度为6度、7度地区的临时间断处，当不能留斜槎时，除转角处外，可留直槎，但直槎必须做成凸槎，且应加设拉结钢筋，拉结钢筋应符合下列规定：每120 mm墙厚放置1ϕ6拉结钢筋(120 mm厚墙应放置2ϕ6拉结钢筋)；间距沿墙高不应超过500 mm，且竖向间距偏差不应超过100 mm；埋入长度从留槎处算起每边均不应小于500 mm，对抗震设防烈度6度、7度的地区，不应小于1 000 mm；末端应有90°弯钩。每检验批抽查不应少于5处。

3. 一般项目

砖砌体组砌方法应正确，内外搭砌，上、下错缝。清水墙、窗间墙无通缝；混水墙中不得有长度大于300 mm的通缝，长度200～300 mm的通缝每间不超过3处，且不得位于同一面墙体上。砖柱不得采用包心砌法。

砖砌体的灰缝应横平竖直，厚薄均匀，水平灰缝厚度及竖向灰缝宽度宜为10 mm，但不应小于8 mm，也不应大于12 mm。

(三)混凝土小型空心砌块砌体工程

1. 一般规定

施工前，应按房屋设计图编绘小砌块平、立面排块图，施工中应按排块图施工。

施工采用的小砌块的产品龄期不应小于28天。

小砌块墙体应孔对孔、肋对肋错缝搭砌。单排孔小砌块的搭接长度应为块体长度的1/2；多排孔小砌块的搭接长度可适当调整，但不宜小于小砌块长度的1/3，且不应小于90 mm。墙体的个别部位不能满足上述要求时，应在灰缝中设置拉结钢筋或钢筋网片，但竖向通缝仍不得超过两皮小砌块。

采用小砌块砌筑时，应将小砌块生产时的底面朝上反砌于墙上。施工洞口预留直槎时，应对直槎上下搭砌的小砌块孔洞采用混凝土灌实。

在散热器、厨房和卫生间等设备的卡具安装处砌筑的小砌块，宜在施工前用强度等级不低于C20（或Cb20）的混凝土将其孔洞灌实。

2. 主控项目

砌体水平灰缝和竖向灰缝的砂浆饱满度，按净面积计算不得低于90%。每检验批抽查不应少于5处。

小砌块砌体的芯柱在楼盖处应贯通，不得削弱芯柱截面尺寸；芯柱混凝土不得漏灌。每检验批抽查不应少于5处。

3. 一般项目

砌体的水平灰缝厚度和竖向灰缝宽度宜为10 mm，但不应小于8 mm，也不应大于12 mm。每检验批抽查不应少于5处。

（四）石砌体、配筋砌体工程

关于砌体工程主要掌握砖砌体、混凝土小型空心砌块砌体工程和填充墙砌体工程的相关知识，而石砌体工程和配筋砌体工程在考试中涉及不多，可以参考《砌体结构工程施工规范》《砌体结构工程施工质量验收规范》学习，此处不加以叙述。

（五）填充墙砌体工程

1. 一般规定

烧结空心砖、蒸压加气混凝土砌块、轻骨料混凝土小型空心砌块等的运输、装卸过程中，严禁抛掷和倾倒；进场后应按品种、规格堆放整齐，堆置高度不宜超过2 m。蒸压加气混凝土砌块在运输及堆放中应防止雨淋。

填充墙拉结筋处的下皮小砌块宜采用半盲孔小砌块或用混凝土灌实孔洞的小砌块；薄灰砌筑法施工的蒸压加气混凝土砌块砌体，拉结筋应放置在砌块上表面设置的沟槽内。

蒸压加气混凝土砌块、轻骨料混凝土小型空心砌块不应与其他块体混砌，不同强度等级的同类块体也不得混砌。

填充墙砌体砌筑，应待承重主体结构检验批验收合格后进行。填充墙与承重主体结构间的空（缝）隙部位施工，应在填充墙砌筑14天后进行。

2. 主控项目

烧结空心砖、小砌块和砌筑砂浆的强度等级应符合设计要求。烧结空心砖每10万块为一验收批，小砌块每1万块为一验收批，不足上述数量时按一批计，抽检数量为1组。砂浆试块的抽检数量执行有关规定。

填充墙砌体应与主体结构可靠连接，其连接构造应符合设计要求，未经设计同意，不得随意改变连接构造方法。每一填充墙与柱的拉结筋的位置超过一皮块体高度的数量不得多于一处。每检验批抽查不应少于5处。

填充墙与承重墙、柱、梁的连接钢筋，当采用化学植筋的连接方式时，应进行实体检测。

锚固钢筋拉拔试验的轴向受拉非破坏承载力检验值应为6.0 kN。抽检钢筋在检验值作用下应基材无裂缝、钢筋无滑移宏观裂损现象；持荷2 min期间荷载值降低不大于5%。检验批验收可按规定通过正常检验一次、二次抽样判定。填充墙砌体植筋锚固力检测记录可按规定填写。

3. 一般项目

填充墙留置的拉结钢筋或网片的位置应与块体皮数相符合。拉结钢筋或网片应置于灰缝中，埋置长度应符合设计要求，竖向位置偏差不应超过一皮高度。每检验批抽查不应少于5处。

砌筑填充墙时应错缝搭砌，蒸压加气混凝土砌块搭砌长度不应小于砌块长度的1/3；轻骨料混凝土小型空心砌块搭砌长度不应小于90 mm；竖向通缝不应大于2皮。每检验批抽查不应少于5处。

填充墙的水平灰缝厚度和竖向灰缝宽度应正确，烧结空心砖、轻骨料混凝土小型空心砌块砌体的灰缝应为8～12 mm；蒸压加气混凝土砌块砌体当采用水泥砂浆、水泥混合砂浆或蒸压加气混凝土砌块砌筑砂浆时，水平灰缝厚度和竖向灰缝宽度不应超过15 mm；当蒸压加气混凝土砌块砌体采用蒸压加气混凝土砌块黏结砂浆时，水平灰缝厚度和竖向灰缝宽度宜为3～4 mm。每检验批抽查不应少于5处。

五、钢结构工程施工质量管理

该部分内容主要依据《钢结构工程施工质量验收标准》《钢结构通用规范》对钢结构质量验收进行详细叙述，其他内容可参考该规范学习。

（一）原材料及成品验收

钢结构用主要材料、零（部）件、成品件、标准件等产品应进行进场验收。

进场验收的检验批划分原则上宜与各分项工程检验批一致，也可根据工程规模及进料实际情况划分检验批。

钢板的表面外观质量除应符合国家现行标准的规定外，尚应符合下列规定：

（1）当钢板的表面有锈蚀、麻点或划痕等缺陷时，其深度不得大于该钢材厚度允许负偏差值的1/2，且不应大于0.5 mm。

（2）钢板表面的锈蚀等级应符合现行国家标准规定的C级及C级以上等级。

（3）钢板端边或断口处不应有分层、夹渣等缺陷。

铸钢件表面应清理干净，修正飞边、毛刺，去除补贴、粘砂、氧化铁皮、热处理锈斑，清除内腔残余物等，不应有裂纹、未熔合和超过允许标准的气孔、冷隔、缩松、缩孔、夹砂及明显凹坑等缺陷。

拉索、拉杆及其护套的表面应光滑，不应有裂纹和目视可见的折叠、分层、结疤和锈蚀等缺陷。

对于下列情况之一的钢结构所采用的焊接材料应按其产品标准的要求进行抽样复验，复验结果应符合国家现行标准的规定并满足设计要求：结构安全等级为一级的一、二级焊缝；结构安全等级为二级的一级焊缝；需要进行疲劳验算构件的焊缝；材料混批或质量证明文件不齐全的焊接材料；设计文件或合同文件要求复检的焊接材料。

焊条外观不应有药皮脱落、焊芯生锈等缺陷，焊剂不应受潮结块。

高强度大六角头螺栓连接副、扭剪型高强螺栓连接副应按包装箱配套供货。包装箱上应标明批号、规格、数量及生产日期。螺栓、螺母、垫圈表面不应出现生锈和沾染脏物，螺纹不应损伤。

压型金属板用固定支架应无变形，表面平整光滑，无裂纹、损伤、锈蚀。压型金属板用紧固件，表面应无损伤、锈蚀。

膜结构用膜材表面应光滑平整，无明显色差。局部不应出现大于 100 mm^2 涂层缺陷（涂层不均、麻点、油丝等）和无法消除的污迹。

防腐涂料和防火涂料的型号、名称、颜色及有效期应与其质量证明文件相符。开启后，不应存在结皮、结块、凝胶等现象。

（二）焊接工程

1. 一般规定

焊缝应冷却到环境温度后方可进行外观检测，无损检测应在外观检测合格后进行，具体检测时间应符合现行国家标准《钢结构焊接规范》的规定。

焊缝施焊后应按焊接工艺规定在相应焊缝及部位做出标志。

2. 钢构件焊接工程

焊接材料与母材的匹配应符合设计文件的要求及国家现行标准的规定。焊接材料在使用前，应按其产品说明书及焊接工艺文件的规定进行烘焙和存放。全数检查质量证明书和烘焙记录。

持证焊工必须在其焊工合格证书规定的认可范围内施焊，严禁无证焊工施焊。全数检查焊工合格证及其认可范围、有效期。

施工单位应按规定进行焊接工艺评定，根据评定报告确定焊接工艺，编写焊接工艺规程并进行全过程质量控制。全数检查焊接工艺评定报告，焊接工艺规程，焊接过程参数测定、记录。

全部焊缝应进行外观检查。要求全焊透的一级、二级焊缝应进行内部缺陷无损检测，一级焊缝探伤比例应为100%，二级焊缝探伤比例应不低于20%。

对于需要进行预热或后热的焊缝，其预热温度或后热温度应符合国家现行标准的规定或通过焊接工艺评定确定。全数检查预热或后热施工记录和焊接工艺评定报告。

3. 栓钉（焊钉）焊接工程

施工单位对其采用的栓钉和钢材焊接应进行焊接工艺评定，其结果应满足设计要求并符合国家现行标准的规定。栓钉焊瓷环保存时应有防潮措施，受潮的焊接瓷环使用前应在120～150 ℃范围内烘焙 1～2 h。全数检查焊接工艺评定报告和烘焙记录。

栓钉焊接接头外观质量检验合格后进行打弯抽样检查，焊缝和热影响区不得有肉眼可见的裂纹。检查数量：每检查批的1%且不应少于10个。检查方法：栓钉弯曲30°后目测检查。

（三）紧固件连接工程

1. 普通紧固件连接

普通螺栓作为永久性连接螺栓时，当设计有要求或对其质量有疑义时，应进行螺栓实物最小拉力载荷复验，试验方法可按规定执行，其结果应符合规定。检查数量：每一规格螺栓应抽查8个。检查方法：检查螺栓实物复验报告。

连接薄钢板采用的自攻钉、拉铆钉、射钉等规格尺寸应与被连接钢板相匹配，并满足设计要求，其间距、边距等应满足设计要求。检查数量：应按连接节点数抽查1%，且不应少于3个。

永久性普通螺栓紧固应牢固、可靠，外露丝扣不应少于2扣。检查数量：应按连接节点数抽查10%，且不应少于3个。检查方法：观察和用小锤敲击检查。

自攻螺钉、拉铆钉、射钉等与连接钢板应紧固密贴，外观排列整齐。检查数量：按连接节点数抽查10%，且不应少于3个。检查方法：观察或用小锤敲击检查。

2. 高强度螺栓连接

高强度螺栓连接处的钢板表面处理方法与除锈等级应符合设计文件要求。摩擦型高强度螺栓连接摩擦面处理后应分别进行抗滑移系数试验和复验，其结果应达到设计文件中关于抗滑移系数的指标要求。

高强度螺栓连接副应在终拧完成1 h后、48 h内进行终拧质量检查，检查结果应符合规定。按节点数抽查10%，且不少于10个，每个被抽查到的节点，按螺栓数抽查10%，且不少于2个。

对于扭剪型高强度螺栓连接副，除因构造原因无法使用专用扳手拧掉梅花头者外，螺栓尾部梅花头拧断为终拧结束。未在终拧中拧掉梅花头的螺栓数不应大于该节点螺栓数的5%，对所有梅花头未拧掉的扭剪型高强度螺栓连接副应采用扭矩法或转角法进行终拧并做标记，且按规定进行终拧质量检查。按节点数抽查10%，且不应小于10个节点，被抽查节点中梅花头未拧掉的扭剪型高强度螺栓连接副全数进行终拧扭矩检查。

高强度螺栓连接副终拧后，螺栓丝扣外露应为2～3扣，其中允许有10%的螺栓丝扣外露1扣或4扣。按节点数抽查5%，且不应小于10个。

高强度螺栓连接摩擦面应保持干燥、整洁，不应有飞边、毛刺、焊接飞溅物、焊疤、氧化铁皮、污垢等，除设计要求外摩擦面不应涂漆。

（四）钢零件及钢部件加工

钢材切割面或剪切面应无裂纹、夹渣、毛刺和分层。

机械剪切的允许偏差应符合规定。机械剪切的零件厚度不宜大于12.0 mm，剪切面应平整。碳素结构钢在环境温度低于－16 ℃，低合金结构钢在环境温度低于－12 ℃时，不得进行剪切、冲孔。按切割面数抽查10%，且不应少于3个。

碳素结构钢在环境温度低于－16 ℃，低合金结构钢在环境温度低于－12 ℃时，不应进行冷矫正和冷弯曲。

热轧碳素结构钢和低合金结构钢，当采用热加工成型或加热矫正时，加热温度、冷却温度等工艺应符合现行国家标准《钢结构工程施工规范》的规定。

气割或机械剪切的零件需要进行边缘加工时，其刨削余量不宜小于 2.0 mm。

焊接球的半球由钢板压制而成，钢板压成半球后，表面不应有裂纹、褶皱，焊接球的两半球对接处坡口宜采用机械加工，对接焊缝表面应打磨平整。每种规格抽查 5%，且不应少于 3 个。

铸钢件连接面的表面粗糙度 R_a 不应大于 25 μm。连接孔、轴的表面粗糙度不应大于 12.5 μm。按零件数抽查 10%，且不应少于 3 个。

铸钢件可用机械、加热的方法进行矫正，矫正后的表面不得有明显的凹痕或其他损伤。

（五）钢构件组装工程

板材、型材的拼接应在构件组装前进行。构件的组装应在部件组装、焊接、校正并经检验合格后进行。构件的隐蔽部位应在焊接、栓接和涂装检查合格后封闭。

钢吊车梁的下翼缘不得焊接工装夹具、定位板、连接板等临时工件。钢吊车梁和吊车桁架组装、焊接完成后在自重荷载下不允许有下挠。

设计要求顶紧的接触面应有 75% 以上的面积密贴，且边缘最大间隙不应大于 0.8 mm。

（六）钢构件预拼装工程

预拼装所用的支承凳或平台应测量找平，检查时应拆除全部临时固定和拉紧装置。

高强度螺栓和普通螺栓连接的多层板叠，应采用试孔器进行螺栓孔通过率检查，并应符合下列规定：当采用比孔公称直径小 1.0 mm 的试孔器检查时，每组孔的通过率不应小于 85%；当采用比螺栓公称直径大 0.3 mm 的试孔器检查时，通过率应为 100%。按预拼装单元全数检查。采用试孔器检查。

实体预拼装时宜先使用不少于螺栓孔总数 10% 的冲钉定位，再采用临时螺栓紧固。临时螺栓在一组孔内不得少于螺栓孔数量的 20%，且不应少于 2 个。按预拼装单元全数检查。

（七）单层、多高层钢结构安装工程

钢结构安装检验批应在原材料及构件进场验收和紧固件连接、焊接连接、防腐等分项工程验收合格的基础上进行验收。

结构安装测量校正、高强度螺栓连接副及摩擦面抗滑移系数、冬雨期施工及焊接等，应在实施前制定相应的施工工艺或方案。

安装偏差的检测，应在结构形成空间稳定单元并连接固定且临时支承结构拆除前进行。

安装时，施工荷载和冰雪荷载等严禁超过梁、桁架、楼面板、屋面板、平台铺板等的承载能力。

在形成空间稳定单元后，应立即对柱底板和基础顶面的空隙进行二次浇灌。

多节柱安装时，每节柱的定位轴线应从基准面控制轴线直接引上，不得从下层柱的轴线引上。

钢柱几何尺寸应满足设计要求并符合规定。运输、堆放和吊装等造成的钢构件变形及涂层脱落，应进行矫正和修补。

（八）空间结构安装工程

预应力索杆安装应有专项施工方案和相应的监测措施，并应经设计和监理认可。

空间结构的安装检验应在原材料及成品进场验收、构件制作、焊接连接和紧固件连接等分项工程验收合格的基础上进行验收。

钢网架、网壳结构总拼完成后及屋面工程完成后应分别测量其挠度值，且所测的挠度值不应超过相应荷载条件下挠度计算值的1.15倍。跨度24 m及以下钢网架、网壳结构，测量下弦中央一点；跨度24 m以上钢网架、网壳结构，测量下弦中央一点及各向下弦跨度的四等分点。用钢尺、水准仪或全站仪实测。

螺栓球节点网架、网壳总拼完成后，高强度螺栓与球节点应紧固连接，连接处不应出现有间隙、松动等未拧紧现象。

钢网架、网壳结构安装完成后，其节点及杆件表面应干净，不应有明显的疤痕、泥沙和污垢。螺栓球节点应将所有接缝用油腻子填嵌严密，并应将多余螺孔密封。按节点及杆件数抽查5%，且不应少于3个节点。

钢管对接焊缝或沿截面围焊焊缝构造应满足设计要求。当设计无要求时，对于壁厚小于或等于6 mm的钢管，宜用Ⅰ形坡口全周长加垫板单面全焊透焊缝；对于壁厚大于6 mm的钢管，宜用V形坡口全周长加垫板单面全焊透焊缝。

（九）压型金属板工程

压型金属板安装应在钢结构安装工程检验批质量验收合格后进行。

压型金属板成型后，其基板不应有裂纹。有涂层、镀层压型金属板成型后，涂层、镀层不应有目视可见的裂纹、起皮、剥落和擦痕等缺陷。

压型金属板、泛水板、包角板和屋脊盖板等应固定可靠、牢固，防腐涂料涂刷和密封材料敷设应完好，连接件数量、规格、间距应满足设计要求并符合国家现行标准的规定。

（十）涂装工程

钢结构普通防腐涂料涂装工程应在钢结构构件组装、预拼装或钢结构安装工程检验批的施工质量验收合格后进行。钢结构防火涂料涂装工程应在钢结构安装分项工程检验批和钢结构防腐涂装检验批的施工质量验收合格后进行。

采用涂料防腐时，表面除锈处理后宜在4 h内进行涂装，采用金属热喷涂防腐时，钢结构表面处理与热喷涂施工的间隔时间，晴天或湿度不大的气候条件下不应超过12 h，雨天、潮湿、有盐雾的气候条件下不应超过2 h。

采用防火防腐一体化体系（含防火防腐双功能涂料）时，防腐涂装和防火涂装可以合并验收。

构件涂层受损伤部位，修补前应清除已失效和损伤的涂层材料，根据损伤程度按照专项修补工艺进行涂层缺陷修补，修补后涂层质量应满足设计要求并符合规定。检查数量：全数检查。检验方法：漆膜测厚仪和观察检查。

钢结构防腐涂料、涂装遍数、涂层厚度均应符合设计和涂料产品说明书要求。当设计对涂层厚度无要求时，涂层干漆膜总厚度：室外应为150 μm，室内应为125 μm，其允许偏差

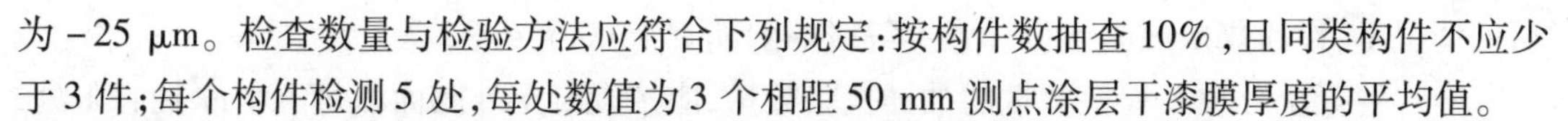

为 -25 μm。检查数量与检验方法应符合下列规定：按构件数抽查 10%，且同类构件不应少于 3 件；每个构件检测 5 处，每处数值为 3 个相距 50 mm 测点涂层干漆膜厚度的平均值。

膨胀型防火涂料的涂层厚度应符合耐火极限的设计要求。非膨胀型防火涂料的涂层厚度，80% 及以上面积应符合耐火极限的设计要求，且最薄处厚度不应低于设计要求的 85%。检查数量按同类构件数抽查 10%，且均不应少于 3 件。

典型例题

【多选题】下列钢结构施工用材料中，使用前必须进行烘焙的有（　　）。

A. 焊钉　　B. 焊接瓷环

C. 焊剂　　D. 药芯焊丝

E. 焊条

CDE。【解析】焊接材料（如焊条、焊剂、药芯焊丝、电渣焊熔嘴等）在使用前，应按其产品说明书及焊接工艺文件的规定进行烘焙和存放。

六、建筑防水、保温工程施工质量管理

（一）地下防水工程施工质量管理

该部分内容主要依据《地下防水工程质量验收规范》对主体结构防水、细部构造防水进行详细叙述，其他内容可参考该规范学习。

1. 主体结构防水工程

（1）防水混凝土。

防水混凝土适用于抗渗等级不小于 P6 的地下混凝土结构。不适用于环境温度高于 80 ℃的地下工程。处于侵蚀性介质中，防水混凝土的耐侵蚀性要求应符合现行国家标准《工业建筑防腐蚀设计标准》和《混凝土结构耐久性设计标准》的有关规定。

混凝土拌制和浇筑过程控制应符合下列规定：

①拌制混凝土所用材料的品种、规格和用量，每工作班检查不应少于两次。每盘混凝土组成材料计量结果的允许偏差应符合规定。

②混凝土在浇筑地点的坍落度，每工作班至少检查两次，坍落度试验应符合规定。

③泵送混凝土在交货地点的入泵坍落度，每工作班至少检查两次。

④当防水混凝土拌合物在运输后出现离析，必须进行二次搅拌。当坍落度损失后不能满足施工要求时，应加入原水胶比的水泥浆或掺加同品种的减水剂进行搅拌，严禁直接加水。

防水混凝土抗渗性能应采用标准条件下养护混凝土抗渗试件的试验结果评定，试件应在混凝土浇筑地点随机取样后制作，并应符合下列规定：连续浇筑混凝土每 500 m^3 应留置一组 6 个抗渗试件，且每项工程不得少于两组；采用预拌混凝土的抗渗试件，留置组数应视结构的规模和要求而定；抗渗性能试验应符合规定。

大体积防水混凝土的施工应采取材料选择、温度控制、保温保湿等技术措施。在设计许

可的情况下,掺粉煤灰混凝土设计强度等级的龄期宜为 60 天或 90 天。

防水混凝土分项工程检验批的抽样检验数量,应按混凝土外露面积每 100 m^2 抽查 1 处,每处 10 m^2,且不得少于 3 处。

防水混凝土结构表面应坚实、平整,不得有露筋、蜂窝等缺陷;埋设件位置应准确。

防水混凝土结构表面的裂缝宽度不应大于 0.2 mm,且不得贯通。

防水混凝土结构厚度不应小于 250 mm,其允许偏差应为 +8 mm、-5 mm;主体结构迎水面钢筋保护层厚度不应小于 50 mm,其允许偏差应为 ±5 mm。

(2)水泥砂浆防水层。

水泥砂浆防水层适用于地下工程主体结构的迎水面或背水面。不适用于受持续振动或环境温度高于 80 ℃的地下工程。

水泥砂浆防水层应采用聚合物水泥防水砂浆、掺外加剂或掺合料的防水砂浆。

水泥砂浆防水层施工应符合下列规定:

①水泥砂浆的配制,应按所掺材料的技术要求准确计量。

②分层铺抹或喷涂,铺抹时应压实、抹平,最后一层表面应提浆压光。

③防水层各层应紧密黏合,每层宜连续施工;必须留设施工缝时,应采用阶梯坡形槎,但与阴阳角处的距离不得小于 200 mm。

④水泥砂浆终凝后应及时进行养护,养护温度不宜低于 5 ℃,并应保持砂浆表面湿润,养护时间不得少于 14 天;聚合物水泥防水砂浆未达到硬化状态时,不得浇水养护或直接受雨水冲刷,硬化后应采用干湿交替的养护方法。潮湿环境中,可在自然条件下养护。

水泥砂浆防水层分项工程检验批的抽样检验数量,应按施工面积每 100 m^2 抽查 1 处,每处 10 m^2,且不得少于 3 处。

水泥砂浆防水层表面应密实、平整,不得有裂纹、起砂、麻面等缺陷。

水泥砂浆防水层的平均厚度应符合设计要求,最小厚度不得小于设计厚度的 85%。

(3)卷材防水层。

卷材防水层适用于受侵蚀性介质作用或受振动作用的地下工程;卷材防水层应铺设在主体结构的迎水面。

卷材防水层应采用高聚物改性沥青类防水卷材和合成高分子类防水卷材。所选用的基层处理剂、胶黏剂、密封材料等均应与铺贴的卷材相匹配。

在进场材料检验的同时,防水卷材接缝黏结质量检验应按规定执行。

铺贴防水卷材前,基面应干净、干燥,并应涂刷基层处理剂;当基面潮湿时,应涂刷湿固化型胶黏剂或潮湿界面隔离剂。

基层阴阳角应做成圆弧或 45°坡角,其尺寸应根据卷材品种确定;在转角处、变形缝、施工缝,穿墙管等部位应铺贴卷材加强层,加强层宽度不应小于 500 mm。

防水卷材的搭接宽度应符合规定。铺贴双层卷材时,上下两层和相邻两幅卷材的接缝应错开 1/3 ~ 1/2 幅宽,且两层卷材不得相互垂直铺贴。

冷粘法铺贴卷材应符合下列规定:胶黏剂应涂刷均匀,不得露底、堆积;根据胶黏剂的性能,应控制胶黏剂涂刷与卷材铺贴的间隔时间;铺贴时不得用力拉伸卷材,排除卷材下面的空气,辊压粘贴牢固;铺贴卷材应平整、顺直,搭接尺寸准确,不得扭曲、皱折;卷材接缝部位应采用专用胶黏剂或胶黏带满粘,接缝口应用密封材料封严,其宽度不应小于 10 mm。

卷材接缝采用焊接法施工应符合下列规定:焊接前卷材应铺放平整,搭接尺寸准确,焊接缝的结合面应清扫干净;焊接时应先焊长边搭接缝,后焊短边搭接缝;控制热风加热温度和时间,焊接处不得漏焊、跳焊或焊接不牢;焊接时不得损害非焊接部位的卷材。

铺贴聚乙烯丙纶复合防水卷材应符合下列规定:应采用配套的聚合物水泥防水黏结材料;卷材与基层粘贴应采用满粘法,黏结面积不应小于 90%,刮涂黏结料应均匀,不得露底、堆积、流淌;固化后的黏结料厚度不应小于 1.3 mm;卷材接缝部位应挤出黏结料,接缝表面处应涂刮 1.3 mm 厚 50 mm 宽聚合物水泥黏结料封边;聚合物水泥黏结料固化前,不得在其上行走或进行后续作业。

高分子自粘胶膜防水卷材宜采用预铺反粘法施工,并应符合下列规定:卷材宜单层铺设;在潮湿基面铺设时,基面应平整坚固、无明水;卷材长边应采用自粘边搭接,短边应采用胶黏带搭接,卷材端部搭接区应相互错开;立面施工时,在自粘边位置距离卷材边缘 10 ~ 20 mm 内,每隔 400 ~ 600 mm 应进行机械固定,并应保证固定位置被卷材完全覆盖;浇筑结构混凝土时不得损伤防水层。

卷材防水层完工并经验收合格后应及时做保护层。保护层应符合下列规定:

①顶板的细石混凝土保护层与防水层之间宜设置隔离层。细石混凝土保护层厚度:机械回填时不宜小于 70 mm,人工回填时不宜小于 50 mm。

②底板的细石混凝土保护层厚度不应小于 50 mm。

③侧墙宜采用软质保护材料或铺抹 20 mm 厚 1∶2.5 水泥砂浆。

卷材防水层分项工程检验批的抽样检验数量,应按铺贴面积每 100 m^2 抽查 1 处,每处 10 m^2,且不得少于 3 处。

卷材防水层的搭接缝应粘贴或焊接牢固,密封严密,不得有扭曲、折皱、翘边和起泡等缺陷。

采用外防外贴法铺贴卷材防水层时,立面卷材接槎的搭接宽度,高聚物改性沥青类卷材应为 150 mm,合成高分子类卷材应为 100 mm,且上层卷材应盖过下层卷材。

(4)涂料防水层。

涂料防水层适用于受侵蚀性介质作用或受振动作用的地下工程;有机防水涂料宜用于主体结构的迎水面,无机防水涂料宜用于主体结构的迎水面或背水面。

有机防水涂料应采用反应型、水乳型、聚合物水泥等涂料;无机防水涂料应采用掺外加剂、掺合料的水泥基防水涂料或水泥基渗透结晶型防水涂料。

有机防水涂料基面应干燥。当基面较潮湿时,应涂刷湿固化型胶结剂或潮湿界面隔离剂;无机防水涂料施工前,基面应充分润湿,但不得有明水。

涂料防水层分项工程检验批的抽样检验数量,应按涂层面积每 100 m^2 抽查 1 处,每处 10 m^2,且不得少于 3 处。

涂料防水层应与基层黏结牢固,涂刷均匀,不得流淌、鼓泡、露槎。

涂层间夹铺胎体增强材料时,应使防水涂料浸透胎体覆盖完全,不得有胎体外露现象。

2. 细部构造防水工程

(1)施工缝。

墙体水平施工缝应留设在高出底板表面不小于300 mm的墙体上。拱、板与墙结合的水平施工缝,宜留在拱、板与墙交接处以下150~300 mm处;垂直施工缝应避开地下水和裂隙水较多的地段,并宜与变形缝相结合。

在施工缝处继续浇筑混凝土时,已浇筑的混凝土抗压强度不应小于1.2 MPa。

水平施工缝浇筑混凝土前,应将其表面浮浆和杂物清除,然后铺设净浆、涂刷混凝土界面处理剂或水泥基渗透结晶型防水涂料,再铺30~50 mm厚的1:1水泥砂浆,并及时浇筑混凝土。

垂直施工缝浇筑混凝土前,应将其表面清理干净,再涂刷混凝土界面处理剂或水泥基渗透结晶型防水涂料,并及时浇筑混凝土。

中埋式止水带及外贴式止水带埋设位置应准确,固定应牢靠。

(2)变形缝。

中埋式止水带的接缝应设在边墙较高位置上,不得设在结构转角处;接头宜采用热压焊接,接缝应平整、牢固,不得有裂口和脱胶现象。

中埋式止水带在转弯处应做成圆弧形;顶板、底板内止水带应安装成盆状,并宜采用专用钢筋套或扁钢固定。

外贴式止水带在变形缝与施工缝相交部位宜采用十字配件;外贴式止水带在变形缝转角部位宜采用直角配件。止水带埋设位置应准确,固定应牢靠,并与固定止水带的基层密贴,不得出现空鼓、翘边等现象。

(3)后浇带。

后浇带用遇水膨胀止水条或止水胶、预埋注浆管、外贴式止水带必须符合设计要求。

补偿收缩混凝土浇筑前,后浇带部位和外贴式止水带应采取保护措施。

后浇带两侧的接缝表面应先清理干净,再涂刷混凝土界面处理剂或水泥基渗透结晶型防水涂料;后浇混凝土的浇筑时间应符合设计要求。

后浇带混凝土应一次浇筑,不得留设施工缝;混凝土浇筑后应及时养护,养护时间不得少于28天。

(二)室内防水工程施工质量管理

该部分内容主要依据《住宅室内防水工程技术规范》对室内防水质量验收进行详细叙述,其他内容可参考该规范学习。

1. 一般规定

室内防水工程质量验收的程序和组织,应符合现行国家标准《建筑工程施工质量验收统一标准》的规定。

住宅室内防水施工的各种材料应有产品合格证书和性能检测报告。材料的品种、规格、

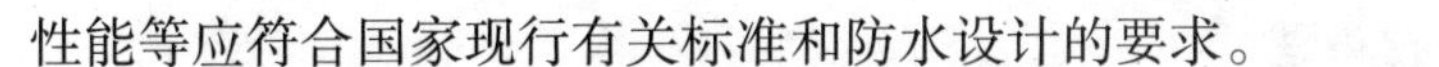

性能等应符合国家现行有关标准和防水设计的要求。

住宅室内防水工程应以每一个自然间或每一个独立水容器作为检验批,逐一检验。

室内防水工程验收后,工程质量验收记录应进行存档。

2. 基层

防水基层所用材料的质量及配合比,应符合设计要求。防水基层的排水坡度,应符合设计要求。

防水基层应抹平、压光,不得有疏松、起砂、裂缝。阴、阳角处宜按设计要求做成圆弧形,且应整齐平顺。防水基层表面平整度的允许偏差不宜大于4 mm。

3. 防水与密封

防水材料、密封材料、配套材料的质量应符合设计要求,计量、配合比应准确。在转角、地漏、伸出基层的管道等部位,防水层的细部构造应符合设计要求。

防水层的平均厚度应符合设计要求,最小厚度不应小于设计厚度的90%。

密封材料嵌填应密实、连续、饱满,黏结牢固,无气泡、开裂、脱落等缺陷。

防水层不得渗漏。在防水层完成后进行蓄水试验,楼、地面蓄水高度不应小于20 mm,蓄水时间不应少于24 h;独立水容器应满池蓄水,蓄水时间不应少于24 h。每一自然间或每一独立水容器逐一检验。

涂膜防水层与基层应黏结牢固,表面平整,涂刷均匀,不得有流淌、皱折、鼓泡、露胎体和翘边等缺陷。

涂膜防水层的胎体增强材料应铺贴平整,每层的短边搭接缝应错开。防水卷材的搭接缝应牢固,不得有皱折、开裂、翘边和鼓泡等缺陷;卷材在立面上的收头应与基层粘贴牢固。

防水砂浆各层之间应结合牢固,无空鼓;表面应密实、平整、不得有开裂、起砂、麻面等缺陷;阴阳角部位应做圆弧状。

密封材料表面应平滑,缝边应顺直,周边无污染。密封接缝宽度的允许偏差应为设计宽度的±10%

4. 保护层

防水保护层所用材料的质量及配合比应符合设计要求。水泥砂浆、混凝土的强度应符合设计要求。

防水保护层表面的坡度应符合设计要求,不得有倒坡或积水。防水层不得渗漏。在保护层完成后应再次作蓄水试验,楼、地面蓄水高度不应小于20 mm,蓄水时间不应少于24 h;独立水容器应满池蓄水,蓄水时间不应少于24 h。每一自然间或每一独立水容器逐一检验。

保护层应与防水层黏结牢固,结合紧密,无空鼓。保护层应表面平整,不得有裂缝、起壳、起砂等缺陷;保护层表面平整度不应大于5 mm。保护层厚度的允许偏差应为设计厚度的±10%,且不应大于5 mm。检验数量:在每一自然间的楼、地面及墙面各取一处;在每一个独立水容器的水平面及立面各取一处。

（三）屋面防水工程施工质量管理

该部分内容主要依据《屋面工程质量验收规范》对基层与保护工程、防水与密封工程、瓦面与板面工程、细部构造工程等进行详细叙述，其他内容可参考该规范学习。

1. 基层与保护工程

屋面找坡应满足设计排水坡度要求，结构找坡不应小于3%，材料找坡宜为2%；檐沟、天沟纵向找坡不应小于1%，沟底水落差不得超过200 mm。

基层与保护工程各分项工程每个检验批的抽检数量，应按屋面面积每100 m^2抽查一处，每处应为10 m^2，且不得少于3处。

找坡层宜采用轻骨料混凝土；找坡材料应分层铺设和适当压实，表面应平整。

找平层宜采用水泥砂浆或细石混凝土；找平层的抹平工序应在初凝前完成，压光工序应在终凝前完成，终凝后应进行养护。

找平层分格缝纵横间距不宜大于6 m，分格缝的宽度宜为5～20 mm。

卷材防水层的基层与突出屋面结构的交接处，以及基层的转角处，找平层应做成圆弧形，且应整齐平顺。

找坡层表面平整度的允许偏差为7 mm，找平层表面平整度的允许偏差为5 mm。

隔汽层的基层应平整、干净、干燥。隔汽层应设置在结构层与保温层之间；隔汽层应选用气密性、水密性好的材料。在屋面与墙的连接处，隔汽层应沿墙面向上连续铺设，高出保温层上表面不得小于150 mm。隔汽层采用卷材时宜空铺，卷材搭接缝应满粘，其搭接宽度不应小于80 mm；隔汽层采用涂料时，应涂刷均匀。穿过隔汽层的管线周围应封严，转角处应无折损；隔汽层凡有缺陷或破损的部位，均应进行返修。

块体材料、水泥砂浆或细石混凝土保护层与卷材、涂膜防水层之间，应设置隔离层。隔离层可采用干铺塑料膜、土工布、卷材或铺抹低强度等级砂浆。塑料膜、土工布、卷材应铺设平整，其搭接宽度不应小于50 mm，不得有皱折。低强度等级砂浆表面应压实、平整，不得有起壳、起砂现象。

防水层上的保护层施工，应待卷材铺贴完成或涂料固化成膜，并经检验合格后进行。用块体材料做保护层时，宜设置分格缝，分格缝纵横间距不应大于10 m，分格缝宽度宜为20 mm。用水泥砂浆做保护层时，表面应抹平压光，并应设表面分格缝，分格面积宜为1 m^2。用细石混凝土做保护层时，混凝土应振捣密实，表面应抹平压光，分格缝纵横间距不应大于6 m。分格缝的宽度宜为10～20 mm。块体材料、水泥砂浆或细石混凝土保护层与女儿墙和山墙之间，应预留宽度为30 mm的缝隙，缝内宜填塞聚苯乙烯泡沫塑料，并应用密封材料嵌填密实。

2. 保温与隔热工程

该部分内容会在后面“（四）建筑保温工程施工质量管理”进行详细叙述，此处不再讲解。

3. 防水与密封工程

防水层施工前，基层应坚实、平整、干净、干燥。基层处理剂应配比准确，并应搅拌均匀；

喷涂或涂刷基层处理剂应均匀一致，待其干燥后应及时进行卷材、涂膜防水层和接缝密封防水施工。防水层完工并经验收合格后，应及时做好成品保护。

防水与密封工程各分项工程每个检验批的抽检数量，防水层应按屋面面积每 100 m^2 抽查一处，每处应为 10 m^2，且不得少于 3 处；接缝密封防水应按每 50 m 抽查一处，每处应为 5 m，且不得少于 3 处。

屋面坡度大于 25% 时，卷材应采取满粘和钉压固定措施。

卷材铺贴方向应符合下列规定：

(1)卷材宜平行屋脊铺贴。

(2)上下层卷材不得相互垂直铺贴。

卷材搭接缝应符合下列规定：

(1)平行屋脊的卷材搭接缝应顺流水方向，卷材搭接宽度应符合表 2-15 的规定。

(2)相邻两幅卷材短边搭接缝应错开，且不得小于 500 mm。

(3)上下层卷材长边搭接缝应错开，且不得小于幅宽的 1/3。

表 2-15　卷材搭接宽度

卷材类别		搭接宽度/mm
合成高分子防水卷材	胶黏剂	80
	胶黏带	50
	单缝焊	60，有效焊接宽度不小于 25
	双缝焊	80，有效焊接宽度 10×2＋空腔宽
高聚物改性沥青防水卷材	胶黏剂	100
	自粘	80

防水涂料应多遍涂布，并应待前一遍涂布的涂料干燥成膜后，再涂布后一遍涂料，且前后两遍涂料的涂布方向应相互垂直。

铺设胎体增强材料应符合下列规定：

(1)胎体增强材料宜采用聚酯无纺布或化纤无纺布。

(2)胎体增强材料长边搭接宽度不应小于 50 mm，短边搭接宽度不应小于 70 mm。

(3)上下层胎体增强材料的长边搭接缝应错开，且不得小于幅宽的 1/3。

(4)上下层胎体增强材料不得相互垂直铺设。

多组分防水涂料应按配合比准确计量，搅拌应均匀，并应根据有效时间确定每次配制的数量。

涂膜防水层的平均厚度应符合设计要求，且最小厚度不得小于设计厚度的 80%。

涂膜防水层与基层应黏结牢固，表面应平整，涂布应均匀，不得有流淌、皱折、起泡和露胎体等缺陷。

卷材与涂料复合使用时，涂膜防水层宜设置在卷材防水层的下面。

复合防水层在天沟、檐沟、檐口、水落口、泛水、变形缝和伸出屋面管道的防水构造，应符合设计要求。卷材与涂膜应粘贴牢固,不得有空鼓和分层现象。

密封防水部位的基层应符合下列要求:

(1)基层应牢固,表面应平整、密实,不得有裂缝、蜂窝、麻面、起皮和起砂现象。

(2)基层应清洁、干燥,并应无油污、无灰尘。

(3)嵌入的背衬材料与接缝壁间不得留有空隙。

(4)密封防水部位的基层宜涂刷基层处理剂,涂刷应均匀,不得漏涂。

多组分密封材料应按配合比准确计量,拌合应均匀,并应根据有效时间确定每次配制的数量。

密封材料嵌填完成后,在固化前应避免灰尘、破损及污染,且不得踩踏。

4. 瓦面与板面工程

木质望板、檩条、顺水条、挂瓦条等构件,均应做防腐、防蛀和防火处理;金属顺水条、挂瓦条以及金属板、固定件,均应做防锈处理。

瓦面与板面工程各分项工程每个检验批的抽检数量,应按屋面面积每 100 m^2 抽查一处,每处应为 10 m^2,且不得少于 3 处。

瓦片必须铺置牢固。在大风及地震设防地区或屋面坡度大于 100% 时,应按设计要求采取固定加强措施。

5. 细部构造工程

细部构造工程各分项工程每个检验批应全数进行检验。细部构造所使用卷材、涂料和密封材料的质量应符合设计要求,两种材料之间应具有相容性。屋面细部构造热桥部位的保温处理,应符合设计要求。

檐口的防水构造应符合设计要求。檐口的排水坡度应符合设计要求;檐口部位不得有渗漏和积水现象。檐口 800 mm 范围内的卷材应满粘。卷材收头应在找平层的凹槽内用金属压条钉压固定,并应用密封材料封严。涂膜收头应用防水涂料多遍涂刷。檐口端部应抹聚合物水泥砂浆,其下端应做成鹰嘴和滴水槽。

檐沟、天沟的防水构造应符合设计要求。檐沟、天沟的排水坡度应符合设计要求;沟内不得有渗漏和积水现象。檐沟防水层应由沟底翻上至外侧顶部,卷材收头应用金属压条钉压固定,并应用密封材料封严;涂膜收头应用防水涂料多遍涂刷。檐沟外侧顶部及侧面均应抹聚合物水泥砂浆,其下端应做成鹰嘴或滴水槽。

女儿墙和山墙的防水构造应符合设计要求。女儿墙和山墙的压顶向内排水坡度不应小于 5%,压顶内侧下端应做成鹰嘴或滴水槽。女儿墙和山墙的根部不得有渗漏和积水现象。女儿墙和山墙的卷材应满粘,卷材收头应用金属压条钉压固定,并应用密封材料封严。女儿墙和山墙的涂膜应直接涂刷至压顶下,涂膜收头应用防水涂料多遍涂刷。

水落口的防水构造应符合设计要求。水落口杯上口应设在沟底的最低处;水落口处不得有渗漏和积水现象。水落口的数量和位置应符合设计要求;水落口杯应安装牢固。水落口周围直径 500 mm 范围内坡度不应小于 5%,水落口周围的附加层铺设应符合设计要求。防水层及附加层伸入水落口杯内不应小于 50 mm,并应黏结牢固。

变形缝处不得有渗漏和积水现象。变形缝的泛水高度及附加层铺设应符合设计要求。防水层应铺贴或涂刷至泛水墙的顶部。等高变形缝顶部宜加扣混凝土或金属盖板。混凝土盖板的接缝应用密封材料封严;金属盖板应铺钉牢固,搭接缝应顺流水方向,并应做好防锈处理。高低跨变形缝在高跨墙面上的防水卷材封盖和金属盖板,应用金属压条钉压固定,并应用密封材料封严。

伸出屋面管道的泛水高度及附加层铺设,应符合设计要求。伸出屋面管道周围的找平层应抹出高度不小于30 mm的排水坡。卷材防水层收头应用金属箍固定,并应用密封材料封严;涂膜防水层收头应用防水涂料多遍涂刷。

屋面出入口的防水构造应符合设计要求。屋面出入口处不得有渗漏和积水现象。屋面垂直出入口防水层收头应压在压顶圈下,附加层铺设应符合设计要求。屋面水平出入口防水层收头应压在混凝土踏步下,附加层铺设和护墙应符合设计要求。屋面出入口的泛水高度不应小于250 mm。

反梁过水孔的防水构造应符合设计要求。反梁过水孔处不得有渗漏和积水现象。反梁过水孔的孔底标高、孔洞尺寸或预埋管管径,均应符合设计要求。反梁过水孔的孔洞四周应涂刷防水涂料;预埋管道两端周围与混凝土接触处应留凹槽,并应用密封材料封严。

(四)建筑保温工程施工质量管理

1.屋面保温工程施工质量管理

铺设保温层的基层应平整、干燥和干净。保温材料在施工过程中应采取防潮、防水和防火等措施。保温材料的导热系数、表观密度或干密度、抗压强度或压缩强度、燃烧性能,必须符合设计要求。

保温与隔热工程各分项工程每个检验批的抽检数量,应按屋面面积每100 m^2抽查1处,每处应为10 m^2,且不得少于3处。

板状材料保温层采用干铺法施工时,板状保温材料应紧靠在基层表面上,应铺平垫稳;分层铺设的板块上下层接缝应相互错开,板间缝隙应采用同类材料的碎屑嵌填密实。板状材料保温层采用粘贴法施工时,胶黏剂应与保温材料的材性相容,并应贴严、粘牢;板状材料保温层的平面接缝应挤紧拼严,不得在板块侧面涂抹胶黏剂,超过2 mm的缝隙应采用相同材料板条或片填塞严实。

纤维材料保温层施工应符合下列规定:

(1)纤维保温材料应紧靠在基层表面上,平面接缝应挤紧拼严,上下层接缝应相互错开。

(2)屋面坡度较大时,宜采用金属或塑料专用固定件将纤维保温材料与基层固定。

(3)纤维材料填充后,不得上人踩踏。

保温层施工前应对喷涂设备进行调试,并应制备试样进行硬泡聚氨酯的性能检测。喷涂硬泡聚氨酯的配比应准确计量,发泡厚度应均匀一致。喷涂时喷嘴与施工基面的间距应由试验确定。一个作业面应分遍喷涂完成,每遍厚度不宜大于15 mm;当日的作业面应当日连续地喷涂施工完毕。硬泡聚氨酯喷涂后20 min内严禁上人;喷涂硬泡聚氨酯保温层完成后,应及时做保护层。

种植隔热层与防水层之间宜设细石混凝土保护层。种植隔热层的屋面坡度大于20%时,其排水层、种植土层应采取防滑措施。

架空隔热层的高度应按屋面宽度或坡度大小确定。设计无要求时,架空隔热层的高度宜为180~300 mm。当屋面宽度大于10 m时,应在屋面中部设置通风屋脊,通风口处应设置通风箅子。

蓄水隔热层与屋面防水层之间应设隔离层。蓄水池的所有孔洞应预留,不得后凿;所设置的给水管、排水管和溢水管等,均应在蓄水池混凝土施工前安装完毕。每个蓄水区的防水混凝土应一次浇筑完毕,不得留施工缝。防水混凝土应用机械振捣密实,表面应抹平和压光,初凝后应覆盖养护,终凝后浇水养护不得少于14天;蓄水后不得断水。

2. 外墙外保温工程施工质量管理

外保温系统及主要组成材料性能应符合规定,并应对下列内容进行核查:应检查产品合格证;应有型式检验报告;应有出厂检验报告和进场复验报告。

保温层厚度应符合设计要求。保温层厚度检查方法应采用插针法进行检验。

胶粉聚苯颗粒保温浆料干表观密度不应大于250 kg/m^3,且不应小于180kg/m^3。干表观密度检查方法应采用现场制样,并应依据现行国家标准《无机硬质绝热制品试验方法》的规定进行检验。

粘贴保温板薄抹灰外保温系统中保温板粘贴面积应符合规定。粘贴面积检查方法应采用现场测量方式进行检验。

粘贴保温板薄抹灰外保温系统现场检验保温板与基层墙体拉伸黏结强度不应小于0.10 MPa,且应为保温板破坏。拉伸黏结强度检查方法应符合规定。

胶粉聚苯颗粒保温浆料外保温系统现场检验系统拉伸黏结强度不应小于0.06 MPa,胶粉聚苯颗粒浆料贴砌EPS板外保温系统现场检验系统拉伸黏结强度不应小于0.10 MPa,且破坏部位不得位于各层界面。拉伸黏结强度检查方法应符合规定。

EPS板现浇混凝土外保温系统现场检验EPS板与基层墙体的拉伸黏结强度不应小于0.10 MPa,且应为EPS板破坏。拉伸黏结强度检查方法应符合规定。

现场喷涂硬泡聚氨酯外保温系统现场检验保温层与基层墙体的拉伸黏结强度不应小于0.10 MPa,抹面层与保温层的拉伸黏结强度不应小于0.1 MPa,且破坏部位不得位于各层界面。拉伸黏结强度检查方法应符合规定。

3. 外墙内保温工程施工质量管理

内保温工程应按现行国家标准《建筑节能工程施工质量验收标准》规定进行隐蔽工程验收。对隐蔽工程应随施工进度及时验收,并应做好下列内容的文字记录和图像资料:保温层附着的基层及其表面处理;保温板黏结或固定,空气层的厚度;锚栓安装;增强网铺设;墙体热桥部位处理;复合板的板缝处理;喷涂硬泡聚氨酯、保温砂浆或被封闭的保温材料厚度;隔汽层铺设;龙骨固定。

内保温分项工程宜以每500~1 000 m^{2}划分为一个检验批,不足500 m^{2}也宜划分为一个检验批;每个检验批每100 m^{2}应至少抽查一处,每处不得小于10 m^2。

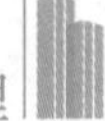

内保温工程竣工验收应提交下列文件：内保温系统的设计文件、图纸会审、设计变更和洽商记录；施工方案和施工工艺；内保温系统的型式检验报告及其主要组成材料的产品合格证、出厂检验报告、进场复检报告和现场检验记录；施工技术交底；施工工艺记录及施工质量检验记录。

七、建筑装饰装修工程施工质量管理

（一）吊顶工程施工质量管理

吊顶工程应对人造木板的甲醛释放量进行复验。

同一品种的吊顶工程每50间应划分为一个检验批，不足50间也应划分为一个检验批，大面积房间和走廊可按吊顶面积每30 m^2计为1间。

每个检验批应至少抽查10%，并不得少于3间，不足3间时应全数检查。

安装龙骨前，应按设计要求对房间净高、洞口标高和吊顶内管道、设备及其支架的标高进行交接检验。

重型设备和有振动荷载的设备严禁安装在吊顶工程的龙骨上。

吊杆和龙骨的材质、规格、安装间距及连接方式应符合设计要求。金属吊杆和龙骨应经过表面防腐处理；木龙骨应进行防腐、防火处理。

石膏板、水泥纤维板的接缝应按其施工工艺标准进行板缝防裂处理。安装双层板时，面层板与基层板的接缝应错开，并不得在同一根龙骨上接缝。

面层材料表面应洁净、色泽一致，不得有翘曲、裂缝及缺损。压条应平直、宽窄一致。

面板的安装应稳固严密。面板与龙骨的搭接宽度应大于龙骨受力面宽度的2/3。

整体面层吊顶工程金属龙骨的接缝应均匀一致，角缝应吻合，表面应平整，应无翘曲和锤印。木质龙骨应顺直，应无劈裂和变形。板块面层和格栅吊顶工程金属龙骨的接缝应平整、吻合、颜色一致，不得有划伤和擦伤等表面缺陷。木质龙骨应平整、顺直，应无劈裂。

（二）轻质隔墙工程施工质量管理

轻质隔墙工程应对人造木板的甲醛释放量进行复验。

同一品种的轻质隔墙工程每50间应划分为一个检验批，不足50间也应划分为一个检验批，大面积房间和走廊可按轻质隔墙面积每30 m^2计为1间。

板材隔墙和骨架隔墙每个检验批应至少抽查10%，并不得少于3间，不足3间时应全数检查；活动隔墙和玻璃隔墙每个检验批应至少抽查20%，并不得少于6间，不足6间时应全数检查。

轻质隔墙与顶棚和其他墙体的交接处应采取防开裂措施。

隔墙板材的品种、规格、颜色和性能应符合设计要求。有隔声、隔热、阻燃和防潮等特殊要求的工程，板材应有相应性能等级的检验报告。

隔墙板材安装应位置正确，板材不应有裂缝或缺损。

板材隔墙表面应光洁、平顺、色泽一致，接缝应均匀、顺直。隔墙上的孔洞、槽、盒应位置正确、套割方正、边缘整齐。

骨架隔墙所用龙骨、配件、墙面板、填充材料及嵌缝材料的品种、规格、性能和木材的含水率应符合设计要求。有隔声、隔热、阻燃和防潮等特殊要求的工程,材料应有相应性能等级的检验报告。

骨架隔墙地梁所用材料、尺寸及位置等应符合设计要求。骨架隔墙的沿地、沿顶及边框龙骨应与基体结构连接牢固。

骨架隔墙中龙骨间距和构造连接方法应符合设计要求。骨架内设备管线的安装、门窗洞口等部位加强龙骨的安装应牢固、位置正确。填充材料的品种、厚度及设置应符合设计要求。

骨架隔墙表面应平整光滑、色泽一致、洁净、无裂缝,接缝应均匀、顺直。骨架隔墙上的孔洞、槽、盒应位置正确、套割吻合、边缘整齐。骨架隔墙内的填充材料应干燥,填充应密实、均匀、无下坠。

活动隔墙所用墙板、轨道、配件等材料的品种、规格、性能和人造木板甲醛释放量、燃烧性能应符合设计要求。

活动隔墙轨道应与基体结构连接牢固,并应位置正确。

活动隔墙用于组装、推拉和制动的构配件应安装牢固、位置正确,推拉应安全、平稳、灵活。

活动隔墙表面应色泽一致、平整光滑、洁净,线条应顺直、清晰。活动隔墙上的孔洞、槽、盒应位置正确、套割吻合、边缘整齐。

活动隔墙推拉应无噪声。

玻璃隔墙工程所用材料的品种、规格、图案、颜色和性能应符合设计要求。玻璃板隔墙应使用安全玻璃。

玻璃砖隔墙砌筑中埋设的拉结筋应与基体结构连接牢固,数量、位置应正确。

玻璃隔墙表面应色泽一致、平整洁净、清晰美观。玻璃隔墙接缝应横平竖直,玻璃应无裂痕、缺损和划痕。玻璃板隔墙嵌缝及玻璃砖隔墙勾缝应密实平整、均匀顺直、深浅一致。

(三)门窗工程施工质量管理

门窗工程应对下列材料及其性能指标进行复验:人造木板门的甲醛释放量;建筑外窗的气密性能、水密性能和抗风压性能。

门窗工程应对下列隐蔽工程项目进行验收:预埋件和锚固件;隐蔽部位的防腐和填嵌处理;高层金属窗防雷连接节点。

各分项工程的检验批应按下列规定划分:同一品种、类型和规格的木门窗、金属门窗、塑料门窗和门窗玻璃每100樘应划分为一个检验批,不足100樘也应划分为一个检验批;同一品种、类型和规格的特种门每50樘应划分为一个检验批,不足50樘也应划分为一个检验批。

检查数量应符合下列规定:木门窗、金属门窗、塑料门窗和门窗玻璃每个检验批应至少抽查5%,并不得少于3樘,不足3樘时应全数检查;高层建筑的外窗每个检验批应至少抽查10%,并不得少于6樘,不足6樘时应全数检查;特种门每个检验批应至少抽查50%,并不得少于10樘,不足10樘时应全数检查。

（四）细部工程施工质量管理

细部工程应对花岗石的放射性和人造木板的甲醛释放量进行复验。

细部工程应对下列部位进行隐蔽工程验收：预埋件（或后置埋件）；护栏与预埋件的连接节点。

各分项工程的检验批应按下列规定划分：同类制品每50间（处）应划分为一个检验批，不足50间（处）也应划分为一个检验批；每部楼梯应划分为一个检验批。

橱柜、窗帘盒、窗台板、门窗套和室内花饰每个检验批应至少抽查3间（处），不足3间（处）时应全数检查；护栏、扶手和室外花饰每个检验批应全数检查。

（五）饰面板（砖）工程施工质量管理

1. 饰面板工程

饰面板工程应对下列材料及其性能指标进行复验：室内用花岗石板的放射性、室内用人造木板的甲醛释放量；水泥基黏结料的黏结强度；外墙陶瓷板的吸水率；严寒和寒冷地区外墙陶瓷板的抗冻性。

饰面板工程应对下列隐蔽工程项目进行验收：预埋件（或后置埋件）；龙骨安装；连接节点；防水、保温、防火节点；外墙金属板防雷连接节点。

各分项工程的检验批应按下列规定划分：相同材料、工艺和施工条件的室内饰面板工程每50间应划分为一个检验批，不足50间也应划分为一个检验批，大面积房间和走廊可按饰面板面积每30 m^2计为1间；相同材料、工艺和施工条件的室外饰面板工程每1 000 m^2应划分为一个检验批，不足1 000 m^2也应划分为一个检验批。

检查数量应符合下列规定：室内每个检验批应至少抽查10%，并不得少于3间，不足3间时应全数检查；室外每个检验批每100 m^2应至少抽查一处，每处不得小于10 m^2。

2. 饰面砖工程

饰面砖工程应对下列材料及其性能指标进行复验：室内用花岗石和瓷质饰面砖的放射性；水泥基黏结材料与所用外墙饰面砖的拉伸黏结强度；外墙陶瓷饰面砖的吸水率；严寒及寒冷地区外墙陶瓷饰面砖的抗冻性。

饰面砖工程应对下列隐蔽工程项目进行验收：基层和基体；防水层。

各分项工程的检验批应按下列规定划分：相同材料、工艺和施工条件的室内饰面砖工程每50间应划分为一个检验批，不足50间也应划分为一个检验批，大面积房间和走廊可按饰面砖面积每30 m^2计为1间；相同材料、工艺和施工条件的室外饰面砖工程每1 000 m^2应划分为一个检验批，不足1 000 m^2也应划分为一个检验批。

检查数量应符合下列规定：室内每个检验批应至少抽查10%，并不得少于3间，不足3间时应全数检查；室外每个检验批每100 m^2应至少抽查一处，每处不得小于10 m^2。

（六）涂饰、裱糊与软包工程施工质量管理

1. 涂饰工程

各分项工程的检验批应按下列规定划分：室外涂饰工程每一栋楼的同类涂料涂饰的墙面每1 000 m^2应划分为一个检验批，不足1 000 m^2也应划分为一个检验批；室内涂饰工程同类涂料涂饰墙面每50间应划分为一个检验批，不足50间也应划分为一个检验批，大面积房

间和走廊可按涂饰面积每 30 m^{2}计为 1 间。

检查数量应符合下列规定:室外涂饰工程每 100 m^{2}应至少检查一处,每处不得小于 10 m^2;室内涂饰工程每个检验批应至少抽查 10%,并不得少于 3 间;不足 3 间时应全数检查。

涂饰工程的基层处理应符合下列规定:

(1)新建筑物的混凝土或抹灰基层在用腻子找平或直接涂饰涂料前应涂刷抗碱封闭底漆。

(2)既有建筑墙面在用腻子找平或直接涂饰涂料前应清除疏松的旧装修层,并涂刷界面剂。

(3)混凝土或抹灰基层在用溶剂型腻子找平或直接涂刷溶剂型涂料时,含水率不得大于 8%;在用乳液型腻子找平或直接涂刷乳液型涂料时,含水率不得大于 10%,木材基层的含水率不得大于 12%。

(4)找平层应平整、坚实、牢固,无粉化、起皮和裂缝;内墙找平层的黏结强度应符合现行行业标准《建筑室内用腻子》的规定。

(5)厨房、卫生间墙面的找平层应使用耐水腻子。

水性涂料涂饰工程施工的环境温度应为 5 ~35 ℃。

2. 裱糊与软包工程

软包工程应对木材的含水率及人造木板的甲醛释放量进行复验。

裱糊工程应对基层封闭底漆、腻子、封闭底胶及软包内衬材料进行隐蔽工程验收。裱糊前,基层处理应达到下列规定:

(1)新建筑物的混凝土抹灰基层墙面在刮腻子前应涂刷抗碱封闭底漆。

(2)粉化的旧墙面应先除去粉化层,并在刮涂腻子前涂刷一层界面处理剂。

(3)混凝土或抹灰基层含水率不得大于 8%;木材基层的含水率不得大于 12%。

(4)石膏板基层,接缝及裂缝处应贴加强网布后再刮腻子。

(5)基层腻子应平整、坚实、牢固,无粉化、起皮、空鼓、酥松、裂缝和泛碱;腻子的黏结强度不得小于 0.3 MPa。

(6)基层表面平整度、立面垂直度及阴阳角方正应达到标准要求。

(7)基层表面颜色应一致。

(8)裱糊前应用封闭底胶涂刷基层。

同一品种的裱糊或软包工程每 50 间应划分为一个检验批,不足 50 间也应划分为一个检验批,大面积房间和走廊可按裱糊或软包面积每 30 m^{2}计为 1 间。

检查数量应符合下列规定:裱糊工程每个检验批应至少抽查 5 间,不足 5 间时应全数检查;软包工程每个检验批应至少抽查 10 间,不足 10 间时应全数检查。

(七)地面工程施工质量管理

本该部分内容主要依据《建筑地面工程施工质量验收规范》对地面工程质量验收进行详细叙述,其他内容可参考该规范学习。

1. 基层铺设

基层铺设的材料质量、密实度和强度等级(或配合比)等应符合设计要求和规范的规定。

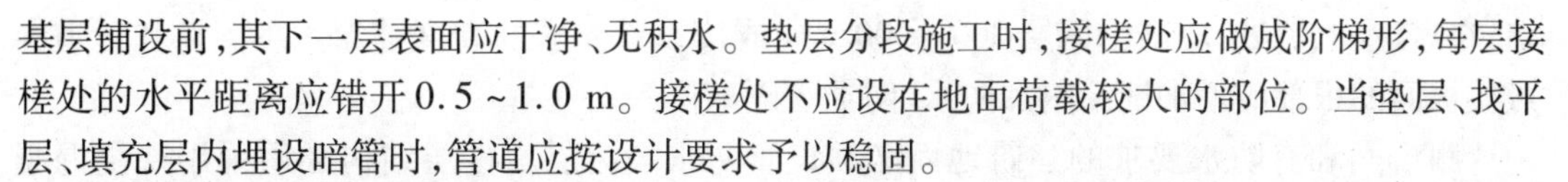

基层铺设前，其下一层表面应干净、无积水。垫层分段施工时，接槎处应做成阶梯形，每层接槎处的水平距离应错开0.5～1.0 m。接槎处不应设在地面荷载较大的部位。当垫层、找平层、填充层内埋设暗管时，管道应按设计要求予以稳固。

对有防静电要求的整体地面的基层，应清除残留物，将露出基层的金属物涂绝缘漆两遍晾干。

地面应铺设在均匀密实的基土上。土层结构被扰动的基土应进行换填，并予以压实。压实系数应符合设计要求。填土时应为最优含水量。重要工程或大面积的地面填土前，应取土样，按击实试验确定最优含水量与相应的最大干密度。

灰土垫层应采用熟化石灰与黏土（或粉质黏土、粉土）的拌和料铺设，其厚度不应小于100 mm。熟化石灰粉可采用磨细生石灰，亦可用粉煤灰代替。灰土垫层应铺设在不受地下水浸泡的基土上。施工后应有防止水浸泡的措施。灰土垫层应分层夯实，经湿润养护、晾干后方可进行下一道工序施工。

砂垫层厚度不应小于60 mm；砂石垫层厚度不应小于100 mm。砂石应选用天然级配材料。铺设时不应有粗细颗粒分离现象，压（夯）至不松动为止。

碎石垫层和碎砖垫层厚度不应小于100 mm。垫层应分层压（夯）实，达到表面坚实、平整。

三合土垫层应采用石灰、砂（可掺入少量黏土）与碎砖的拌和料铺设，其厚度不应小于100 mm；四合土垫层应采用水泥、石灰、砂（可掺少量黏土）与碎砖的拌和料铺设，其厚度不应小于80 mm。三合土垫层和四合土垫层均应分层夯实。

炉渣垫层应采用炉渣或水泥与炉渣或水泥、石灰与炉渣的拌和料铺设，其厚度不应小于80 mm。炉渣或水泥炉渣垫层的炉渣，使用前应浇水闷透；水泥石灰炉渣垫层的炉渣，使用前应用石灰浆或用熟化石灰浇水拌和闷透；闷透时间均不得少于5天。在垫层铺设前，其下一层应湿润；铺设时应分层压实，表面不得有泌水现象。铺设后应养护，待其凝结后方可进行下一道工序施工。

水泥混凝土垫层和陶粒混凝土垫层应铺设在基土上。当气温长期处于0 ℃以下，设计无要求时，垫层应设置缩缝，缝的位置、嵌缝做法等应与面层伸、缩缝相一致，并应符合规定。水泥混凝土垫层的厚度不应小于60 mm；陶粒混凝土垫层的厚度不应小于80 mm。垫层铺设前，当为水泥类基层时，其下一层表面应湿润。室内地面的水泥混凝土垫层和陶粒混凝土垫层，应设置纵向缩缝和横向缩缝；纵向缩缝、横向缩缝的间距均不得大于6 m。垫层的纵向缩缝应做平头缝或加肋板平头缝。当垫层厚度大于150 mm时，可做企口缝。横向缩缝应做假缝。平头缝和企口缝的缝间不得放置隔离材料，浇筑时应互相紧贴。企口缝尺寸应符合设计要求，假缝宽度宜为5～20 mm，深度宜为垫层厚度的1/3，填缝材料应与地面变形缝的填缝材料相一致。

找平层宜采用水泥砂浆或水泥混凝土铺设。当找平层厚度小于30 mm时，宜用水泥砂浆做找平层；当找平层厚度不小于30 mm时，宜用细石混凝土做找平层。找平层铺设前，当其下一层有松散填充料时，应予铺平振实。有防水要求的建筑地面工程，铺设前必须对立管、套管和地漏与楼板节点之间进行密封处理，并应进行隐蔽验收；排水坡度应符合设计要求。

铺设隔离层时，在管道穿过楼板面四周，防水、防油渗材料应向上铺涂，并超过套管的上口;在靠近柱、墙处,应高出面层 200 ~ 300 mm 或按设计要求的高度铺涂。阴阳角和管道穿过楼板面的根部应增加铺涂附加防水、防油渗隔离层。

厕浴间和有防水要求的建筑地面必须设置防水隔离层。楼层结构必须采用现浇混凝土或整块预制混凝土板,混凝土强度等级不应小于 C20;房间的楼板四周除门洞外应做混凝土翻边,高度不应小于 200 mm,宽同墙厚,混凝土强度等级不应小于 C20。施工时结构层标高和预留孔洞位置应准确,严禁乱凿洞。防水隔离层严禁渗漏,排水的坡向应正确、排水通畅。

2. 整体面层铺设

铺设整体面层时,水泥类基层的抗压强度不得小于 1.2 MPa;表面应粗糙、洁净、湿润并不得有积水。铺设前宜凿毛或涂刷界面剂。硬化耐磨面层、自流平面层的基层处理应符合设计及产品的要求。铺设整体面层时,地面变形缝的位置应符合规定;大面积水泥类面层应设置分格缝。

整体面层施工后,养护时间不应少于 7 天;抗压强度应达到 5 MPa 后方准上人行走;抗压强度应达到设计要求后,方可正常使用。当采用掺有水泥拌和料做踢脚线时,不得用石灰混合砂浆打底。

水泥混凝土面层铺设不得留施工缝。当施工间隙超过允许时间规定时,应对接槎处进行处理。水泥混凝土采用的粗骨料,最大粒径不应大于面层厚度的 2/3,细石混凝土面层采用的石子粒径不应大于 16 mm。

水泥宜采用硅酸盐水泥、普通硅酸盐水泥,不同品种、不同强度等级的水泥不应混用;砂应为中粗砂,当采用石屑时,其粒径应为 1 ~ 5 mm,且含泥量不应大于 3%;防水水泥砂浆采用的砂或石屑,其含泥量不应大于 1%。水泥砂浆的体积比(强度等级)应符合设计要求,且体积比应为 1∶2,强度等级不应小于 M15。

水磨石面层应采用水泥与石粒拌和料铺设,有防静电要求时,拌和料内应按设计要求掺入导电材料。面层厚度除有特殊要求外,宜为 12 ~ 18 mm,且宜按石粒粒径确定。水磨石面层的颜色和图案应符合设计要求。水磨石面层的结合层采用水泥砂浆时,强度等级应符合设计要求且不应小于 M10,稠度宜为 30 ~ 35 mm。

硬化耐磨面层采用拌和料铺设时,宜先铺设一层强度等级不小于 M15、厚度不小于 20 mm 的水泥砂浆,或水灰比宜为 0.4 的素水泥浆结合层。硬化耐磨面层采用拌和料铺设时,铺设厚度和拌和料强度应符合设计要求。当设计无要求时,水泥钢(铁)屑面层铺设厚度不应小于 30 mm,抗压强度不应小于 40 MPa;水泥石英砂浆面层铺设厚度不应小于 20 mm,抗压强度不应小于 30 MPa;钢纤维混凝土面层铺设厚度不应小于 40 mm,抗压强度不应小于 40 MPa。

防油渗混凝土所用的水泥应采用普通硅酸盐水泥;碎石应采用花岗石或石英石,不应使用松散、多孔和吸水率大的石子,粒径为 5 ~ 16 mm,最大粒径不应大于 20 mm,含泥量不应大于 1%;砂应为中砂,且应洁净无杂物;掺入的外加剂和防油渗剂应符合有关标准的规定。防油渗涂料应具有耐油、耐磨、耐火和黏结性能。

不发火(防爆)面层中碎石的不发火性必须合格;砂应质地坚硬、表面粗糙,其粒径应为

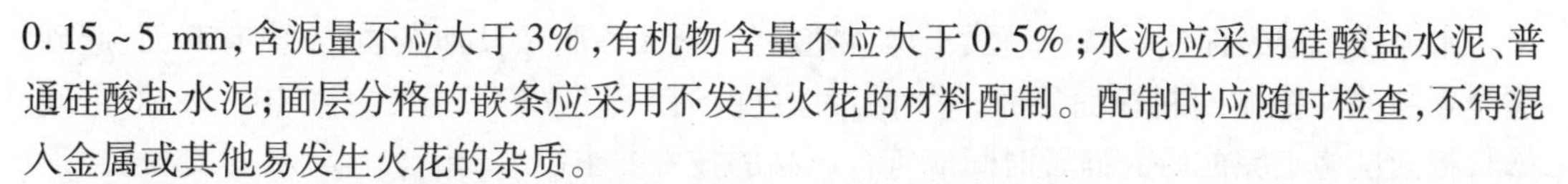

0.15～5 mm，含泥量不应大于3%，有机物含量不应大于0.5%；水泥应采用硅酸盐水泥、普通硅酸盐水泥；面层分格的嵌条应采用不发生火花的材料配制。配制时应随时检查，不得混入金属或其他易发生火花的杂质。

自流平面层的涂料进入施工现场时，应有以下有害物质限量合格的检测报告：水性涂料中的挥发性有机化合物（VOC）和游离甲醛；溶剂型涂料中的苯、甲苯＋二甲苯、挥发性有机化合物（VOC）和游离甲苯二异氰醛酯（TDI）。

涂料面层应采用丙烯酸、环氧、聚氨酯等树脂型涂料涂刷。涂料面层的基层应符合下列规定：应平整、洁净；强度等级不应小于C20；含水率应与涂料的技术要求相一致。

塑胶面层应采用现浇型塑胶材料或塑胶卷材，宜在沥青混凝土或水泥类基层上铺设。基层的强度和厚度应符合设计要求，表面应平整、干燥、洁净，无油脂及其他杂质。塑胶面层铺设时的环境温度宜为10～30 ℃。

地面辐射供暖的整体面层宜采用水泥混凝土、水泥砂浆等，应在填充层上铺设。

3. 板块面层铺设

铺设板块面层时，其水泥类基层的抗压强度不得小于1.2 MPa。铺设板块面层的结合层和板块间的填缝采用水泥砂浆时，应符合下列规定：配制水泥砂浆应采用硅酸盐水泥、普通硅酸盐水泥或矿渣硅酸盐水泥；配制水泥砂浆的砂应符合现行行业标准的有关规定；水泥砂浆的体积比（或强度等级）应符合设计要求。结合层和板块面层填缝的胶结材料应符合国家现行有关标准的规定和设计要求。铺设水泥混凝土板块、水磨石板块、人造石板块、陶瓷锦砖、陶瓷地砖、缸砖、水泥花砖、料石、大理石、花岗石等面层的结合层和填缝材料采用水泥砂浆时，在面层铺设后，表面应覆盖、湿润，养护时间不应少于7天。当板块面层的水泥砂浆结合层的抗压强度达到设计要求后，方可正常使用。大面积板块面层的伸、缩缝及分格缝应符合设计要求。板块类踢脚线施工时，不得采用混合砂浆打底。

砖面层可采用陶瓷锦砖、缸砖、陶瓷地砖和水泥花砖，应在结合层上铺设。在水泥砂浆结合层上铺贴缸砖、陶瓷地砖和水泥花砖面层时，应符合下列规定：在铺贴前，应对砖的规格尺寸、外观质量、色泽等进行预选；需要时，浸水湿润晾干待用；勾缝和压缝应采用同品种、同强度等级、同颜色的水泥，并做养护和保护。

大理石、花岗石面层采用天然大理石、花岗石（或碎拼大理石、碎拼花岗石）板材，应在结合层上铺设。铺设大理石、花岗石面层前，板材应浸湿、晾干；结合层与板材应分段同时铺设。

强度和品种不同的预制板块不宜混杂使用。板块间的缝隙宽度应符合设计要求。当设计无要求时，混凝土板块面层缝宽不宜大于6 mm，水磨石板块、人造石板块间的缝宽不应大于2 mm。预制板块面层铺完24 h后，应用水泥砂浆灌缝至2/3高度，再用同色水泥浆擦（勾）缝。

条石和块石面层所用的石材的规格、技术等级和厚度应符合设计要求。条石的质量应均匀，形状为矩形六面体，厚度为80～120 mm；块石形状为直棱柱体，顶面粗琢平整，底面面积不宜小于顶面面积的60%，厚度为100～150 mm。条石面层的结合层宜采用水泥砂浆，其厚度应符合设计要求；块石面层的结合层宜采用砂垫层，其厚度不应小于60 mm；基土层应为均匀密实的基土或夯实的基土。

水泥类基层表面应平整、坚硬、干燥、密实、洁净、无油脂及其他杂质,不应有麻面、起砂、裂缝等缺陷。铺贴塑料板面层时,室内相对湿度不宜大于70%,温度宜在10~32 ℃之间。塑料板面层施工完成后的静置时间应符合产品的技术要求。

活动地板所有的支座柱和横梁应构成框架一体,并与基层连接牢固;支架抄平后高度应符合设计要求。活动地板面层的金属支架应支承在现浇水泥混凝土基层(或面层)上,基层表面应平整、光洁、不起灰。当房间的防静电要求较高,需要接地时,应将活动地板面层的金属支架、金属横梁连通跨接,并与接地体相连,接地方法应符合设计要求。

金属板面层及其配件宜使用不锈蚀或经过防锈处理的金属制品。用于通道(走道)和公共建筑的金属板面层,应按设计要求进行防腐、防滑处理。

铺设地毯的地面面层(或基层)应坚实、平整、洁净、干燥,无凹坑、麻面、起砂、裂缝,并不得有油污、钉头及其他凸出物。地毯面层采用的材料进入施工现场时,应有地毯、衬垫、胶黏剂中的挥发性有机化合物(VOC)和甲醛限量合格的检测报告。

地面辐射供暖的板块面层采用胶结材料粘贴铺设时,填充层的含水率应符合胶结材料的技术要求。地面辐射供暖的板块面层采用的材料或产品除应符合设计要求和规范相应面层的规定外,还应具有耐热性、热稳定性、防水、防潮、防霉变等特点。地面辐射供暖的板块面层的伸、缩缝及分格缝应符合设计要求;面层与柱、墙之间应留不小于10 mm的空隙。

4. 木、竹面层铺设

木、竹面层铺设在水泥类基层上,其基层表面应坚硬、平整、洁净、不起砂,表面含水率不应大于8%。

(八)建筑幕墙工程施工质量管理

幕墙工程应对下列材料及其性能指标进行复验:铝塑复合板的剥离强度;石材、瓷板、陶板、微晶玻璃板、木纤维板、纤维水泥板和石材蜂窝板的抗弯强度;严寒、寒冷地区石材、瓷板、陶板、纤维水泥板和石材蜂窝板的抗冻性;室内用花岗石的放射性;幕墙用结构胶的邵氏硬度、标准条件拉伸黏结强度、相容性试验、剥离黏结性试验;石材用密封胶的污染性;中空玻璃的密封性能;防火、保温材料的燃烧性能;铝材、钢材主受力杆件的抗拉强度。

幕墙工程应对下列隐蔽工程项目进行验收:预埋件或后置埋件、锚栓及连接件;构件的连接节点;幕墙四周、幕墙内表面与主体结构之间的封堵;伸缩缝、沉降缝、防震缝及墙面转角节点;隐框玻璃板块的固定;幕墙防雷连接节点;幕墙防火、隔烟节点;单元式幕墙的封口节点。

幕墙工程各分项工程的检验批应按下列规定划分:

(1)相同设计、材料、工艺和施工条件的幕墙工程每1 000 m^2 应划分为一个检验批,不足1 000 m^2 也应划分为一个检验批。

(2)同一单位工程不连续的幕墙工程应单独划分检验批。

(3)对于异形或有特殊要求的幕墙,检验批的划分应根据幕墙的结构、工艺特点及幕墙工程规模,由监理单位(或建设单位)和施工单位协商确定。

隐框和半隐框玻璃幕墙,其玻璃与铝型材的黏结必须采用中性硅酮结构密封胶;全玻幕墙和点支承幕墙采用镀膜玻璃时,不应采用酸性硅酮结构密封胶黏结。

硅酮结构密封胶和硅酮建筑密封胶必须在有效期内使用。

中空玻璃应采用双道密封。一道密封应采用丁基热熔密封胶。隐框、半隐框及点支承玻璃幕墙用中空玻璃的二道密封应采用硅酮结构密封胶；明框玻璃幕墙用中空玻璃的二道密封宜采用聚硫类中空玻璃密封胶，也可采用硅酮密封胶。二道密封应采用专用打胶机进行混合、打胶。

硅酮结构密封胶使用前，应经国家认可的检测机构进行与其相接触材料的相容性和剥离黏结性试验，并应对邵氏硬度、标准状态拉伸黏结性能进行复验。检验不合格的产品不得使用。进口硅酮结构密封胶应具有商检报告。

硅酮结构密封胶生产商应提供其结构胶的变位承受能力数据和质量保证书。

幕墙石材宜选用火成岩，石材吸水率应小于0.8%。

花岗石板材的弯曲强度应经法定检测机构检测确定，其弯曲强度不应小于8.0 MPa。

（九）建筑内部装修防火施工及验收

1. 纺织织物子分部装修工程

下列材料进场应进行见证取样检验：B_1，B_2级纺织织物；现场对纺织织物进行阻燃处理所使用的阻燃剂。

下列材料应进行抽样检验：现场阻燃处理后的纺织织物，每种取2 m^2检验燃烧性能；施工过程中受湿浸、燃烧性能可能受影响的纺织织物，每种取2 m^2检验燃烧性能。

现场进行阻燃施工时，应检查阻燃剂的用量、适用范围、操作方法。阻燃施工过程中，应使用计量合格的称量器具，并严格按使用说明书的要求进行施工。阻燃剂必须完全浸透织物纤维，阻燃剂干含量应符合检验报告或说明书的要求。现场进行阻燃处理的多层纺织织物，应逐层进行阻燃处理。

2. 木质材料子分部装修工程

下列材料进场应进行见证取样检验：B_1级木质材料；现场进行阻燃处理所使用的阻燃剂及防火涂料。

下列材料应进行抽样检验：现场阻燃处理后的木质材料，每种取4 m^2检验燃烧性能；表面进行加工后的B_1级木质材料，每种取4 m^2检验燃烧性能。

木质材料在进行阻燃处理时，木质材料含水率不应大于12%。木质材料表面进行防火涂料处理时，应对木质材料的所有表面进行均匀涂刷，且不应少于2次，第二次涂刷应在第一次涂层表面干后进行；涂刷防火涂料用量不应少于500 g/m^2。

3. 高分子合成材料子分部装修工程

下列材料进场应进行见证取样检验：B_1，B_2级高分子合成材料；现场进行阻燃处理所使用的阻燃剂及防火涂料。

现场阻燃处理后的泡沫塑料应进行抽样检验，每种取0.1 m^3检验燃烧性能。

顶棚内采用泡沫塑料时，应涂刷防火涂料。防火涂料宜选用耐火极限大于30 min的超薄型钢结构防火涂料或一级饰面型防火涂料，湿涂覆比值应大于500 g/m^2。涂刷应均匀，且涂刷不应少于2次。

塑料电工套管的施工应满足以下要求：B_2级塑料电工套管不得明敷；B_1级塑料电工套管

明敷时，应明敷在A级材料表面；塑料电工套管穿过B_1级以下（含B_1级）的装修材料时，应采用A级材料或防火封堵密封件严密封堵。

泡沫塑料经阻燃处理后，不应降低其使用功能，表面不应出现明显的盐析、返潮和变硬等现象。

4. 复合材料子分部装修工程

下列材料进场应进行见证取样检验：B_1，B_2级复合材料；现场进行阻燃处理所使用的阻燃剂及防火涂料。

现场阻燃处理后的复合材料应进行抽样检验，每种取4 m^2检验燃烧性能。

复合材料应按设计要求进行施工，饰面层内的芯材不得暴露。采用复合保温材料制作的通风管道，复合保温材料的芯材不得暴露。当复合保温材料芯材的燃烧性能不能达到B_1级时，应在复合材料表面包覆玻璃纤维布等不燃性材料，并应在其表面涂刷饰面型防火涂料。防火涂料湿涂覆比值应大于500 g/m^2，且至少涂刷2次。

5. 其他材料子分部装修工程

其他材料可包括防火封堵材料和涉及电气设备、灯具、防火门窗、钢结构装修的材料。

下列材料进场应进行见证取样检验：B_1，B_2级材料；现场进行阻燃处理所使用的阻燃剂及防火涂料。

防火门的表面加装贴面材料或其他装修时，不得减小门框和门的规格尺寸，不得降低防火门的耐火性能，所用贴面材料的燃烧性能等级不应低于B_1级。

建筑隔墙或隔板、楼板的孔洞需要封堵时，应采用防火堵料严密封堵。采用防火堵料封堵孔洞、缝隙及管道井和电缆竖井时，应根据孔洞、缝隙及管道井和电缆竖井所在位置的墙板或楼板的耐火极限要求选用防火堵料。

用于其他部位的防火堵料应根据施工现场情况选用，其施工方式应与检验时的方式一致。防火堵料施工后必须严密填实孔洞、缝隙。

电气设备及灯具的施工应满足以下要求：

（1）当有配电箱及电控设备的房间内使用了低于B_1级的材料进行装修时，配电箱必须采用不燃材料制作。

（2）配电箱的壳体和底板应采用A级材料制作。配电箱不应直接安装在低于B_1级的装修材料上。

（3）动力、照明、电热器等电气设备的高温部位靠近B_1级以下（含B_1级）材料或导线穿越B_1级以下（含B_1级）装修材料时，应采用瓷管或防火封堵密封件分隔，并用岩棉、玻璃棉等A级材料隔热。

（4）安装在B_1级以下（含B_1级）装修材料内的配件，如插座、开关等，必须采用防火封堵密封件或具有良好隔热性能的A级材料隔绝。

（5）灯具直接安装在B_1级以下（含B_1级）的材料上时，应采取隔热、散热等措施。

（6）灯具的发热表面不得靠近B_1级以下（含B_1级）的材料。

6. 工程质量验收

工程质量验收应符合下列要求：技术资料应完整；所用装修材料或产品的见证取样检验

结果应满足设计要求;装修施工过程中的抽样检验结果,包括隐蔽工程的施工过程中及完工后的抽样检验结果应符合设计要求;现场进行阻燃处理、喷涂、安装作业的抽样检验结果应符合设计要求;施工过程中的主控项目检验结果应全部合格;施工过程中的一般项目检验结果合格率应达到80%。

工程质量验收应由建设单位项目负责人组织施工单位项目负责人、监理工程师和设计单位项目负责人等进行。

工程质量验收时可对主控项目进行抽查。当有不合格项时,应对不合格项进行整改。

当装修施工的有关资料经审查全部合格、施工过程全部符合要求、现场检查或抽样检测结果全部合格时,工程验收应为合格。

建设单位应建立建筑内部装修工程防火施工及验收档案。档案应包括防火施工及验收全过程的有关文件和记录。

模块七　建筑工程施工安全管理

一、基坑工程安全管理

在基坑支护土方作业施工前,应编制专项施工方案,并按有关程序进行审批后实施。危险性较大的基坑工程应编制安全专项方案,施工单位技术、质量、安全等专业部门进行审核,施工单位技术负责人、总监理工程师签字,超过一定规模的必须经专家论证。

人工开挖的狭窄基槽,深度较大或土质条件较差,可能存在边坡塌方危险时,必须采取支护措施,支护结构应有足够的稳定性。

基坑支护结构必须经设计计算确定,支护结构产生的变形应在设计允许范围内。变形达到预警值时,应立即采取有效的控制措施。

在基坑施工过程中,必须设置有效的降排水措施以确保正常施工,深基坑边界上部必须设有排水沟,以防止雨水进入基坑,深基坑降水施工应分层降水,随时观测支护外观测井水位,防止邻近建筑物等变形。

基坑开挖必须按专项施工方案进行,并应遵循分层、分段、均衡挖土,保证土体受力均衡和稳定。

机械在软土场地作业应采用铺设砂石、铺垫钢板等硬化措施,防止机械发生倾覆事故。

基坑边沿堆置土、料具等荷载应在基坑支护设计允许范围内,施工机械与基坑边沿应保持安全距离,防止基坑支护结构超载。

基坑开挖深度达到2 m及以上时,按高处作业安全技术规范要求,应在其边沿设置防护栏杆并设置专用梯道,防护栏杆及专用梯道的强度应符合规范要求,确保作业人员安全。

为进行建(构)筑物地下部分施工及地下设施、设备埋设,由地面向下开挖,深度大于或等于5 m的空间即为建筑深基坑。建筑深基坑工程施工安全等级与安全技术要求应符合《建筑深基坑工程施工安全技术规范》的相关规定。

二、模板工程安全管理

(一)模板构造与安装

模板构造与安装应符合下列规定:

(1)模板安装应按设计与施工说明书顺序拼装。木杆、钢管、门架等支架立柱不得混用。

(2)竖向模板和支架立柱支承部分安装在基土上时,应加设垫板,垫板应有足够强度和支承面积,且应中心承载。基土应坚实,并应有排水措施。对湿陷性黄土应有防水措施;对特别重要的结构工程可采用混凝土、打桩等措施防止支架柱下沉。对冻胀性土应有防冻融措施。

(3)当满堂或共享空间模板支架立柱高度超过 8 m 时,若地基土达不到承载要求,无法防止立柱下沉,则应先施工地面下的工程,再分层回填夯实基土,浇筑地面混凝土垫层,达到强度后方可支模。

(4)模板及其支架在安装过程中,必须设置有效防倾覆的临时固定设施。

(5)现浇钢筋混凝土梁、板,当跨度大于 4 m 时,模板应起拱;当设计无具体要求时,起拱高度宜为全跨长度的 1/1 000 ~ 3/1 000。

(6)现浇多层或高层房屋和构筑物,安装上层模板及其支架应符合下列规定:下层楼板应具有承受上层施工荷载的承载能力,否则应加设支撑支架;上层支架立柱应对准下层支架立柱,并应在立柱底铺设垫板;当采用悬臂吊模板、桁架支模方法时,其支撑结构的承载能力和刚度必须符合设计构造要求。

(7)当层间高度大于 5 m 时,应选用桁架支模或钢管立柱支模。当层间高度小于或等于 5 m 时,可采用木立柱支模。

安装模板应保证工程结构和构件各部分形状、尺寸和相互位置的正确,防止漏浆,构造应符合模板设计要求。模板应具有足够的承载能力、刚度和稳定性,应能可靠承受新浇混凝土自重和侧压力以及施工过程中所产生的荷载。

拼装高度为 2 m 以上的竖向模板,不得站在下层模板上拼装上层模板。安装过程中应设置临时固定设施。

当承重焊接钢筋骨架和模板一起安装时,应符合下列规定:梁的侧模、底模必须固定在承重焊接钢筋骨架的节点上;安装钢筋模板组合体时,吊索应按模板设计的吊点位置绑扎。

当支架立柱成一定角度倾斜,或其支架立柱的顶表面倾斜时,应采取可靠措施确保支点稳定,支撑底脚必须有防滑移的可靠措施。

施工时,在已安装好的模板上的实际荷载不得超过设计值。已承受荷载的支架和附件,不得随意拆除或移动。

安装模板时,安装所需各种配件应置于工具箱或工具袋内,严禁散放在模板或脚手板上;安装所用工具应系挂在作业人员身上或置于所佩戴的工具袋中,不得掉落。

当模板安装高度超过 3.0 m 时,必须搭设脚手架,除操作人员外,脚手架下不得站其他人。

吊运模板时,必须符合下列规定:作业前应检查绳索、卡具、模板上的吊环,必须完整有效,在升降过程中应设专人指挥,统一信号,密切配合;吊运大块或整体模板时,竖向吊运不应少于 2 个吊点,水平吊运不应少于 4 个吊点;吊运必须使用卡环连接,并应稳起稳落,待模板就位连接牢固后,方可摘除卡环;吊运散装模板时,必须码放整齐,待捆绑牢固后方可起吊；严禁起重机在架空输电线路下面工作；遇五级及以上大风时，应停止一切吊运作业。

木料应堆放在下风向，离火源不得小于30 m，且料场四周应设置灭火器材。

提示

除了上述内容外，还需掌握模板钢管支架整体稳定性的影响因素，即立杆的接长、间距，水平杆的步距，连墙件的连接，扣件的紧固程度等。

（二）模板拆除

模板的拆除措施应经技术主管部门或负责人批准，拆除模板的时间可按现行国家标准的有关规定执行。冬期施工的拆模，应符合专门规定。

当混凝土未达到规定强度或已达到设计规定强度，需提前拆模或承受部分超设计荷载时，必须经过计算和技术主管确认其强度能足够承受此荷载后，方可拆除。

在承重焊接钢筋骨架作配筋的结构中，承受混凝土重量的模板，应在混凝土达到设计强度的25%后方可拆除承重模板。当在已拆除模板的结构上加置荷载时，应另行核算。

大体积混凝土的拆模时间除应满足混凝土强度要求外，还应使混凝土内外温差降低到25 ℃以下时方可拆模。否则应采取有效措施防止产生温度裂缝。

后张预应力混凝土结构的侧模宜在施加预应力前拆除，底模应在施加预应力后拆除。当设计有规定时，应按规定执行。

拆模前应检查所使用的工具有效和可靠，扳手等工具必须装入工具袋或系挂在身上，并应检查拆模场所范围内的安全措施。

模板的拆除工作应设专人指挥。作业区应设围栏，其内不得有其他工种作业，并应设专人负责监护。拆下的模板、零配件严禁抛掷。

拆模的顺序和方法应按模板的设计规定进行。当设计无规定时，可采取先支的后拆、后支的先拆、先拆非承重模板、后拆承重模板，并应从上而下进行拆除。拆下的模板不得抛扔，应按指定地点堆放。

多人同时操作时，应明确分工、统一信号或行动，应具有足够的操作面，人员应站在安全处。

高处拆除模板时，应符合有关高处作业的规定。严禁使用大锤和撬棍，操作层上临时拆下的模板堆放不能超过3层。

在提前拆除互相搭连并涉及其他后拆模板的支撑时，应补设临时支撑。拆模时，应逐块拆卸，不得成片撬落或拉倒。

拆模如遇中途停歇，应将已拆松动、悬空、浮吊的模板或支架进行临时支撑牢固或相互连接稳固。对活动部件必须一次拆除。

已拆除了模板的结构，应在混凝土强度达到设计强度值后方可承受全部设计荷载。若在未达到设计强度以前，需在结构上加置施工荷载时，应另行核算，强度不足时，应加设临时支撑。

遇六级或六级以上大风时，应暂停室外的高处作业。雨、雪、霜后应先清扫施工现场，方可进行工作。

拆除有洞口模板时，应采取防止操作人员坠落的措施。洞口模板拆除后，应按国家现行标准《建筑施工高处作业安全技术规范》的有关规定及时进行防护。

（三）安全管理

从事模板作业的人员，应经安全技术培训。从事高处作业人员，应定期体检，不符合要求的不得从事高处作业。

安装和拆除模板时，操作人员应佩戴安全帽、系安全带、穿防滑鞋。安全帽和安全带应定期检查，不合格者严禁使用。

模板及配件进场应有出厂合格证或当年的检验报告，安装前应对所用部件（立柱、楞梁、吊环、扣件等）进行认真检查，不符合要求者不得使用。

模板工程应编制施工设计和安全技术措施，并应严格按施工设计与安全技术措施的规定进行施工。满堂模板、建筑层高 8 m 及以上和梁跨大于或等于 15 m 的模板，在安装、拆除作业前，工程技术人员应以书面形式向作业班组进行施工操作的安全技术交底，作业班组应对照书面交底进行上下班的自检和互检。

施工过程中的检查项目应符合下列要求：立柱底部基土应回填夯实；垫木应满足设计要求；底座位置应正确，顶托螺杆伸出长度应符合规定；立杆的规格尺寸和垂直度应符合要求，不得出现偏心荷载；扫地杆、水平拉杆、剪刀撑等的设置应符合规定，固定应可靠；安全网和各种安全设施应符合要求。

在高处安装和拆除模板时，周围应设安全网或搭脚手架，并应加设防护栏杆。在临街面及交通要道地区，尚应设警示牌，派专人看管。

作业时，模板和配件不得随意堆放，模板应放平放稳，严防滑落。脚手架或操作平台上临时堆放的模板不宜超过 3 层，连接件应放在箱盒或工具袋中，不得散放在脚手板上。脚手架或操作平台上的施工总荷载不得超过其设计值。

对负荷面积大和高 4 m 以上的支架立柱采用扣件式钢管、门式钢管脚手架时，除应有合格证外，对所用扣件应采用扭矩扳手进行抽检，达到合格后方可承力使用。

多人共同操作或扛抬组合钢模板时，必须密切配合、协调一致、互相呼应。

施工用的临时照明和行灯的电压不得超过 36 V；当为满堂模板、钢支架及特别潮湿的环境时，不得超过 12 V。照明行灯及机电设备的移动线路应采用绝缘橡胶套电缆线。

模板安装时，上下应有人接应，随装随运，严禁抛掷；且不得将模板支搭在门窗框上，也不得将脚手板支搭在模板上，并严禁将模板与上料井架及有车辆运行的脚手架或操作平台支成一体。

支模过程中如遇中途停歇，应将已就位模板或支架连接稳固，不得浮搁或悬空。拆模中途停歇时，应将已松扣或已拆松的模板、支架等拆下运走，防止构件坠落或作业人员扶空坠落伤人。

作业人员严禁攀登模板、斜撑杆、拉条或绳索等，不得在高处的墙顶、独立梁或在其模板上行走。

模板施工中应设专人负责安全检查，发现问题应报告有关人员处理。当遇险情时，应立即停工和采取应急措施；待修复或排除险情后，方可继续施工。

在大风地区或大风季节施工时，模板应有抗风的临时加固措施。当遇大雨、大雾、沙尘、大雪或六级以上大风等恶劣天气时，应停止露天高处作业。五级及以上风力时，应停止高空吊运作业。雨、雪停止后，应及时清除模板和地面上的积水及冰雪。

三、脚手架工程安全管理

（一）构造要求

脚手架杆件连接节点应具备足够强度和转动刚度，架体在使用期内节点应无松动。

脚手架作业层应采取安全防护措施，并应符合下列规定：

(1)作业脚手架、满堂支撑脚手架、附着式升降脚手架作业层应满铺脚手板，并应满足稳固可靠的要求。当作业层边缘与结构外表面的距离大于150 mm时，应采取防护措施。

(2)采用挂钩连接的钢脚手板，应带有自锁装置且与作业层水平杆锁紧。

(3)木脚手板、竹串片脚手板、竹芭脚手板应有可靠的水平杆支承，并应绑扎稳固。

(4)脚手架作业层外边缘应设置防护栏杆和挡脚板。

(5)作业脚手架底层脚手板应采取封闭措施。

(6)沿所施工建筑物每3层或高度不大于10 m处应设置一层水平防护。

(7)作业层外侧应采用安全网封闭。当采用密目安全网封闭时，密目安全网应满足阻燃要求。

(8)脚手板伸出横向水平杆以外的部分不应大于200 mm。

脚手架底部立杆应设置纵向和横向扫地杆，扫地杆应与相邻立杆连接稳固。

作业脚手架应按设计计算和构造要求设置连墙件，并应符合下列要求：

(1)连墙件应采用能承受压力和拉力的刚性构件，并应与工程结构和架体连接牢固。

(2)连墙点的水平间距不得超过3跨，竖向间距不得超过3步，连墙点之上架体的悬臂高度不应超过2步。

(3)在架体的转角处、开口型作业脚手架端部应增设连墙件，连墙件竖向间距不应大于建筑物层高，且不应大于4 m。

作业脚手架的纵向外侧立面上应设置竖向剪刀撑，并应符合下列规定：

(1)每道剪刀撑的宽度应为4～6跨，且不应小于6 m，也不应大于9 m；剪刀撑斜杆与水平面的倾角应在45°～60°之间。

(2)当搭设高度在24 m以下时，应在架体两端、转角及中间每隔不超过15 m各设置一道剪刀撑，并应由底至顶连续设置；当搭设高度在24 m及以上时，应在全外侧立面上由底至顶连续设置。

(3)悬挑脚手架、附着式升降脚手架应在全外侧立面上由底至顶连续设置。

悬挑脚手架立杆底部应与悬挑支承结构可靠连接；应在立杆底部设置纵向扫地杆，并应间断设置水平剪刀撑或水平斜撑杆。

附着式升降脚手架应符合下列规定：

(1)竖向主框架、水平支承桁架应采用桁架或刚架结构，杆件应采用焊接或螺栓连接。

(2)应设有防倾、防坠、停层、荷载、同步升降控制装置，各类装置应灵敏可靠。

(3)在竖向主框架所覆盖的每个楼层均应设置一道附墙支座;每道附墙支座应能承担竖向主框架的全部荷载。

(4)当采用电动升降设备时,电动升降设备连续升降距离应大于一个楼层高度,并应有制动和定位功能。

应对下列部位的作业脚手架采取可靠的构造加强措施:附着、支承于工程结构的连接处;平面布置的转角处;塔式起重机、施工升降机、物料平台等设施断开或开洞处;楼面高度大于连墙件设置竖向高度的部位;工程结构突出物影响架体正常布置处。

(二)搭设、使用与拆除

1. 个人防护

搭设和拆除脚手架作业应有相应的安全措施,操作人员应佩戴个人防护用品,应穿防滑鞋。在搭设和拆除脚手架作业时,应设置安全警戒线、警戒标志,并应由专人监护,严禁非作业人员入内。

当在脚手架上架设临时施工用电线路时,应有绝缘措施,操作人员应穿绝缘防滑鞋;脚手架与架空输电线路之间应设有安全距离,并应设置接地、防雷设施。

2. 搭设

脚手架应按顺序搭设,并应符合下列规定:

(1)落地作业脚手架、悬挑脚手架的搭设应与主体结构工程施工同步,一次搭设高度不应超过最上层连墙件 2 步,且自由高度不应大于 4 m。

(2)剪刀撑、斜撑杆等加固杆件应随架体同步搭设。

(3)构件组装类脚手架的搭设应自一端向另一端延伸,应自下而上按步逐层搭设;并应逐层改变搭设方向。

(4)每搭设完一步距架体后,应及时校正立杆间距、步距、垂直度及水平杆的水平度。

脚手架安全防护网和防护栏杆等防护设施应随架体搭设同步安装到位。

3. 使用

雷雨天气、六级及以上大风天气应停止架上作业;雨、雪、雾天气应停止脚手架的搭设和拆除作业,雨、雪、霜后上架作业应采取有效的防滑措施,雪天应清除积雪。

严禁将支撑脚手架、缆风绳、混凝土输送泵管、卸料平台及大型设备的支承件等固定在作业脚手架上。严禁在作业脚手架上悬挂起重设备。

脚手架在使用过程中,应定期进行检查并形成记录,脚手架工作状态应符合下列规定:

(1)主要受力杆件、剪刀撑等加固杆件和连墙件应无缺失、无松动,架体应无明显变形。

(2)场地应无积水,立杆底端应无松动、无悬空。

(3)安全防护设施应齐全、有效,应无损坏缺失。

(4)附着式升降脚手架支座应稳固,防倾、防坠、停层、荷载、同步升降控制装置应处于良好工作状态,架体升降应正常平稳。

(5)悬挑脚手架的悬挑支承结构应稳固。

当遇到下列情况之一时,应对脚手架进行检查并应形成记录,确认安全后方可继续使用:承受偶然荷载后;遇有六级及以上强风后;大雨及以上降水后;冻结的地基土解冻后;停用超过 1 个月；架体部分拆除；其他特殊情况。

支撑脚手架在浇筑混凝土、工程结构件安装等施加荷载的过程中，架体下严禁有人。

脚手架使用期间，严禁在脚手架立杆基础下方及附近实施挖掘作业。

附着式升降脚手架在使用过程中不得拆除防倾、防坠、停层、荷载、同步升降控制装置。

当附着式升降脚手架在升降作业时或外挂防护架在提升作业时，架体上严禁有人，架体下方不得进行交叉作业。

4. 拆除

脚手架拆除前，应清除作业层上的堆放物。脚手架的拆除作业应符合下列规定：

(1)架体拆除应按自上而下的顺序按步逐层进行，不应上下同时作业。

(2)同层杆件和构配件应按先外后内的顺序拆除；剪刀撑、斜撑杆等加固杆件应在拆卸至该部位杆件时拆除。

(3)作业脚手架连墙件应随架体逐层、同步拆除，不应先将连墙件整层或数层拆除后再拆架体。

(4)作业脚手架拆除作业过程中，当架体悬臂段高度超过 2 步时，应加设临时拉结。

作业脚手架分段拆除时，应先对未拆除部分采取加固处理措施后再进行架体拆除。

架体拆除作业应统一组织，并应设专人指挥，不得交叉作业。

（三）检查与验收

对搭设脚手架的材料、构配件质量，应按进场批次分品种、规格进行检验，检验合格后方可使用。

脚手架材料、构配件质量现场检验应采用随机抽样的方法进行外观质量、实测实量检验。

附着式升降脚手架支座及防倾、防坠、荷载控制装置、悬挑脚手架悬挑结构件等涉及架体使用安全的构配件应全数检验。

脚手架搭设过程中，应在下列阶段进行检查，检查合格后方可使用；不合格应进行整改，整改合格后方可使用：基础完工后及脚手架搭设前；首层水平杆搭设后；作业脚手架每搭设一个楼层高度；附着式升降脚手架支座、悬挑脚手架悬挑结构搭设固定后；附着式升降脚手架在每次提升前、提升就位后，以及每次下降前、下降就位后；外挂防护架在首次安装完毕、每次提升前、提升就位后；搭设支撑脚手架，高度每 2～4 步或不大于 6 m。

脚手架搭设达到设计高度或安装就位后，应进行验收，验收不合格的，不得使用。脚手架的验收应包括下列内容：材料与构配件质量；搭设场地、支承结构件的固定；架体搭设质量；专项施工方案、产品合格证、使用说明及检测报告、检查记录、测试记录等技术资料。

链接

《施工脚手架通用规范》规定，脚手架搭设和拆除作业以前，应根据工程特点编制脚手架专项施工方案，并应经审批后实施。脚手架专项施工方案应包括下列主要内容：工程概况和编制依据；脚手架类型选择；所用材料、构配件类型及规格；结构与构造设计施工图；结构设计计算书；搭设、拆除施工计划；搭设、拆除技术要求；质量控制措施；安全控制措施；应急预案。

四、高处作业安全管理

高处作业是指在坠落高度基准面 2 m 及以上有可能坠落的高处进行的作业。高处作业高度分为2 m 至5 m、5 m 以上至15 m、15 m 以上至30 m 及30 m 以上四个区段，分别被划定为一级、二级、三级及四级高处作业。

（一）基本规定

高处作业施工前，应按类别对安全防护设施进行检查、验收，验收合格后方可进行作业，并做验收记录。验收可分层或分阶段进行。

高处作业施工前，应对作业人员进行安全技术交底并记录。应对初次作业人员进行安全培训。

高处作业人员应根据作业的实际情况配备相应的安全防护用品、用具，并应按规定正确佩戴和使用相应的安全防护用品、用具。

对施工作业现场可能坠落的物料，应及时拆除或采取固定措施。高处作业所用的物料应堆放平稳，不得妨碍通行和装卸。工具应随手放入工具袋；作业中的走道、通道板和登高用具，应随时清理干净；拆卸下的物料及余料和废料应及时清理运走，不得随意放置或向下丢弃。传递物料时不得抛掷。

在雨、霜、雾、雪等天气进行高处作业时，应采取防滑、防冻和防雷措施，并应及时清除作业面上的水、冰、雪、霜。当遇有六级及以上强风、浓雾、沙尘暴等恶劣气候时，不得进行露天攀登与悬空高处作业。雨雪天气后，应对高处作业安全设施进行检查，当发现有松动、变形、损坏或脱落等现象时，应立即修理完善，维修合格后方可使用。

对需临时拆除或变动的安全防护设施，应采取可靠措施，作业后应立即恢复。

安全防护设施宜采用定型化、工具化设施，防护栏应为黑黄或红白相间的条纹标示，盖件应为黄或红色标示。

（二）临边与洞口作业

1. 临边作业

坠落高度基准面 2 m 及以上进行临边作业时，应在临空一侧设置防护栏杆，并应采用密目式安全立网或工具式栏板封闭。

施工的楼梯口、楼梯平台和梯段边，应安装防护栏杆；外设楼梯口、楼梯平台和梯段边还应采用密目式安全立网封闭。

建筑物外围边沿处，对没有设置外脚手架的工程，应设置防护栏杆；对有外脚手架的工程，应采用密目式安全立网全封闭。密目式安全立网应设置在脚手架外侧立杆上，并应与脚手杆紧密连接。

施工升降机、龙门架和井架物料提升机等在建筑物间设置的停层平台两侧边，应设置防护栏杆、挡脚板，并应采用密目式安全立网或工具式栏板封闭。

停层平台口应设置高度不低于 1.80 m 的楼层防护门，并应设置防外开装置。井架物料提升机通道中间，应分别设置隔离设施。

2. 洞口作业

洞口作业时，应采取防坠落措施，并应符合下列规定：

(1)当竖向洞口短边边长小于500 mm时,应采取封堵措施;当垂直洞口短边边长大于或等于500 mm时,应在临空一侧设置高度不小于1.2 m的防护栏杆,并应采用密目式安全立网或工具式栏板封闭,设置挡脚板。

(2)当非竖向洞口短边边长为25~500 mm时,应采用承载力满足使用要求的盖板覆盖,盖板四周搁置应均衡,且应防止盖板移位。

(3)当非竖向洞口短边边长为500~1 500 mm时,应采用盖板覆盖或防护栏杆等措施,并应固定牢固。

(4)当非竖向洞口短边边长大于或等于1 500 mm时,应在洞口作业侧设置高度不小于1.2 m的防护栏杆,洞口应采用安全平网封闭。

电梯井口应设置防护门,其高度应不小于1.5 m,防护门底端距地面高度应不大于50 mm,并应设置挡脚板。

在电梯施工前,电梯井道内应每隔2层且不大于10 m加设一道安全平网。电梯井内的施工层上部应设置隔离防护措施。

3. 防护栏杆

临边作业的防护栏杆应由横杆、立杆及挡脚板组成,防护栏杆应符合下列规定:

(1)防护栏杆应为两道横杆,上杆距地面高度应为1.2 m,下杆应在上杆和挡脚板中间设置。

(2)当防护栏杆高度大于1.2 m时,应增设横杆,横杆间距不应大于600 mm。

(3)防护栏杆立杆间距不应大于2 m。

(4)挡脚板高度不应小于180 mm。

防护栏杆的立杆和横杆的设置、固定及连接,应确保防护栏杆在上下横杆和立杆任何部位处,均能承受任何方向1 kN的外力作用。当栏杆所处位置有发生人群拥挤、物件碰撞等危险时,应加大横杆截面或加密立杆间距。

防护栏杆应张挂密目式安全立网或其他材料封闭。

(三)攀登与悬空作业

攀登作业设施和用具应牢固可靠;当采用梯子攀爬作业时,踏面荷载不应大于1.1 kN;当梯面上有特殊作业时,应按实际情况进行专项设计。

同一梯子上不得两人同时作业。在通道处使用梯子作业时,应有专人监护或设置围栏。脚手架操作层上严禁架设梯子作业。

使用单梯时梯面应与水平面成75°夹角,踏步不得缺失,梯格间距宜为300 mm,不得垫高使用。

使用固定式直梯攀登作业时,当攀登高度超过3 m时,宜加设护笼;当攀登高度超过8 m时,应设置梯间平台。

悬空作业的立足处应设置牢固,并应配置登高和防坠落装置或设施。

严禁在未固定、无防护设施的构件及管道上进行作业或通行。

(四)操作平台

移动式操作平台面积不宜大于10 m^2,高度不宜大于5 m,高宽比不应大于2:1,施工荷载不应大于1.5 kN/m^2。

移动式操作平台的轮子与平台架体连接应牢固,立柱底端离地面不得大于 80 mm,行走轮和导向轮应配有制动器或刹车闸等制动措施。

移动式操作平台移动时,操作平台上不得站人。

(五)交叉作业

交叉作业时,下层作业位置应处于上层作业的坠落半径之外,高空作业坠落半径应按表 2-16 确定。安全防护棚和警戒隔离区范围的设置应视上层作业高度确定,并应大于坠落半径。

表 2-16　坠落半径

序号	上层作业高度 h_b/m	坠落半径/m
1	$2 \leqslant h_b \leqslant 5$	3
2	$5 < h_b \leqslant 15$	4
3	$15 < h_b \leqslant 30$	5
4	$h_b > 30$	6

交叉作业时,坠落半径内应设置安全防护棚或安全防护网等安全隔离措施。当尚未设置安全隔离措施时,应设置警戒隔离区,人员严禁进入隔离区。

处于起重机臂架回转范围内的通道,应搭设安全防护棚。

当建筑物高度大于 24 m 并采用木质板搭设时,应搭设双层安全防护棚。两层防护的间距不应小于 700 mm,安全防护棚的高度不应小于 4 m。

典型例题

【单选题】工人在 10 m 高的脚手架上作业,根据国家标准,该作业属于(　　)高处作业。

A. 一级　　B. 二级

C. 三级　　D. 四级

B。【解析】建筑施工高处作业分为四个等级:(1)高处作业高度在 2 ~ 5 m 时,划定为一级高处作业。(2)高处作业高度在 5 ~ 15 m 时,划定为二级高处作业。(3)高处作业高度在 15 ~ 30 m 时,划定为三级高处作业。(4)高处作业高度大于 30 m 时,划定为四级高处作业。

五、施工机械、机具安全管理

(一)施工电梯

施工外用电梯安装和拆卸工作必须由取得建设行政主管部门颁发的拆装资质证书的专业施工队负责,且必须由经过专业培训、取得操作证的专业人员进行操作和维修。

施工电梯安装后,安全装置要经试验、质量验收、检测合格后方可操作使用,电梯必须由持证的专业司机操作。

电梯底笼周围 2.5 m 范围内,必须设置稳固的防护栏杆,各停靠层的过桥和运输通道应平整牢固,出入口的栏杆应安全可靠。

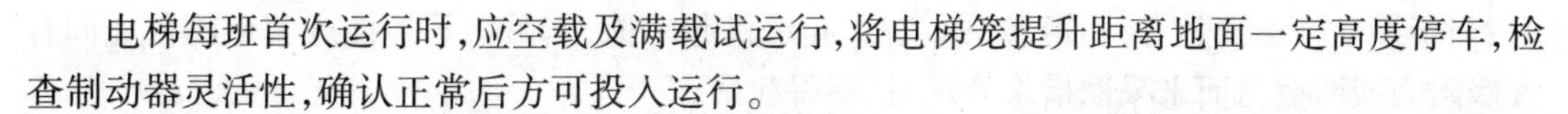

电梯每班首次运行时，应空载及满载试运行，将电梯笼提升距离地面一定高度停车，检查制动器灵活性，确认正常后方可投入运行。

限速器、制动器等安全装置必须由专人管理，并按规定进行调试检查，保持其灵敏度可靠。

电梯笼乘人载物时应使荷载均匀分布，严禁超载使用，严格控制载运重量。

电梯运行至最上层和最下层时仍要操纵按钮，严禁以行程限位开关自动碰撞的方法停车。

多层施工交叉作业同时使用电梯时，要明确联络信号。风力达六级及以上应停止使用电梯，并将电梯笼降到底层。

各停靠层通道口处应安装栏杆或安全门，其他周边各处应用栏杆和立网等材料封闭。

严禁电梯超载运行，运送物料长度不得超过护网。

司机开车时要思想集中，随时注意信号，遇事故和危险时立即停车。吊笼无安全门、卸料平台无安全门时，不准开车。离开操作室应锁电梯笼门，拉闸停电。

（二）物料提升机

严禁使用倒顺开关作为物料提升机卷扬机的控制开关。对低架提升机（高度不超过 30 m），土层压实后的承载力不应小于 80 kPa，浇筑混凝土强度等级不应小于 C20，厚度应为 300 mm。

附墙架与物料提升机架体之间及建筑物之间应采用刚性连接；附墙架及架体不得与脚手架连接。

缆风绳应符合下列规定：当提升机无法使用附墙架时，应采用缆风绳稳固架体。缆风绳安全系数应选用 3.5，并应经计算确定，直径不应小于 9.3 mm。当提升机高度在 20 m 及以下时，缆风绳不应少于 1 组；提升机高度在 21 ~ 30 m 时，缆风绳不应少于 2 组。缆风绳与地面夹角不应大于 60°。高架提升机（高度超过 30 m）不应使用缆风绳，可采用连墙杆做刚性连接，以保证其整体稳定。

吊笼应装安全门，且安全门应定型化、工具化。

当提升高度超过相邻建筑物避雷装置的保护范围时，应设置避雷装置，所连接的 PE 线应做重复接地，其接地电阻不应大于 10 Ω。

钢丝绳应在卷筒上排列整齐，当吊笼处于最低位置时，卷筒上钢丝绳严禁少于 3 圈。滑轮应与钢丝绳相匹配，卷筒、滑轮应设置防止钢丝绳脱出的装置。停层平台两侧应设置防护栏杆、挡脚板，平台脚手板应满铺且铺平。

（三）塔式起重机

塔式起重机起重司机、起重信号工、司索工等操作人员应取得特种作业人员资格证书，严禁无证上岗。塔式起重机使用前，应对起重司机、起重信号工、司索工等作业人员进行安全技术交底。

塔式起重机的力矩限制器、重量限制器、变幅限位器、行走限位器、高度限位器等安全保护装置不得随意调整和拆除，严禁用限位装置代替操纵机构。

塔式起重机回转、变幅、行走、起吊动作前应示意警示。起吊时应统一指挥，明确指挥信号；当指挥信号不清楚时，不得起吊。塔式起重机起吊前，当吊物与地面或其他物件之间存在吸附力或摩擦力而未采取措施处理时，不得起吊。

塔式起重机起吊前，应对安全装置进行检查，确认合格后方可起吊；安全装置失灵时，不得起吊。

遇有风速在 12 m/s（或六级）及以上的大风或大雨、大雪、大雾等恶劣天气时，应停止作业。雨雪过后，应先经过试吊，确认制动器灵敏可靠后方可进行作业。夜间起吊时应有足够照明。

在吊物载荷达到额定载荷的 90% 时，应先将吊物吊离地面 200 ~ 500 mm 后，检查机械状况、制动性能、物件绑扎等情况，确认无误后方可起吊。对有晃动的物件，必须拴拉溜绳使之稳固。

实行多班作业的设备，应执行交接班制度，认真填写交接班记录，接班司机经检查确认无误后，方可开机作业。

塔式起重机的主要部件和安全装置等应进行经常性检查，每月不得少于一次，并应有记录；当发现有安全隐患时，应及时进行整改。

（四）焊接机械

现场使用的电焊机，应设有防雨、防潮、防晒、防砸的机棚，并配置相应的消防器材。焊接区域及焊渣飞溅范围内不得有易燃易爆物品。

电焊机导线应具有良好的绝缘，绝缘电阻不得小于 0.5 MΩ，接地线接地电阻不得大于 4 Ω；接线部分不得有腐蚀和受潮。

电焊钳应有良好的绝缘和隔热性能；电焊钳握柄绝缘应良好，握柄和导线连接应牢靠，接触应良好。

电焊机的二次线应采用防水橡皮护套铜芯软电缆，电缆长度不宜大于 30 m，一次线长度不宜大于 5 m，电焊机必须设单独的电源开关和自动断电装置，应配装二次侧空载降压器。两侧接线应压接牢固，必须安装可靠防护罩。

在载荷运行中，电焊机的温升值应在 60 ~ 80 ℃范围内。安全防护装置应齐全有效；漏电保护器参数应匹配，安装应正确，动作应灵敏可靠；接零应良好。

（五）钢筋加工机械

整机应符合下列规定：机械的安装应坚实稳固，并采用防止设备意外移位的措施；机身不应有破损、断裂及变形；金属结构不应有开焊、裂纹；各部位连接应牢固；零部件应完整，随机附件应齐全；外观应清洁，不应有油垢和锈蚀；操作系统应灵敏可靠，各仪表指示数据应准确；传动系统运转应平稳，不应有异常冲击、振动、爬行、窜动、噪声、超温、超压。

安全防护应符合下列规定：安全防护装置应齐全可靠，防护罩或防护板安装应牢固，不应破损；接零应符合用电规定；漏电保护器参数应匹配，安装应正确，动作应灵敏可靠，电气保护装置应齐全有效；机械齿轮、皮带轮等高速运转部分，必须安装防护罩或防护板。

（六）木工机具

整机应符合下列规定：机械安装应坚实稳固，保持水平位置；金属结构不应有开焊、裂纹、变形；机构应完整，零部件应齐全，连接应可靠；机械应保持清洁，安全防护装置应齐全可

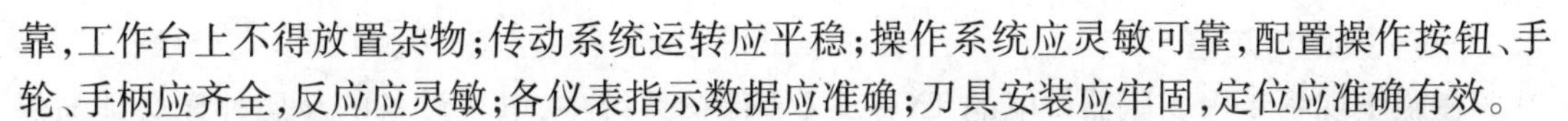

靠,工作台上不得放置杂物;传动系统运转应平稳;操作系统应灵敏可靠,配置操作按钮、手轮、手柄应齐全,反应应灵敏;各仪表指示数据应准确;刀具安装应牢固,定位应准确有效。

安全防护装置应符合下列规定:接零保护设置应正确,接地电阻应符合用电规定;短路保护、过载保护、失压保护装置动作应灵敏有效;漏电保护器参数应匹配,安装应正确,动作应灵敏可靠;外露传动部分防护罩壳应齐全完整,安装应牢靠;防护压板、护罩等安全防护装置应齐全、可靠、有效,指示标志应醒目。

不得使用同台电机驱动多种刃具、钻具的多功能木工机具。平刨应安装安全护手装置。压刨机送料装置应灵敏可靠,压紧回弹装置应完整齐全。圆盘锯的锯片上方应设置防护罩和防护挡板;锯片旋转方向应正确,转速应稳定;应采用单向控制按钮开关,不得使用倒顺开关。

典型例题

【单选题】物料提升机安装至 31 m 高度时,保证其整体稳定的方法是(　　)。

A. 缆风绳　　　　B. 警报装置

C. 防护门　　　　D. 连墙杆做刚性连接

D。【解析】为保证物料提升机整体稳定,高度不超过 30 m 时,可采用缆风绳锚固,高度超过 30 m 时,应采用连墙杆等刚性措施进行锚固。

六、施工用电安全管理

(一)临时用电管理

施工现场临时用电设备在 5 台及以上或设备总容量在 50 kW 及以上者,应编制用电组织设计。

临时用电组织设计及变更时,必须履行“编制、审核、批准”程序,由电气工程技术人员组织编制,经相关部门审核及具有法人资格企业的技术负责人批准后实施。变更用电组织设计时应补充有关图纸资料。

临时用电工程必须经编制、审核、批准部门和使用单位共同验收,合格后方可投入使用。

施工现场临时用电设备在 5 台以下和设备总容量在 50 kW 以下者,应制定安全用电和电气防火措施,并应符合上述规定。

施工现场临时用电必须建立安全技术档案,并应包括下列内容:用电组织设计的全部资料;修改用电组织设计的资料;用电技术交底资料;用电工程检查验收表;电器设备的试、检验凭单和调试记录;接地电阻、绝缘电阻和漏电保护器动作参数测定记录表;定期检(复)查表;电工安装、巡检、维修、拆除工作记录。

(二)外电线路及电气设备防护

在建工程不得在外电架空线路正下方施工、搭设作业棚、建造生活设施或堆放构件、架具、材料及其他杂物等。

施工现场开挖沟槽边缘与外电埋地电缆沟槽边缘之间的距离不得小于 0.5 m。

电气设备现场周围不得存放易燃易爆物、污染和腐蚀介质,否则应及时清除或做防护处置,其防护等级必须与环境条件相适应。

（三）接地与防雷

在施工现场专用变压器供电的 TN－S 接零保护系统中，电气设备的金属外壳必须与保护零线连接。保护零线应由工作接地线、配电室（总配电箱）电源侧零线或总漏电保护器电源侧零线处引出。

当施工现场与外电线路共用同一供电系统时，电气设备的接地、接零保护应与原系统保持一致。不得一部分设备做保护接零，另一部分设备做保护接地。采用 TN 系统做保护接零时，工作零线（N 线）必须通过总漏电保护器，保护零线（PE 线）必须由电源进线零线重复接地处或总漏电保护器电源侧零线处，引出形成局部 TN－S 接零保护系统。

PE 线上严禁装设开关或熔断器，严禁通过工作电流，且严禁断线。

（四）配电室及自备电源

配电室应靠近电源，并应设在灰尘少、潮气少、振动小、无腐蚀介质、无易燃易爆物及道路畅通的地方。成列的配电柜和控制柜两端应与重复接地线及保护零线做电气连接。配电室和控制室应能自然通风，并应采取防止雨雪侵入和动物进入的措施。

配电柜应装设电源隔离开关及短路、过载、漏电保护电器。电源隔离开关分断时应有明显可见分断点。配电柜应编号，并应有用途标记。

配电柜或配电线路停电维修时，应挂接地线，并悬挂“禁止合闸、有人工作”停电标志牌。停送电必须由专人负责。配电室应保持整洁，不得堆放任何妨碍操作、维修的杂物。

发电机组电源必须与外电线路电源连锁，严禁并列运行。发电机组并列运行时，必须装设同期装置，并在机组同步运行后再向负载供电。

（五）配电线路

架空线必须采用绝缘导线。架空线必须架设在专用电杆上，严禁架设在树木、脚手架及其他设施上。架空线在一个档距内，每层导线的接头数不得超过该层导线条数的 50%，且一条导线应只有一个接头。在跨越铁路、公路、河流、电力线路档距内，架空线不得有接头。架空线路的档距不得大于 35 m。

室内配线必须采用绝缘导线或电缆。室内配线应根据配线类型采用瓷瓶、瓷（塑料）夹、嵌绝缘槽、穿管或钢索敷设。潮湿场所或埋地非电缆配线必须穿管敷设，管口和管接头应密封；当采用金属管敷设时，金属管必须做等电位连接，且必须与 PE 线相连接。

（六）配电箱及开关箱

配电系统应设置配电柜或总配电箱、分配电箱、开关箱，实行三级配电。配电系统宜使三相负荷平衡。220 V 或 380 V 单相用电设备宜接入 220/380 V 三相四线系统；当单相照明线路电流大于 30 A 时，宜采用 220/380 V 三相四线制供电。

每台用电设备必须有各自专用的开关箱，严禁用同一个开关箱直接控制 2 台及 2 台以上用电设备（含插座）。

开关箱中的隔离开关只可直接控制照明电路和容量不大于 3.0 kW 的动力电路，但不应频繁操作。容量大于 3.0 kW 的动力电路应采用断路器控制，操作频繁时还应附设接触器或其他启动控制装置。

开关箱中各种开关电器的额定值和动作整定值应与其控制用电设备的额定值和特性相适应。

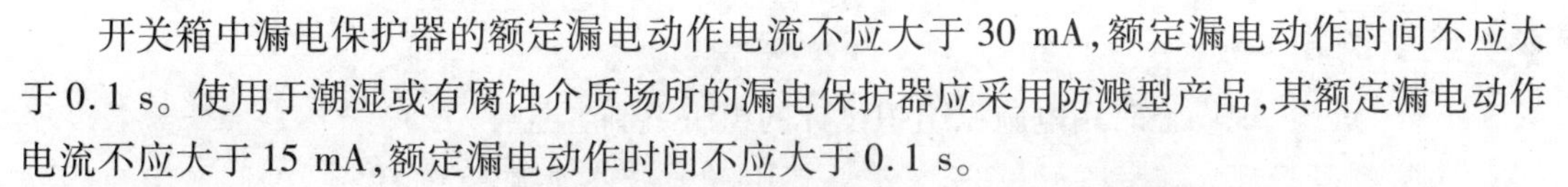

开关箱中漏电保护器的额定漏电动作电流不应大于 30 mA，额定漏电动作时间不应大于0.1 s。使用于潮湿或有腐蚀介质场所的漏电保护器应采用防溅型产品，其额定漏电动作电流不应大于 15 mA，额定漏电动作时间不应大于 0.1 s。

总配电箱中漏电保护器的额定漏电动作电流应大于 30 mA，额定漏电动作时间不应大于0.1 s，但其额定漏电动作电流与额定漏电动作时间的乘积不应大于 30 mA · s。

配电箱、开关箱的电源进线端严禁采用插头和插座做活动连接。

对配电箱、开关箱进行定期维修、检查时，必须将其前一级相应的电源隔离开关分闸断电，并悬挂“禁止合闸、有人工作”停电标志牌，严禁带电作业。

（七）电动建筑机械和手持式电动工具

塔式起重机、外用电梯、滑升模板的金属操作平台及需要设置避雷装置的物料提升机，除应连接 PE 线外，还应做重复接地。设备的金属结构构件之间应保证电气连接。

空气湿度小于 75% 的一般场所可选用Ⅰ类或Ⅱ类手持式电动工具，其金属外壳与 PE 线的连接点不得少于 2 处；除塑料外壳Ⅱ类工具外，相关开关箱中漏电保护器的额定漏电动作电流不应大于 15 mA，额定漏电动作时间不应大于 0.1 s，其负荷线插头应具备专用的保护触头。所用插座和插头在结构上应保持一致，避免导电触头和保护触头混用。

在潮湿场所或金属构架上操作时，必须选用Ⅱ类或由安全隔离变压器供电的Ⅲ类手持式电动工具。金属外壳Ⅱ类手持式电动工具使用时，必须符合要求；其开关箱和控制箱应设置在作业场所外面。在潮湿场所或金属构架上严禁使用Ⅰ类手持式电动工具。

（八）照明

在坑、洞、井内作业、夜间施工或厂房、道路、仓库、办公室、食堂、宿舍、料具堆放场及自然采光差等场所，应设一般照明、局部照明或混合照明。

在一个工作场所内，不应只设局部照明。停电后，操作人员需及时撤离的施工现场，必须装设自备电源的应急照明。一般场所宜选用额定电压为 220 V 的照明器。

下列特殊场所应使用安全特低电压照明器：

（1）隧道、人防工程、高温、有导电灰尘、比较潮湿或灯具离地面高度低于 2.5 m 等场所的照明，电源电压不应大于 36 V。

（2）潮湿和易触及带电体场所的照明，电源电压不得大于 24 V。

（3）特别潮湿场所、导电良好的地面、锅炉或金属容器内的照明，电源电压不得大于 12 V。

照明变压器必须使用双绕组型安全隔离变压器，严禁使用自耦变压器。

室外 220 V 灯具距地面不得低于 3 m，室内 220 V 灯具距地面不得低于 2.5 m。

普通灯具与易燃物距离不宜小于 300 mm；聚光灯、碘钨灯等高热灯具与易燃物距离不宜小于 500 mm，且不得直接照射易燃物。达不到规定安全距离时，应采取隔热措施。

碘钨灯及钠、铊、铟等金属卤化物灯具的安装高度宜在 3 m 以上，灯线应固定在接线柱上，不得靠近灯具表面。

对夜间影响飞机或车辆通行的在建工程及机械设备，必须设置醒目的红色信号灯，其电源应设在施工现场总电源开关的前侧，并应设置外电线路停止供电时的应急自备电源。

典型例题

【单选题】现场临时用电施工组织设计的组织编制者是(　　)。

A. 项目经理　　　　B. 项目技术负责人

C. 土建工程技术人员　　　　D. 电气工程技术人员

D。【解析】临时用电组织设计及变更时,必须履行“编制、审核、批准”程序,由电气工程技术人员组织编制,经相关部门审核及具有法人资格企业的技术负责人批准后实施。

七、施工安全检查和评定

(一)检查评定项目

1. 安全管理

安全管理检查评定的项目分为保证项目和一般项目。其中,保证项目应包括安全生产责任制、施工组织设计及专项施工方案、安全技术交底、安全检查、安全教育、应急救援。一般项目应包括分包单位安全管理、持证上岗、安全生产事故处理、安全标志。

专家解读

保证项目是指检查评定项目中,对施工人员生命、设备设施及环境安全起关键性作用的项目。一般项目是指检查评定项目中,除保证项目以外的其他项目。

安全管理保证项目的检查评定应符合表 2-17 的规定。

表 2-17　安全管理保证项目的检查评定

项目	内容
安全生产责任制	工程项目部应建立以项目经理为第一责任人的各级管理人员安全生产责任制。安全生产责任制应经责任人签字确认。工程项目部应有各工种安全技术操作规程。工程项目部应按规定配备专职安全员。对实行经济承包的工程项目,承包合同中应有安全生产考核指标。工程项目部应制定安全生产资金保障制度。按安全生产资金保障制度,应编制安全资金使用计划,并应按计划实施。工程项目部应制定以伤亡事故控制、现场安全达标、文明施工为主要内容的安全生产管理目标。按安全生产管理目标和项目管理人员的安全生产责任制,应进行安全生产责任目标分解。应建立对安全生产责任制和责任目标的考核制度。按考核制度,应对项目管理人员定期进行考核
施工组织设计及专项施工方案	工程项目部在施工前应编制施工组织设计,施工组织设计应针对工程特点、施工工艺制定安全技术措施。 危险性较大的分部分项工程应按规定编制安全专项施工方案,专项施工方案应有针对性,并按有关规定进行设计计算。超过一定规模危险性较大的分部分项工程,施工单位应组织专家对专项施工方案进行论证。 施工组织设计、专项施工方案,应由有关部门审核,施工单位技术负责人、监理单位项目总监批准。工程项目部应按施工组织设计、专项施工方案组织实施

（续表）

项目	内容
安全技术交底	施工负责人在分派生产任务时，应对相关管理人员、施工作业人员进行书面安全技术交底。安全技术交底应按施工工序、施工部位、施工栋号分部分项进行。安全技术交底应结合施工作业场所状况、特点、工序，对危险因素、施工方案、规范标准、操作规程和应急措施进行交底。安全技术交底应由交底人、被交底人、专职安全员进行签字确认
安全检查	工程项目部应建立安全检查制度。安全检查应由项目负责人组织，专职安全员及相关专业人员参加，定期进行并填写检查记录。对检查中发现的事故隐患应下达隐患整改通知单，定人、定时间、定措施进行整改。重大事故隐患整改后，应由相关部门组织复查
安全教育	工程项目部应建立安全教育培训制度。当施工人员入场时，工程项目部应组织进行以国家安全法律法规、企业安全制度、施工现场安全管理规定及各工种安全技术操作规程为主要内容的三级安全教育培训和考核。当施工人员变换工种或采用新技术、新工艺、新设备、新材料施工时，应进行安全教育培训。施工管理人员、专职安全员每年度应进行安全教育培训和考核
应急救援	工程项目部应针对工程特点，进行重大危险源的辨识；应制定防触电、防坍塌、防高处坠落、防起重及机械伤害、防火灾、防物体打击等主要内容的专项应急救援预案，并对施工现场易发生重大安全事故的部位、环节进行监控。施工现场应建立应急救援组织，培训、配备应急救援人员，定期组织员工进行应急救援演练。按应急救援预案要求，应配备应急救援器材和设备

安全管理一般项目的检查评定应符合表2-18规定。

表2-18　安全管理一般项目的检查评定

项目	内容
分包单位安全管理	总包单位应对承揽分包工程的分包单位进行资质、安全生产许可证和相关人员安全生产资格的审查。当总包单位与分包单位签订分包合同时，应签订安全生产协议书，明确双方的安全责任。分包单位应按规定建立安全机构，配备专职安全员
持证上岗	从事建筑施工的项目经理、专职安全员和特种作业人员，必须经行业主管部门培训考核合格，取得相应资格证书，方可上岗作业。项目经理、专职安全员和特种作业人员应持证上岗
生产安全事故处理	当施工现场发生生产安全事故时，施工单位应按规定及时报告。施工单位应按规定对生产安全事故进行调查分析，制定防范措施；应依法为施工作业人员办理保险
安全标志	施工现场入口处及主要施工区域、危险部位应设置相应的安全警示标志牌。施工现场应绘制安全标志布置图；应根据工程部位和现场设施的变化，调整安全标志牌设置。施工现场应设置重大危险源公示牌

典型例题

【多选题】在施工安全技术交底时,需要进行签字确认的人员包括(　　)。

A. 甲方代表　　B. 监理工程师

C. 交底人　　D. 被交底人

E. 专职安全员

CDE。【解析】施工负责人在分派生产任务时,应对相关管理人员、施工作业人员进行书面安全技术交底。安全技术交底应由交底人、被交底人、专职安全员进行签字确认。

2. 文明施工

文明施工检查评定保证项目应包括现场围挡、封闭管理、施工场地、材料管理、现场办公与住宿、现场防火。一般项目应包括综合治理、公示标牌、生活设施、社区服务。

具体内容详见第二章“模块四　建筑工程施工现场管理”。

3. 其他

检查评定项目一共包括十九类,除了包括上述所讲的安全管理和文明施工,还包括扣件式钢管脚手架、门式钢管脚手架、碗扣式钢管脚手架、承插型盘扣式钢管脚手架、满堂脚手架、悬挑式脚手架、附着式升降脚手架、高处作业吊篮、基坑工程、模板支架、高处作业、施工用电、物料提升机、施工升降机、塔式起重机、起重吊装、施工机具。

码上看内容

关于其具体讲解,可以参考《建筑施工安全检查标准》学习。

(二)检查评分方法

建筑施工安全检查评定中,保证项目应全数检查。

建筑施工安全检查评定应符合各检查评定项目的有关规定。检查评分表应分为安全管理、文明施工、脚手架、基坑工程、模板支架、高处作业、施工用电、物料提升机与施工升降机、塔式起重机与起重吊装、施工机具分项检查评分表和检查评分汇总表。

各评分表的评分应符合下列规定:分项检查评分表和检查评分汇总表的满分分值均应为100分,评分表的实得分值应为各检查项目所得分值之和;评分应采用扣减分值的方法,扣减分值总和不得超过该检查项目的应得分值;当按分项检查评分表评分时,保证项目中有一项未得分或保证项目小计得分不足40分,此分项检查评分表不应得分。脚手架、物料提升机与施工升降机、塔式起重机与起重吊装项目的实得分值,应为所对应专业的分项检查评分表实得分值的算术平均值。

(三)检查评定等级

应按照汇总表的总得分和分项检查评分表的得分,对建筑施工安全检查评定划分为优良、合格、不合格三个等级。

建筑施工安全检查评定的等级划分应符合下列规定:

(1)优良。分项检查评分表无零分,汇总表得分值应在80分及以上。

(2)合格。分项检查评分表无零分,汇总表得分值应在80分以下,70分及以上。

(3)不合格。当汇总表得分值不足70分时;当有一分项检查评分表为零时。

当建筑施工安全检查评定的等级为不合格时,必须限期整改达到合格。

模块八 建筑工程造价与成本管理

一、建筑安装工程费用项目组成

为适应深化工程计价改革的需要,根据国家有关法律、法规及相关政策,在总结原建设部、财政部《关于印发〈建筑安装工程费用项目组成〉的通知》执行情况的基础上,修订完成了《建筑安装工程费用项目组成》,其内容在《建设工程施工管理》图书有详细讲解,下面进行简单叙述。

(一)建筑安装工程费按费用构成要素划分

建筑安装工程费按费用构成要素划分,由人工费、材料(包含工程设备,下同)费、施工机具使用费、企业管理费、利润、规费和增值税组成。其中人工费、材料费、施工机具使用费、企业管理费和利润包含在分部分项工程费、措施项目费、其他项目费中。

人工费内容包括:计时工资或计件工资;奖金;津贴补贴;加班加点工资;特殊情况下支付的工资。

材料费内容包括:材料原价; 运杂费;运输损耗费;采购及保管费。

施工机具使用费内容包括施工机械使用费、仪器代表使用费。其中,施工机械使用费包括:折旧费;大修理费(检修费);经常修理费(维护费);安拆费及场外运费;人工费;燃料动力费;税费等。

企业管理费内容包括:管理人员工资;办公费;差旅交通费;固定资产使用费;工具用具使用费;劳动保险和职工福利费;劳动保护费;检验试验费;工会经费;职工教育经费;财产保险费;财务费;税金;城市维护建设税;教育费附加;地方教育费附加;其他。

规费包括:社会保险费(养老保险费、失业保险费、医疗保险费、生育保险费、工伤保险费);住房公积金。其他应列而未列入的规费,按实际发生计取。

(二)建筑安装工程费按工程造价形成划分

建筑安装工程费按工程造价形成划分,由分部分项工程费、措施项目费、其他项目费、规费、增值税组成。其中,分部分项工程费、措施项目费、其他项目费包含人工费、材料费、施工机具使用费、企业管理费和利润。

分部分项工程费内容包括各专业工程的分部分项工程应予列支的各项费用。

措施项目费内容包括:安全文明施工费(环境保护费、文明施工费、安全施工费、临时设施费);夜间施工增加费;二次搬运费;冬雨季施工增加费;已完工程及设备保护费;工程定位复测费;特殊地区施工增加费;大型机械设备进出场及安拆费;脚手架工程费。

提示

措施项目费中的安全文明施工费必须按国家或省级、行业建设主管部门的规定计算,不得作为竞争性费用。规费和增值税必须按国家或省级、行业建设主管部门的规定计算,不得作为竞争性费用。

其他项目费内容包括:暂列金额;计日工;总承包服务费。

提示

根据《建设工程工程量清单计价规范》,其他项目清单宜按照下列内容列项:暂列金额;暂估价;计日工;总承包服务费。暂估价是指发包人在工程量清单或预算书中提供的用于支付必然发生但暂时不能确定价格的材料、工程设备的单价、专业工程以及服务工作的金额。因此做题时,需注意题干内容,通常情况下暂估价是属于其他项目费用的。

二、成本管理

建筑工程施工成本管理分三个层次,分别为公司管理、项目部管理、岗位管理。建筑工程施工成本管理责任体系分为组织管理层和项目经理部两个层次。

建筑工程施工成本根据不同的成本控制标准可分为计划成本、目标成本、定额成本和标准成本;根据费用目标可分为质量成本、工期成本、生产成本和不可预见成本。

建筑工程施工成本预测分为定性预测法和定量预测法。其中,定性预测法包括德尔菲法和专家会议法;定量预测法包括因素分析法、回归分析法、量本利分析法、简单平均法和时间序列法。

(一)一般规定

组织应建立项目全面成本管理制度,明确职责分工和业务关系,把管理目标分解到各项技术和管理过程。

项目成本管理应符合下列规定:

(1)组织管理层,应负责项目成本管理的决策,确定项目的成本控制重点、难点,确定项目成本目标,并对项目管理机构进行过程和结果的考核。

(2)项目管理机构,应负责项目成本管理,遵守组织管理层的决策,实现项目管理的成本目标。

项目成本管理应遵循下列程序:掌握生产要素的价格信息;确定项目合同价;编制成本计划,确定成本实施目标;进行成本控制;进行项目过程成本分析;进行项目过程成本考核;编制项目成本报告;项目成本管理资料归档。

(二)成本管理主要内容

1.成本计划

项目成本计划编制依据应包括下列内容:合同文件;项目管理实施规划;相关设计文件;价格信息;相关定额;类似项目的成本资料。

2.成本控制

项目管理机构成本控制应依据下列内容:合同文件;成本计划;进度报告;工程变更与索赔资料;各种资源的市场信息。

3.成本核算

项目管理机构应根据项目成本管理制度明确项目成本核算的原则、范围、程序、方法、内容、责任及要求,健全项目核算台账。项目成本核算应坚持形象进度、产值统计、成本归集同步的原则。

4. 成本分析

项目成本分析依据应包括下列内容:项目成本计划;项目成本核算资料;项目的会计核算、统计核算和业务核算的资料。成本分析宜包括下列内容:时间节点成本分析;工作任务分解单元成本分析;组织单元成本分析;单项指标成本分析;综合项目成本分析。

5. 成本考核

组织应以项目成本降低额、项目成本降低率作为对项目管理机构成本考核主要指标。

(三)价值工程的应用

1. 价值工程的原理

价值工程涉及价值、功能和寿命周期成本等三个基本要素。价值工程把价值定义为对象所具有的功能与获得该功能的全部费用之比,即

$$价值(V) = 功能(F)/成本(C)$$

2. 提高价值的基本途径

根据上述价值工程的原理,提高价值的基本途径有以下五种,如图 2-9 所示。

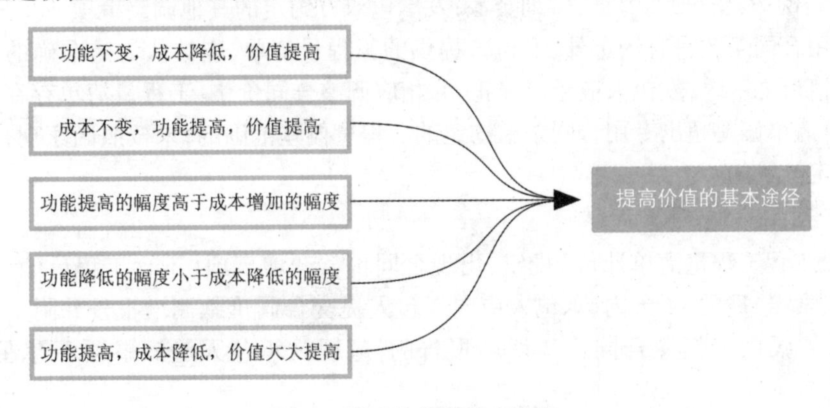

图 2-9　提高价值的基本途径

三、合同价格形式

(一)单价合同

单价合同是指合同当事人约定以工程量清单及其综合单价进行合同价格计算、调整和确认的建设工程施工合同,在约定的范围内合同单价不作调整。合同当事人应在专用合同条款中约定综合单价包含的风险范围和风险费用的计算方法,并约定风险范围以外的合同价格的调整方法,其中因市场价格波动引起的调整按"市场价格波动引起的调整"约定执行。

(二)总价合同

总价合同是指合同当事人约定以施工图、已标价工程量清单或预算书及有关条件进行合同价格计算、调整和确认的建设工程施工合同,在约定的范围内合同总价不作调整。合同当事人应在专用合同条款中约定总价包含的风险范围和风险费用的计算方法,并约定风险范围以外的合同价格的调整方法,其中因市场价格波动引起的调整按"市场价格波动引起的调整"、因法律变化引起的调整按"法律变化引起的调整"约定执行。

（三）其他价格形式

合同当事人可在专用合同条款中约定其他合同价格形式，如成本加酬金合同等。

提示

总价合同又可分为固定总价合同和可调值总价合同两种形式。其中，固定总价合同适用于工期较短（一般不超过1年）、工程规模小，对最终产品的要求又非常明确的工程项目，这就要求项目的内涵清楚，项目设计图纸完整齐全，技术难度小，项目工作范围及工程量计算依据确切。可调值总价合同适用于工期1年以上的项目。

四、合同价款的调整

（一）合同价款的调整因素

合同价款的调整因素主要包括：法律法规变化；工程变更；项目特征不符；工程量清单缺项；工程量偏差；计日工；物价变化（市场价格波动）；暂估价；不可抗力；提前竣工（赶工补偿）；误期赔偿；索赔；现场签证；暂列金额；发承包双方约定的其他调整事项。

除专用合同条款另有约定外，发包人提供的工程量清单，应被认为是准确的和完整的。出现下列情形之一时，发包人应予以修正，并相应调整合同价格：工程量清单存在缺项、漏项的；工程量清单偏差超出专用合同条款约定的工程量偏差范围的；未按照国家现行计量规范强制性规定计量的。

（二）合同价款的调整程序

《建设工程工程量清单计价》规定，出现合同价款调增事项（不含工程量偏差、计日工、现场签证、索赔）后的14天内，承包人应向发包人提交合同价款调增报告并附上相关资料；承包人在14天内未提交合同价款调增报告的，应视为承包人对该事项不存在调整价款请求。

出现合同价款调减事项（不含工程量偏差、索赔）后的14天内，发包人应向承包人提交合同价款调减报告并附相关资料；发包人在14天内未提交合同价款调减报告的，应视为发包人对该事项不存在调整价款请求。

发（承）包人应在收到承（发）包人合同价款调增（减）报告及相关资料之日起14天内对其核实，予以确认的应书面通知承（发）包人。当有疑问时，应向承（发）包人提出协商意见。发（承）包人在收到合同价款调增（减）报告之日起14天内未确认也未提出协商意见的，应视为承（发）包人提交的合同价款调增（减）报告已被发（承）包人认可。发（承）包人提出协商意见的，承（发）包人应在收到协商意见后的14天内对其核实，予以确认的应书面通知发（承）包人。承（发）包人在收到发（承）包人的协商意见后14天内既不确认也未提出不同意见的，应视为发（承）包人提出的意见已被承（发）包人认可。

（三）合同价款调整的相关规定

除专用合同条款另有约定外，市场价格波动超过合同当事人约定的范围，合同价格应当调整。合同当事人可以在专用合同条款中约定选择采用价格指数或采用造价信息对合同价款进行调整。

采用价格指数进行价格调整时,价格调整公式为:

$$\Delta P = P_0[A + (B_1 \times F_{t1}/F_{01} + B_2 \times F_{t2}/F_{02} + B_3 \times F_{t3}/F_{03} + \cdots + B_n \times F_{tn}/F_{0n}) - 1]$$

式中 ΔP——需调整的价格差额。

P_0——约定的付款证书中承包人应得到的已完成工程量的金额。此项金额应不包括价格调整、不计质量保证金的扣留和支付、预付款的支付和扣回。约定的变更及其他金额已按现行价格计价的,也不计在内。

A——定值权重(即不调部分的权重)。

$B_1, B_2, B_3 \cdots B_n$——各可调因子的变值权重(即可调部分的权重),为各可调因子在签约合同价中所占的比例。

$F_{t1}, F_{t2}, F_{t3} \cdots F_{tn}$——各可调因子的现行价格指数,指约定的付款证书相关周期最后一天的前42天的各可调因子的价格指数。

$F_{01}, F_{02}, F_{03} \cdots F_{0n}$——各可调因子的基本价格指数,指基准日期的各可调因子的价格指数。

采用造价信息进行价格调整:合同履行期间,因人工、材料、工程设备和机械台班价格波动影响合同价格时,人工、机械使用费按照国家或省、自治区、直辖市建设行政管理部门、行业建设管理部门或其授权的工程造价管理机构发布的人工、机械使用费系数进行调整;需要进行价格调整的材料,其单价和采购数量应由发包人审批,发包人确认需调整的材料单价及数量,作为调整合同价款的依据。

发包人提出变更的,应通过监理人向承包人发出变更指示,变更指示应说明计划变更的工程范围和变更的内容。承包人认为可以执行变更的,应当书面说明实施该变更指示对合同价格和工期的影响,且合同当事人应当按照约定确定变更估价。除专用合同条款另有约定外,变更估价按照下列约定处理:

(1)已标价工程量清单或预算书有相同项目的,按照相同项目单价认定。

(2)已标价工程量清单或预算书中无相同项目,但有类似项目的,参照类似项目的单价认定。

(3)变更导致实际完成的变更工程量与已标价工程量清单或预算书中列明的该项目工程量的变化幅度超过15%的,或已标价工程量清单或预算书中无相同项目及类似项目单价的,按照合理的成本与利润构成的原则,由合同当事人按照约定确定变更工作的单价。

五、预付款、进度款及竣工结算

(一)预付款

预付款是发包人为解决承包人在施工准备阶段资金周转问题提供的协助,预付款有如下相关规定:

(1)预付款的用途。预付款用于承包人为合同工程施工购置材料、工程设备,购置或租赁施工设备以及组织施工人员进场。预付款应专用于合同工程。

(2)预付款的支付比例。包工包料的工程不得低于签约合同价(扣除暂列金额,下同)的10%,不宜高于签约合同价的30%。

(3)预付款的支付前提。承包人应在签订合同或向发包人提供与预付款等额的预付款保函(如有)后向发包人提交预付款支付申请。

(4)预付款的支付时限。发包人应在收到支付申请的7天内进行核实,向承包人发出预付款支付证书,并在签发支付证书后的7天内向承包人支付预付款。

(5)未按约定支付预付款的后果。发包人没有按合同约定按时支付预付款的,承包人可催告发包人支付;发包人在预付款期满后的7天内仍未支付的,承包人可在付款期满后的第8天起暂停施工。发包人应承担由此增加的费用和(或)延误的工期,并向承包人支付合理利润。

(6)预付款的扣回。预付款应从每一个支付期应支付给承包人的工程进度款中扣回,直到扣回的金额达到合同约定的预付款金额为止。

(7)预付款保函的期限。承包人的预付款保函(如有)的担保金额根据预付款扣回的数额相应递减,但在预付款全部扣回之前一直保持有效。发包人应在预付款扣完后的14天内将预付款保函退还给承包人。

提示

除了上述内容需要掌握外,考试中还会考查预付款起扣点的计算,即不含保修金的起扣点计算公式:$T=P-M/N$,式中,T是起扣点,即工程预付款开始扣回时的累计已完成工程价值;P是承包工程合同总额;M是工程预付款数额;N是主要材料及构件所占比重。

(二)进度款

除专用合同条款另有约定外,进度款付款周期应按照约定与计量周期保持一致。

除专用合同条款另有约定外,监理人应在收到承包人进度付款申请单以及相关资料后7天内完成审查并报送发包人,发包人应在收到后7天内完成审批并签发进度款支付证书。发包人逾期未完成审批且未提出异议的,视为已签发进度款支付证书。

发包人和监理人对承包人的进度付款申请单有异议的,有权要求承包人修正和提供补充资料,承包人应提交修正后的进度付款申请单。监理人应在收到承包人修正后的进度付款申请单及相关资料后7天内完成审查并报送发包人,发包人应在收到监理人报送的进度付款申请单及相关资料后7天内,向承包人签发无异议部分的临时进度款支付证书。存在争议的部分,按照约定处理。

除专用合同条款另有约定外,发包人应在进度款支付证书或临时进度款支付证书签发后14天内完成支付,发包人逾期支付进度款的,应按照中国人民银行发布的同期同类贷款基准利率支付违约金。

发包人签发进度款支付证书或临时进度款支付证书,不表明发包人已同意、批准或接受了承包人完成的相应部分的工作。

在对已签发的进度款支付证书进行阶段汇总和复核中发现错误、遗漏或重复的,发包人和承包人均有权提出修正申请。经发包人和承包人同意的修正,应在下期进度付款中支付或扣除。

（三）竣工结算

除专用合同条款另有约定外，承包人应在工程竣工验收合格后 28 天内向发包人和监理人提交竣工结算申请单，并提交完整的结算资料，有关竣工结算申请单的资料清单和份数等要求由合同当事人在专用合同条款中约定。

除专用合同条款另有约定外，监理人应在收到竣工结算申请单后 14 天内完成核查并报送发包人。发包人应在收到监理人提交的经审核的竣工结算申请单后 14 天内完成审批，并由监理人向承包人签发经发包人签认的竣工付款证书。监理人或发包人对竣工结算申请单有异议的，有权要求承包人进行修正和提供补充资料，承包人应提交修正后的竣工结算申请单。

发包人在收到承包人提交竣工结算申请书后 28 天内未完成审批且未提出异议的，视为发包人认可承包人提交的竣工结算申请单，并自发包人收到承包人提交的竣工结算申请单后第 29 天起视为已签发竣工付款证书。

除专用合同条款另有约定外，发包人应在签发竣工付款证书后的 14 天内，完成对承包人的竣工付款。发包人逾期支付的，按照中国人民银行发布的同期同类贷款基准利率支付违约金；逾期支付超过 56 天的，按照中国人民银行发布的同期同类贷款基准利率的两倍支付违约金。

承包人对发包人签认的竣工付款证书有异议的，对于有异议部分应在收到发包人签认的竣工付款证书后 7 天内提出异议，并由合同当事人按照专用合同条款约定的方式和程序进行复核，或按照约定处理。对于无异议部分，发包人应签发临时竣工付款证书，并按约定完成付款。承包人逾期未提出异议的，视为认可发包人的审批结果。

模块九　建筑工程验收管理

一、建筑工程施工质量验收

该部分内容主要依据《建筑工程施工质量验收统一标准》对建筑工程施工质量验收进行详细叙述。

（一）基本规定

施工现场应具有健全的质量管理体系、相应的施工技术标准、施工质量检验制度和综合施工质量水平评定考核制度。施工现场质量管理可按规定的要求进行检查记录。

未实行监理的建筑工程，建设单位相关人员应履行标准涉及的监理职责。

建筑工程的施工质量控制应符合下列规定：

(1)建筑工程采用的主要材料、半成品、成品、建筑构配件、器具和设备应进行进场检验。凡涉及安全、节能、环境保护和主要使用功能的重要材料、产品，应按各专业工程施工规范、验收规范和设计文件等规定进行复验，并应经监理工程师检查认可。

(2)各施工工序应按施工技术标准进行质量控制，每道施工工序完成后，经施工单位自检符合规定后，才能进行下道工序施工。各专业工种之间的相关工序应进行交接检验，并应记录。

(3)对于监理单位提出检查要求的重要工序，应经监理工程师检查认可，才能进行下道工序施工。

符合下列条件之一时，可按相关专业验收规范的规定适当调整抽样复验、试验数量，调整后的抽样复验、试验方案应由施工单位编制，并报监理单位审核确认。

(1)同一项目中由相同施工单位施工的多个单位工程，使用同一生产厂家的同品种、同规格、同批次的材料、构配件、设备。

(2)同一施工单位在现场加工的成品、半成品、构配件用于同一项目中的多个单位工程。

(3)在同一项目中，针对同一抽样对象已有检验成果可以重复利用。

当专业验收规范对工程中的验收项目未作出相应规定时，应由建设单位组织监理、设计、施工等相关单位制定专项验收要求。涉及安全、节能、环境保护等项目的专项验收要求应由建设单位组织专家论证。

建筑工程施工质量应按下列要求进行验收：

(1)工程质量验收均应在施工单位自检合格的基础上进行。

(2)参加工程施工质量验收的各方人员应具备相应的资格。

(3)检验批的质量应按主控项目和一般项目验收。

(4)对涉及结构安全、节能、环境保护和主要使用功能的试块、试件及材料，应在进场时或施工中按规定进行见证检验。

(5)隐蔽工程在隐蔽前应由施工单位通知监理单位进行验收，并应形成验收文件，验收合格后方可继续施工。

(6)对涉及结构安全、节能、环境保护和使用功能的重要分部工程，应在验收前按规定进行抽样检验。

(7)工程的观感质量应由验收人员现场检查，并应共同确认。

建筑工程施工质量验收合格应符合下列规定：

(1)符合工程勘察、设计文件的要求。

(2)符合标准和相关专业验收规范的规定。

检验批的质量检验，可根据检验项目的特点在下列抽样方案中选取：

(1)计量、计数或计量－计数的抽样方案。

(2)一次、二次或多次抽样方案。

(3)对重要的检验项目，当有简易快速的检验方法时，选用全数检验方案。

(4)根据生产连续性和生产控制稳定性情况，采用调整型抽样方案。

(5)经实践证明有效的抽样方案。

检验批抽样样本应随机抽取，满足分布均匀、具有代表性的要求，抽样数量应符合有关专业验收规范的规定。当采用计数抽样时，最小抽样数量应符合表 2-19 的要求。

明显不合格的个体可不纳入检验批，但应进行处理，使其满足有关专业验收规范的规定，对处理的情况应予以记录并重新验收。

表2-19 检验批最小抽样数量

检验批的容量	最小抽样数量	检验批的容量	最小抽样数量
2～15	2	151～280	13
16～25	3	281～500	20
29～90	5	501～1200	32
91～150	8	1201～3200	50

计量抽样的错判概率α和漏判概率β可按下列规定采取：

(1)主控项目：对应于合格质量水平的α和β均不宜超过5%。

(2)一般项目：对应于合格质量水平的α不宜超过5%，β不宜超过10%。

(二)建筑工程质量验收的划分

建筑工程施工质量验收应划分为单位工程、分部工程、分项工程和检验批。

单位工程应按下列原则划分：

(1)具备独立施工条件并能形成独立使用功能的建筑物或构筑物为一个单位工程。

(2)对于规模较大的单位工程，可将其能形成独立使用功能的部分划分为一个子单位工程。

分部工程应按下列原则划分：

(1)可按专业性质、工程部位确定。

(2)当分部工程较大或较复杂时，可按材料种类、施工特点、施工程序、专业系统及类别将分部工程划分为若干子分部工程。

分项工程可按主要工种、材料、施工工艺、设备类别进行划分。

检验批可根据施工、质量控制和专业验收的需要，按工程量、楼层、施工段、变形缝进行划分。

施工前，应由施工单位制定分项工程和检验批的划分方案，并由监理单位审核。对于相关专业验收规范未涵盖的分项工程和检验批，可由建设单位组织监理、施工等单位协商确定。

室外工程可根据专业类别和工程规模按规定划分子单位工程、分部工程和分项工程。

提示

多层及高层建筑的分项工程可按楼层或施工段来划分检验批，单层建筑的分项工程可按变形缝等划分检验批；地基基础的分项工程一般划分为一个检验批，有地下层的基础工程可按不同地下层划分检验批；屋面工程的分项工程可按不同楼层屋面划分为不同的检验批；其他分部工程中的分项工程，一般按楼层划分检验批；对于工程量较少的分项工程可划为一个检验批。安装工程一般按一个设计系统或设备组别划分为一个检验批。散水、台阶、明沟等含在地面检验批中。按检验批验收有助于及时发现和处理施工中出现的质量问题，确保工程质量，也符合施工实际需要。地基基础中的土方工程、基坑支护工程及混凝土结构工程中的模板工程，虽不构成建筑工程实体，但因其是建筑工程施工中不可缺少的重要环节和必要条件，其质量关系到建筑工程的质量和施工安全，因此将其列入施工验收的内容。

（三）建筑工程质量验收

检验批质量验收合格应符合下列规定：

(1)主控项目的质量经抽样检验均应合格。

(2)一般项目的质量经抽样检验合格。当采用计数抽样时，合格点率应符合有关专业验收规范的规定，且不得存在严重缺陷。对于计数抽样的一般项目，正常检验一次、二次抽样可按规定判定。

(3)具有完整的施工操作依据、质量验收记录。

分项工程质量验收合格应符合下列规定：

(1)所含检验批的质量均应验收合格。

(2)所含检验批的质量验收记录应完整。

分部工程质量验收合格应符合下列规定：

(1)所含分项工程的质量均应验收合格。

(2)质量控制资料应完整。

(3)有关安全、节能、环境保护和主要使用功能的抽样检验结果应符合相应规定。

(4)观感质量应符合要求。

单位工程质量验收合格应符合下列规定：

(1)所含分部工程的质量均应验收合格。

(2)质量控制资料应完整。

(3)所含分部工程中有关安全、节能、环境保护和主要使用功能的检验资料应完整。

(4)主要使用功能的抽查结果应符合相关专业验收规范的规定。

(5)观感质量应符合要求。

建筑工程施工质量验收记录可按下列规定填写：

(1)检验批质量验收记录可按规定填写，填写时应具有现场验收检查原始记录。

(2)分项工程质量验收记录可按规定填写。

(3)分部工程质量验收记录可按规定填写。

(4)单位工程质量竣工验收记录、质量控制资料核查记录、安全和功能检验资料核查及主要功能抽查记录、观感质量检查记录应按规定填写。

当建筑工程施工质量不符合要求时，应按下列规定进行处理：

(1)经返工或返修的检验批，应重新进行验收。

(2)经有资质的检测机构检测鉴定能够达到设计要求的检验批，应予以验收。

(3)经有资质的检测机构检测鉴定达不到设计要求、但经原设计单位核算认可能够满足安全和使用功能的检验批，可予以验收。

(4)经返修或加固处理的分项、分部工程，满足安全及使用功能要求时，可按技术处理方案和协商文件的要求予以验收。

工程质量控制资料应齐全完整。当部分资料缺失时，应委托有资质的检测机构按有关标准进行相应的实体检验或抽样试验。

经返修或加固处理仍不能满足安全或重要使用要求的分部工程及单位工程，严禁验收。

（四）建筑工程质量验收的程序和组织

检验批应由专业监理工程师组织施工单位项目专业质量检查员、专业工长等进行验收。

分项工程应由专业监理工程师组织施工单位项目专业技术负责人等进行验收。

分部工程应由总监理工程师组织施工单位项目负责人和项目技术负责人等进行验收。勘察、设计单位项目负责人和施工单位技术、质量部门负责人应参加地基与基础分部工程的验收。设计单位项目负责人和施工单位技术、质量部门负责人应参加主体结构、节能分部工程的验收。

单位工程中的分包工程完工后，分包单位应对所承包的工程项目进行自检，并应按标准规定的程序进行验收。验收时，总包单位应派人参加。分包单位应将所分包工程的质量控制资料整理完整，并移交给总包单位。

单位工程完工后，施工单位应组织有关人员进行自检。总监理工程师应组织各专业监理工程师对工程质量进行竣工预验收。存在施工质量问题时，应由施工单位整改。整改完毕后，由施工单位向建设单位提交工程竣工报告，申请工程竣工验收。

建设单位收到工程竣工报告后，应由建设单位项目负责人组织监理、施工、设计、勘察等单位项目负责人进行单位工程验收。

二、室内环境质量验收

（一）总则

民用建筑工程室内环境污染物包括氡、甲醛、氨、苯、甲苯、二甲苯和总挥发性有机化合物。

民用建筑工程的划分应符合下列规定：

（1）Ⅰ类民用建筑应包括住宅、医院、老年人照料房屋设施、幼儿园、学校教室、学生宿舍、军人宿舍等。

（2）Ⅱ类民用建筑应包括办公楼、商店、旅馆、文化娱乐场所、书店、图书馆、展览馆、体育馆、公共交通等候室、餐厅、理发店等。

（二）材料

1. 无机非金属建筑主体材料和装饰装修材料

建筑工程所使用的砂、石、砖、实心砌块、水泥、混凝土、混凝土预制构件等无机非金属建筑主体材料，其放射性限量应符合表 2-20 的规定。

表 2-20　无机非金属建筑主体材料的放射性限量

测定项目	限量
内照射指数（I_{Ra}）	≤1.0
外照射指数（I_{γ}）	≤1.0

建筑工程所使用的石材、建筑卫生陶瓷、石膏制品、无机粉状粘结材料等无机非金属装饰装修材料，其放射性限量应分类符合表 2-21 的规定。

表 2-21 无机非金属装饰装修材料放射性限量

测定项目	限量	
	A 类	B 类
内照射指数(I_{Ra})	≤1.0	≤1.3
外照射指数(I_{γ})	≤1.3	≤1.9

主体材料和装饰装修材料放射性核素的测定方法应符合现行国家标准《建筑材料放射性核素限量》的有关规定,表面氡析出率的测定方法应符合相关规定。

2. 人造木板及其制品

民用建筑工程室内用人造木板及其制品应测定游离甲醛释放量。

人造木板及其制品可采用环境测试舱法或干燥器法测定甲醛释放量,当发生争议时应以环境测试舱法的测定结果为准。

环境测试舱法测定的人造木板及其制品的游离甲醛释放量不应大于0.124 mg/m^3,测定方法应按标准执行。

干燥器法测定的人造木板及其制品的游离甲醛释放量不应大于1.5 mg/L,测定方法应符合现行国家标准《人造板及饰面人造板理化性能试验方法》的规定。

3. 涂料

民用建筑工程室内用水性装饰板涂料、水性墙面涂料、水性墙面腻子的游离甲醛限量,应符合现行国家标准《建筑用墙面涂料中有害物质限量》的规定。

民用建筑工程室内用其他水性涂料和水性腻子,应测定游离甲醛的含量,其限量应符合表 2-22 的规定,其测定方法应符合现行国家标准《水性涂料中甲醛含量的测定　乙酰丙酮分光光度法》的规定。

表 2-22　室内用其他水性涂料和水性腻子中游离甲醛限量

测定项目	限量	
	其他水性涂料	其他水性腻子
游离甲醛/($mg \cdot kg^{-1}$)	≤100	

4. 胶黏剂

民用建筑工程室内用水性胶黏剂的游离甲醛限量,应符合现行国家标准《建筑胶黏剂有害物质限量》的规定。

民用建筑工程室内用水性胶黏剂、溶剂型胶黏剂、本体型胶黏剂的 VOC 限量,应符合现行国家标准《胶黏剂挥发性有机化合物限量》的规定。

民用建筑工程室内用溶剂型胶黏剂、本体型胶黏剂的苯、甲苯 + 二甲苯、游离甲苯二异氰酸酯(TDI)限量,应符合现行国家标准《建筑胶黏剂有害物质限量》的规定。

5. 水性处理剂

民用建筑工程室内用水性阻燃剂(包括防火涂料)、防水剂、防腐剂、增强剂等水性处理剂,应测定游离甲醛的含量,其限量不应大于 100 mg/kg。

水性处理剂中游离甲醛含量的测定方法，应按现行国家标准《水性涂料中甲醛含量的测定 乙酰丙酮分光光度法》规定的方法进行。

6. 其他材料

建筑工程中所使用的混凝土外加剂，氨的释放量不应大于0.10%，氨释放量测定方法应按国家现行有关标准的规定执行。

（三）工程勘察设计

建筑工程设计前应对建筑工程所在城市区域土壤中氡浓度或土壤表面氡析出率进行调查，并应提交相应的调查报告。未进行过区域土壤中氡浓度或土壤表面氡析出率测定的，应对建筑场地土壤中氡浓度或土壤氡析出率进行测定，并应提供相应的检测报告。

（四）工程施工

1. 一般规定

当建筑主体材料和装饰装修材料进场检验，发现不符合设计要求及标准的有关规定时，不得使用。

施工单位应按设计要求及标准的有关规定进行施工，不得擅自更改设计文件要求。当需要更改时，应经原设计单位确认后按施工变更程序有关规定进行。

民用建筑室内装饰装修，当多次重复使用同一装饰装修设计时，宜先做样板间，并对其室内环境污染物浓度进行检测。

2. 材料进场检验

建筑材料进场检验应符合下列规定：

(1)无机非金属建筑主体材料和建筑装饰装修材料进场时，应查验其放射性指标检测报告。

(2)室内装饰装修中所采用的人造木板及其制品进场时，应查验其游离甲醛释放量检测报告。

(3)室内装饰装修中所采用的水性涂料、水性处理剂进场时，应查验其同批次产品的游离甲醛含量检测报告；溶剂型涂料进场时，施工单位应查验其同批次产品的VOC、苯、甲苯+二甲苯、乙苯含量检测报告，其中聚氨酯类的应有游离二异氰酸酯（TDI+HDI）的含量检测报告。

(4)室内装饰装修中所采用的水性胶黏剂进场时，应查验其同批次产品的游离甲醛含量和VOC检测报告；溶剂型、本体型胶黏剂进场时，应查验其同批次产品的苯、甲苯+二甲苯、VOC含量检测报告，其中聚氨酯类的应有游离甲苯二异氰酸酯（TDI）的含量检测报告。

(5)幼儿园、学校教室、学生宿舍、老年人照料房屋设施等民用建筑工程室内装饰装修，应对不同产品、不同批次的人造木板及其制品的甲醛释放量和涂料、橡塑类合成材料的挥发性有机化合物释放量进行抽查复验。

民用建筑室内装饰装修中所采用的壁纸（布）应有同批次产品的游离甲醛含量检测报告，并应符合设计要求和标准的规定。

建筑主体材料和装饰装修材料的检测项目不全或对检测结果有疑问时,应对材料进行检验,检验合格后方可使用。

幼儿园、学校教室、学生宿舍等民用建筑室内装饰装修,应对不同产品、不同批次的人造木板及其制品的甲醛释放量和涂料、橡塑类合成材料的挥发性有机化合物释放量进行抽查复验,并应符合标准的规定。

3. 施工要求

采取防氡设计措施的民用建筑工程,其地下工程的变形缝、施工缝、穿墙管(盒)、埋设件、预留孔洞等特殊部位的施工工艺,应符合现行国家标准《地下工程防水技术规范》的有关规定。

Ⅰ类民用建筑工程当采用异地土作为回填土时,该回填土应进行镭-226、钍-232、钾-40 的比活度测定,且回填土内照射指数(I_{Ra})不应大于 1.0,外照射指数(I_{γ})不应大于 1.3。

室内装饰装修中所使用的木地板及其他木质材料,严禁采用沥青、煤焦油类防腐、防潮处理剂。

室内装饰装修时,严禁使用苯、工业苯、石油苯、重质苯及混苯等含苯稀释剂和溶剂。

民用建筑室内装饰装修施工时,施工现场应减少溶剂型涂料作业,减少施工现场湿作业、扬尘作业、高噪声作业等污染性施工,不应使用苯、甲苯、二甲苯和汽油进行除油和清除旧涂层作业。

涂料、胶黏剂、水性处理剂、稀释剂和溶剂等使用后,应及时封闭存放,废料应及时清出。

装饰装修时,严禁在室内使用有机溶剂清洗施工用具。

(五)验收

民用建筑工程及室内装饰装修工程的室内环境质量验收,应在工程完工不少于 7 天后、工程交付使用前进行。

民用建筑工程竣工验收时,应检查下列资料:

(1)工程地质勘察报告、工程地点土壤中氡浓度或氡析出率检测报告、高土壤氡工程地点土壤天然放射性核素镭-226、钍-232、钾-40 含量检测报告。

(2)涉及室内新风量的设计、施工文件,以及新风量检测报告。

(3)涉及室内环境污染控制的施工图设计文件及工程设计变更文件。

(4)建筑主体材料和装饰装修材料的污染物检测报告、材料进场检验记录、复验报告。

(5)与室内环境污染控制有关的隐蔽工程验收记录、施工记录。

(6)样板间的室内环境污染物浓度检测报告(不做样板间的除外)。

(7)室内空气中污染物浓度检测报告。

民用建筑工程验收时,对采用集中通风的公共建筑工程,应进行室内新风量的检测,检测结果应符合设计和现行国家标准《民用建筑供暖通风与空气调节设计规范》的有关规定。

民用建筑室内空气中氡浓度检测宜采用泵吸静电收集能谱分析法、泵吸闪烁室法、泵吸脉冲电离室法、活性炭盒－低本底多道γ谱仪法，测量结果不确定度不应大于25%（$k=2$），方法的探测下限不应大于10 Bq/m^3。

民用建筑室内空气中甲醛检测方法，应符合现行国家标准《公共场所卫生检验方法　第2部分：化学污染物》中AHMT分光光度法的规定。

民用建筑室内空气中甲醛检测，可采用简便取样仪器检测方法，甲醛简便取样仪器检测方法应定期进行校准，测量范围不大于0.50 μmol/mol时，最大允许示值误差应为±0.05 μmol/mol。当发生争议时，应以现行国家标准《公共场所卫生检验方法　第2部分：化学污染物》中AHMT分光光度法的测定结果为准。

民用建筑室内空气中氨检测方法应符合现行国家标准《公共场所卫生检验方法　第2部分：化学污染物》中靛酚蓝分光光度法的规定。

民用建筑工程验收时，应抽检每个建筑单体有代表性的房间室内环境污染物浓度，氡、甲醛、氨、苯、甲苯、二甲苯、TVOC的抽检量不得少于房间总数的5%，每个建筑单体不得少于3间，当房间总数少于3间时，应全数检测。

民用建筑工程验收时，凡进行了样板间室内环境污染物浓度检测且检测结果合格的，其同一装饰装修设计样板间类型的房间抽检量可减半，并不得少于3间。

幼儿园、学校教室、学生宿舍、老年人照料房屋设施室内装饰装修验收时，室内空气中氡、甲醛、氨、苯、甲苯、二甲苯、TVOC的抽检量不得少于房间总数的50%，且不得少于20间。当房间总数不大于20间时，应全数检测。

当进行民用建筑工程验收时，室内环境污染物浓度检测点数应符合表2-23的规定。

表2-23　室内环境污染物浓度检测点数设置

房间使用面积/m^2	检测点数/个
<50	1
≥50，<100	2
≥100，<500	不少于3
≥500，<1 000	不少于5
≥1 000	≥1 000 m^2 的部分，每增加1 000 m^2 增设1， 增加面积不足1 000 m^2 时按增加1 000 m^2 计算

当房间内有2个及以上检测点时，应采用对角线、斜线、梅花状均衡布点，并应取各点检测结果的平均值作为该房间的检测值。

民用建筑工程验收时，室内环境污染物浓度现场检测点应距房间地面高度0.8～1.5 m，距房间内墙面不应小于0.5 m。检测点应均匀分布，且应避开通风道和通风口。

当对民用建筑室内环境中的甲醛、氨、苯、甲苯、二甲苯、TVOC浓度检测时，装饰装修工程中完成的固定式家具应保持正常使用状态；采用集中通风的民用建筑工程，应在通风系统正常运行的条件下进行；采用自然通风的民用建筑工程，检测应在对外门窗关闭1 h后进行。

民用建筑室内环境中氡浓度检测时，对采用集中通风的民用建筑工程，应在通风系统正常运行的条件下进行；采用自然通风的民用建筑工程，应在房间的对外门窗关闭 24 h 以后进行。Ⅰ类建筑无架空层或地下车库结构时，一、二层房间抽检比例不宜低于总抽检房间数的 40%。

土壤氡浓度大于 30 000 Bq/m^3 的高氡地区及高钍地区的Ⅰ类民用建筑室内氡浓度超标时，应对建筑一层房间开展氡 - 220 污染调查评估，并根据情况采取措施。

当抽检的所有房间室内环境污染物浓度的检测结果符合相关的规定时，应判定该工程室内环境质量合格。

当室内环境污染物浓度检测结果不符合规定时，应对不符合项目再次加倍抽样检测，并应包括原不合格的同类型房间及原不合格房间；当再次检测的结果符合规定时，应判定该工程室内环境质量合格。再次加倍抽样检测的结果不符合规定时，应查找原因并采取措施进行处理，直至检测合格。

竣工交付使用前，必须进行室内空气污染物检测，其限量应符合相关规定。室内空气污染物浓度限量不合格的工程，严禁交付投入使用。

三、节能工程质量验收

该部分内容主要依据《建筑节能工程施工质量验收标准》《建筑节能与可再生能源利用通用规范》对节能工程质量验收进行详细叙述。

（一）基本规定

1. 技术与管理

当工程设计变更时，建筑节能性能不得降低。建筑节能工程采用的新技术、新工艺、新材料、新设备，应按照有关规定进行评审、鉴定。施工前应对新采用的施工工艺进行评价，并制定专项施工方案。单位工程施工组织设计应包括建筑节能工程的施工内容。建筑节能工程施工前，施工单位应编制建筑节能工程专项施工方案。施工单位应对从事建筑节能工程施工作业的人员进行技术交底和必要的实际操作培训。

涉及建筑节能效果的定型产品、预制构件，以及采用成套技术现场施工安装的工程，相关单位应提供型式检验报告。当无明确规定时，型式检验报告的有效期不应超过 2 年。

建筑节能工程的施工作业环境和条件，应符合国家现行相关标准的规定和施工工艺的要求。节能保温材料不宜在雨雪天气中露天施工。

建筑节能工程为单位工程的一个分部工程。其子分部工程和分项工程的划分，应符合下列规定：建筑节能子分部工程和分项工程划分宜符合相关规定。建筑节能工程可按照分项工程进行验收。当建筑节能分项工程的工程量较大时，可将分项工程划分为若干个检验批进行验收。

2. 材料与设备

建筑节能工程使用的材料、构件和设备等，必须符合设计要求及国家现行标准的有关规定，严禁使用国家明令禁止与淘汰的材料和设备。

公共机构建筑和政府出资的建筑工程应选用通过建筑节能产品认证或具有节能标识的

产品;其他建筑工程宜选用通过建筑节能产品认证或具有节能标识的产品。

材料、构件和设备进场验收应符合下列规定:

(1)应对材料、构件和设备的品种、规格、包装、外观等进行检查验收,并形成相应的验收记录。

(2)应对材料、构件和设备的质量证明文件进行核查,核查记录应纳入工程技术档案。进入施工现场的材料、构件和设备均应具有出厂合格证、中文说明书及相关性能检测报告。

(3)涉及安全、节能、环境保护和主要使用功能的材料、构件和设备,应按照相关的规定在施工现场随机抽样复验,复验应为见证取样检验。当复验的结果不合格时,该材料、构件和设备不得使用。

(4)在同一工程项目中,同厂家、同类型、同规格的节能材料、构件和设备,当获得建筑节能产品认证、具有节能标识或连续三次见证取样检验均一次检验合格时,其检验批的容量可扩大一倍,且仅可扩大一倍。扩大检验批后的检验中出现不合格情况时,应按扩大前的检验批重新验收,且该产品不得再次扩大检验批容量。

3. 施工与控制

建筑节能工程应按照经审查合格的设计文件和经审查批准的专项施工方案施工,各施工工序应严格执行并按施工技术标准进行质量控制,每道施工工序完成后,经施工单位自检符合要求后,可进行下道工序施工。各专业工种之间的相关工序应进行交接检验,并进行记录。

4. 验收的划分

建筑节能工程为单位工程的一个分部工程。其子分部工程和分项工程的划分,应符合下列规定:

(1)建筑节能子分部工程和分项工程划分宜符合表2-24的规定。

(2)建筑节能工程可按照分项工程进行验收。当建筑节能分项工程的工程量较大时,可将分项工程划分为若干个检验批进行验收。

表2-24　建筑节能子分部工程和分项工程划分

序号	子分部工程	分项工程	主要验收内容
1	围护结构节能工程	墙体节能工程	基层;保温隔热构造;抹面层;饰面层;保温隔热砌体等
2		幕墙节能工程	保温隔热构造;隔气层;幕墙玻璃;单元式幕墙板块;通风换气系统;遮阳设施;凝结水收集排放系统;幕墙与周边墙体和屋面间的接缝等
3		门窗节能工程	门;窗;天窗;玻璃;遮阳设施;通风器;门窗与洞口间隙等
4		屋面节能工程	基层;保温隔热构造;保护层;隔气层;防水层;面层等
5		地面节能工程	基层;保温隔热构造;保护层;面层等

（续表）

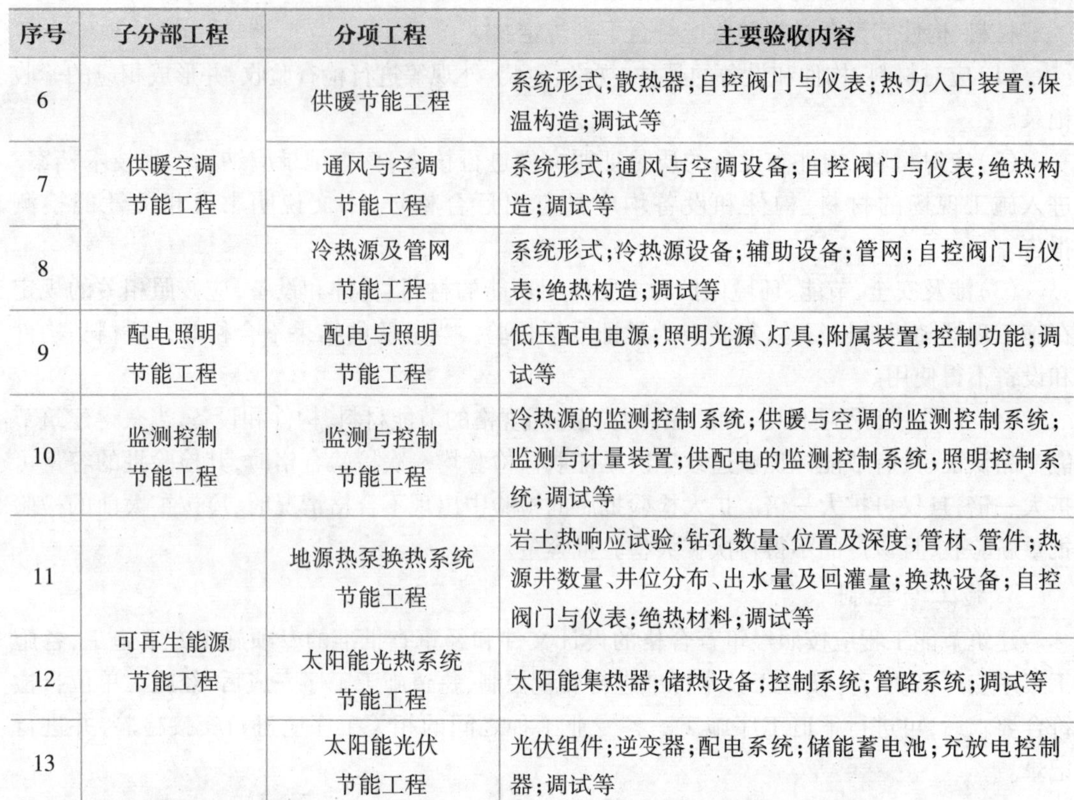

序号	子分部工程	分项工程	主要验收内容
6	供暖空调节能工程	供暖节能工程	系统形式；散热器；自控阀门与仪表；热力入口装置；保温构造；调试等
7		通风与空调节能工程	系统形式；通风与空调设备；自控阀门与仪表；绝热构造；调试等
8		冷热源及管网节能工程	系统形式；冷热源设备；辅助设备；管网；自控阀门与仪表；绝热构造；调试等
9	配电照明节能工程	配电与照明节能工程	低压配电电源；照明光源、灯具；附属装置；控制功能；调试等
10	监测控制节能工程	监测与控制节能工程	冷热源的监测控制系统；供暖与空调的监测控制系统；监测与计量装置；供配电的监测控制系统；照明控制系统；调试等
11	可再生能源节能工程	地源热泵换热系统节能工程	岩土热响应试验；钻孔数量、位置及深度；管材、管件；热源井数量、井位分布、出水量及回灌量；换热设备；自控阀门与仪表；绝热材料；调试等
12		太阳能光热系统节能工程	太阳能集热器；储热设备；控制系统；管路系统；调试等
13		太阳能光伏节能工程	光伏组件；逆变器；配电系统；储能蓄电池；充放电控制器；调试等

当建筑节能工程验收无法按上述要求划分分项工程或检验批时，可由建设、监理、施工等各方协商划分检验批；其验收项目、验收内容、验收标准和验收记录均应符合本标准的规定。

当按计数方法检验时，抽样数量除本标准另有规定外，检验批最小抽样数量宜符合表2-25的规定。

表2-25　检验批最小抽样数量

检验批的容量	最小抽样数量	检验批的容量	最小抽样数量
2～15	2	151～280	13
16～25	3	281～500	20
26～90	5	501～1 200	32
91～150	8	1 201～3 200	50

当在同一个单位工程项目中，建筑节能分项工程和检验批的验收内容与其他各专业分部工程、分项工程或检验批的验收内容相同且验收结果合格时，可采用其验收结果，不必进行重复检验。建筑节能分部工程验收资料应单独组卷。

当建筑节能工程验收无法按标准的要求划分分项工程或检验批时，可由建设、监理、施工等各方协商划分检验批。当在同一个单位工程项目中，建筑节能分项工程和检验批的验收内容与其他各专业分部工程、分项工程或检验批的验收内容相同且验收结果合格时，可采用其验收结果，不必进行重复检验。

关于围护结构的施工、调试及验收有以下规定。

墙体、屋面和地面节能工程采用的材料、构件和设备施工进场复验应包括下列内容:

(1)保温隔热材料的导热系数或热阻、密度、压缩强度或抗压强度、吸水率、燃烧性能(不燃材料除外)及垂直于板面方向的抗拉强度(仅限墙体)。

(2)复合保温板等墙体节能定型产品的传热系数或热阻、单位面积质量、拉伸黏结强度及燃烧性能(不燃材料除外)。

(3)保温砌块等墙体节能定型产品的传热系数或热阻、抗压强度及吸水率。

(4)墙体及屋面反射隔热材料的太阳光反射比及半球发射率。

(5)墙体黏结材料的拉伸黏结强度。

(6)墙体抹面材料的拉伸黏结强度及压折比。

(7)墙体增强网的力学性能及抗腐蚀性能。

建筑幕墙(含采光顶)节能工程采用的材料、构件和设备施工进场复验应包括下列内容:

(1)保温隔热材料的导热系数或热阻、密度、吸水率及燃烧性能(不燃材料除外)。

(2)幕墙玻璃的可见光透射比、传热系数、太阳得热系数及中空玻璃的密封性能。

(3)隔热型材的抗拉强度及抗剪强度。

(4)透光、半透光遮阳材料的太阳光透射比及太阳光反射比。

门窗(包括天窗)节能工程施工采用的材料、构件和设备进场时,除核查质量证明文件、节能性能标识证书、门窗节能性能计算书及复验报告外,还应对下列内容进行复验:

(1)严寒、寒冷地区门窗的传热系数及气密性能。

(2)夏热冬冷地区门窗的传热系数、气密性能,玻璃的太阳得热系数及可见光透射比。

(3)夏热冬暖地区门窗的气密性能,玻璃的太阳得热系数及可见光透射比。

(4)严寒、寒冷、夏热冬冷和夏热冬暖地区透光、部分透光遮阳材料的太阳光透射比、太阳光反射比及中空玻璃的密封性能。

墙体、屋面和地面节能工程的施工质量,应符合下列规定:

(1)保温隔热材料的厚度不得低于设计要求。

(2)墙体保温板材与基层之间及各构造层之间的黏结或连接必须牢固;保温板材与基层的连接方式、拉伸黏结强度和黏结面积比应符合设计要求;保温板材与基层之间的拉伸黏结强度应进行现场拉拔试验,且不得在界面破坏;黏结面积比应进行剥离检验。

(3)当墙体采用保温浆料做外保温时,厚度大于20 mm的保温浆料应分层施工;保温浆料与基层之间及各层之间的黏结必须牢固,不应脱层、空鼓和开裂。

(4)当保温层采用锚固件固定时,锚固件数量、位置、锚固深度、胶结材料性能和锚固力应符合设计和施工方案的要求。

(5)保温装饰板的装饰面板应使用锚固件可靠固定,锚固力应做现场拉拔试验;保温装饰板板缝不得渗漏。

（二）建筑节能工程现场检验

1. 围护结构现场实体检验

建筑围护结构节能工程施工完成后，应对围护结构的外墙节能构造和外窗气密性能进行现场实体检验。

建筑外窗气密性能现场实体检验的方法应符合国家现行有关标准的规定，下列建筑的外窗应进行气密性能实体检验：严寒、寒冷地区建筑；夏热冬冷地区高度大于或等于 24 m 的建筑和有集中供暖或供冷的建筑；其他地区有集中供冷或供暖的建筑。

外墙节能构造钻芯检验应由监理工程师见证，可由建设单位委托有资质的检测机构实施，也可由施工单位实施。

当对外墙传热系数或热阻检验时，应由监理工程师见证，由建设单位委托具有资质的检测机构实施；其检测方法、抽样数量、检测部位和合格判定标准等可按照相关标准确定，并在合同中约定。

外窗气密性能的现场实体检验应由监理工程师见证，由建设单位委托有资质的检测机构实施。

2. 设备系统节能性能检验

供暖节能工程、通风与空调节能工程、配电与照明节能工程安装调试完成后，应由建设单位委托具有相应资质的检测机构进行系统节能性能检验并出具报告。受季节影响未进行的节能性能检验项目，应在保修期内补做。

（三）建筑节能分部工程质量验收

建筑节能分部工程的质量验收，应在施工单位自检合格，且检验批、分项工程全部验收合格的基础上，进行外墙节能构造、外窗气密性能现场实体检验和设备系统节能性能检测，确认建筑节能工程质量达到验收条件后方可进行。

参加建筑节能工程验收的各方人员应具备相应的资格，其程序和组织应符合下列规定：

(1)节能工程检验批验收和隐蔽工程验收应由专业监理工程师组织并主持，施工单位相关专业的质量检查员与施工员参加验收。

(2)节能分项工程验收应由专业监理工程师组织并主持，施工单位项目技术负责人和相关专业的质量检查员、施工员参加验收；必要时可邀请主要设备、材料供应商及分包单位、设计单位相关专业的人员参加验收。

(3)节能分部工程验收应由总监理工程师组织并主持，施工单位项目负责人、项目技术负责人和相关专业的负责人、质量检查员、施工员参加验收；施工单位的质量、技术负责人应参加验收；设计单位项目负责人及相关专业负责人应参加验收；主要设备、材料供应商及分包单位负责人应参加验收。

建筑节能分项工程质量验收合格，应符合下列规定：

(1)分项工程所含的检验批均应合格。

(2)分项工程所含检验批的质量验收记录应完整。

建筑节能分部工程质量验收合格，应符合下列规定：

(1)建筑节能各分项工程应全部合格。
(2)质量控制资料应完整。
(3)外墙节能构造现场实体检验结果应对照图纸进行核查,并符合要求。
(4)建筑外窗气密性能现场实体检验结果应对照图纸进行核查,并符合要求。
(5)建筑设备系统节能性能检测结果应合格。
(6)太阳能系统性能检测结果应合格。

建筑节能工程质量验收合格,应符合下列规定:

(1)建筑节能各分项工程应全部合格。
(2)质量控制资料应完整。
(3)外墙节能构造现场实体检验结果应对照图纸进行核查,并符合要求。
(4)建筑外窗气密性能现场实体检验结果应对照图纸进行核查,并符合要求。
(5)建筑设备系统节能性能检测结果应合格。
(6)太阳能系统性能检测结果应合格。

建筑节能工程验收资料应单独组卷,验收时应对下列资料进行核查:

(1)设计文件、图纸会审记录、设计变更和洽商。
(2)主要材料、设备、构件的质量证明文件,进场检验记录,进场复验报告,见证试验报告。
(3)隐蔽工程验收记录和相关图像资料。
(4)分项工程质量验收记录,必要时应核查检验批验收记录。
(5)建筑外墙节能构造现场实体检验报告或外墙传热系数检验报告。
(6)外窗气密性能现场实体检验报告。
(7)风管系统严密性检验记录。
(8)现场组装的组合式空调机组的漏风量测试记录。
(9)设备单机试运转及调试记录。
(10)设备系统联合试运转及调试记录。
(11)设备系统节能性能检验报告。
(12)其他对工程质量有影响的重要技术资料。

典型例题

【单选题】组织并主持节能分部工程验收工作的是(　　)。

A. 节能专业监理工程师　　B. 总监理工程师
C. 施工单位项目负责人　　D. 节能设计工程师

B。【解析】节能分部工程验收应由总监理工程师组织并主持,施工单位项目负责人、项目技术负责人和相关专业的负责人、质量检查员、施工员参加验收。

四、消防工程竣工验收

为了加强建设工程消防设计审查验收管理,保证建设工程消防设计、施工质量,根据《中华人民共和国建筑法》《中华人民共和国消防法》《建设工程质量管理条例》等法律、行政法规，制定《建设工程消防设计审查验收管理暂行规定》。

《建设工程消防设计审查验收管理暂行规定》包括六个部分，即：总则；有关单位的消防设计、施工质量责任与义务；特殊建设工程的消防设计审查；特殊建设工程的消防验收；其他建设工程的消防设计、备案与抽查；附则。该规定的具体内容此处不再详细叙述，可扫描右侧二维码学习。

五、工程竣工资料的编制

（一）基本规定

工程资料应与建筑工程建设过程同步形成，并应真实反映建筑工程的建设情况和实体质量。

工程资料应为原件；当为复印件时，提供单位应在复印件上加盖单位印章，并应有经办人签字及日期。提供单位应对资料的真实性负责。

工程资料应内容完整、结论明确、签认手续齐全。

（二）工程资料管理

1. 工程资料分类

工程资料可分为工程准备阶段文件、监理资料、施工资料、竣工图和工程竣工文件五类。

工程准备阶段文件可分为决策立项文件、建设用地文件、勘察设计文件、招投标及合同文件、开工文件、商务文件六类。

监理资料可分为监理管理资料、进度控制资料、质量控制资料、造价控制资料、合同管理资料和竣工验收资料六类。

施工资料可分为施工管理资料、施工技术资料、施工进度及造价资料、施工物资资料、施工记录、施工试验记录及检测报告、施工质量验收记录、竣工验收资料八类。

工程竣工文件可分为竣工验收文件、竣工决算文件、竣工交档文件、竣工总结文件四类。

2. 工程资料填写、编制、审核及审批

工程准备阶段文件和工程竣工文件的填写、编制、审核及审批应符合国家现行有关标准的规定。监理资料、施工资料的用表宜符合《建筑工程资料管理规程》的规定，未规定的，可自行确定。

竣工图的编制及审核应符合下列规定：

(1)新建、改建、扩建的建筑工程均应编制竣工图；竣工图应真实反映竣工工程的实际情况。

(2)竣工图的专业类别应与施工图对应。

(3)竣工图应依据施工图、图纸会审记录、设计变更通知单、工程洽商记录(包括技术核定单)等绘制。

(4)当施工图没有变更时，可直接在施工图上加盖竣工图章形成竣工图。

(5)竣工图的绘制应符合国家现行有关标准的规定。

(6)竣工图应有竣工图章及相关责任人签字。

(7)竣工图应按规定的方法绘制,并应按规定的方法折叠。

3. 工程资料编号

工程资料的编号应及时填写,专用表格的编号应填写在表格右上角的编号栏中;非专用表格应在资料右上角的适当位置注明资料编号。

4. 工程资料收集、整理与组卷

工程资料的收集、整理与组卷应符合下列规定:

(1)工程准备阶段文件和工程竣工文件应由建设单位负责收集、整理与组卷。

(2)监理资料应由监理单位负责收集、整理与组卷。

(3)施工资料应由施工单位负责收集、整理与组卷。

(4)竣工图应由建设 单位负责组织,也可委托其他单位。

工程资料的组卷应符合下列规定:

(1)工程资料组卷应遵循自然形成规律,保持卷内文件、资料内在联系。工程资料可根据数量多少组成一卷或多卷。

(2)工程准备阶段文件和工程竣工文件可按建设项目或单位工程进行组卷。

(3)监理资料应按单位工程进行组卷。

(4)施工资料应按单位工程组卷,并应符合下列规定:专业承包工程形成的施工资料应由专业承包单位负责,并应单独组卷;电梯应按不同型号每台电梯单独组卷;室外工程应按室外建筑环境、室外安装工程单独组卷;当施工资料中部分内容不能按一个单位工程分类组卷时,可按建设项目组卷;施工资料目录应与其对应的施工资料一起组卷。

(5)竣工图应按专业分类组卷。

5. 工程资料移交与归档

工程资料移交归档应符合国家现行有关法规和标准的规定;当无规定时,应按合同约定移交归档。

工程资料移交应符合下列规定:

(1)施工单位应向建设单位移交施工资料。

(2)实行施工总承包的,各专业承包单位应向施工总承包单位移交施工资料。

(3)监理单位应向建设单位移交监理资料。

(4)工程资料移交时应及时办理相关移交手续,填写工程资料移交书、移交目录。

(5)建设单位应按国家有关法规和标准的规定向城建档案管理部门移交工程档案,并办理相关手续。有条件时,向城建档案管理部门移交的工程档案应为原件。

工程资料归档应符合下列规定:

(1)工程参建各方宜按《建筑工程资料管理规程》规定的内容将工程资料归档保存。

(2)归档保存的工程资料,其保存期限应符合下列规定:工程资料归档保存期限应符合国家现行有关标准的规定;当无规定时,不宜少于 5 年。建设单位工程资料归档保存期限应满足工程维护、修缮、改造、加固的需要。施工单位工程资料归档保存期限应满足工程质量保修及质量追溯的需要。

第三章 建筑工程项目施工相关法规与标准

第一节 建筑工程相关法规

一、民用建筑节能管理规定

（一）民用建筑节能总体要求

民用建筑节能，是指在保证民用建筑使用功能和室内热环境质量的前提下，降低其使用过程中能源消耗的活动。

国家鼓励和扶持在新建建筑和既有建筑节能改造中采用太阳能、地热能等可再生能源。国家鼓励制定、采用优于国家民用建筑节能标准的地方民用建筑节能标准。

（二）新建建筑节能管理

国家推广使用民用建筑节能的新技术、新工艺、新材料和新设备，限制使用或者禁止使用能源消耗高的技术、工艺、材料和设备。国家限制进口或者禁止进口能源消耗高的技术、材料和设备。

城乡规划主管部门依法对民用建筑进行规划审查，应当就设计方案是否符合民用建筑节能强制性标准征求同级建设主管部门的意见；对不符合民用建筑节能强制性标准的，不得颁发建设工程规划许可证。

施工图设计文件审查机构应当按照民用建筑节能强制性标准对施工图设计文件进行审查；经审查不符合民用建筑节能强制性标准的，县级以上地方人民政府建设主管部门不得颁发施工许可证。

建设单位不得明示或者暗示设计单位、施工单位违反民用建筑节能强制性标准进行设计、施工，不得明示或者暗示施工单位使用不符合施工图设计文件要求的墙体材料、保温材料、门窗、采暖制冷系统和照明设备。设计单位、施工单位、工程监理单位及其注册执业人员，应当按照民用建筑节能强制性标准进行设计、施工、监理。施工单位应当对进入施工现场的墙体材料、保温材料、门窗、采暖制冷系统和照明设备进行查验；不符合施工图设计文件要求的，不得使用。

建设单位组织竣工验收，应当对民用建筑是否符合民用建筑节能强制性标准进行查验；对不符合民用建筑节能强制性标准的，不得出具竣工验收合格报告。国家机关办公建筑和大型公共建筑的所有权人应当对建筑的能源利用效率进行测评和标识,并按照国家有关规定将测评结果予以公示,接受社会监督。

房地产开发企业销售商品房,应当向购买人明示所售商品房的能源消耗指标、节能措施和保护要求、保温工程保修期等信息,并在商品房买卖合同和住宅质量保证书、住宅使用说明书中载明。

在正常使用条件下,保温工程的最低保修期限为5年。保温工程的保修期,自竣工验收合格之日起计算。保温工程在保修范围和保修期内发生质量问题的,施工单位应当履行保修义务,并对造成的损失依法承担赔偿责任。

(三)既有建筑节能管理

既有建筑节能改造,是指对不符合民用建筑节能强制性标准的既有建筑的围护结构、供热系统、采暖制冷系统、照明设备和热水供应设施等实施节能改造的活动。

实施既有建筑节能改造,应当符合民用建筑节能强制性标准,优先采用遮阳、改善通风等低成本改造措施。既有建筑围护结构的改造和供热系统的改造,应当同步进行。

国家机关办公建筑的节能改造费用,由县级以上人民政府纳入本级财政预算。居住建筑和教育、科学、文化、卫生、体育等公益事业使用的公共建筑节能改造费用,由政府、建筑所有权人共同负担。国家鼓励社会资金投资既有建筑节能改造。

民用建筑节能的法律责任及其他具体要求可参考《民用建筑节能条例》学习。

二、建筑市场诚信行为信息管理办法

各级住房城乡建设主管部门应当完善信用信息公开制度,通过省级建筑市场监管一体化工作平台和全国建筑市场监管公共服务平台,及时公开建筑市场各方主体的信用信息。公开建筑市场各方主体信用信息不得危及国家安全、公共安全、经济安全和社会稳定,不得泄露国家秘密、商业秘密和个人隐私。

建筑市场各方主体的信用信息公开期限为:

(1)基本信息长期公开。

(2)优良信用信息公开期限一般为3年。

(3)不良信用信息公开期限一般为6个月至3年,并不得低于相关行政处罚期限。具体公开期限由不良信用信息的认定部门确定。

地方各级住房城乡建设主管部门应当通过省级建筑市场监管一体化工作平台办理信用信息变更,并及时推送至全国建筑市场监管公共服务平台。

各级住房城乡建设主管部门应当充分利用全国建筑市场监管公共服务平台,建立完善建筑市场各方主体守信激励和失信惩戒机制。对信用好的,可根据实际情况在行政许可等方面实行优先办理、简化程序等激励措施;对存在严重失信行为的,作为“双随机、一公开”监管重点对象,加强事中事后监管,依法采取约束和惩戒措施。

有关单位或个人应当依法使用信用信息，不得使用超过公开期限的不良信用信息对建筑市场各方主体进行失信惩戒，法律、法规或部门规章另有规定的，从其规定。

三、危险性较大工程专项施工方案管理办法

危险性较大的分部分项工程（以下简称“危大工程”），是指房屋建筑和市政基础设施工程在施工过程中，容易导致人员群死群伤或者造成重大经济损失的分部分项工程。

（一）专项施工方案内容

危大工程专项施工方案的主要内容应当包括：

(1)工程概况，包括危大工程概况和特点、施工平面布置、施工要求和技术保证条件。

(2)编制依据，包括相关法律、法规、规范性文件、标准、规范及施工图设计文件、施工组织设计等。

(3)施工计划，包括施工进度计划、材料与设备计划。

(4)施工工艺技术，包括技术参数、工艺流程、施工方法、操作要求、检查要求等。

(5)施工安全保证措施，包括组织保障措施、技术措施、监测监控措施等。

(6)施工管理及作业人员配备和分工，包括施工管理人员、专职安全生产管理人员、特种作业人员、其他作业人员等。

(7)验收要求，包括验收标准、验收程序、验收内容、验收人员等。

(8)应急处置措施。

(9)计算书及相关施工图纸。

（二）专家论证会参会人员

超过一定规模的危大工程专项施工方案专家论证会的参会人员应当包括：

(1)专家。

(2)建设单位项目负责人。

(3)有关勘察、设计单位项目技术负责人及相关人员。

(4)总承包单位和分包单位技术负责人或授权委派的专业技术人员、项目负责人、项目技术负责人、专项施工方案编制人员、项目专职安全生产管理人员及相关人员。

(5)监理单位项目总监理工程师及专业监理工程师。

（三）专家论证内容

对于超过一定规模的危大工程专项施工方案，专家论证的主要内容应当包括：专项施工方案内容是否完整、可行；专项施工方案计算书和验算依据、施工图是否符合有关标准规范；专项施工方案是否满足现场实际情况，并能够确保施工安全。

（四）专项施工方案修改

超过一定规模的危大工程专项施工方案经专家论证后结论为“通过”的，施工单位可参考专家意见自行修改完善；结论为“修改后通过”的，专家意见要明确具体修改内容，施工单位应当按照专家意见进行修改，并履行有关审核和审查手续后方可实施，修改情况应及时告知专家。

（五）危大工程范围

1. 危险性较大的分部分项工程范围

危险性较大的分部分项工程范围应符合下列规定。

表 3-1　危险性较大的分部分项工程范围

类别	范围
基坑工程	(1)开挖深度超过 3 m(含 3 m)的基坑(槽)的土方开挖、支护、降水工程。 (2)开挖深度虽未超过 3 m,但地质条件、周围环境和地下管线复杂,或影响毗邻建、构筑物安全的基坑(槽)的土方开挖、支护、降水工程。
模板工程及支撑体系	(1)各类工具式模板工程:包括滑模、爬模、飞模、隧道模等工程。 (2)混凝土模板支撑工程:搭设高度 5 m 及以上,或搭设跨度 10 m 及以上,或施工总荷载(荷载效应基本组合的设计值,以下简称设计值)10 kN/m^2 及以上,或集中线荷载(设计值)15 kN/m 及以上,或高度大于支撑水平投影宽度且相对独立无联系构件的混凝土模板支撑工程。 (3)承重支撑体系:用于钢结构安装等满堂支撑体系
起重吊装及起重机械安装拆卸工程	(1)采用非常规起重设备、方法,且单件起吊重量在 10 kN 及以上的起重吊装工程。 (2)采用起重机械进行安装的工程。 (3)起重机械安装和拆卸工程
脚手架工程	(1)搭设高度 24 m 及以上的落地式钢管脚手架工程(包括采光井、电梯井脚手架)。 (2)附着式升降脚手架工程。 (3)悬挑式脚手架工程。 (4)高处作业吊篮。 (5)卸料平台、操作平台工程。 (6)异型脚手架工程
拆除工程	可能影响行人、交通、电力设施、通信设施或其他建、构筑物安全的拆除工程
暗挖工程	采用矿山法、盾构法、顶管法施工的隧道、洞室工程
其他	(1)建筑幕墙安装工程。 (2)钢结构、网架和索膜结构安装工程。 (3)人工挖孔桩工程。 (4)水下作业工程。 (5)装配式建筑混凝土预制构件安装工程。 (6)采用新技术、新工艺、新材料、新设备可能影响工程施工安全,尚无国家、行业及地方技术标准的分部分项工程

2. 超过一定规模的危险性较大的分部分项工程范围

超过一定规模的危险性较大的分部分项工程范围应符合下列规定。

表 3-2　超过一定规模的危险性较大的分部分项工程范围

类别	范围
深基坑工程	开挖深度超过 5 m(含 5 m)的基坑(槽)的土方开挖、支护、降水工程

（续表）

类别	范围
模板工程及支撑体系	(1)各类工具式模板工程:包括滑模、爬模、飞模、隧道模等工程。 (2)混凝土模板支撑工程:搭设高度8 m及以上,或搭设跨度18 m及以上,或施工总荷载(设计值)15 kN/m^{2}及以上,或集中线荷载(设计值)20 kN/m及以上。 (3)承重支撑体系:用于钢结构安装等满堂支撑体系,承受单点集中荷载7 kN及以上
起重吊装及起重机械安装拆卸工程	(1)采用非常规起重设备、方法,且单件起吊重量在100 kN及以上的起重吊装工程。 (2)起重量300 kN及以上,或搭设总高度200 m及以上,或搭设基础标高在200 m及以上的起重机械安装和拆卸工程
脚手架工程	(1)搭设高度50 m及以上的落地式钢管脚手架工程。 (2)提升高度在150 m及以上的附着式升降脚手架工程或附着式升降操作平台工程。 (3)分段架体搭设高度20 m及以上的悬挑式脚手架工程
拆除工程	(1)码头、桥梁、高架、烟囱、水塔或拆除中容易引起有毒有害气(液)体或粉尘扩散、易燃易爆事故发生的特殊建、构筑物的拆除工程。 (2)文物保护建筑、优秀历史建筑或历史文化风貌区影响范围内的拆除工程
暗挖工程	采用矿山法、盾构法、顶管法施工的隧道、洞室工程
其他	(1)施工高度50 m及以上的建筑幕墙安装工程。 (2)跨度36 m及以上的钢结构安装工程,或跨度60 m及以上的网架和索膜结构安装工程。 (3)开挖深度16 m及以上的人工挖孔桩工程。 (4)水下作业工程。 (5)重量1 000 kN及以上的大型结构整体顶升、平移、转体等施工工艺。 (6)采用新技术、新工艺、新材料、新设备可能影响工程施工安全,尚无国家、行业及地方技术标准的分部分项工程

（六）监测方案内容

进行第三方监测的危大工程监测方案的主要内容应当包括工程概况、监测依据、监测内容、监测方法、人员及设备、测点布置与保护、监测频次、预警标准及监测成果报送等。

（七）验收人员

危大工程验收人员应当包括：

(1)总承包单位和分包单位技术负责人或授权委派的专业技术人员、项目负责人、项目技术负责人、专项施工方案编制人员、项目专职安全生产管理人员及相关人员。

(2)监理单位项目总监理工程师及专业监理工程师。

(3)有关勘察、设计和监测单位项目技术负责人。

（八）专家条件

设区的市级以上地方人民政府住房城乡建设主管部门建立的专家库专家应当具备以下基本条件：

(1)诚实守信、作风正派、学术严谨。

(2)从事相关专业工作15年以上或具有丰富的专业经验。

(3)具有高级专业技术职称。

（九）专家库管理

设区的市级以上地方人民政府住房城乡建设主管部门应当加强对专家库专家的管理，定期向社会公布专家业绩，对于专家不认真履行论证职责、工作失职等行为，记入不良信用记录，情节严重的，取消专家资格。

（十）安全管理规定

1. 前期保障

建设单位应当依法提供真实、准确、完整的工程地质、水文地质和工程周边环境等资料。勘察单位应当根据工程实际及工程周边环境资料，在勘察文件中说明地质条件可能造成的工程风险。设计单位应当在设计文件中注明涉及危大工程的重点部位和环节，提出保障工程周边环境安全和工程施工安全的意见，必要时进行专项设计。

建设单位应当组织勘察、设计等单位在施工招标文件中列出危大工程清单，要求施工单位在投标时补充完善危大工程清单并明确相应的安全管理措施。建设单位在申请办理施工许可手续时，应当提交危大工程清单及其安全管理措施等资料。

2. 专项施工方案

施工单位应当在危大工程施工前组织工程技术人员编制专项施工方案。实行施工总承包的，专项施工方案应当由施工总承包单位组织编制。危大工程实行分包的，专项施工方案可以由相关专业分包单位组织编制。

专项施工方案应当由施工单位技术负责人审核签字、加盖单位公章，并由总监理工程师审查签字、加盖执业印章后方可实施。危大工程实行分包并由分包单位编制专项施工方案的，专项施工方案应当由总承包单位技术负责人及分包单位技术负责人共同审核签字并加盖单位公章。

对于超过一定规模的危大工程，施工单位应当组织召开专家论证会对专项施工方案进行论证。实行施工总承包的，由施工总承包单位组织召开专家论证会。专家论证前专项施工方案应当通过施工单位审核和总监理工程师审查。专家应当从地方人民政府住房城乡建设主管部门建立的专家库中选取，符合专业要求且人数不得少于5名。与本工程有利害关系的人员不得以专家身份参加专家论证会。

专家论证会后，应当形成论证报告，对专项施工方案提出通过、修改后通过或者不通过的一致意见。专家对论证报告负责并签字确认。专项施工方案经论证不通过的，施工单位修改后应当按照本规定的要求重新组织专家论证。

3. 现场安全管理

施工单位应当在施工现场显著位置公告危大工程名称、施工时间和具体责任人员，并在危险区域设置安全警示标志。

专项施工方案实施前，编制人员或者项目技术负责人应当向施工现场管理人员进行方案交底。施工现场管理人员应当向作业人员进行安全技术交底，并由双方和项目专职安全生产管理人员共同签字确认。

施工单位应当对危大工程施工作业人员进行登记，项目负责人应当在施工现场履职。项目专职安全生产管理人员应当对专项施工方案实施情况进行现场监督，对未按照专项施工方案施工的，应当要求立即整改，并及时报告项目负责人，项目负责人应当及时组织限期整改。施工单位应当按照规定对危大工程进行施工监测和安全巡视，发现危及人身安全的紧急情况，应当立即组织作业人员撤离危险区域。

监理单位应当结合危大工程专项施工方案编制监理实施细则，并对危大工程施工实施专项巡视检查。

监理单位发现施工单位未按照专项施工方案施工的，应当要求其进行整改；情节严重的，应当要求其暂停施工，并及时报告建设单位。施工单位拒不整改或者不停止施工的，监理单位应当及时报告建设单位和工程所在地住房城乡建设主管部门。

对于按照规定需要进行第三方监测的危大工程，建设单位应当委托具有相应勘察资质的单位进行监测。监测单位应当编制监测方案。监测方案由监测单位技术负责人审核签字并加盖单位公章，报送监理单位后方可实施。进行第三方监测的危大工程监测方案的主要内容应当包括工程概况、监测依据、监测内容、监测方法、人员及设备、测点布置与保护、监测频次、预警标准及监测成果报送等。

对于按照规定需要验收的危大工程，施工单位、监理单位应当组织相关人员进行验收。验收合格的，经施工单位项目技术负责人及总监理工程师签字确认后，方可进入下一道工序。

4. 监督管理

设区的市级以上地方人民政府住房城乡建设主管部门应当建立专家库，制定专家库管理制度，建立专家诚信档案，并向社会公布，接受社会监督。

典型例题

【多选题】下列工程的专项施工方案中，需进行专家论证的有（　　）。

A. 搭设高度 8 m 以上的模板支撑体系

B. 跨度 8 m 的梁，线荷载 22 kN/m

C. 施工高度 50 m 的幕墙工程

D. 水下作业

E. 开挖深度 10 m 的人工挖孔桩

ABCD。【解析】对于超过一定规模的危大工程，施工单位应当组织召开专家论证会对专项施工方案进行论证。开挖深度超过 16 m 的人工挖孔桩工程属于超过一定规模的危大工程。故选项 E 错误。

四、建筑工程施工发包与承包违法行为认定查处管理办法

违法发包是指建设单位将工程发包给个人或不具有相应资质的单位、肢解发包、违反法定程序发包及其他违反法律法规规定发包的行为。

存在下列情形之一的，属于违法发包：

(1)建设单位将工程发包给个人的。

(2)建设单位将工程发包给不具有相应资质的单位的。

(3)依法应当招标未招标或未按照法定招标程序发包的。

(4)建设单位设置不合理的招标投标条件，限制、排斥潜在投标人或者投标人的。

(5)建设单位将一个单位工程的施工分解成若干部分发包给不同的施工总承包或专业承包单位的。

转包是指承包单位承包工程后，不履行合同约定的责任和义务，将其承包的全部工程或者将其承包的全部工程肢解后以分包的名义分别转给其他单位或个人施工的行为。

存在下列情形之一的，应当认定为转包，但有证据证明属于挂靠或者其他违法行为的除外：

(1)承包单位将其承包的全部工程转给其他单位(包括母公司承接建筑工程后将所承接工程交由具有独立法人资格的子公司施工的情形)或个人施工的。

(2)承包单位将其承包的全部工程肢解以后，以分包的名义分别转给其他单位或个人施工的。

(3)施工总承包单位或专业承包单位未派驻项目负责人、技术负责人、质量管理负责人、安全管理负责人等主要管理人员，或派驻的项目负责人、技术负责人、质量管理负责人、安全管理负责人中一人及以上与施工单位没有订立劳动合同且没有建立劳动工资和社会养老保险关系，或派驻的项目负责人未对该工程的施工活动进行组织管理，又不能进行合理解释并提供相应证明的。

(4)合同约定由承包单位负责采购的主要建筑材料、构配件及工程设备或租赁的施工机械设备，由其他单位或个人采购、租赁，或施工单位不能提供有关采购、租赁合同及发票等证明，又不能进行合理解释并提供相应证明的。

(5)专业作业承包人承包的范围是承包单位承包的全部工程，专业作业承包人计取的是除上缴给承包单位“管理费”之外的全部工程价款的。

(6)承包单位通过采取合作、联营、个人承包等形式或名义，直接或变相将其承包的全部工程转给其他单位或个人施工的。

(7)专业工程的发包单位不是该工程的施工总承包或专业承包单位的，但建设单位依约作为发包单位的除外。

(8)专业作业的发包单位不是该工程承包单位的。

(9)施工合同主体之间没有工程款收付关系，或者承包单位收到款项后又将款项转拨给其他单位和个人，又不能进行合理解释并提供材料证明的。

两个以上的单位组成联合体承包工程，在联合体分工协议中约定或者在项目实际实施过程中，联合体一方不进行施工也未对施工活动进行组织管理的，并且向联合体其他方收取管理费或者其他类似费用的,视为联合体一方将承包的工程转包给联合体其他方。

违法分包是指承包单位承包工程后违反法律法规规定,把单位工程或分部分项工程分包给其他单位或个人施工的行为。

存在下列情形之一的,属于违法分包:

(1)承包单位将其承包的工程分包给个人的。

(2)施工总承包单位或专业承包单位将工程分包给不具备相应资质单位的。

(3)施工总承包单位将施工总承包合同范围内工程主体结构的施工分包给其他单位的,钢结构工程除外。

(4)专业分包单位将其承包的专业工程中非劳务作业部分再分包的。

(5)专业作业承包人将其承包的劳务再分包的。

(6)专业作业承包人除计取劳务作业费用外,还计取主要建筑材料款和大中型施工机械设备、主要周转材料费用的。

提示

违法行为的法律责任可参考《建筑法》《招标投标法》等文件学习。

五、工程建设生产安全事故发生后的报告和调查处理程序

(一)事故等级划分

根据生产安全事故(以下简称事故)造成的人员伤亡或者直接经济损失,事故一般分为以下等级:

(1)特别重大事故,是指造成30人以上死亡,或者100人以上重伤(包括急性工业中毒,下同),或者1亿元以上直接经济损失的事故。

(2)重大事故,是指造成10人以上30人以下死亡,或者50人以上100人以下重伤,或者5 000万元以上1亿元以下直接经济损失的事故。

(3)较大事故,是指造成3人以上10人以下死亡,或者10人以上50人以下重伤,或者1 000万元以上5 000万元以下直接经济损失的事故。

(4)一般事故,是指造成3人以下死亡,或者10人以下重伤,或者1 000万元以下直接经济损失的事故。

上述等级划分所称的“以上”包括本数,所称的“以下”不包括本数。

(二)事故报告

1.施工单位事故报告要求

事故发生后,事故现场有关人员应当立即向施工单位负责人报告;施工单位负责人接到报告后,应当于1 h内向事故发生地县级以上人民政府建设主管部门和有关部门报告。情况紧急时,事故现场有关人员可以直接向事故发生地县级以上人民政府建设主管部门和有关部门报告。实行施工总承包的建设工程,由总承包单位负责上报事故。

2.建设主管部门事故报告要求

建设主管部门接到事故报告后,应当依照规定逐级上报事故情况,并通知应急管理部

门、公安机关、劳动保障行政主管部门、工会和人民检察院，每级上报的时间不得超过 2 h。

事故报告内容：事故发生的时间、地点和工程项目、有关单位名称；事故的简要经过；事故已经造成或者可能造成的伤亡人数（包括下落不明的人数）和初步估计的直接经济损失；事故的初步原因；事故发生后采取的措施及事故控制情况；事故报告单位或报告人员；其他应当报告的情况。

事故报告后出现新情况，以及事故发生之日起 30 日内伤亡人数发生变化的，应当及时补报。

链接

还需注意：施工现场作业人员发生法定传染病、食物中毒或急性职业中毒时，必须在 2 h 内向施工现场所在地建设行政主管部门和有关部门报告，并应积极配合调查处理。

（三）事故调查

建设主管部门应当按照有关人民政府的授权或委托组织事故调查组对事故进行调查。

事故调查报告应当包括下列内容：事故发生单位概况；事故发生经过和事故救援情况；事故造成的人员伤亡和直接经济损失；事故发生的原因和事故性质；事故责任的认定和对事故责任者的处理建议；事故防范和整改措施。

事故调查报告应当附具有关证据材料，事故调查组成员应当在事故调查报告上签名。

（四）事故处理

建设主管部门应当依据有关人民政府对事故的批复和有关法律法规的规定，对事故相关责任者实施行政处罚。处罚权限不属本级建设主管部门的，应当在收到事故调查报告批复后 15 个工作日内，将事故调查报告（附具有关证据材料）、结案批复、本级建设主管部门对有关责任者的处理建议等转送有权限的建设主管部门。

建设主管部门应当依照有关法律法规的规定，对因降低安全生产条件导致事故发生的施工单位给予暂扣或吊销安全生产许可证的处罚；对事故负有责任的相关单位给予罚款、停业整顿、降低资质等级或吊销资质证书的处罚；对事故发生负有责任的注册执业资格人员给予罚款、停止执业或吊销其注册执业资格证书的处罚。

六、工程保修有关规定

房屋建筑工程质量保修，是指对房屋建筑工程竣工验收后在保修期限内出现的质量缺陷，予以修复。质量缺陷，是指房屋建筑工程的质量不符合工程建设强制性标准以及合同的约定。

房屋建筑工程在保修范围和保修期限内出现质量缺陷，施工单位应当履行保修义务。国务院建设行政主管部门负责全国房屋建筑工程质量保修的监督管理。县级以上地方人民政府建设行政主管部门负责本行政区域内房屋建筑工程质量保修的监督管理。

建设单位和施工单位应当在工程质量保修书中约定保修范围、保修期限和保修责任等，双方约定的保修范围、保修期限必须符合国家有关规定。

在正常使用条件下,房屋建筑工程的最低保修期限为:

(1)地基基础工程和主体结构工程,为设计文件规定的该工程的合理使用年限。

(2)屋面防水工程、有防水要求的卫生间、房间和外墙面的防渗漏,为5年。

(3)供热与供冷系统,为2个采暖期、供冷期。

(4)电气管线、给排水管道、设备安装为2年。

(5)装修工程为2年。

房屋建筑工程保修期从工程竣工验收合格之日起计算。

房屋建筑工程在保修期限内出现质量缺陷,建设单位或者房屋建筑所有人应当向施工单位发出保修通知。施工单位接到保修通知后,应当到现场核查情况,在保修书约定的时间内予以保修。发生涉及结构安全或者严重影响使用功能的紧急抢修事故,施工单位接到保修通知后,应当立即到达现场抢修。

发生涉及结构安全的质量缺陷,建设单位或者房屋建筑所有人应当立即向当地建设行政主管部门报告,采取安全防范措施;由原设计单位或者具有相应资质等级的设计单位提出保修方案,施工单位实施保修,原工程质量监督机构负责监督。

保修完成后,由建设单位或者房屋建筑所有人组织验收。涉及结构安全的,应当报当地建设行政主管部门备案。施工单位不按工程质量保修书约定保修的,建设单位可以另行委托其他单位保修,由原施工单位承担相应责任。保修费用由质量缺陷的责任方承担。

在保修期限内,因房屋建筑工程质量缺陷造成房屋所有人、使用人或者第三方人身、财产损害的,房屋所有人、使用人或者第三方可以向建设单位提出赔偿要求。建设单位向造成房屋建筑工程质量缺陷的责任方追偿。

因保修不及时造成新的人身、财产损害,由造成拖延的责任方承担赔偿责任。房地产开发企业售出的商品房保修,还应当执行《城市房地产开发经营管理条例》和其他有关规定。

下列情况不属于《房屋建筑工程质量保修办法》规定的保修范围:因使用不当或者第三方造成的质量缺陷;不可抗力造成的质量缺陷。

军事建设工程的管理,按照中央军事委员会的有关规定执行。

七、房屋建筑工程竣工验收备案管理的有关规定

国务院住房和城乡建设主管部门负责全国房屋建筑和市政基础设施工程(以下统称工程)的竣工验收备案管理工作。县级以上地方人民政府建设主管部门负责本行政区域内工程的竣工验收备案管理工作。

建设单位应当自工程竣工验收合格之日起15日内,依照《房屋建筑和市政基础设施工程竣工验收备案管理办法》规定,向工程所在地的县级以上地方人民政府建设主管部门备案。

建设单位办理工程竣工验收备案应当提交下列文件:

(1)工程竣工验收备案表。

(2)工程竣工验收报告。竣工验收报告应当包括工程报建日期,施工许可证号,施工图

设计文件审查意见，勘察、设计、施工、工程监理等单位分别签署的质量合格文件及验收人员签署的竣工验收原始文件，市政基础设施的有关质量检测和功能性试验资料以及备案机关认为需要提供的有关资料。

(3)法律、行政法规规定应当由规划、环保等部门出具的认可文件或者准许使用文件。

(4)法律规定应当由公安消防部门出具的对大型的人员密集场所和其他特殊建设工程验收合格的证明文件。

(5)施工单位签署的工程质量保修书。

(6)法规、规章规定必须提供的其他文件。

住宅工程还应当提交《住宅质量保证书》和《住宅使用说明书》。

备案机关收到建设单位报送的竣工验收备案文件，验证文件齐全后，应当在工程竣工验收备案表上签署文件收讫。工程竣工验收备案表一式两份，一份由建设单位保存，一份留备案机关存档。工程质量监督机构应当在工程竣工验收之日起5日内，向备案机关提交工程质量监督报告。

第二节　建筑工程标准

模块一　建筑工程管理相关标准

一、建设工程项目管理的有关要求

建设工程项目管理是指运用系统的理论和方法，对建设工程项目进行的计划、组织、指挥、协调和控制等专业化活动。简称为项目管理。

(一)基本规定

组织应确定项目范围管理的工作职责和程序。项目范围管理的过程应包括下列内容：范围计划；范围界定；范围确认；范围变更控制。

项目管理机构应按项目管理流程实施项目管理。项目管理流程应包括启动、策划、实施、监控和收尾过程，各个过程之间相对独立，又相互联系。

组织应确定项目系统管理方法。系统管理方法应包括下列方法：系统分析；系统设计；系统实施；系统综合评价。

(二)项目管理责任制度

项目管理责任制度应作为项目管理的基本制度。项目管理机构负责人责任制应是项目管理责任制度的核心内容。建设工程项目各实施主体和参与方应建立项目管理责任制度，明确项目管理组织和人员分工，建立各方相互协调的管理机制。建设工程项目各实施主体和参与方法定代表人应书面授权委托项目管理机构负责人，并实行项目负责人责任制。项目管理机构负责人应根据法定代表人的授权范围、期限和内容，履行管理职责。项目管理机构负责人应取得相应资格，并按规定取得安全生产考核合格证书。项目管理机构负责人应按相关约定在岗履职，对项目实施全过程及全面管理。

（三）项目管理策划

项目管理策划应由项目管理规划策划和项目管理配套策划组成。项目管理规划应包括项目管理规划大纲和项目管理实施规划，项目管理配套策划应包括项目管理规划策划以外的所有项目管理策划内容。

项目管理策划应包括下列管理过程：分析、确定项目管理的内容与范围；协调、研究、形成项目管理策划结果；检查、监督、评价项目管理策划过程；履行其他确保项目管理策划的规定责任。

项目管理策划应遵循下列程序：识别项目管理范围→进行项目工作分解→确定项目的实施方法→规定项目需要的各种资源→测算项目成本→对各个项目管理过程进行策划。

项目管理策划过程应符合下列规定：

（1）项目管理范围应包括完成项目的全部内容，并与各相关方的工作协调一致。

（2）项目工作分解结构应根据项目管理范围，以可交付成果为对象实施；应根据项目实际情况与管理需要确定详细程度，确定工作分解结构。

（3）提供项目所需资源应按保证工程质量和降低项目成本的要求进行方案比较。

（4）项目进度安排应形成项目总进度计划，宜采用可视化图表表达。

（5）宜采用量价分离的方法，按照工程实体性消耗和非实体性消耗测算项目成本。

（6）应进行跟踪检查和必要的策划调整；项目结束后，宜编写项目管理策划的总结文件。

（四）采购与投标管理

组织应建立采购管理制度，确定采购管理流程和实施方式，规定管理与控制的程序和方法。采购工作应符合有关合同、设计文件所规定的技术、质量和服务标准，符合进度、安全、环境和成本管理要求。招标采购应确保实施过程符合法律、法规和经营的要求。

组织应建立投标管理制度，确定项目投标实施方式，规定管理与控制的流程和方法。投标工作应满足招标文件规定的要求。

项目采购和投标资料应真实、有效、完整，具有可追溯性。

（五）合同管理

组织应建立项目合同管理制度，明确合同管理责任，设立专门机构或人员负责合同管理工作。组织应配备符合要求的项目合同管理人员，实施合同的策划和编制活动，规范项目合同管理的实施程序和控制要求，确保合同订立和履行过程的合规性。

项目合同管理应遵循下列程序：合同评审→合同订立→合同实施计划→合同实施控制→合同管理总结。

严禁通过违法发包、转包、违法分包、挂靠方式订立和实施建设工程合同。

（六）设计与技术管理

组织应明确项目设计与技术管理部门，界定管理职责与分工，制定项目设计与技术管理制度，确定项目设计与技术控制流程，配备相应资源。项目管理机构应根据项目实施过程中不同阶段目标的实现情况，对项目设计与技术管理工作进行动态调整，并对项目设计与技术管理的过程和效果进行分层次、分类别的评价。

(七)进度管理

组织应建立项目进度管理制度,明确进度管理程序,规定进度管理职责及工作要求。

项目进度管理应遵循下列程序:编制进度计划→进度计划交底,落实管理责任→实施进度计划→进行进度控制和变更管理。

(八)质量管理

组织应根据需求制定项目质量管理和质量管理绩效考核制度,配备质量管理资源。项目质量管理应坚持缺陷预防的原则,按照策划、实施、检查、处置的循环方式进行系统运作。

项目管理机构应通过对人员、机具、材料、方法、环境要素的全过程管理,确保工程质量满足质量标准和相关方要求。

项目质量管理应按下列程序实施:确定质量计划→实施质量控制→开展质量检查与处置→落实质量改进。

(九)成本管理

成本管理参考第二章“模块八　建筑工程造价与成本管理”进行学习。

(十)安全生产管理

组织应建立安全生产管理制度,坚持以人为本、预防为主,确保项目处于本质安全状态。

组织应建立专门的安全生产管理机构,配备合格的项目安全管理负责人和管理人员,进行教育培训并持证上岗。项目安全生产管理机构以及管理人员应当恪尽职守、依法履行职责。

组织应按规定提供安全生产资源和安全文明施工费用,定期对安全生产状况进行评价,确定并实施项目安全生产管理计划,落实整改措施。

项目管理机构应识别可能的紧急情况和突发过程的风险因素,编制项目应急准备与响应预案。应急准备与响应预案应包括下列内容:应急目标和部门职责;突发过程的风险因素及评估;应急响应程序和措施;应急准备与响应能力测试;需要准备的相关资源。

发生安全生产事故时,项目管理机构应启动应急准备与响应预案,采取措施进行抢险救援,防止发生二次伤害。

(十一)绿色建造与环境管理

组织应建立项目绿色建造与环境管理制度,确定绿色建造与环境管理的责任部门,明确管理内容和考核要求。组织应制定绿色建造与环境管理目标,实施环境影响评价,配置相关资源,落实绿色建造与环境管理措施。项目管理过程应采用绿色设计,优先选用绿色技术、建材、机具和施工方法。施工管理过程应采取环境保护措施,控制施工现场的环境影响,预防环境污染。

(十二)资源管理

组织应建立项目资源管理制度,确定资源管理职责和管理程序,根据资源管理要求,建立并监督项目生产要素配置过程。

项目管理机构应根据项目目标管理的要求进行项目资源的计划、配置、控制,并根据授权进行考核和处置。

(十三)信息与知识管理

组织应建立项目信息与知识管理制度,及时、准确、全面地收集信息与知识,安全、可靠、方便、快捷地存储、传输信息和知识,有效、适宜地使用信息和知识。

信息管理应包括下列内容:信息计划管理;信息过程管理;信息安全管理;文件与档案管理;信息技术应用管理。

项目信息系统宜基于互联网并结合下列先进技术进行建设和应用:建筑信息模型;云计算;大数据;物联网。

(十四)沟通管理

组织应建立项目相关方沟通管理机制,健全项目协调制度,确保组织内部与外部各个层面的交流与合作。项目管理机构应将沟通管理纳入日常管理计划,沟通信息,协调工作,避免和消除在项目运行过程中的障碍、冲突和不一致。项目各相关方应通过制度建设、完善程序,实现相互之间沟通的零距离和运行的有效性。

(十五)风险管理

组织应建立风险管理制度,明确各层次管理人员的风险管理责任,管理各种不确定因素对项目的影响。

项目风险管理应包括下列程序:风险识别→风险评估→风险应对→风险监控。

(十六)收尾管理

组织应建立项目收尾管理制度,明确项目收尾管理的职责和工作程序。

项目管理机构应实施下列项目收尾工作:编制项目收尾计划;提出有关收尾管理要求;理顺、终结所涉及的对外关系;执行相关标准与规定;清算合同双方的债权债务。

(十七)管理绩效评价

1. 一般规定

组织应制定和实施项目管理绩效评价制度,规定相关职责和工作程序,吸收项目相关方的合理评价意见。项目管理绩效评价可在项目管理相关过程或项目完成后实施,评价过程应公开、公平、公正,评价结果应符合规定要求。

2. 管理绩效评价过程

项目管理绩效评价应包括下列过程:成立绩效评价机构;确定绩效评价专家;制定绩效评价标准;形成绩效评价结果。

项目管理绩效评价专家应具备相关资格和水平,具有项目管理的实践经验和能力,保持相对独立性。

3. 管理绩效评价范围、内容和指标

项目管理绩效评价应包括下列范围:项目实施的基本情况;项目管理分析与策划;项目管理方法与创新;项目管理效果验证。

项目管理绩效评价应包括下列内容:项目管理特点;项目管理理念、模式;主要管理对策、调整和改进;合同履行与相关方满意度;项目管理过程检查、考核、评价;项目管理实施成果。

项目管理绩效评价应具有下列指标:项目质量、安全、环保、工期、成本目标完成情况;供方(供应商、分包商)管理的有效程度;合同履约率、相关方满意度;风险预防和持续改进能力;项目综合效益。

4. 管理绩效评价方法

项目管理绩效评价机构应在评价前,根据评价需求确定评价方法。项目管理绩效评价机构宜以百分制形式对项目管理绩效进行打分,在合理确定各项评价指标权重的基础上,汇总得出项目管理绩效综合评分。组织应根据项目管理绩效评价需求规定适宜的评价结论等级,以百分制形式进行项目管理绩效评价的结论,宜分为优秀、良好、合格、不合格四个等级。

提示

建设工程项目管理的具体内容可参考《建设工程项目管理规范》学习。

二、建筑施工组织设计的有关要求

施工组织设计按编制对象,可分为施工组织总设计、单位工程施工组织设计和施工方案。施工组织设计的一般规定和单位工程施工组织设计已在第二章进行讲解,本部分主要讲解施工组织总设计的内容。

施工组织总设计的内容包括:工程概况、总体施工部署、施工总进度计划、总体施工准备与主要资源配置计划、主要施工方法、施工总平面布置。

(一)工程概况

工程概况应包括项目主要情况和项目主要施工条件等。

项目主要情况应包括下列内容:项目名称、性质、地理位置和建设规模;项目的建设、勘察、设计和监理等相关单位的情况;项目设计概况;项目承包范围及主要分包工程范围;施工合同或招标文件对项目施工的重点要求;其他应说明的情况。

项目主要施工条件应包括下列内容:项目建设地点气象状况;项目施工区域地形和工程水文地质状况;项目施工区域地上、地下管线及相邻的地上、地下建(构)筑物情况;与项目施工有关的道路、河流等状况;当地建筑材料、设备供应和交通运输等服务能力状况;当地供电、供水、供热和通信能力状况;其他与施工有关的主要因素。

(二)总体施工部署

施工组织总设计应对项目总体施工做出下列宏观部署:确定项目施工总目标,包括进度、质量、安全、环境和成本等目标;根据项目施工总目标的要求,确定项目分阶段(期)交付的计划;确定项目分阶段(期)施工的合理顺序及空间组织。总承包单位应明确项目管理组织机构形式,并宜采用框图的形式表示。

(三)施工总进度计划

施工总进度计划应按照项目总体施工部署的安排进行编制。施工总进度计划可采用网络图或横道图表示,并附必要说明。

(四)总体施工准备与主要资源配置计划

总体施工准备应包括技术准备、现场准备和资金准备等。技术准备、现场准备和资金准备应满足项目分阶段(期)施工的需要。

主要资源配置计划应包括劳动力配置计划和物资配置计划等。

劳动力配置计划应包括下列内容:确定各施工阶段(期)的总用工量;根据施工总进度计

划确定各施工阶段(期)的劳动力配置计划。

物资配置计划应包括下列内容:根据施工总进度计划确定主要工程材料和设备的配置计划;根据总体施工部署和施工总进度计划确定主要施工周转材料和施工机具的配置计划。

(五)主要施工方法

施工组织总设计应对项目涉及的单位(子单位)工程和主要分部(分项)工程所采用的施工方法进行简要说明。对脚手架工程、起重吊装工程、临时用水用电工程、季节性施工等专项工程所采用的施工方法应进行简要说明。

(六)施工总平面布置

施工总平面布置应符合下列原则:平面布置科学合理,施工场地占用面积少;合理组织运输,减少二次搬运;施工区域的划分和场地的临时占用应符合总体施工部署和施工流程的要求,减少相互干扰;充分利用既有建(构)筑物和既有设施为项目施工服务,降低临时设施的建造费用;临时设施应方便生产和生活,办公区、生活区和生产区宜分离设置;符合节能、环保、安全和消防等要求;遵守当地主管部门和建设单位关于施工现场安全文明施工的相关规定。

施工总平面布置图应符合下列要求:根据项目总体施工部署,绘制现场不同施工阶段(期)的总平面布置图;施工总平面布置图的绘制应符合国家相关标准要求并附必要说明。

施工总平面布置图应包括下列内容:项目施工用地范围内的地形状况;全部拟建的建(构)筑物和其他基础设施的位置;项目施工用地范围内的加工设施、运输设施、存贮设施、供电设施、供水供热设施、排水排污设施、临时施工道路和办公、生活用房等;施工现场必备的安全、消防、保卫和环境保护等设施;相邻的地上、地下既有建(构)筑物及相关环境。

提示

施工方案的有关要求可参考《建筑施工组织设计规范》学习。

三、建设工程文件归档整理的有关要求

建设工程文件是指在工程建设过程中形成的各种形式的信息记录,包括工程准备阶段文件、监理文件、施工文件、竣工图和竣工验收文件,简称为工程文件。

(一)基本要求

工程文件的形成和积累应纳入工程建设管理的各个环节和有关人员的职责范围。工程文件应随工程建设进度同步形成,不得事后补编。

每项建设工程应编制一套电子档案,随纸质档案一并移交城建档案管理机构(电子文档存储可采用通用格式或开放式文件格式)。电子档案签署了具有法律效力的电子印章或电子签名的,可不移交相应纸质档案。

建设单位应按下列流程开展工程文件的整理、归档、验收、移交等工作:

(1)在工程招标及与勘察、设计、施工、监理等单位签订协议、合同时,应明确竣工图的编制单位、工程档案的编制套数、编制费用及承担单位、工程档案的质量要求和移交时间等内容。

(2)收集和整理工程准备阶段形成的文件,并进行立卷归档。

(3)组织、监督和检查勘察、设计、施工、监理等单位的工程文件的形成、积累和立卷归档工作。

(4)收集和汇总勘察、设计、施工、监理等单位立卷归档的工程档案。

(5)收集和整理竣工验收文件,并进行立卷归档。

(6)在组织工程竣工验收前,应按《建设工程文件归档规范》的要求将全部文件材料收集齐全并完成工程档案的立卷;在组织竣工验收时,应组织对工程档案进行验收,验收结论应在工程竣工验收报告、专家组竣工验收意见中明确。

(7)对列入城建档案管理机构接收范围的工程,工程竣工验收备案前,应向当地城建档案管理机构移交一套符合规定的工程档案。

勘察、设计、施工、监理等单位应将本单位形成的工程文件立卷后向建设单位移交。

建设工程项目实行总承包管理的,总包单位应负责收集、汇总各分包单位形成的工程档案,并应及时向建设单位移交;各分包单位应将本单位形成的工程文件整理、立卷后及时移交总包单位。建设工程项目由几个单位承包的,各承包单位应负责收集、整理立卷其承包项目的工程文件,并应及时向建设单位移交。

(二)具体要求

归档的纸质工程文件应为原件。工程文件的内容及其深度应符合国家现行有关工程勘察、设计、施工、监理等标准的规定。工程文件的内容必须真实、准确,应与工程实际相符合。工程文件应字迹清楚(不能用纯蓝墨水、红色墨水、铅笔等易褪色的书写材料书写),图样清晰,图表整洁,签字盖章手续应完备。工程文件中文字材料幅面尺寸规格宜为 A4 幅面(297 mm×210 mm)。图纸宜采用国家标准图幅。

所有竣工图均应加盖竣工图章,并应符合下列规定:

(1)竣工图章的基本内容应包括:“竣工图”字样、施工单位、编制人、审核人、技术负责人、编制日期、监理单位、现场监理、总监。

(2)竣工图章尺寸应为:50 mm×80 mm。

(3)竣工图章应使用不易褪色的印泥,应盖在图标栏上方空白处。

施工文件的立卷应符合下列要求:

(1)专业承(分)包施工的分部、子分部(分项)工程应分别单独立卷。

(2)室外工程应按室外建筑环境和室外安装工程单独立卷。

(3)当施工文件中部分内容不能按一个单位工程分类立卷时,可按建设工程立卷。

工程文件归档时间应符合下列规定:

(1)根据建设程序和工程特点,归档可分阶段分期进行,也可在单位或分部工程通过竣工验收后进行。

(2)勘察、设计单位应在任务完成后,施工、监理单位应在工程竣工验收前,将各自形成的有关工程档案向建设单位归档。

工程档案的编制不得少于两套,一套应由建设单位保管,一套(原件)应移交当地城建档案管理机构保存。

勘察、设计、施工、监理等单位向建设单位移交档案时,应编制移交清单,双方签字、盖章后方可交接。

《城市建设档案管理规定》规定，建设单位应当在工程竣工验收后3个月内，向城建档案馆报送一套符合规定的建设工程档案。对改建、扩建和重要部位维修的工程，建设单位应当组织设计、施工单位据实修改、补充和完善原建设工程档案。凡结构和平面布置等改变的，应当重新编制建设工程档案，并在工程竣工后3个月内向城建档案馆报送。

模块二 建筑地基基础及主体结构工程相关技术标准

一、建筑地基基础工程施工质量验收的有关要求

地基基础工程施工质量验收应符合下列规定：地基基础工程施工质量应符合验收规定的要求；质量验收的程序应符合验收规定的要求；工程质量的验收应在施工单位自行检查评定合格的基础上进行；质量验收应进行分部、分项工程验收；质量验收应按主控项目和一般项目验收。

地基基础工程验收时应提交下列资料：岩土工程勘察报告；设计文件、图纸会审记录和技术交底资料；工程测量、定位放线记录；施工组织设计及专项施工方案；施工记录及施工单位自查评定报告；监测资料；隐蔽工程验收资料；检测与检验报告；竣工图。

主控项目的质量检验结果必须全部符合检验标准，一般项目的验收合格率不得低于80%。

地基基础标准试件强度评定不满足要求或对试件的代表性有怀疑时，应对实体进行强度检测，当检测结果符合设计要求时，可按合格验收。

提示

地基基础工程施工质量验收的具体内容在第二章“模块六 建筑工程施工质量管理”中有详细叙述，此处不再讲解。

二、混凝土结构工程施工质量验收的有关要求

混凝土结构子分部工程可划分为模板、钢筋、预应力、混凝土、现浇结构和装配式结构等分项工程。各分项工程可根据与生产和施工方式相一致且便于控制施工质量的原则，按进场批次、工作班、楼层、结构缝或施工段划分为若干检验批。

混凝土结构子分部工程的质量验收，应在钢筋、预应力、混凝土、现浇结构和装配式结构等相关分项工程验收合格的基础上，进行质量控制资料检查、观感质量验收及《混凝土结构工程施工质量验收规范》规定的结构实体检验。

分项工程的质量验收应在所含检验批验收合格的基础上，进行质量验收记录检查。

检验批的质量验收应包括实物检查和资料检查，并应符合下列规定：主控项目的质量经抽样检验应合格。一般项目的质量经抽样检验应合格；一般项目当采用计数抽样检验时，除有专门规定外，其合格点率应达到80%及以上，且不得有严重缺陷。应具有完整的质量检验记录，重要工序应具有完整的施工操作记录。

检验批抽样样本应随机抽取，并应满足分布均匀、具有代表性的要求。

不合格检验批的处理应符合下列规定：材料、构配件、器具及半成品检验批不合格时不得使用；混凝土浇筑前施工质量不合格的检验批，应返工、返修，并应重新验收；混凝土浇筑后施工质量不合格的检验批，应按有关规定进行处理。

获得认证的产品或来源稳定且连续三批均一次检验合格的产品，进场验收时检验批的容量可按有关规定扩大一倍，且检验批容量仅可扩大一倍。扩大检验批后的检验中，出现不合格情况时，应按扩大前的检验批容量重新验收，且该产品不得再次扩大检验批容量。

混凝土结构工程采用的材料、构配件、器具及半成品应按进场批次进行检验。属于同一工程项目且同期施工的多个单位工程，对同一厂家生产的同批材料、构配件、器具及半成品，可统一划分检验批进行验收。

提示

混凝土结构工程施工质量验收的具体内容在第二章“模块六　建筑工程施工质量管理”中有详细叙述，此处不再讲解。

三、砌体结构工程施工质量验收的有关要求

砌体结构工程所用的材料应有产品合格证书、产品性能型式检验报告，质量应符合国家现行有关标准的要求。块体、水泥、钢筋、外加剂尚应有材料主要性能的进场复验报告，并应符合设计要求。严禁使用国家明令淘汰的材料。

砌体结构的标高、轴线，应引自基准控制点。砌筑基础前，应校核放线尺寸，允许偏差应符合表 3-3 的规定。

表 3-3　放线尺寸的允许偏差

长度 L 及宽度 B/m	允许偏差/mm	长度 L 及宽度 B/m	允许偏差/mm
L(或 B)≤30	±5	60＜L(或 B)≤90	±15
30＜L(或 B)≤60	±10	L(或 B)＞90	±20

砌筑顺序应符合下列规定：

(1)基底标高不同时，应从低处砌起，并应由高处向低处搭砌。当设计无要求时，搭接长度 L 不应小于基础底的高差 H，搭接长度范围内下层基础应扩大砌筑，如图 3-1 所示。

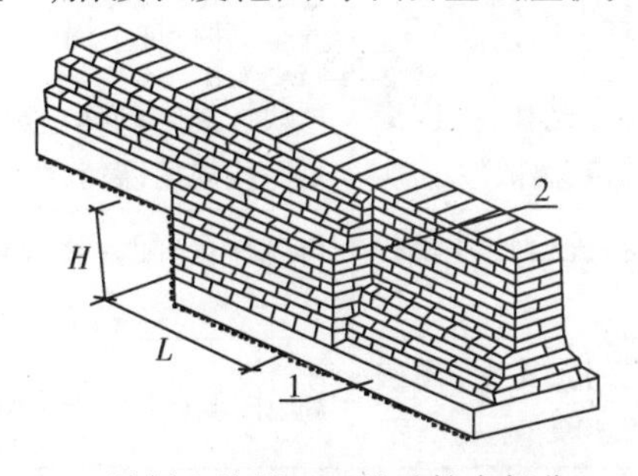

1—混凝土垫层；2—基础扩大部分。

图 3-1　基底标高不同时的搭砌示意图(条形基础)

(2)砌体的转角处和交接处应同时砌筑,当不能同时砌筑时,应按规定留槎、接槎。

专家解读

基础高低台的合理搭接,对保证基础的整体性和受力至关重要。砌体的转角处和交接处同时砌筑可以保证墙体的整体性,从而提高砌体结构的抗震性能。从震害调查看到,不少砌体结构建筑,由于砌体的转角处和交接处未同时砌筑,接槎不良导致外墙甩出和砌体倒塌,因此必须重视砌体的转角处和交接处的砌筑。

在墙上留置临时施工洞口,其侧边离交接处墙面不应小于500 mm,洞口净宽度不应超过1 m。抗震设防烈度为9度地区建筑物的临时施工洞口位置,应会同设计单位确定。临时施工洞口应做好补砌。

不得在下列墙体或部位设置脚手眼:120 mm厚墙、清水墙、料石墙、独立柱和附墙柱;过梁上与过梁成60°角的三角形范围及过梁净跨度1/2的高度范围内;宽度小于1 m的窗间墙;门窗洞口两侧石砌体300 mm,其他砌体200 mm范围内;转角处石砌体600 mm,其他砌体450 mm范围内;梁或梁垫下及其左右500 mm范围内;设计不允许设置脚手眼的部位;轻质墙体;夹心复合墙外叶墙。

脚手眼补砌时,应清除脚手眼内掉落的砂浆、灰尘;脚手眼处砖及填塞用砖应湿润,并应填实砂浆。

设计要求的洞口、沟槽、管道应于砌筑时正确留出或预埋,未经设计同意,不得打凿墙体和在墙体上开凿水平沟槽。宽度超过300 mm的洞口上部,应设置钢筋混凝土过梁。不应在截面长边小于500 mm的承重墙体、独立柱内埋设管线。

砌筑完基础或每一楼层后,应校核砌体的轴线和标高。在允许偏差范围内,轴线偏差可在基础顶面或楼面上校正,标高偏差宜通过调整上部砌体灰缝厚度校正。

砌体施工质量控制等级分为三级,并应按表3-4划分。

表3-4 施工质量控制等级

项目	施工质量控制等级		
	A	B	C
现场质量管理	监督检查制度健全,并严格执行;施工方有在岗专业技术管理人员,人员齐全,并持证上岗	监督检查制度基本健全,并能执行;施工方有在岗专业技术管理人员,人员齐全,并持证上岗	有监督检查制度;施工方有在岗专业技术管理人员
砂浆、混凝土强度	试块按规定制作,强度满足验收规定,离散性小	试块按规定制作,强度满足验收规定,离散性较小	试块按规定制作,强度满足验收规定,离散性大
砂浆拌合	机械拌合;配合比计量控制严格	机械拌合;配合比计量控制一般	机械或人工拌合;配合比计量控制较差
砌筑工人	中级工以上,其中,高级工不少于30%	高、中级工不少于70%	初级工以上

注:a. 砂浆、混凝土强度离散性大小根据强度标准差确定。

b. 配筋砌体不得为C级施工。

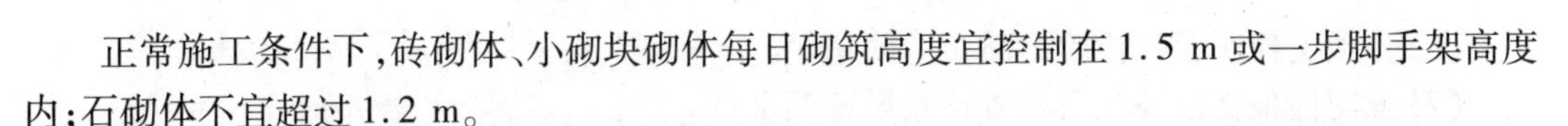

正常施工条件下，砖砌体、小砌块砌体每日砌筑高度宜控制在 1.5 m 或一步脚手架高度内；石砌体不宜超过 1.2 m。

砌体结构工程检验批的划分应同时符合下列规定：所用材料类型及同类型材料的强度等级相同；不超过 250 m^3 砌体；主体结构砌体一个楼层（基础砌体可按一个楼层计）；填充墙砌体量少时可多个楼层合并。

砌体结构工程检验批验收时，其主控项目应全部符合《砌体结构工程施工质量验收规范》的规定；一般项目应有 80% 及以上的抽检处符合规范的规定；有允许偏差的项目，最大超差值为允许偏差值的 1.5 倍。

在墙体砌筑过程中，当砌筑砂浆初凝后，块体被撞动或需移动时，应将砂浆清除后再铺浆砌筑。

提示

> 砌体结构工程施工质量验收的具体内容在第二章“模块六　建筑工程施工质量管理”中有详细叙述，此处不再讲解。

四、钢结构工程施工质量验收的有关要求

钢结构工程施工单位应有相应的施工技术标准、质量管理体系、质量控制及检验制度，施工现场应有经审批的施工组织设计、施工方案等技术文件。

钢结构工程施工质量的验收，必须采用经计量检定、校准合格的计量器具。钢结构工程见证取样送样应由检测机构完成。

钢结构工程施工中采用的工程技术文件、承包合同文件等对施工质量验收的要求不得低于《钢结构工程施工质量验收标准》的规定。

钢结构工程应按下列规定进行施工质量控制：采用的原材料及成品应进行进场验收，凡涉及安全、功能的原材料及成品应按规定进行复验，并应经监理工程师（建设单位技术负责人）见证取样送样；各工序应按施工技术标准进行质量控制，每道工序完成后应进行检查；相关各专业之间应进行交接检验，并经监理工程师（建设单位技术负责人）检查认可。

钢结构作为主体结构之一应按子分部工程竣工验收；当主体结构均为钢结构时应按分部工程进行竣工验收。大型钢结构工程可划分成若干个子分部工程进行竣工验收。

钢结构分部工程合格质量标准应符合下列规定：各分项工程质量均应符合合格质量标准；质量控制资料和文件应完整；有关安全及功能的检验和见证检测结果应满足相应合格质量标准的要求；有关观感质量应满足相应合格质量标准的要求。

钢结构分部工程进行竣工验收时，应提供下列文件和记录：

（1）钢结构工程竣工图纸及相关设计文件。

（2）施工现场质量管理检查记录。

（3）有关安全及功能的检验和见证检测项目检查记录。

（4）有关观感质量检验项目检查记录。

（5）分部工程所含各分项工程质量验收记录。

(6)分项工程所含各检验批质量验收记录。

(7)强制性条文检验项目检查记录及证明文件。

(8)隐蔽工程检验项目检查验收记录。

(9)原材料、成品质量合格证明文件,中文产品标志及性能检测报告。

(10)不合格项的处理记录及验收记录。

(11)重大质量、技术问题实施方案及验收记录。

(12)其他有关文件和记录。

当钢结构工程施工质量不符合标准的规定时,应按下列规定进行处理:经返修或更换构(配)件的检验批,应重新进行验收;经法定的检测单位检测鉴定能够达到设计要求的检验批,应予以验收;经法定的检测单位检测鉴定达不到设计要求,但经原设计单位核算认可能够满足结构安全和使用功能的检验批,可予以验收;经返修或加固处理的分项、分部工程,仍能满足结构安全和使用功能要求时,可按处理技术方案和协商文件进行验收;通过返修或加固处理仍不能满足安全使用要求的钢结构分部工程,严禁验收。

提示

钢结构工程施工质量验收的具体内容在第二章“模块六 建筑工程施工质量管理”中有详细叙述,此处不再讲解。

五、屋面工程质量验收的有关要求

施工单位应取得建筑防水和保温工程相应等级的资质证书;作业人员应持证上岗。

屋面工程施工前应通过图纸会审,施工单位应掌握施工图中的细部构造及有关技术要求;施工单位应编制屋面工程专项施工方案,并应经监理单位或建设单位审查确认后执行。

屋面工程所用的防水、保温材料应有产品合格证书和性能检测报告,材料的品种、规格、性能等必须符合国家现行产品标准和设计要求。产品质量应由经过省级以上建设行政主管部门对其资质认可和质量技术监督部门对其计量认证的质量检测单位进行检测。

屋面工程施工时,应建立各道工序的自检、交接检和专职人员检查的“三检”制度,并应有完整的检查记录。每道工序施工完成后,应经监理单位或建设单位检查验收,并应在合格后再进行下道工序的施工。

当进行下道工序或相邻工程施工时,应对屋面已完成的部分采取保护措施。伸出屋面的管道、设备或预埋件等,应在保温层和防水层施工前安设完毕。屋面保温层和防水层完工后,不得进行凿孔、打洞或重物冲击等有损屋面的作业。

屋面防水工程完工后,应进行观感质量检查和雨后观察或淋水、蓄水试验,不得有渗漏和积水现象。

屋面工程各分项工程宜按屋面面积每500～1 000 m^2划分为一个检验批,不足500 m^2应按一个检验批;每个检验批的抽检数量应按规定执行。

提示

屋面工程施工质量验收的具体内容在第二章“模块六 建筑工程施工质量管理”中有详细叙述,此处不再讲解。

六、地下防水工程质量验收的有关要求

地下工程的防水等级标准应符合表3-5的规定。

表3-5　地下工程防水等级标准

防水等级	防水标准
一级	不允许渗水,结构表面无湿渍
二级	(1)不允许漏水,结构表面可有少量湿渍。 (2)房屋建筑地下工程:总湿渍面积不应大于总防水面积(包括顶板、墙面、地面)的1/1 000;任意100 m^2 防水面积上的湿渍不超过2处,单个湿渍的最大面积不大于0.1 m^2。 (3)其他地下工程:总湿渍面积不应大于总防水面积的2/1 000;任意100 m^2防水面积上的湿渍不超过3处,单个湿渍的最大面积不大于0.2 m^2;其中,隧道工程平均渗水量不大于0.05 L/(m^2·d),任意100 m^2 防水面积上的渗水量不大于0.15 L/(m^2·d)
三级	(1)有少量漏水点,不得有线流和漏泥砂。 (2)任意100 m^2 防水面积上的湿渍不超过7处,单个漏水点的最大漏水量不大于2.5 L/d,单个湿渍的最大面积不大于0.3 m^2
四级	(1)有漏水点,不得有线流和漏泥砂。 (2)整个工程平均漏水量不大于2 L/(m^2·d);任意100 m^2防水面积上的平均漏水量不大于4 L/(m^2·d)

地下防水工程施工前,应通过图纸会审,掌握结构主体及细部构造的防水要求,施工单位应编制防水工程专项施工方案,经监理单位或建设单位审查批准后执行。

地下防水工程的施工,应建立各道工序的自检、交接检和专职人员检查的制度,并有完整的检查记录;工程隐蔽前,应由施工单位通知有关单位进行验收,并形成隐蔽工程验收记录;未经监理单位或建设单位代表对上道工序的检查确认,不得进行下道工序的施工。

地下防水工程施工期间,必须保持地下水位稳定在工程底部最低高程500 mm以下,必要时应采取降水措施。对采用明沟排水的基坑,应保持基坑干燥。

地下防水工程不得在雨天、雪天和五级风及其以上时施工;防水材料施工环境气温条件宜符合表3-6的规定。

表3-6　防水材料施工环境气温条件

防水材料	施工环境气温条件
高聚物改性沥青防水卷材	冷粘法、自粘法不低于5 ℃,热熔法不低于-10 ℃
合成高分子防水卷材	冷粘法、自粘法不低于5 ℃,焊接法不低于-10 ℃
有机防水涂料	溶剂型-5~35 ℃,反应型、水乳型5~35 ℃
无机防水涂料	5~35 ℃
防水混凝土、防水砂浆	5~35 ℃
膨润土防水材料	不低于-20 ℃

地下防水工程是一个子分部工程,其分项工程的划分应符合表3-7的规定。

表 3-7 地下防水工程的分项工程

子分部工程		分项工程
地下防水工程	主体结构防水	防水混凝土、水泥砂浆防水层、卷材防水层、涂料防水层、塑料防水板防水层、金属板防水层、膨润土防水材料防水层
	细部构造防水	施工缝、变形缝、后浇带、穿墙管、埋设件、预留通道接头、桩头、孔口、坑、池
	特殊施工法结构防水	锚喷支护、地下连续墙、盾构隧道、深井、逆筑结构
	排水	渗排水、盲沟排水、隧道排水、坑道排水、塑料排水板排水
	注浆	预注浆、后注浆、结构裂缝注浆

地下防水工程的分项工程检验批和抽样检验数量应符合下列规定：

(1)主体结构防水工程和细部构造防水工程应按结构层、变形缝或后浇带等施工段划分检验批。

(2)特殊施工法结构防水工程应按隧道区间、变形缝等施工段划分检验批。

(3)排水工程和注浆工程应各为一个检验批。

(4)各检验批的抽样检验数量。细部构造应为全数检查，其他均应符合《地下防水工程质量验收规范》的规定。

提示

地下防水工程质量验收的具体内容在第二章“模块六　建筑工程施工质量管理”中有详细叙述，此处不再讲解。

七、建筑地面工程施工质量验收的有关要求

建筑地面工程采用的材料或产品应符合设计要求和国家现行有关标准的规定。无国家现行标准的，应具有省级住房和城乡建设行政主管部门的技术认可文件。材料或产品进场时还应符合下列规定：应有质量合格证明文件；应对型号、规格、外观等进行验收，对重要材料或产品应抽样进行复验。

厕浴间和有防滑要求的建筑地面应符合设计防滑要求。

建筑地面下的沟槽、暗管、保温、隔热、隔声等工程完工后，应经检验合格并做隐蔽记录，方可进行建筑地面工程的施工。

建筑地面工程基层(各构造层)和面层的铺设，均应待其下一层检验合格后方可施工上一层。建筑地面工程各层铺设前与相关专业的分部(子分部)工程、分项工程以及设备管道安装工程之间，应进行交接检验。

建筑地面工程施工时，各层环境温度的控制应符合材料或产品的技术要求，并应符合下列规定：

(1)采用掺有水泥、石灰的拌和料铺设以及用石油沥青胶结料铺贴时，不应低于 5 ℃。

(2)采用有机胶黏剂粘贴时，不应低于 10 ℃。

(3)采用砂、石材料铺设时，不应低于 0 ℃。

(4)采用自流平、涂料铺设时,不应低于5 ℃,也不应高于30 ℃。

水泥混凝土散水、明沟应设置伸、缩缝,其延长米间距不得大于10 m,对日晒强烈且昼夜温差超过15 ℃的地区,其延长米间距宜为4~6 m。水泥混凝土散水、明沟和台阶等与建筑物连接处及房屋转角处应设缝处理。上述缝的宽度应为15~20 mm,缝内应填嵌柔性密封材料。

厕浴间、厨房和有排水(或其他液体)要求的建筑地面面层与相连接各类面层的标高差应符合设计要求。

检验同一施工批次、同一配合比水泥混凝土和水泥砂浆强度的试块,应按每一层(或检验批)建筑地面工程不少于1组。当每一层(或检验批)建筑地面工程面积大于1 000 m^2时,每增加1 000 m^2应增做1组试块;小于1 000 m^2按1 000 m^2计算,取样1组;检验同一施工批次、同一配合比的散水、明沟、踏步、台阶、坡道的水泥混凝土、水泥砂浆强度的试块,应按每150延长米不少于1组。

建筑地面工程施工质量的检验,应符合下列规定:

(1)基层(各构造层)和各类面层的分项工程的施工质量验收应按每一层次或每层施工段(或变形缝)划分检验批,高层建筑的标准层可按每三层(不足三层按三层计)划分检验批。

(2)每检验批应以各子分部工程的基层(各构造层)和各类面层所划分的分项工程按自然间(或标准间)检验,抽查数量应随机检验不应少于3间;不足3间,应全数检查;其中走廊(过道)应以10延长米为1间,工业厂房(按单跨计)、礼堂、门厅应以两个轴线为1间计算。

(3)有防水要求的建筑地面子分部工程的分项工程施工质量每检验批抽查数量应按其房间总数随机检验不应少于4间,不足4间,应全数检查。

建筑地面工程的分项工程施工质量检验的主控项目,应达到《建筑地面工程施工质量验收规范》规定的质量标准,认定为合格;一般项目80%以上的检查点(处)符合规范规定的质量要求,其他检查点(处)不得有明显影响使用,且最大偏差值不超过允许偏差值的50%为合格。凡达不到质量标准时,应按现行国家标准《建筑工程施工质量验收统一标准》的规定处理。

建筑地面工程的施工质量验收应在建筑施工企业自检合格的基础上,由监理单位或建设单位组织有关单位对分项工程、子分部工程进行检验。

提示

建筑地面工程施工质量验收的具体内容在第二章“模块六　建筑工程施工质量管理”中有详细叙述,此处不再讲解。

模块三　建筑装饰装修工程相关技术标准

一、建筑幕墙工程技术规范中的有关要求

该部分内容在第一章第二节“模块五　装饰装修工程施工技术”中有详细叙述,此处不再讲解。

二、住宅装饰装修工程施工的有关要求

(一)基本规定

1.施工基本要求

施工前应进行设计交底工作,并应对施工现场进行核查,了解物业管理的有关规定。

各工序、各分项工程应自检、互检及交接检。

施工中,严禁损坏房屋原有绝热设施;严禁损坏受力钢筋;严禁超荷载集中堆放物品;严禁在预制混凝土空心楼板上打孔安装埋件。

施工中,严禁擅自改动建筑主体、承重结构或改变房间主要使用功能;严禁擅自拆改燃气、暖气、通信等配套设施。

管道、设备工程的安装及调试应在装饰装修工程施工前完成,必须同步进行的应在饰面层施工前完成。装饰装修工程不得影响管道、设备的使用和维修。涉及燃气管道的装饰装修工程必须符合有关安全管理的规定。

施工人员应遵守有关施工安全、劳动保护、防火、防毒的法律、法规。

施工现场用电应符合下列规定:施工现场用电应从户表以后设立临时施工用电系统;安装、维修或拆除临时施工用电系统,应由电工完成;临时施工供电开关箱中应装设漏电保护器。进入开关箱的电源线不得用插销连接;临时用电线路应避开易燃、易爆物品堆放地;暂停施工时应切断电源。

施工现场用水应符合下列规定:不得在未做防水的地面蓄水;临时用水管不得有破损、滴漏;暂停施工时应切断水源。

文明施工和现场环境应符合下列要求:施工人员应衣着整齐;施工人员应服从物业管理或治安保卫人员的监督、管理;应控制粉尘、污染物、噪声、震动等对相邻居民、居民区和城市环境的污染及危害;施工堆料不得占用楼道内的公共空间,封堵紧急出口;室外堆料应遵守物业管理规定,避开公共通道、绿化地、化粪池等市政公用设施;工程垃圾宜密封包装,并放在指定垃圾堆放地;不得堵塞、破坏上下水管道、垃圾道等公共设施,不得损坏楼内各种公共标识;工程验收前应将施工现场清理干净。

2.材料、设备基本要求

住宅装饰装修工程所用材料的品种、规格、性能应符合设计的要求及国家现行有关标准的规定。

严禁使用国家明令淘汰的材料。

住宅装饰装修所用的材料应按设计要求进行防火、防腐和防蛀处理。

施工单位应对进场主要材料的品种、规格、性能进行验收。主要材料应有产品合格证书,有特殊要求的应有相应的性能检测报告和中文说明书。

现场配制的材料应按设计要求或产品说明书制作。

应配备满足施工要求的配套机具设备及检测仪器。

住宅装饰装修工程应积极使用新材料、新技术、新工艺、新设备。

3.成品保护

施工过程中材料运输应符合下列规定:材料运输使用电梯时,应对电梯采取保护措施;

材料搬运时要避免损坏楼道内顶、墙、扶手、楼道窗户及楼道门。

施工过程中应采取下列成品保护措施：各工种在施工中不得污染、损坏其他工种的半成品、成品；材料表面保护膜应在工程竣工时撤除；对邮箱、消防、供电、电视、报警、网络等公共设施应采取保护措施。

（二）防火安全

1. 一般规定

施工单位必须制定施工防火安全制度，施工人员必须严格遵守。

2. 材料的防火处理

对装饰织物进行阻燃处理时，应使其被阻燃剂浸透，阻燃剂的干含量应符合产品说明书的要求。对木质装饰装修材料进行防火涂料涂布前应对其表面进行清洁。涂布至少分两次进行，且第二次涂布应在第一次涂布的涂层表干后进行，涂布量应不小于500 g/m^2。

3. 施工现场防火

易燃物品应相对集中放置在安全区域并应有明显标识。施工现场不得大量积存可燃材料。易燃易爆材料的施工，应避免敲打、碰撞、摩擦等可能出现火花的操作。配套使用的照明灯、电动机、电气开关应有安全防爆装置。使用油漆等挥发性材料时，应随时封闭其容器。擦拭后的棉纱等物品应集中存放且远离热源。施工现场动用电气焊等明火时，必须清除周围及焊渣滴落区的可燃物质，并设专人监督。施工现场必须配备灭火器、砂箱或其他灭火工具。严禁在施工现场吸烟。严禁在运行中的管道、装有易燃易爆的容器和受力构件上进行焊接和切割。

4. 电气防火

照明、电热器等设备的高温部位靠近非A级材料或导线穿越B_2级以下装修材料时，应采用岩棉、瓷管或玻璃棉等A级材料隔热。当照明灯具或镇流器嵌入可燃装饰装修材料中时，应采取隔热措施予以分隔。

配电箱的壳体和底板宜采用A级材料制作。配电箱不得安装在B_2级以下（含B_2级）的装修材料上。开关、插座应安装在B_1级以上的材料上。

卤钨灯灯管附近的导线应采用耐热绝缘材料制成的护套，不得直接使用具有延燃性绝缘的导线。

明敷塑料导线应穿管或加线槽板保护，吊顶内的导线应穿金属管或B_1级PVC管保护，导线不得裸露。

5. 消防设施的保护

住宅装饰装修不得遮挡消防设施、疏散指示标志及安全出口，并且不应妨碍消防设施和疏散通道的正常使用。不得擅自改动防火门。消火栓门四周的装饰装修材料颜色应与消火栓门的颜色有明显区别。住宅内部火灾报警系统的穿线管，自动喷淋灭火系统的水管线应用独立的吊管架固定。不得借用装饰装修用的吊杆和放置在吊顶上固定。当装饰装修重新分割了住宅房间的平面布局时，应根据有关设计规范针对新的平面调整火灾自动报警探测器与自动灭火喷头的布置。喷淋管线、报警器线路、接线箱及相关器件宜暗装处理。

（三）室内环境污染控制

住宅装饰装修室内环境污染控制除应符合《住宅装饰装修工程施工规范》外，尚应符合《民用建筑工程室内环境污染控制标准》等国家现行标准的规定。设计、施工应选用低毒性、低污染的装饰装修材料。

对室内环境污染控制有要求的，可按有关规定对污染物全部或部分进行检测。

（四）防水工程

基层表面应平整，不得有松动、空鼓、起沙、开裂等缺陷，含水率应符合防水材料的施工要求。

地漏、套管、卫生洁具根部、阴阳角等部位，应先做防水附加层。

防水层应从地面延伸到墙面，高出地面 100 mm；浴室墙面的防水层不得低于 1 800 mm。

防水砂浆施工应符合下列规定：防水砂浆的配合比应符合设计或产品的要求，防水层应与基层结合牢固，表面应平整，不得有空鼓、裂缝和麻面起砂，阴阳角应做成圆弧形；保护层水泥砂浆的厚度、强度应符合设计要求。

涂膜防水施工应符合下列规定：涂膜涂刷应均匀一致，不得漏刷。总厚度应符合产品技术性能要求。玻纤布的接槎应顺流水方向搭接，搭接宽度应不小于 100 mm。两层以上玻纤布的防水施工，上、下搭接应错开幅宽的 1/2。

（五）抹灰工程

冬期施工，抹灰时的作业面温度不宜低于 5 ℃；抹灰层初凝前不得受冻。抹灰用的水泥宜为硅酸盐水泥、普通硅酸盐水泥，其强度等级不应小于 32.5。不同品种不同标号的水泥不得混合使用。水泥应有产品合格证书。抹灰用砂子宜选用中砂，砂子使用前应过筛，不得含有杂物。抹灰用石灰膏的熟化期不应少于 15 天。罩面用磨细石灰粉的熟化期不应少于 3 天。

大面积抹灰前应设置标筋。抹灰应分层进行，每遍厚度宜为 5 ~ 7 mm。抹石灰砂浆和水泥混合砂浆每遍厚度宜为 7 ~ 9 mm。当抹灰总厚度超出 35 mm 时，应采取加强措施。

用水泥砂浆和水泥混合砂浆抹灰时，应待前一抹灰层凝结后方可抹后一层；用石灰砂浆抹灰时，应待前一抹灰层七八成干后方可抹后一层。

（六）卫生器具及管道安装工程

各种卫生设备与地面或墙体的连接应用金属固定件安装牢固。金属固定件应进行防腐处理。当墙体为多孔砖墙时，应凿孔填实水泥砂浆后再进行固定件安装。当墙体为轻质隔墙时，应在墙体内设后置埋件，后置埋件应与墙体连接牢固。

嵌入墙体、地面的管道应进行防腐处理并用水泥砂浆保护，其厚度应符合下列要求：墙内冷水管不小于 10 mm、热水管不小于 15 mm，嵌入地面的管道不小于 10 mm。嵌入墙体、地面或暗敷的管道应作隐蔽工程验收。

冷热水管安装应左热右冷，平行间距应不小于 200 mm。当冷热水供水系统采用分水器供水时，应采用半柔性管材连接。

（七）电气安装工程

（1）应根据用电设备位置，确定管线走向、标高及开关、插座的位置。

（2）电源线配线时，所用导线截面积应满足用电设备的最大输出功率。

（3）暗线敷设必须配管。当管线长度超过 15 m 或有两个直角弯时，应增设拉线盒。

(4)同一回路电线应穿入同一根管内,但管内总根数不应超过8根,电线总截面积(包括绝缘外皮)不应超过管内截面积的40%。

(5)电源线与通讯线不得穿入同一根管内。

(6)电源线及插座与电视线及插座的水平间距不应小于500 mm。

(7)电线与暖气、热水、煤气管之间的平行距离不应小于300 mm,交叉距离不应小于100 mm。

(8)穿入配管导线的接头应设在接线盒内,接头搭接应牢固,绝缘带包缠应均匀紧密。

(9)安装电源插座时,面向插座的左侧应接零线(N),右侧应接相线(L),中间上方应接保护地线(PE)。

(10)当吊灯自重在3 kg及以上时,应先在顶板上安装后置埋件,然后将灯具固定在后置埋件上。严禁安装在木楔、木砖上。

(11)连接开关、螺口灯具导线时,相线应先接开关,开关引出的相线应接在灯中心的端子上,零线应接在螺纹的端子上。

(12)导线间和导线对地间电阻必须大于0.5 MΩ。

(13)同一室内的电源、电话、电视等插座面板应在同一水平标高上,高差应小于5 mm。

(14)厨房、卫生间应安装防溅插座,开关宜安装在门外开启侧的墙体上。

(15)电源插座底边距地宜为300 mm,平开关板底边距地宜为1 400 mm。

典型例题

【单选题】同一住宅电气安装工程配线时,保护线(PE)的颜色是(　　)

A. 黄色　　B. 蓝色

C. 蓝绿双色　　D. 黄绿双色

D。**【解析】**电气安装施工人员应持证上岗。配电箱户表后应根据室内用电设备的不同功率分别配线供电;大功率家电设备应独立配线安装插座。配线时,相线与零线的颜色应不同;同一住宅相线(L)颜色应统一,零线(N)宜用蓝色,保护线(PE)必须用黄绿双色线。

提示

吊顶工程、轻质隔墙工程、门窗工程、细部工程等在第一章第二节"模块五　装饰装修工程施工技术"和第二章"模块六　建筑工程施工质量管理"中均有详细叙述,此处不再讲解。

三、建筑内部装修设计防火的有关要求

该部分内容在第一章第二节"模块五　装饰装修工程施工技术"中有详细叙述,可参照学习,此处不再讲解。

四、建筑内部装修防火施工及验收的有关要求

装修施工应按设计要求编写施工方案。施工现场管理应具备相应的施工技术标准、健全的施工质量管理体系和工程质量检验制度,并应按《建筑内部装修防火施工及验收规范》

的要求填写有关记录。

装修施工前,应对各部位装修材料的燃烧性能进行技术交底。

进入施工现场的装修材料应完好,并应核查其燃烧性能或耐火极限、防火性能型式检验报告、合格证书等技术文件是否符合防火设计要求。核查、检验时,应按规定填写进场验收记录。

装修材料进入施工现场后,应按有关规定,在监理单位或建设单位监督下,由施工单位有关人员现场取样,并应由具备相应资质的检验单位进行见证取样检验。

装修施工过程中,装修材料应远离火源,并应指派专人负责施工现场的防火安全。

建筑工程内部装修不得影响消防设施的使用功能。装修施工过程中,当确需变更防火设计时,应经原设计单位或具有相应资质的设计单位按有关规定进行。

提示

建筑内部装修防火施工及验收的具体内容在第二章“模块六　建筑工程施工质量管理”中有详细叙述,此处不再讲解。

五、建筑装饰装修工程质量验收的有关要求

建筑装饰装修工程质量验收程序和组织应符合现行国家标准《建筑工程施工质量验收统一标准》的规定。

检验批的质量验收应按现行国家标准《建筑工程施工质量验收统一标准》的格式记录。检验批的合格判定应符合下列规定:

(1)抽查样本的80%均应符合《建筑装饰装修工程质量验收标准》主控项目的规定。

(2)抽查样本的80%以上应符合《建筑装饰装修工程质量验收标准》一般项目的规定。其余样本不得有影响使用功能或明显影响装饰效果的缺陷,其中有允许偏差的检验项目,其最大偏差不得超过规定允许偏差的1.5倍。

分项工程的质量验收应按现行国家标准《建筑工程施工质量验收统一标准》的格式记录,分项工程中各检验批的质量均应验收合格。

子分部工程的质量验收应按现行国家标准《建筑工程施工质量验收统一标准》的格式记录。子分部工程中各分项工程的质量均应验收合格,并应符合下列规定:应具备各子分部工程规定检查的文件和记录;应具备表3-8所规定的有关安全和功能检验项目的合格报告;观感质量应符合《建筑装饰装修工程质量验收标准》各分项工程中一般项目的要求。

表3-8　有关安全和功能的检验项目表

项次	子分项工程	检验项目
1	门窗工程	建筑外窗的气密性能、水密性能和抗风压性能
2	饰面板工程	饰面板后置埋件的现场拉拔力
3	饰面砖工程	外墙饰面砖样板及工程的饰面砖黏结强度
4	幕墙工程	硅酮结构胶的相容性和剥离黏结性;幕墙后置埋件和槽式预埋件的现场拉拔力;幕墙的气密性、水密性、耐风压性能及层间变形性能

未经竣工验收合格的建筑装饰装修工程不得投入使用。

建筑装饰装修工程质量验收的具体内容在第二章“模块六　建筑工程施工质量管理”中有详细叙述，此处不再讲解。

模块四　建筑工程节能与环境控制相关技术标准

一、节能建筑评价的有关要求

为贯彻落实节约能源资源的基本国策，引导采用先进适用的建筑节能技术，推动建筑的可持续发展，规范节能建筑的评价，编制《节能建筑评价标准》，内容如下。

（一）基本规定

节能建筑评价应包括节能建筑设计评价和节能建筑工程评价两个阶段。节能建筑的评价应以单栋建筑或建筑小区为对象。

节能建筑设计评价指标体系应由建筑规划、建筑围护结构、采暖通风与空气调节、给水排水、电气与照明、室内环境六类指标组成；节能建筑工程评价指标体系应由建筑规划、建筑围护结构、采暖通风与空气调节、给水排水、电气与照明、室内环境和运营管理七类指标组成。每类指标应包括控制项、一般项和优选项。

（二）居住建筑

1. 建筑规划

居住建筑的选址和总体规划设计应符合城市规划和居住区规划的要求。评价方法是检查规划设计批复文件。

当建筑中单套住宅居住空间总数大于等于 4 个时，至少有 2 个房间能获得冬季日照。

居住区内绿地率不低于下列规定：新区建设绿地率不低于 30%；旧区改建绿地率不低于 20%。

2. 围护结构

严寒、寒冷地区外墙与屋面的热桥部位，外窗（门）洞口室外部分的侧墙面应进行保温处理，保证热桥部位的内表面温度不低于设计状态下的室内空气露点温度，并减小附加热损失。夏热冬冷、夏热冬暖地区能保证围护结构热桥部位的内表面温度不低于设计状态下的室内空气露点温度。

围护结构施工中使用的保温隔热材料的性能指标应符合表 3-9 的规定。

表 3-9　围护结构施工使用的保温隔热材料的性能指标

序号	分项工程	性能指标
1	墙体节能工程	厚度、导热系数、密度、抗压强度或压缩强度、燃烧性能
2	门窗节能工程	保温性能、中空玻璃露点、玻璃遮阳系数、可见光透射比
3	屋面节能工程	厚度、导热系数、密度、抗压强度或压缩强度、燃烧性能
4	地面节能工程	厚度、导热系数、密度、抗压强度或压缩强度、燃烧性能
5	严寒地区墙体保温工程黏结材料	冻融循环

严寒、寒冷地区单元入口门设有门斗或其他避风防渗透措施。

夏热冬冷、夏热冬暖地区居住建筑的屋面采用植被绿化屋面或蒸发冷却屋面，植被绿化或蒸发冷却屋面不小于屋面总面积的40%。

（三）公共建筑

1.建筑规划

公共建筑的选址、总体设计、建筑密度和间距规划应符合城市规划的要求。

项目建议书或设计文件中应有节能专项内容。

屋面绿化面积占屋面可绿化面积的比例不小于30%。

2.围护结构

夏热冬冷、夏热冬暖地区建筑围护结构的热工指标限值、外窗（包括透明幕墙）的窗墙面积比、遮阳系数等指标应符合现行国家标准《公共建筑节能设计标准》的有关规定。

寒冷地区、夏热冬冷和夏热冬暖地区，南向、西向、东向的外窗和透明幕墙设有活动的外遮阳装置。活动的外遮阳装置能方便地控制与维护。

二、公共建筑节能改造技术的有关要求

公共建筑的节能改造应根据节能诊断结果，结合节能改造判定原则，从技术可靠性、可操作性和经济性等方面进行综合分析，选取合理可行的节能改造方案和技术措施。

公共节能建筑改造应根据需要采用下列一种或多种判定方法：单项判定；分项判定；综合判定。

对外围护结构进行节能改造时，应对原结构的安全性进行复核、验算；当结构安全不能满足节能改造要求时，应采取结构加固措施。

公共建筑进行节能改造时，有条件的场所应优先利用可再生能源。

提示

该部分内容在历年考试中涉及不多，此处不加以叙述，可参考《公共建筑节能改造技术规范》《建筑节能与可再生能源利用通用规范》学习。

三、建筑节能工程施工质量验收的有关要求

该部分内容在第二章“模块九　建筑工程验收管理”中有详细叙述，此处不再讲解。

四、民用建筑工程室内环境污染控制的有关要求

该部分内容在第二章“模块九　建筑工程验收管理”中有详细叙述，此处不再讲解。

第三节　二级建造师（建筑工程）注册执业管理规定及相关要求

一、二级建造师（建筑工程）注册执业工程规模标准

注册建造师(一般房屋建筑工程)执业工程规模标准如表3-10所示。

表3-10　注册建造师(一般房屋建筑工程)执业工程规模标准

工程类别	项目名称	单位	规模			备注
			大型	中型	小型	
一般房屋建筑工程	工业、民用与公共建筑工程	层	≥25	5～25	<5	建筑物层数
		m	≥100	15～100	<15	建筑物高度
		m	≥30	15～30	<15	单跨跨度
		m^2	≥30 000	3 000～30 000	<3 000	单体建筑面积
	住宅小区或建筑群体工程	m^2	≥100 000	3 000～100 000	<3 000	建筑群建筑面积
	其他一般房屋建筑工程	万元	≥3 000	300～3 000	<300	单项工程合同额

注:大中型工程项目负责人必须由本专业注册建造师担任;一级注册建造师可担任大中小型工程项目负责人,二级注册建造师可担任中小型工程项目负责人。

注册建造师(装饰装修工程)执业工程规模标准如表3-11所示。

表3-11　注册建造师(装饰装修工程)执业工程规模标准

工程类别	项目名称	单位	规模			备注
			大型	中型	小型	
装饰装修工程	装饰装修工程	万元	≥1 000	100～1 000	<100	单项工程合同额
	幕墙工程	—	单体建筑幕墙高度≥60 m,或面积≥6 000 m^2	单体建筑幕墙高度<60 m,且面积<6 000 m^2	—	—

二、二级建造师（建筑工程）注册执业工程范围

注册建造师应当在其注册证书所注明的专业范围内从事建设工程施工管理活动,具体执业按照表3-12规定执行。未列入或新增工程范围由国务院建设主管部门会同国务院有关部门另行规定。

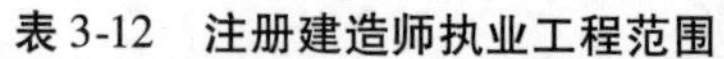
表 3-12　注册建造师执业工程范围

注册专业	工程范围
建筑工程	房屋建筑、装饰装修,地基与基础、土石方、建筑装修装饰、建筑幕墙、预拌商品混凝土、混凝土预制构件、园林古建筑、钢结构、高耸建筑物、电梯安装、消防设施、建筑防水、防腐保温、附着升降脚手架、金属门窗、预应力、爆破与拆除、建筑智能化、特种专业

三、二级建造师（建筑工程）施工管理签章文件目录

担任建设工程施工项目负责人的注册建造师应当在建设工程施工管理相关文件上签字并加盖执业印章,签章文件作为工程竣工备案的依据。注册建造师签章完整的工程施工管理文件方为有效。

注册建造师(房屋建筑工程)施工管理签章文件目录和注册建造师(装饰装修工程)施工管理签章文件目录详见《注册建造师施工管理签章文件目录(试行)》的相关规定。对于装饰装修工程的施工管理签章文件目录以典型例题的形式讲解,其他内容也可参考《注册建造师施工管理签章文件目录(试行)》学习。

典型例题

【单选题】建筑装饰装修工程施工管理过程中,注册建造师签章文件代码为 CN,下列说法正确的是(　　)。

A. 工程延期申请表是施工进度管理文件

B. 工程分包合同是施工组织管理文件

C. 隐蔽工程验收记录是质量管理文件

D. 施工现场文明施工措施是安全管理文件

C。**【解析】**工程延期申请表是施工组织管理文件;工程分包合同是合同管理文件;隐蔽工程验收记录是质量管理文件;施工现场文明施工措施是现场环保文明施工管理文件。

附录　参考规范、标准及法律法规文件

[1]《民用建筑设计统一标准》GB 50352—2019
[2]《建筑结构可靠性设计统一标准》GB 50068—2018
[3]《混凝土结构耐久性设计标准》GB/T 50476—2019
[4]《住宅设计规范》GB 50096—2011
[5]《建筑与市政工程抗震通用规范》GB 55002—2021
[6]《混凝土结构通用规范》GB 55008—2021
[7]《砌体结构通用规范》GB 55007—2021
[8]《钢结构通用规范》GB 55006—2021
[9]《建筑环境通用规范》GB 55016—2021
[10]《组合结构通用规范》GB 55004—2021
[11]《建筑节能与可再生能源利用通用规范》GB 55015—2021
[12]《混凝土外加剂应用技术规范》GB 50119—2013
[13]《天然花岗石建筑板材》GB/T 18601—2009
[14]《天然大理石建筑板材》GB/T 19766—2016
[15]《天然石灰石建筑板材》GB/T 23453—2009
[16]《卫生陶瓷》GB/T 6952—2015
[17]《建筑用安全玻璃 第1部分:防火玻璃》GB 15763.1—2009
[18]《钢结构防火涂料》GB 14907—2018
[19]《土的工程分类标准》GB/T 50145—2007
[20]《大体积混凝土施工标准》GB 50496—2018
[21]《建筑室内防水工程技术规程》CECS 196—2006
[22]《建筑地面工程施工质量验收规范》GB 50209—2010
[23]《建设工程施工现场环境与卫生标准》JGJ 146—2013
[24]《绿色建筑评价标准》GB/T 50378—2019
[25]《建筑灭火器配置验收及检查规范》GB 50444—2008
[26]《建筑工程检测试验技术管理规范》JGJ 190—2010
[27]《工程网络计划技术规程》JGJ/T 121—2015
[28]《建筑装饰装修工程质量验收标准》GB 50210—2018
[29]《建筑施工安全检查标准》JGJ 59—2011
[30]《砌体结构工程施工规范》GB 50924—2014
[31]《工程测量标准》GB 50026—2020
[32]《建筑地基基础工程施工规范》GB 51004—2015
[33]《建筑基坑支护技术规程》JGJ 120—2012
[34]《建筑基坑工程监测技术标准》GB 50497—2019
[35]《混凝土结构工程施工规范》GB 50666—2011
[36]《装配式混凝土建筑施工规程》T/CCIAT 0001—2017
[37]《钢结构工程施工规范》GB 50755—2012
[38]《地下工程防水技术规范》GB 50108—2008

[39]《屋面工程技术规范》GB 50345—2012
[40]《住宅室内防水工程技术规范》JGJ 298—2013
[41]《外墙外保温工程技术标准》JGJ 144—2019
[42]《外墙内保温工程技术规程》JGJ/T 261—2011
[43]《玻璃幕墙工程技术规范》JGJ 102—2003
[44]《人造板材幕墙工程技术规范》JGJ 336—2016
[45]《住宅装饰装修工程施工规范》GB 50327—2001
[46]《建筑工程冬期施工规程》JGJ/T 104—2011
[47]《建筑施工组织设计规范》GB/T 50502—2009
[48]《建筑工程绿色施工评价标准》GB/T 50640—2010
[49]《建设工程施工现场消防安全技术规范》GB 50720—2011
[50]《建筑地基基础工程施工质量验收标准》GB 50202—2018
[51]《混凝土结构工程施工质量验收规范》GB 50204—2015
[52]《砌体结构工程施工质量验收规范》GB 50203—2011
[53]《钢结构工程施工质量验收标准》GB 50205—2020
[54]《地下防水工程质量验收规范》GB 50208—2011
[55]《屋面工程质量验收规范》GB 50207—2012
[56]《建筑内部装修防火施工及验收规范》GB 50354—2005
[57]《施工现场临时用电安全技术规范》JGJ 46—2005
[58]《建设工程项目管理规范》GB/T 50326—2017
[59]《建筑工程施工质量验收统一标准》GB 50300—2013
[60]《民用建筑工程室内环境污染控制标准》GB 50325—2020
[61]《建筑节能工程施工质量验收标准》GB 50411—2019
[62]《建筑工程资料管理规程》JGJ/T 185—2009
[63]《建设工程工程量清单计价规范》GB 50500—2013
[64]《建设项目工程总承包管理规范》GB/T 50358—2017
[65]《金属与石材幕墙工程技术规范》JGJ 133—2001
[66]《中华人民共和国招标投标法》(主席令第 86 号,2017 年修正)
[67]《中华人民共和国招标投标法实施条例》(国务院令第 613 号公布,2019 年修正)
[68]《民用建筑节能条例》(国务院令第 530 号)
[69]《民用建筑节能管理规定》(建设部令第 143 号)
[70]《建设工程质量管理条例》(国务院令第 279 号)
[71]《工程建设项目施工招标投标办法》(七部委第 30 号)
[72]《关于做好房屋建筑和市政基础设施工程质量事故报告和调查处理工作的通知》(建质[2010]111 号)
[73]《生产安全事故报告和调查处理条例》(国务院令第 493 号)
[74]《危险性较大的分部分项工程安全管理规定》(建设部令第 37 号)
[75]《住房城乡建设部办公厅关于实施〈危险性较大的分部分项工程安全管理规定〉有关问题的通知》(建办质[2018]31 号)
[76]《建筑安装工程费用项目组成》(建标[2013]44 号)